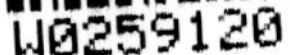

ALLE ZEIT WACH
SJ
1842

Roland Werk

Medizinische Bakteriologie und Infektiologie

Basiswissen und Diagnostik

Mit 64 Abbildungen und 244 Tabellen

Springer-Verlag
Berlin Heidelberg New York
London Paris Tokyo
Hong Kong Barcelona

Dr. med. Dipl. Biol. Roland Werk
Schillerstraße 11
D-8700 Würzburg

ISBN-13:978-3-540-52122-8 e-ISBN-13:978-3-642-75404-3
DOI: 10.1007/978-3-642-75404-3

CIP-Titelaufnahme der Deutschen Bibliothek
Werk, Roland: Medizinische Bakteriologie und Infektiologie : Basiswissen und Diagnostik / Roland Werk.
– Berlin ; Heidelberg ; New York ; London ; Paris ; Tokyo ; Hong Kong : Springer, 1990
ISBN-13:978-3-540-52122-8 (Berlin . . .)

Gesamtherstellung: Konrad Triltsch GmbH, Würzburg
2127/3130-543210 – Gedruckt auf säurefreiem Papier

Meinen Kindern
Elgin und Gerrit gewidmet

Vorwort

Das vorliegende Buch wurde sowohl für den Kliniker als auch für den diagnostizierenden Mikrobiologen geschrieben. Hintergründe waren zum einen viele Gespräche mit Klinikern und zum anderen auch die Tatsache, daß für den Diagnostiker ein Buch, das neue klinische Daten mit Routinediagnostik integriert, nicht auf dem deutschsprachigen Markt erhältlich ist. Ziel war es, praktisches Wissen mit einzubringen, das nicht immer den Publikationen, Bücherwissen oder Normen entspricht. Zu sehr klafft leider noch immer ein Spalt zwischen Lehre und Wissenschaft einerseits und Routinediagnostik andererseits auf. Daher ist es nicht unerklärlich, wenn ein Kollege zu Anfang meiner selbständigen Tätigkeit mir gegenüber die Meinung vertrat: „Mikrobiologie kann nicht schnell sein“. Hier darf es nur eine Antwort geben: „Mikrobiologie ist schnell, wenn sie gut gemacht wird.“ Darüber hinaus besteht die selbstverständliche Pflicht des Mikrobiologen, eine gut fundierte Diagnostik zu liefern und sich auch um sogenannte „banale“ Infektionen zu kümmern. Zwei erschreckende Ereignisse haben mir diesen Aspekt vor Augen geführt. So starb eine 86jährige nicht moribunde Frau an einer erst nicht erkannten, dann bagatellisierten und zu spät diagnostizierten Salmonellose (1989!). Ebenso tragisch ist der Tod einer 28jährigen Frau mit einer Therapie-resistenten Sinusitis, die akut exazerbierte und dann foudroyant mit Sepsis und Meningitis tödlich verlief. Es ist daher erforderlich, für den Mikrobiologen so viel Klinik und Hintergründe wie möglich darzustellen, um Verständnis für solche Infektionen zu wecken, und ihn nicht zum reinen „Plattengucker“ degenerieren zu lassen. Andererseits sollte sich der Kliniker nicht vor der Komplexität der mikrobiologischen Diagnostik versperren, um gezielt aufgrund seines klinischen Verdachtes handeln zu können. Die dargestellte Diagnostik ist eine äußerst breit angelegte Vorgehensweise. Sicherlich wird hier oft nach der Kosten-/Nutzen-Relation und dem Warum der einzelnen Schritte gefragt werden. Die Vorschläge zur Diagnostik sind so abgestimmt, daß eine optimierte Diagnose unter Berücksichtigung der nicht immer klassisch verlaufenden kulturellen Diagnostik gewährleistet wird.

An dieser Stelle möchte ich mich bei allen bedanken, die mitgeholfen haben, das Buch in dieser Form fertigzustellen. Hier sind insbesondere meine Sekretärinnen Frau Berrevoets und Frau Eichelbrönner sowie für die kritische Durchsicht Frau Dr. Klühspies und Frau Vandrey vom Springer-Verlag zu erwähnen.

Ein sehr tief empfundener Dank gilt Herrn Dr. Bruck, Elberfeld, der aufbauend auf eine jahrzehntelange Erfahrung dieses Buch sorgsam gelesen und durch wohlwollende kritische Anmerkungen bereichert hat.

Meiner Frau möchte ich herzlich für ihre aktive Unterstützung und Hilfe in vielen arbeitsreichen Wochen danken.

Würzburg, August 1990 Roland Werk

Inhaltsverzeichnis

Kapitel IV
In-vitro-Testung von Chemotherapeutika

Einleitung

Die Einführung immer neuer, hochpotenter Chemotherapeutika hat bis heute nicht die diagnostische Mikrobiologie überflüssig gemacht; immer noch gilt im übertragenen Sinne die Aussage des deutschen Mikrobiologen Klein [1]: „Wenn in vielen anderen Fächern die Kräfte des Organismus manche falsche und sinnlose Therapie korrigieren, so hat bei der Behandlung von Infektionskrankheiten das planvolle Vorgehen des Mikrobiologen und des behandelnden Arztes oft den Wert einer Lebensrettung."

Dennoch führt in der überwiegenden Anzahl der Fälle die klinische Diagnose einer Infektion ohne vorherige mikrobiologische Absicherung zu einer Antibiotikatherapie. Nach einer Studie von Simmen et al. [2] wird die Indikation hauptsächlich anhand klinischer Parameter gestellt. Lediglich bei Harnwegsinfektionen basiert die Therapie in 60% der Fälle auf einer bakteriologischen Untersuchung. Bei anderen infektiösen Erkrankungen werden höchstens in 20% der Erkrankungen bakteriologische Untersuchungen zur Untermauerung der Diagnose und Therapie herangezogen. Darüber hinaus wird eine Zunahme der nosokomialen Infektionen mit dem vermehrten Einsatz mikrobiologischer diagnostischer Untersuchungen beobachtet [3]. Diese Korrelation fand sich insbesondere bei Harnwegsinfektionen, aber auch bei Pneumonien und Bakteriämien, weniger bei Wundinfektionen. Gleichzeitig ist zu beobachten, daß vermehrt Infektionen durch Spezies verursacht werden, die früher als apathogen betrachtet wurden. Ein wichtiger Gesichtspunkt dabei ist der Strukturwandel der Patientenpopulation. Immer mehr Patienten weisen Risikofaktoren auf, z. B. Diabetes mellitus, Cortison- und Zytostatikatherapie, Polytraumata oder Senium. Dementsprechend wird sowohl von dem Kliniker als auch von dem diagnostischen Mikrobiologen ein vermehrtes Maß an Kenntnis auf diesem Gebiet der Infektiologie verlangt, gepaart mit dem Wissen über Antibiotika und deren Resistenzsituation. Um eine sichere Diagnostik zu garantieren, ist für den Kliniker ein Rahmenwissen des labordiagnostischen Vorgehens erforderlich und für den Mikrobiologen klinische Kenntnisse.

Der Erfolg, den das hier zugrunde liegende Buch „Diagnostische Routinemethoden in der medizinischen Mikrobiologie" insbesondere bei den behandelnden Ärzten in Klinik und Praxis erfuhr, veranlaßte mich, das Konzept unter dem Gesichtspunkt vermehrter klinischer Informationen und differenzierter Diagnostik infektiologischer Krankheitsbilder zu überarbeiten. Die Abb. 2.1–2.10, 3.1–3.5, 3.7–3.10, 3.13–3.15, 3.21, 3.24, 3.27, 3.28, 4.1,

4.3–4.8, 4.10, 4.11, 4.14, 4.15 und die Tabellen 2.9, 3.1, 3.2, 3.4, 3.5, 3.10, 3.13, 3.14, 3.15, 3.19, 3.20, 3.26, 3.35, 3.36, 3.45, 3.60, 3.61, 3.62, 3.67, 3.73, 3.74, 3.81, 3.82, 3.93, 3.94, 3.105, 3.187, 4.4–4.6, 4.19, 4.20, 4.24–4.32 aus den „Diagnostischen Routinemethoden in der medizinischen Mikrobiologie" wurden mit freundlicher Genehmigung des pmi-Verlages, Frankfurt, übernommen [4].

Literatur

1. Klein P (1957) Bakteriologische Grundlagen der chemotherapeutischen Laboratoriumspraxis. Springer, Berlin Göttingen Heidelberg
2. Simmen HP, Lüthy R, Siegenthaler W (1981) Antibiotikaeinsatz in der ambulanten Praxis. Schweiz Med Wochenschr 111:4–10
3. Haley RW, Culver DH, Morgan WM, White JW, Emori TG, Hooton TM (1985) Increased recognition of infectious diseases in US hospitals through increased use of diagnostic tests, 1970–1976. Am J Epidemiol 121:168
4. Werk R (1986) Diagnostische Routinemethoden in der medizinischen Mikrobiologie. pmi, Frankfurt a. M.

Kapitel I
Allgemeine Grundlagen für ein medizinisch-mikrobiologisches Laboratorium

Gefahrenklassifikation von Mikroorganismen

Aufgrund neuer Erkenntnisse der Wissenschaft wurde 1979 das Bundes-Seuchengesetz (BSeuchG) von 1961 geändert, das in den §§ 19–29 die gesetzlichen Grundlagen für das Arbeiten mit Krankheitserregern regelt. Unter solchen Arbeiten werden Versuche mit vermehrungsfähigen Krankheitserregern, mikrobiologische und serologische Untersuchungen zur Feststellung übertragbarer Krankheiten sowie Fortzüchtung von Krankheitserregern verstanden (§ 19, Abs. 2.2) [BGBl. I, 1469, 1979].

Prinzipiell wird aufgrund des § 19 eine zwar erlaubnisfreie aber meldepflichtige von der melde- und erlaubnispflichtigen Tätigkeit unterschieden. Die Einordnung der Tätigkeit erfolgt anhand der Bakterienarten, mit denen gearbeitet werden soll. Für Bakterien, Pilze, Parasiten und Viren wurde in Anlehnung an Vorschläge der Weltgesundheitsorganisation (WHO-Special Program on Safety Measures in Microbiology, 1979) und des amerikanischen Center for Disease Control in Atlanta (1975, 1979, 1984) eine Gefahrenklassifikation geschaffen. Diese hat nun bereits in den DIN-Normvorschlägen 58956 Teil 1 Eingang gefunden (DIN-Norm 58956 Teil 1, 1984). Die Risikogruppen gliedern sich in

- I Keime mit geringem individuellem und allgemeinem Risiko
- II Keime mit mäßigem individuellem und geringem allgemeinem Risiko
- III Keime mit hohem individuellem und geringem allgemeinem Risiko
- IV Keime mit hohem individuellem und allgemeinem Risiko

In der Risikogruppe I findet man u.a. Bakterien wie *Escherichia coli K 12* (Tabelle 1.1). Diese Spezies ist ein gängiger Organismus in naturwissenschaftlich-mikrobiologischen Laboratorien, ebenso wie *Neurospora crassa*. An diesem Pilz der Gefahrengruppe I (Tabelle 1.2) wurden grundlegende genetische

Tabelle 1.1. Bakterien der Risikogruppe I

Definition: Bakterien der Risikogruppe I sind für gesunde Erwachsene apathogen		
Bacillus cereus	*Bacillus subtilis*	*Escherichia coli* K 12
Lactobacillus spp., u. a.		

Tabelle 1.2. Pilze der Risikogruppe I

Definition: Pilze der Risikogruppe I sind für gesunde Erwachsene apathogen

Cladosporium spp.	*Saccharomyces cerevisiae*
Geotrichum candidum	*Candida* spp.
Neurospora crassa	*Torulopsis* spp.
Penicillium glaucum	

Tabelle 1.3. Bakterien der Risikogruppe II

Definition: Bakterien der Risikogruppe II können bei gesunden Erwachsenen Infektionserkrankungen hervorrufen

Actinobacter spp.	*Neisseria gonorrhoeae*
Bacillus anthracis[a]	*Neisseria meningitidis*
Bordetella spp.	*Norcardia brasiliensis*
Borrelia recurrentis	*Norcardia asteroides*
Brucella spp.	*Pasteurella multocida*
Campylobacter fetus	*Proteus* spp.
Clostridium spp.	*Pseudomonas* spp.
Corynebacterium spp.	*Salmonella* spp.
Erysipelothrix rhusiopathiae	*Serratia* spp.
Escherichia coli	*Shigella* spp.
Haemophilus ducrei	*Staphylococcus* spp.
Haemophilus influenzae	*Streptobacillus moniliformis*
Klebsiella spp.	*Streptococcus* spp.
Legionella spp.	*Streptococcus pneumoniae*
Leptospira spp.[a]	*Treponema* spp.
Listeria monocytogenes	*Vibrio cholerae*
Moraxella spp.	*Vibrio* spp.
Mycobacteriaceae spp.[a]	*Yersinia* spp.
Mycoplasma spp.	*Chlamydia ovis*
	Rickettsia spp.

[a] Bei Arbeiten mit diesen Keimen können infektiöse Aerosole entstehen

Tabelle 1.4. Pilze der Risikogruppe II

Definition: Pilze der Risikogruppe II können beim gesunden Erwachsenen u.U. Erkrankungen hervorrufen

Cryptococcus neoformans	*Blastomyces dermatitidis*
Absidia spp.	*Paracoccidioides brasiliensis*
Mucor spp.	*Sporothrix schenkii*[a]
Rhizopus spp.	*Phialophora* spp.[a]
Entomophthora spp.	*Microsporum* spp.
Aspergillus spp.	*Trichophyton* spp.
Histoplasma farciminosum[a]	*Epidermophyton floccosum*

[a] Bei Arbeiten mit diesen Erregern können infektiöse Staube entstehen

Tabelle 1.5. Bakterien der Risikogruppe III

Definition: Bakterien der Risikogruppe III verursachen auch bei gesunden Erwachsenen schwer verlaufende Infektionen	
Bartonella spp.	*Chlamydia psittaci*
Francisella tularensis	*Chlamydia trachomatis*
Pseudomonas mallei	*Coxiella burnetii*
Yersinia pestis	*Rickettsia prowazeki*

Tabelle 1.6. Pilze der Risikogruppe III (nach [2])

Definition: Pilze der Risikogruppe III verursachen auch bei gesunden Erwachsenen schwer verlaufende Erkrankungen
Coccidioides immitis[a]
Filobasidiella neoformans (perfekte Form von *Cr. neoformans*)
Histoplasma capsulatum[a]
Histoplasma capsulatum var. *dubiosii*[a]

[a] Bei Arbeiten mit diesen Erregern können infektiöse Staube entstehen

Studien durchgeführt. In der Risikogruppe II finden sich sämtliche humanpathogene Keime, u. a. auch solche, bei denen zwar bei der Verarbeitung infektiöse Aerosole entstehen können, z. B. bei *Brucella* spp. oder bei *Mycobacterium* spp., die Erkrankungswahrscheinlichkeit allerdings nicht so hoch zu veranschlagen ist (Tabelle 1.3). Entsprechendes gilt für die Pilze der Risikogruppe II (Tabelle 1.4). In der Gefahrenklasse III finden sich sowohl bei den Bakterien (Tabelle 1.5) als auch bei den Pilzen (Tabelle 1.6) hochinfektiöse Keime, wie der Pesterreger (*Yersinia pestis*) und der Rotzerreger (*Pseudomonas mallei*). Allen diesen Keimen ist gemeinsam, daß sie auch bei Gesunden lebensgefährdende Krankheiten hervorrufen können und bei unsachgemäßer Handhabung eine Gefährdung der Allgemeinheit bedeuten.

Rechtliche Grundlagen

Sowohl Arbeiten mit Keimen der Risikogruppe I als auch Arbeiten zur Feststellung der Sterilität bzw. Ermittlung der Keimzahl in Arzneimitteln, Lebensmitteln, Trinkwasser und kosmetischen Mitteln sind lediglich anmeldepflichtig.

Arbeiten mit Krankheitserregern dagegen sind gemäß § 19, Abs. 2 (BSeuchG) prinzipiell genehmigungspflichtig. Allerdings sind zu diagnostischen Untersuchungen und therapeutischen Maßnahmen Ärzte und auch Veterinärmediziner, ärztlich geleitete Krankenhäuser, Tierkliniken und Zahnärzte sowie öffentliche Hygieneinstitute von der Genehmigungspflicht nach § 20 ausgenommen. Es besteht somit nur eine Meldepflicht.

Für Erreger, wie sie im § 19, Abs. 1 aufgeführt sind (vermehrungsfähige Erreger von Chagaskrankheit, Paratyphus, Toxoplasmose, Tuberkulose, Brucellen, Coxiellen, Leptospiren, Plasmoiden oder Rickettsien), ist nach § 19, Abs. 1 eine entsprechende Erlaubnis zu beantragen. Meldung und Genehmigung der Arbeiten mit lebenden, nicht abgetöteten Krankheitserregern ist länderunterschiedlich geregelt. Im allgemeinen ist aber die jeweilige Bezirksregierung behilflich. Die Meldung und Beantragung der Erlaubnis für Arbeiten nach § 19, Abs. 1 kann z. Z. formlos, muß jedoch rechtzeitig, d. h. mindestens 2 Wochen vor Aufnahme, erfolgen. Stellen sich im Laufe der Tätigkeiten Persönlichkeitsmängel wie fehlende Sachkenntnis oder mangelnde Zuverlässigkeit heraus, kann nach § 22 die Erlaubnis zum Umgang mit Krankheitserregern rückgängig gemacht werden, ebenso wenn geeignete Räumlichkeiten oder Einrichtungen fehlen (§ 20). Darüber hinaus ist der Laborleiter gemäß § 22 für einen ordnungsgemäßen Ablauf im Labor verantwortlich. Hierunter ist zu verstehen, daß der Laborleiter sich der Problematik der Arbeit mit Infektionserregern bewußt ist und nicht durch fahrlässige oder fehlerhafte Handhabung Personal und Umwelt gefährdet (Tabelle 1.7). Die Behörden können bei gro-

Tabelle 1.7. Ordnungsgemäße und fachgerechte Führung eines mikrobiologischen Laboratoriums

- Der Laborleiter ist fachlich qualifiziert.
- Geeignete Räume sind vorhanden.
- Das technische Personal ist mit der Problematik und Durchführung von Arbeiten mit Infektionserregern vertraut.
- Die nötige Laborausstattung ist vorhanden.
- Eine ordnungsgemäße Entsorgung (Dampfsterilisation oder Entsorgung über spezielle Firmen oder hierfür zugelassene Verbrennungsanlagen) ist gewährleistet und wird protokolliert.
- Es werden Vorkehrungen getroffen, um ein Verschleppen von Keimen aus den Laborräumen zu verhindern.
- Das Laborpersonal ist in geeigneter Weise vor Infektionen durch die bearbeiteten Keime geschützt.
- Sämtliche Laborarbeiten werden fachgerecht protokolliert und die Aufzeichnung archiviert.
- Im Labor ist ein Hygiene- und Organisationsplan vorhanden.

ben Verstößen gegen die Sorgfaltspflicht gemäß § 23 die Genehmigung zu Arbeiten mit Infektionserregern entziehen.

Bei Genehmigung der Arbeiten mit Erregern nach § 19, Abs. 1 müssen dem Antrag der Nachweis eines abgeschlossenen Hochschulstudiums, das Zeugnis der Approbation als Arzt, Tierarzt oder Apotheker sowie der Nachweis einer mindestens 3jährigen Tätigkeit auf dem Gebiet der Serologie und Mikrobiologie beigefügt werden. Neben dieser Erfordernis an die Ausbildung müssen bei der Beantragung der Genehmigung geeignete Räume vorhanden sein.

Die Behörden haben nach § 25 jederzeit das Recht, die Beschaffenheit der Laboreinrichtung sowie Bücher und sonstige Unterlagen zu überprüfen. Zur Kontrolle der Laborbeschaffenheit im weitesten Sinn sind die Bundesministerien für Jugend, Familie und Gesundheit im Einvernehmen mit dem Bundesministerium für Arbeit und soziale Ordnung ermächtigt, per Rechtsverordnung (§ 29 BSeuchG) Ausführungsbestimmungen zu erlassen.

Es ist daher davon auszugehen, daß in der Praxis, wie auch in anderen Bereichen, DIN-Normen zur Unterstützung der Ausführungsbestimmungen herangezogen werden.

Beschaffenheit medizinisch-mikrobiologischer Laboratorien

Wie bereits im vorherigen Kapitel aufgeführt, müssen medizinisch-mikrobiologische Laboratorien gewisse, durch die Behörden überprüfbare Minimalforderungen erfüllen (§ 20, Abs. 2 und § 22) (BGBl. I, 1469, 1979). Zur Unterstützung der Ausführungsbestimmungen wurden und werden DIN-Normen für medizinisch-mikrobiologische Laboratorien im weitesten Sinn erarbeitet (WHO-Special Programme on Safety Measures in Microbiology, 1979; CDC-Atlanta, 1975; DIN-Norm 58956 Teil 1, 1984; DIN-Norm 58956 Teil 4, 1984). Unberührt von diesen bleiben die allgemeinen Unfallverhütungsvorschriften des Gesundheitsdienstes und die Arbeitsstättenverordnung (Arbeitsstättenverordnung, 1975; VBG 1, 1980; VBG 103, 1982). Entsprechend den Klassifizierungen der Organismen in Risikogruppen wurden die Laboratorien neben einer Einteilung nach Betreiber und Laborfunktion einer entsprechenden Einordnung unterworfen (DIN-Norm 58937 Teil 1, 1985).

Typ 1: Hier dürfen nur Arbeiten mit vermehrungsfähigen Erregern der Risikogruppe I durchgeführt werden
Typ 2: Hier dürfen Arbeiten mit vermehrungsfähigen Erregern der Risikogruppe II durchgeführt werden.
Typ 3: Hier dürfen Arbeiten mit vermehrungsfähigen Erregern der Risikogruppe III durchgeführt werden.
Typ 4: Hier dürfen Arbeiten mit vermehrungsfähigen Erregern der Risikogruppe IV durchgeführt werden.

Für Arbeiten mit Mykobakterien entstand zusätzlich eine weitere Aufgliederung in die Risikostufen A, B, C, aufbauend auf ein Typ II-Labor.

Risikostufe A: mikroskopische Untersuchungen von klinischem Untersuchungsmaterial auf Mykobakterien
Risikostufe B: kulturelle Isolierung aus klinischem Untersuchungsmaterial und evtl. Durchführung von Tierversuchen
Risikostufe C: Typisierung und Empfindlichkeitsprüfung von Mykobakterien

Das Deutsche Institut für Normierung hat darüber hinaus eine Einteilung mikrobiologischer Laboratorien nach Betreiber und Funktion vorgenommen; in diesem Zusammenhang ergibt die Schematisierung allerdings keine weiteren Informationen (DIN-Norm 58937 Teil 1, 1985).

Bauliche Maßnahmen sollen u.a. bei Laboratorien, in denen mit Infektionserregern gearbeitet wird, verhindern, daß es zur Keimverschleppung und damit zur Gefährdung der Allgemeinheit kommt.

An dieser Stelle soll speziell auf den Labortyp 2 eingegangen werden. Hier ist durch bauliche Maßnahmen eine räumliche Trennung des reinen Bereichs, also Büroräume, Annahme, Lager, Versand, Personal- und Sanitärräume, vom unreinen Bereich, der die eigentlichen Laboratorien beinhaltet, zu erreichen. Sollte eine eindeutige Trennung durch bauliche Anordnung nicht möglich sein, so muß diese zumindest durch Türen mit Sichtfenster bzw. Schleusen gewährleistet sein. Der Labortrakt bedarf der Kennzeichnung mit dem Hinweis „Biogefährdung“ und ist nur Befugten zugängig.

Darüber hinaus ist ein graphisches Symbol (Abb. 1.1) erforderlich. Wesentliche Anforderung an die Laborräume ist, daß keine unkontrollierbaren, schlecht desinfizierbaren Nischen o.ä. vorhanden sind, da es von hier zur Streuung pathogener Keime kommen kann. Zudem sollten Oberflächen gut desinfizierbar sein. Diese Forderungen sind sowohl an Wände als auch an Fußböden zu stellen. Für die Wände der Laborräume ist eine feuerhemmende Tapete empfehlenswert; nach Möglichkeit sollte ein abwaschbarer Anstrich verwendet werden, da ein üblicher Anstrich porös und schlecht desinfizierbar ist. Beim Fußboden haben sich verschweißbare Kunststoffplatten als günstig erwiesen, die fugen- und ritzenfrei verlegt und ebenso übergangslos mit der Fußleiste verbunden werden können. Parkettfußböden und andere Holzfußböden sind prinzipiell für Laboratorien nicht geeignet.

BIOGEFÄHRDUNG

Abb. 1.1. In Anlehnung an: Medizinische Mikrobiologie, Medizinisch-mikrobiologische Laboratorien; Sicherheitszeichen. DIN-Norm 58956 Teil 10. Beuth Verlag, Berlin 1984

Aus weiteren sicherheitstechnischen Gesichtspunkten müssen Fenster durchbruchhemmend sein (DIN-Norm 52290 Teil 3, 1984). Für Be- und Entlüftung sollte bevorzugt eine Belüftungsanlage dienen, die mit 100% Außenluft gespeist wird, da übermäßiges Öffnen der Laborfenster zu vermeiden ist. In den Labortypen 3 und 4 ist prinzipiell das Öffnen der Fenster verboten, um zu verhindern, daß pathogene Keime in die Außenluft geraten. In diesen Laboratorien wird dieser Gefahr durch Schleusen und Unterdruck in dem Laborraum selber weiter vorgebeugt. In diesem Zusammenhang muß im Einzelfall auf Ausführungen wie in der Arbeitsstättenverordnung, Beleuchtungsordnung usw. verwiesen werden (DIN-Norm 5024 Teil 1, 1984; DIN-Norm 5035 Teil 1, 1984).

Zu den aufgeführten baulichen Maßnahmen, die eine Gefährdung der Allgemeinheit verhindern sollen, sind Maßnahmen zum Schutz des Personals zu treffen. Hierzu gehört ein Sanitärblock in jedem Labor, möglichst am Laboreingang. Im Bereich des Handwaschbeckens (Ausführung ohne Handbedienung) müssen ein mit dem Ellenbogen bedienbarer Desinfektionsmittel- und ein Waschmittelspender sowie ein Einmalhandtuchspender vorhanden sein (DIN-Norm 58956 Teil 4, 1984).

Labororganisation

Bei den vorbereitenden Arbeiten zur eigentlichen Diagnostik können eine Anzahl von Problemen auftreten. Da es sich hierbei im allgemeinen um menschliche Fehler handelt, ist eine routinemäßige Überprüfung der wichtigsten Fehlerpunkte durchzuführen. Zusätzlich empfiehlt sich ein Zeitplan, in dem festgehalten wird, wann Geräte überprüft, Stammkulturen überimpft und eine Inspektion des Labors durch den Laborleiter erfolgen soll (Tabelle 1.8). Regelmäßige Überprüfungen ermöglichen es, rechtzeitig Fehler zu ermitteln. Zur Labororganisation ist auch ein Alarmplan zu rechnen, der die Maßnahmen in Notfallsituationen, z. B. Brand, regelt [14]. Darüber hinaus sind Organisationsanweisungen vorgesehen, die Zweck des Labors, Zuständigkeit und Verantwortlichkeit im Labor, Abgrenzung des Laborbereichs (unreiner/reiner Bereich), einen Hygieneplan (Desinfektion, Reinigung, Ver- und Entsorgung),

Tabelle 1.8. Prüfliste für bakteriologische Laboratorien

Täglich

1. Platten auf Kontamination untersuchen (besonders Blutplatten)
2. Agarschichtdicke überprüfen und überlagerte Platten mit weniger als 3 mm Schichtdicke aussortieren
3. Temperatur von Brut- und Kühlschränken kontrollieren

Wöchentlich

1. Überprüfen der Agarchargen mit Escherichia coli-, Staphylococcus aureus- und Pseudomonas aeruginosa-Stämmen, z. B. von der Deutschen Sammlung für Mikroorganismen, ggf. Verwendung eigener Stämme
2. Desinfektion des Rotors und der Zentrifuge mit z. B. 5% Phenollösung oder Formaldehyd

Monatlich

1. Überprüfen des Verfalldatums der Testblättchen
2. Überprüfen der Beladung der Testblättchen
3. Überprüfen der Lagerungsbedingungen wie Kühlschranktemperatur und Intaktheit des Trockenmittels
4. Qualitätskontrolle der eigenen Befunde anhand einer Resistenzstatistik für Staphylokokken, *Escherichia coli*, *Enterococcus faecalis*, *Proteus mirabilis* and Klebsiellen
5. "Check up" des Labors durch den Laborleiter (auch in der hintersten Ecke der Schublade!)
6. Fetten der Antibiotikadispenser

Vierteljährlich

1. Bestellung der Antibiotikatestblättchen entsprechend der Methode
2. Fortbildung (Schulung) der Mitarbeiter
3. Hinweis auf den Alarmplan; Kontrolle der Feuerlöscher
4. Aktualisieren des Organisationsplans
5. Fetten und Kalibrieren von Kolbenhubpipetten

Halbjährlich

1. Biologische Kontrolle der Autoklaven

Jährlich

1. Ärztliche Untersuchung besonders infektionsgefährdeter Mitarbeiter (z. B. im Tbc-Labor)

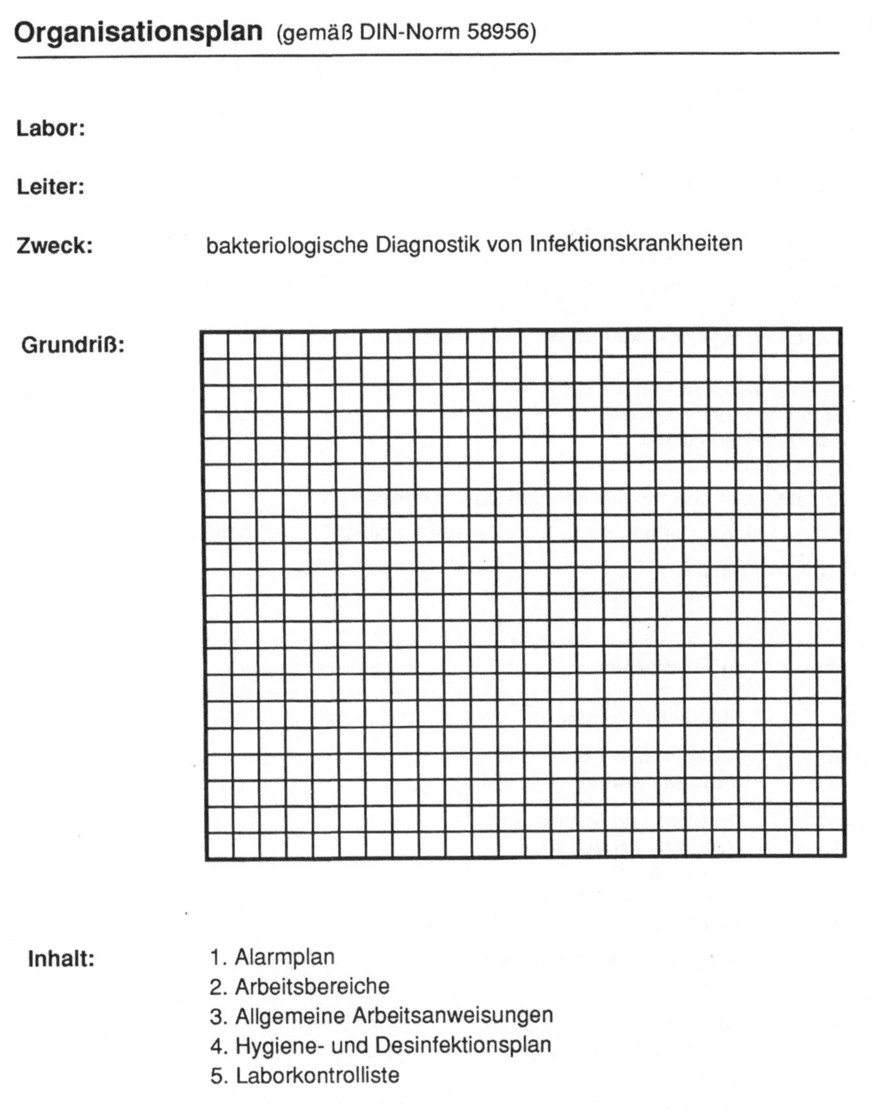

Organisationsplan (gemäß DIN-Norm 58956)

Labor:

Leiter:

Zweck: bakteriologische Diagnostik von Infektionskrankheiten

Grundriß:

Inhalt:

1. Alarmplan
2. Arbeitsbereiche
3. Allgemeine Arbeitsanweisungen
4. Hygiene- und Desinfektionsplan
5. Laborkontrolliste

Abb. 1.2. Organisationsplan gemäß DIN-Norm 58956

Zuordnung von Arbeiten zu bestimmten Arbeitsplätzen mit besonderen Einrichtungen, Ordnung am Arbeitsplatz, persönliches Verhalten am Arbeitsplatz sowie Dokumentation der Befunderstellung beinhalten. Auf den folgenden Seiten ist ein Vorschlag für einen Organisationsplan zusammengefaßt.

Neben dem Organisationsplan (Abb. 1.2–1.8) sollte parallel auch mit der Feuerwehr ein Einsatzplan entsprechend der Brandschutzordnung erstellt

Brandfall

1. **Kleine Brände** mit Feuerdecke/Löscher ersticken (Markierung im Lageplan grün!)
   Laborleiter benachrichtigen

2. **Große Brände:**
   Fenster und Türen schließen
   Feuerwehr benachrichtigen (Tel. 112)
   Laborleiter benachrichtigen
   Fluchtwege sind grün markiert
   Feuerwehr einweisen
   Schlüssel bereithalten, damit die Türen nicht zerstört werden müssen

Inhalation, Ingestion von infektiösem Material

1. Material **sicherstellen** für spätere Untersuchungen
   Auge mit Wasser spülen
   Laborleiter aufsuchen
   ggf. Augenarzt einschalten
2. Verschlucken und Inhalieren infektiösen Materials:
   Material **sicherstellen** und Laborleiter unverzüglich benachrichtigen

Abb. 1.3. Alarmplan

Labor	Arbeitsbereich	Biogefahrenklasse	Verantwortlichkeit
Labor 1	Medienherstellung	Reinbereich	
Labor 2	Anlegen und Ablesen von Varia-Materialien	II	
Labor 3	Anlegen und Verarbeiten von Material auf Tbc (Clean-bench); Zellkultur; Chlamydien-diagnostik	III/II b	
Labor 4	Sammeln von infektiösem Material	II	
Labor 5	Ansetzen und Auswerten von radioimmunologischen Tests	Reinbereich	
Labor 7 a	Durchführung von wissen-schaftlichen Versuchen	II	
Labor 7 b	Spülküche	Reinbereich	

Sonstige Bereiche		Verantwortlichkeit
Allgemeine Hygiene	Kontrolle der laufenden Desinfektion und Entsorgung; Anwendung des Hygieneplanes	
Entsorgung	Thermische Entsorgung; Abtransport des infektiösen Mülls	

Abb. 1.4. Arbeitsbereiche

Ordnung am Arbeitsplatz	Ordnung der benötigten Materialien/Hilfsmittel vor Arbeitsaufnahme Einhalten der „guten Labortechniken" Beschriftungs- und Kennzeichnungspflicht von Behältern mit lebenden Pathogenen Materialprotokollierung/Befunderstellung Verarbeitung (s. laborinterne Richtlinien)
Weiterbildung/Unterweisung	¼–½jährliche Unterweisung zur Laborsicherheit, zum Alarm-, Organisations- und Hygieneplan, zum Personalunterweisungsbogen und zur Strahlenschutzanweisung
Dienstverkehr betriebsfremder Personen	Prinzipiell kein Verkehr betriebsfremder Personen im Biogefährdungsbereich II Zutritt zu Labor 3 (Biogefahrenklasse III/II b) nur für technisches Laborpersonal *Ausnahmen:* Regelung nur durch Laborleiter
Kontrolle des Labors und der Geräte	¼–½jährliche Kontrolle der täglichen Routinediagnostik des Labors, der Geräte und ggf. deren Wartung

Abb. 1.5. Allgemeine Arbeitsanweisungen

werden. Hierbei sollte die zuständige Feuerwehr über Art der Infektionserreger und deren potentielles Gesundheitsrisiko informiert werden. Die Daten werden in einer Feuerwehr-Objektinformation festgehalten (Abb. 1.4, 1.8, 1.9). Im Labor selber sollten Brutschränke und Kühlschränke, in denen Krankheitserreger gelagert werden, durch ein Biogefahrenschild (aus Aluminium!) gekennzeichnet werden. In der Objektinformation werden im Laborlageplan diese gefährdeten Bereiche markiert. Darüber hinaus sollte auch das Löschvorgehen festgelegt werden. Um eine Beschädigung der Geräte nach Möglichkeit zu vermeiden, sollte mit Halon gelöscht und Schwelbrände nur mit geringen Wassermengen nachgelöscht werden. Nach den Löschvorgängen sollten sowohl die Räumlichkeiten als auch das Löschpersonal mit einem geeigneten Desinfektionsmittel dekontaminiert werden.

Im Rahmen der Labororganisation ist der Schutz des Personals vor Gesundheitsschäden besonders wichtig. Prinzipiell sollten Personen, die ein erhöhtes Infektionsrisiko (Tabelle 1.9) aufweisen, nicht mit Krankheitserregern arbeiten. Ein besonderes Problem stellen hier die Schwangeren und Stillenden dar. Zwar liegen keine Statistiken vor, die eine erhöhte Gefährdung dieser Personengruppe belegen, jedoch sollten diese im Sinne einer Prävention nicht potentiell gesundheitsgefährdende Arbeiten durchführen. Das bedeutet, nach Vorschlägen einer Arbeitsgruppe der Deutschen Vereinigung zur Bekämpfung der Viruskrankheiten e. V., daß Schwangere und Stillende nicht mit Materialien umgehen sollten, die erfahrungsgemäß Errger enthalten, die meldepflichtige Krankheiten im Sinne des Bundes-Seuchengesetzes bzw. im Sinne der

Labor

	Montag	Dienstag	Mittwoch	Donnerstag	Freitag	Samstag	Sonntag
Fußböden	Incidin®		Incidin®		Incidin®		
	Zweieimer-Wischmethode						
Arbeitsplatten	Incidin®, täglich 2 × bzw. nach jedem Arbeitsabschnitt einsprühen/abwischen						
Händedesinfektion	Desderman®, nach jedem Arbeitsabschnitt rückfetten mit pH5 Eucerin®						
Geräte							
Zentrifugenrotor	Phenollösung 5%, auswischen						
Brutschränke	Incidin®, Einwirkungszeit 1 Std.						
Agarplatten	in Vernichtungsbeutel (Greiner) verschnürt – 30 Min. bei 121° C						
	autoklavieren		autoklavieren		autoklavieren		
Agarröhrchen Flüssiganreicherungen	autoklavieren nach Bedarf (mindestens 2× wöchentlich) in Plastikbechergläsern 30 Min. bei 121° C						
Abwurf für kontaminierte Einmalartikel	Abwurf in Plastikbechergläser mit Incidin® oder Buraton®						
Pasteurpipetten Glasstäbe	Abwurf in Plastikbechergläser mit Incidin®						

Abb. 1.6. Hygiene- und Desinfektionsplan

Labor Nr.: ______________________ Datum: ______________

Gerät

		Zustand	Wartung		
1)	**Mikroskop**				

		Unwucht	Desinfektion
2)	**Zentrifuge**		

			Zustand	Wartung	Temperatur	abgetaut/gereinigt
3)	**Kühlschrank**	1				
		2				

			Zustand	Wartung	Temperatur	Desinfektion
4)	**Brutschrank**	1				

5) **Impfösen** ______________________

6) **Schüttel-mixer** ______________________

		Zustand	Wartung	Laufzeit	Filterwechsel
7)	**Sicherheits-kabine**				

Schrank 1:

Schublade/Fach 1 ______________________
Schublade/Fach 2 ______________________
Schublade/Fach 3 ______________________
Schublade/Fach 4 ______________________

Schrank 2:

Schublade/Fach 1 ______________________
Schublade/Fach 2 ______________________
Schublade/Fach 3 ______________________
Schublade/Fach 4 ______________________

Drehstühle ______________ gefettet ______________

Färbelösungen __________ überlagert __________ aussortieren __________

Medien __________ überlagert __________ aussortieren __________

Diagnostika __________ überlagert __________ aussortieren __________

Abb. 1.7. Laborprüfung

Einsatzort:

Objekt:

Art: Laboratorien und Büros **Telefon:**

Ausrückestärke: LZ + ASGW + LvD

Anfahrt:
rechts Rennweg Friedrich-Ebert-Ring
Friedensstraße 2. Straße (nach LVA)
rechts Schillerstraße

Zugänglichkeit:
ab 19.00 Uhr verschlossen

Besondere Gefahren:
Radioaktive Stoffe Gef. Gr. I
1. OG Raum 5 C 14, J 125
Biogefährdung:
2. OG, Raum 2,4,7 L2-Labor
Pathogene Mikroorganismen
3. OG Raum 3 L2B-Labor
TB-Bakterien

Feuermelder:
Hauptmelder:

Brandmeldezentrale:

Sonstige Hinweise:
Brutschränke (abgeschlossene Metallschränke)
Kontaminationsgefahr
Inkorporationsgefahr
Desinfektionsmaßnahmen nach dem Einsatz einleiten
Wenn möglich kein *Wasser* und Pulver verwenden
CO_2 Halon und geringe Wassermengen zum Nachlöschen

Feuerlöscheinrichtung:

Verantwortlich:

Hydranten:
Kreuzung Friedensstraße NW 150
von Nr. 13 NW 125

Hinweise für EZ:

Abb. 1.8. Feuerwehr-Objektinformation

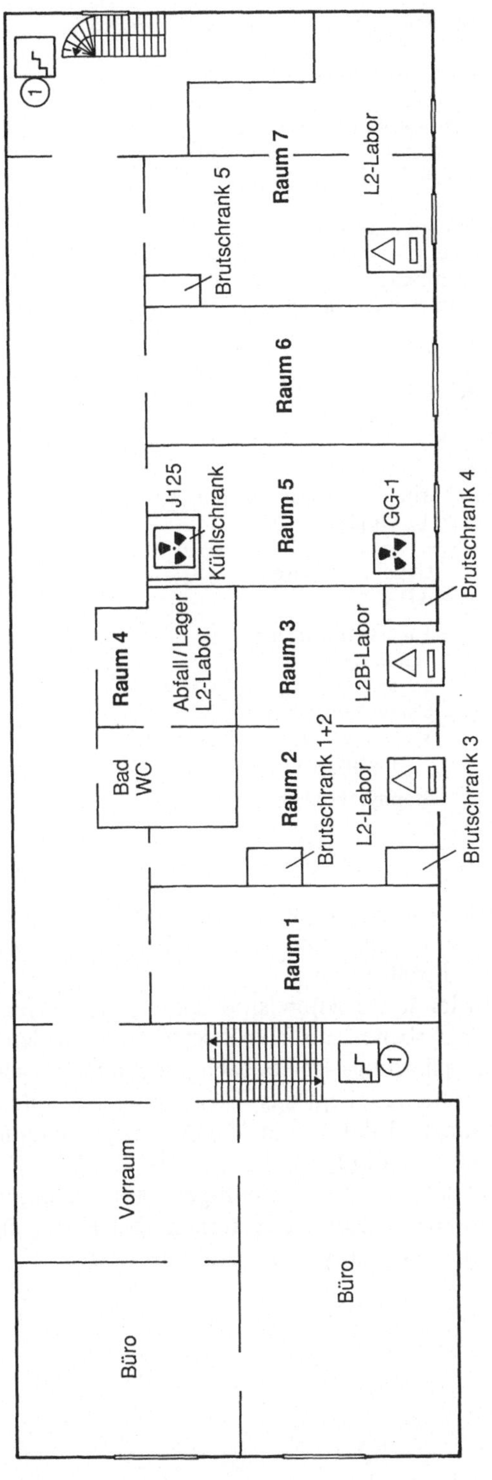

Treppe mit Angabe, bis zu welchem Obergeschoß die Treppe führt (oberes Geschoß im Kreis angegeben)

Raum mit radioaktiven Stoffen

Raum mit Mikroorganismen und Bakterienkulturen

Abb. 1.9. Laboratoriumsplan

Tabelle 1.9. Personenkreis mit erhöhtem Gesundheitsrisiko (nach [29])

Personen	mit Diabetes mellitus
	unter langfristiger Antibiotikatherapie
	unter Tetrazyklintherapie bei Akne vulgaris
	mit Colitis ulcerosa
	mit AIDS
	mit häufigen Infektionskrankheiten
	unter Cortisontherapie
	unter Zytostatikatherapie
	unter immunsuppressiver Therapie
Alkoholiker	
Suchtmittelabhängige	
Schwangere und Stillende	

Tabelle 1.10. Mögliche Laborinfektionen durch klinische Materialien mit erhöhtem Risiko (nach [29])

Serum/Blut	Hepatitis B-Viren
	AIDS-Viren
Sputum	Tuberkuloseerreger
Stuhl	Salmonellen
	Shigellen
	Campylobacter spp.
	Viren wie Poliomyelitis-Virus
	Enteroviren
Punktate	Staphylokokken

Berufskrankheitenverordnung aufgeführte Berufserkrankungen hervorrufen [23, 24]; auch sollten Schwangere und Stillende keine Tierversuche mit humanpathogenen Erregern durchführen.

Besonders gefährdende Arbeiten sind solche, bei denen Aerosole oder Staube entstehen, z. B. Arbeiten mit Tbc-Bakterien, Brucellen, aber auch *Coccidioidis immitis* u. a. Allerdings ist bei sachgerechtem Vorgehen die Gefährdung gering. Nach Müller [25] liegt das Risiko, eine Tbc-Infektion bei Laborarbeiten zu erwerben, bei 1 Infektion in 38,1 Arbeitsjahren oder 2,63 Infektionen in 100 Personaljahren. Eindeutig häufiger ist der Erwerb einer Infektion durch Verletzung mit serum- oder bluthaltigen Materialien; auch können Infektionen als Schmutz- und Schmierinfektionen über Patientenmaterialien wie Stuhl, Urin und Eiter erworben werden (Tabelle 1.10).

Geräteausstattung

Voraussetzung für einen störungsfreien Routineablauf ist eine Minimalausstattung mit Geräten und Einmalartikeln (Tabellen 1.11, 1.12), wobei der Risikotyp des Labors weitgehend die entsprechende Einrichtung diktiert. Allerdings sollten bei der Gerätewahl auch Ziel- und Kapazitätssetzung die Einrichtung mitbestimmen. Da üblicherweise bei der Einrichtung eher zu kleine Maßstäbe angesetzt werden, nicht zuletzt aufgrund der hohen Investitionskosten, wird sich früher oder später die Limitierung bei der Geräteausstattung

Tabelle 1.11. Geräteausstattung medizinisch-mikrobiologischer Laboratorien modifiziert nach DIN-Norm 58956 Teil 2

I. Medienküche

- Dampf-Sterilisator nach DIN-Norm 58946 Teil 2, geeignet für den Betrieb bis 134 °C
- Kühlschrank, ohne interne Zündquelle
- Feinwaage, eichamtlich geprüft; zumindest aber in ihrem Fehlerverhalten den einschlägigen Bestimmungen der Eichordnung entsprechend
- pH-Meßplatz
- Heizbad (Wasserbad), regulierbar nach DIN-Norm 12877

II. Laboratorien

- Mikroskopische Ausrüstung
- Brutschrank nach DIN-Norm 58945 Teil 1
- Zentrifuge nach DIN-Norm 58970 Teil 1 mit einem sterilisierbaren geschlossenen Rotor oder sterilisierbaren verschließbaren Rotorbechern
- Volumenmeßgeräte mit Hubkolben nach DIN-Norm 12650 Teil 2 bis Teil 5
- Sicherheitswerkbank mindestens Klasse 1 nach DIN-Norm 12950 Teil 1

Tabelle 1.12. Laborhilfsmittel und Einwegartikel modifiziert nach DIN-Norm 58956 Teil 2

- Laborbrenner (Bunsenbrenner) nach DIN-Norm 30665 Teil 1, erforderlichenfalls mit Sichtspritzschutz. Alternativ: Horo-Brenner (Elektrobrenner)
- Pipettierhilfen entsprechend Merkblatt M 651, BGW (1)
- Reagenzgläser, z. B. nach DIN ISO 4142 (z. Z. Entwurf)
- Zentrifugenröhrchen, z. B. nach DIN-Norm 58970 Teil 2
- Passende Kappen oder sterilisierbare Stopfen
- Petrischalen, z. B. nach DIN-Norm 12339
- Impfösen, Impfnadeln, Ösen, Nadelhalter mit Ständer
- Sterilisierbare Reagenzglasgestelle
- Färbebank
- Objektträger, Deckgläser und Immersionsöl nach DIN-Norm 58884
- Pinzetten, Scheren, Glasstäbe oder Glasspatel
- Behältnisse zur Sterilaufbewahrung
- Behältnisse für Sterilisiergut, z. B. nach DIN-Norm 58952 Teil 1, Teil 2 und Teil 3 (Drahtkörbe)
- Sterilisierbare Tabletts

negativ bemerkbar machen; gezielte Wahl ausbaufähiger Geräte kann späterem Ärger vorbeugen.

Deutlich wird diese Problematik bei der mikroskopischen Ausrüstung. Für das bakteriologische Routinelabor braucht man ein 100fach vergrößerndes Objektiv als Grundausstattung; für die Diagnostik von Pilzen oder Parasiten sind zusätzliche Objektive hilfreich, die 10fach, 25fach, 40fach vergrößern. Angeboten werden Objektive als Achromate (Korrektur der Farben grün und gelb; kein planes Bild), Apochromate (Korrektur der Farben rot, grün und gelb; Bildrandunschärfe) und als plan Achromate bzw. plan Apochromate (plane Bildebene, kaum Randunschärfe, hohe Auflösung). Ein weiterer Gesichtspunkt ist die Zunahme mikroskopischer Fluoreszenztests; z. B. die Acridinorangefärbung als empfindlicher Nachweis von Bakterien in Anreicherungen oder Blutkulturen oder Immunfluoreszenztests zum Nachweis von Streptokokken oder *Bacteroides fragilis*. Da nicht alle Mikroskoptypen zu Fluoreszenzmikroskopen aufrüstbar sind, sollten entsprechende Typen gewählt werden.

Brutschränke werden von einer Reihe von Herstellern angeboten. Neben einem unterschiedlichen Temperaturkonstanzverhalten werden hier z. T. erhebliche Preisunterschiede deutlich. Größe und Anzahl der Inkubatoren wird vom diagnostischen Spektrum bestimmt.

Als Basisgerät ist ein Inkubator erforderlich, der konstant bei 35 °C gehalten werden sollte. Auch sollte er prinzipiell die Möglichkeit bieten, neben Platten einen sogenannten Anaerobiertopf unterbringen zu können. Werden Untersuchungen auf Yersinien- oder Campylobacterkulturen durchgeführt, ist zusätzlich ein Inkubator für 28 °C bzw. 42 °C anzuschaffen. Ein Brutschrank für die Inkubation von Pilzen bei 22 °C ist nicht erforderlich; hier reicht es, die Platten bei Zimmertemperatur stehen zu lassen.

Für mikrobiologische Arbeiten wurden eine Vielzahl von Gasbrennern entwickelt. Derzeit wird noch immer hauptsächlich der Bunsenbrenner eingesetzt. Am günstigsten ist der Brenner mit Kipphebel. Daneben gibt es noch mit dem Fuß bedienbare flache Brenner, die besonders häufig bei Arbeiten mit Zellkulturen und bei Arbeiten im „Laminar Flow“ eingesetzt werden. Alternativ bietet sich der Horo-Brenner an, ein Elektrobrenner, mit dem auch unter anaeroben Gasmilieuens gearbeitet werden kann.

Die im mikrobiologischen Labor gängigsten Pipetten bzw. Volumenmeßgefäße haben ein Volumen von 100 µl/500 µl/1 ml/10 ml. Neben Geräten (z. B. Dispensetten, Kolbenhubpipetten) mit einer Fixeinstellung werden auch verstellbare Pipetten vertrieben. Diese unterscheiden sich preislich nicht wesentlich von solchen mit fixem Volumen.

Zur weiteren Grundausstattung gehört auch ein Kühlschrank. Für Agarplatten sind sogenannte Getränkekühlschränke gut geeignet. Auch hier gilt es, nicht zu kleine Größen zu wählen. Der Platzbedarf für 500 Agarplatten liegt bei ca. 100 l. Zusätzlich muß für diagnostische Medien und Antibiotikaplättchen jeweils ein ähnlich großer Platzbedarf veranschlagt werden. Es ist auch ein Tiefgefrierfach für Seren und Antibiotikalösungen einzuplanen.

Die Entsorgung von infektiösem Material sollte bevorzugt durch thermische Verfahren (Autoklav) geschehen und nur ausnahmsweise durch chemische Desinfektionsmittel (vgl. S. 23).

Für kleinere Laboratorien bieten sich Vertikal-Kleinautoklaven an. Sie haben wegen des geringen Innenraumes (ca. 20 l) eine kurze Aufheizphase; auch ist die Leistungsaufnahme recht günstig, so daß keine besonderen elektrischen Installationen erforderlich sind. Große Standautoklaven haben zwar einen größeren Innenraum (60 l und mehr), so daß mehr Material auf einmal verarbeitet werden kann, verbrauchen allerdings sehr viel Strom; außerdem sind eine gesonderte elektrische Einrichtung sowie laufende Zuführung von Wasser- und Abflußinstallationen nötig. Großautoklaven müssen regelmäßig vom Technischen Überwachungsverein überprüft werden. Instrumentenautoklaven sind nur beschränkt für die Zubereitung von Medien geeignet, da der Druck automatisch abgelassen wird; dabei kann es zum Siedeverzug in den Medien und zum Überkochen kommen.

Wasserbäder werden aufgrund ihrer guten Wärmeleitfähigkeit sowohl in der Medienküche als auch im Labor eingesetzt (die Kirby-Bauer-Methode z. B. verlangt eine flüssige Vorkultivierung der Testkeime über 4–6 Stunden). Die Temperaturanpassung der Bouillon erfolgt im Wasserbad schneller und genauer als im Brutschrank. In der Medienküche wird das Wasserbad allgemein zum Abkühlen bzw. zur Temperaturkonstanthaltung der Medien eingesetzt, z. B. bei der Zugabe von Tierblut. Eine große Genauigkeit der Temperaturkontrolle ist deshalb nicht erforderlich.

Ein pH-Meter ist für Routinezwecke im allgemeinen durch pH-Stäbchen oder pH-Papier ersetzbar; ebenso ist die Feinwaage nur bei Betrieb einer Medienküche erforderlich (S. 22).

Für das bakteriologische Routinelabor, in dem nicht mit infektiösen Aerosolen gearbeitet wird, ist weder für die Diagnostik noch für die Medienküche eine Sicherheitswerkbank erforderlich; allerdings kann damit bei der Herstellung empfindlicher Medien, wie z. B. Blut-Agarplatten, das Kontaminationsrisiko deutlich reduziert werden. Aus Praktikabilitätsgründen ist zur Medienherstellung zu einem horizontalen „Laminar Flow" zu raten, da hier die freie Arbeitsfläche erheblich größer ist als bei vertikalem Luftstrom. Eine Sicherheitskabine mit vertikalem Luftstrom ist für Arbeiten mit infektiösen Aerosolen und Stauben erforderlich. Die Kabine sollte darüber hinaus mit einer UV-Lampe zur Desinfektion ausgerüstet sein.

Neben diesen Geräten sind eine Reihe von Einwegmaterialien wie z. B. Petrischalen (vgl. Anhang) und Hilfsmittel erforderlich, bedürfen jedoch keiner besonderen Erläuterung.

Medienküche

Bei der Einrichtung der Nährbodenküche ist es zweckmäßig, die Anforderungen zu definieren und festzulegen. Nachdem entschieden ist, ob Fertigmedien prinzipiell in einigen Ausnahmefällen oder überhaupt nicht eingesetzt werden sollen, empfiehlt es sich, die Medienherstellung und Medienformulierungen anhand eines laborinternen Ordners festzulegen. Die Wahl der Medien wird in den entsprechenden Kapiteln diskutiert.

Das Spektrum der diagnostischen Medien, die eingesetzt werden sollen, bestimmt die Anforderungen an die Medienküchenausstattung. Die Nährbodenküche mit einer Basisausrüstung (Tabelle 1.13) erlaubt die Herstellung einfacher, dehydrierter Nährmedien, wie z. B. McConkey-, C.L.E.D.- und Mueller-Hinton-Agar. Hier sind im wesentlichen ein Kühlschrank, ein Autoklav und eine Waage mit einer Genauigkeit von 0,01 g erforderlich.

Die Herstellung von Medien mit einfachen Supplementen wie z. B. Tierblut oder vorgefertigten Antibiotikazusätzen erfordert zusätzlich ein Wasserbad. Zubereitung chemisch definierter Medien, Medien mit nichtkäuflichen Zusätzen, Tbc-Medien sowie Zellkulturmedien für Zytotoxizitätsnachweis von Toxinen u. ä. sind in der anspruchsvoll eingerichteten Nährbodenküche mit zusätzlicher Analysenwaage, pH-Meter und Sterilwerkbank (horizontaler „Laminar Flow“) erst sicher durchführbar.

Die Anordnung der Gerätschaften in einer Medienküche sollte einen organisierten und zügigen Arbeitsablauf erlauben. Die Trockenmedien sollten übersichtlich geordnet sein, z. B. alphabetisch in einem Glasschrank. Eine genügende Anzahl sauberer Glasgefäße muß bereitstehen, ebenso wie der tägliche Bedarf an Petrischalen. Ein Standarbeitstisch (Höhe ca. 1,10 m) mit mindestens 2 lfd m Arbeitsfläche erlaubt bequemes und sicheres Gießen von Agarplatten. Dieser Tisch sollte nach Möglichkeit wegen der Lichtverhältnisse am Fenster stehen, aber vor direktem Luftstrom (z. B. Klimaanlage) geschützt sein. Ist der Anschluß der Reinwasseranlage in der Medienküche nicht möglich, kann die Versorgung durch eine ausreichende Menge an Reinwasser, z. B. in 10 l Behältern aus Kunststoff, erfolgen.

Tabelle 1.13. Nährbodenküche

Basisausrüstung

1. 1 Autoklav
2. 1 Kühlschrank
3. Bechergläser
4. Meßzylinder (500 ml, 1000 ml)
5. 1-l-Enghals-Flaschen
6. Es sollte mindestens 2 lfd m Arbeitsfläche vorhanden sein, nach Möglichkeit mit einer Tischhöhe von 1,10 m als Standarbeitsplatz ausgerichtet

Ausbaustufe I

1. Feinwaage 0,01 g Genauigkeit
2. pH-Meter, ggf. ersetzbar durch pH-Papier
3. Wasserbad (erforderlich, wenn Supplemente oder Blut zugesetzt werden)

Ausbaustufe II

Entsorgung infektiösen Materials

Da klinische Materialien prinzipiell als infektiös kontaminiert betrachtet werden müssen, stellen solche Abfälle, natürlich insbesondere Kulturabfälle, eine Infektionsquelle für Mensch und Tier dar und können somit Gesundheit und Wohlbefinden der Umwelt beeinträchtigen. Nach § 2 des Abfallgesetzes muß die Entsorgung so erfolgen, daß für die Allgemeinheit kein Schaden entstehen kann (AbfG, Bundesgesetzblatt I, 1977). Die Regelung der Abfallhandhabung wird durch Ländergesetze und -verordnungen geregelt. Verantwortlich für die korrekte Handhabung des infektiösen Abfalls ist der ärztliche Leiter des Labors. In größeren Einheiten wie z. B. Krankenhäusern ist zwar ein Betriebsbeauftragter für den Abfall oder ein Hygienebeauftragter für die ordnungsgemäße Entsorgung zuständig, doch bleibt auch hier die alleinige Verantwortung bei dem ärztlichen Leiter.

Die regelrechte Entsorgung infektiöser Materialien und Abfälle stellt insbesondere kleinere Laboratorien immer wieder vor Probleme. Die auch heute noch geübte Praxis der Entsorgung infektiöser Materialien mittels Desinfektionsmittel sollte die Ausnahme darstellen; die endgültige Dekontamination (Desinfektion) mit lebenden Keimen beimpfter fester und flüssiger Kulturen u.ä. sollte durch ein thermisches Verfahren (z.B. Autoklavieren) mindestens 2 × wöchentlich erfolgen. Der thermisch sterilisierte Abfall ist nun nicht mehr infektiös und kann mit dem Hausmüll beseitigt werden [21].

Ist die thermische Desinfektion nicht möglich, bieten sich als Alternativverfahren das Sammeln in Zwischenlagern und Abgabe an eine Verbrennungsanlage oder im Ausnahmefall die chemische Desinfektion an. Das Sammeln des Abfalls muß in bruchsicheren und verschlossenen Behältern in einem Zwischenlager (gesonderter, abschließbarer Raum mit einer Temperatur unter 15 °C) erfolgen. In der Zwischenzeit haben sich in einigen Bundesländern kommerzielle Unternehmen des Abtransportes von infektiösen Materialien angenommen.

Die chemische Desinfektion hat sich mit einer Reihe von Substanzklassen wie quartäre Ammoniumbasen, Alkohole, Schwermetallionen, Phenolderivate usw. als Desinfektionsmittel geeignet nachweisen lassen. Sie ist sinnvoll bei der vorläufigen Desinfektion von Drigalskispateln, Pasteurpipetten usw., in der Flächendesinfektion und der hygienischen Händedesinfektion. Heute sind im allgemeinen Kombinationen der verschiedensten Wirksubstanzen auf dem Markt; allerdings sollte nicht jedes Desinfektionsmittel verwendet werden, sondern nur solche, die nach den aktuellen Richtlinien der Deutschen Gesellschaft für Hygiene und Mikrobiologie, des Bundesgesundheitsamtes oder des Deutschen Arzneibuches geprüft und akzeptiert wurden.

Literatur

1. Allgemeine Laboratoriumsmedizin (1985) Einteilung medizinischer Laboratorien. DIN-Norm 58937 Teil 1. Beuth, Berlin
2. Angriffhemmende Verglasung (1984) Prüfung auf durchbruchhemmende Eigenschaften und Klasseneinteilung. DIN-Norm 52290 Teil 3. Beuth, Berlin
3. Arbeitsstättenverordnung (1975) Bundesgesetzblatt I, S 729
4. Biosafety in microbiological and biomedical laboratories (1984) HHS Publication No. (CDC) 84-8395, US Department of Health and Human Services
5. Classification of etiologic agents on the basis of hazard, 4th ed, CDC-Atlanta, USA, July 1979
6. Gesetz zur Verhütung und Bekämpfung übertragbarer Krankheiten beim Menschen (Bundes-Seuchengesetz), vom 18. Juli 1961 in der Fassung vom 18. Dezember 1979, zuletzt geändert durch Gesetz vom 18. August 1980, BGBl. I, 1469, BGBl. I (1979), Nr. 75, S 2262–2281 Schumacher-Meyn (1982) Bundes-Seuchengesetz, 2. Aufl Deutscher Gemeindeverlag. Kohlhammer, Köln
7. Gesetz über die Beseitigung von Abfällen (Abfallbeseitigungsgesetz AbfG), vom 7. Juni 1972 in der Fassung vom 5. Januar 1977, zuletzt geändert durch AbfGÄndG 2 vom 4. März 1982, Bundesgesetzblatt I (1977) Nr. 2:41–51
8. Gesetz über die Beseitigung von Tierkörpern, Tierkörperteilen und tierischen Erzeugnissen (Tierkörperbeseitigungsgesetz – TierKBG), Bundesgesetzblatt I (1975) 104:2313–2320
9. Innenraumbeleuchtung mit künstlichem Licht; Begriffe und allgemeine Anforderungen (1984) DIN-Norm 5035 Teil 1. Beuth, Berlin
10. Laboratory safety at the Center of Disease Control (1975) CDC – Atlanta, USA
11. Medizinische Mikrobiologie: Medizinisch-mikrobiologische Laboratorien; Zuordnung von Mikroorganismen zu Risiko-Gruppen I–IV. DIN-Norm 58956 Teil 1. Beiblatt 1 (1984) Beuth, Berlin
12. Medizinische Mikrobiologie; medizinisch-mikrobiologische Laboratorien; Anforderung an die Entsorgung; sicherheitstechnische Anforderungen und Prüfungen. DIN-Norm 58956 Teil 4 (1984) Beuth, Berlin
13. Medizinische Mikrobiologie; Medizinisch-mikrobiologische Laboratorien; Begriffe; Risikobereiche; Räumlichkeiten; sicherheitstechnische Anforderungen und Prüfungen. DIN-Norm 58956 Teil 1 (1984) Beuth, Berlin
14. Medizinische Mikrobiologie; Medizinisch-mikrobiologische Laboratorien; Anforderungen an den Organisationsplan. DIN-Norm 58956 Teil 3 (1984), Beuth, Berlin
15. Medizinische Mikrobiologie; Medizinisch-mikrobiologische Laboratorien; Anforderungen an die Ausstattung. DIN-Norm 58956 Teil 2 (1984) Beuth, Berlin
16. Report by the working group on the development of emergency services (1979) WHO-Special Programme on Safety Measures in Microbiology, Geneva, 6–9 March
17. Richtlinien für die Erkrankung, Verhütung und Bekämpfung von Krankenhausinfektionen „Die Beseitigung von Abfällen aus Krankenhäusern, Arztpraxen und sonstigen Einrichtungen des medizinischen Bereiches", Bundesgesetzblatt (1974) 17:335–357
18. Tageslicht in Innenräumen; allgemeine Anforderungen. DIN-Norm 5024 Teil 1 (1984) Beuth, Berlin
19. Unfallverhütungsvorschrift „Allgemeine Vorschriften" (1980) VBG 1
20. Unfallverhütungsvorschrift „Gesundheitsdienst" (1982) VBG 103
21. Daschner F (1988) Das Geschäft mit Müll aus Praxis und Klinik. Dtsch Ärzteblatt 85:1122–1123
22. Kierski, Mussgay (1981) Vorläufige Empfehlungen für den Umgang mit pathogenen Mikroorganismen und für die Klassifikation von Mikroorganismen und Krankheitserregern nach den im Umgang mit ihnen auftretenden Gefahren. Bundesgesundheitsblatt 24:347–359

23. Maass G (1985) Beschäftigung Schwangerer in medizinischen Laboratorien. Berufsverband Deutscher Laborärzte e.V. Laboratoriumsmedizin 11:109–111
24. Maass G (1988) Beschäftigung Schwangerer in medizinischen Laboratorien. Berufsverband Deutscher Laborärzte e.V. Laboratoriumsmedizin 12:9–12
25. Müller HE (1988) Risikofaktoren und Risikoabschätzungen in Tuberkuloselaboratorien. Ergebnisse einer Umfrage. Labormedizin 12:284–289
26. Näveke R, Tepper KP (1979) Einführung in die mikrobiologischen Arbeitsmethoden mit Praktikumsaufgaben. Fischer, Stuttgart New York
27. Werk R (1989) Bakteriologie der Urogenitalinfektionen. Thieme, Stuttgart

Kapitel II
Das mikrobiologische Laboratorium

Sterilisation

Sterilisieren bedeutet das Abtöten aller lebenden Substanz einschließlich der Bakteriensporen. Dazu steht eine Reihe von Verfahren zur Verfügung, jedoch seien hier nur Filtrations- und thermische Verfahren zur Sterilisation erwähnt. Die Dekontamination mit ultraviolettem Licht ist ein zwar noch gängiges, aber unzuverlässiges Verfahren.

Sterilisation durch
- trockene Hitze
- feuchte Hitze (Autoklavieren)
- Ausglühen in der Flamme
- Sterilfiltration

Nicht jedes Verfahren eignet sich zum generellen Einsatz. So können mit Heißluftsterilisation nur Glaswaren und Metallgegenstände entkeimt werden; Gummi und Holz würden bei zu hohen Temperaturen entweder zerstört oder entflammt. Als schonendes Sterilisationsverfahren, das sich sowohl für die Entsorgung als auch für die Sterilisation von Medien und empfindlichen Gegenständen eignet, hat sich das Autoklavieren durchgesetzt.

Zur vorläufigen Entsorgung am Arbeitsplatz ist das „Abwerfen“ kontaminierter Materialien in Desinfektionsmittel geeignet. Das Ausglühen in der Flamme, im Fachjargon als „Abflammen“ bezeichnet, wird zur Sterilisation von Impfösen und -nadeln verwandt.

Heißluftsterilisation

Die Abtötung durch trockene Hitze beruht auf irreversibler Zerstörung der Zellproteine. Die verschiedenen Keime werden unterschiedlich rasch abgetötet; während 90% einer *Bacillus stearothermophilus*-Sporensuspension innerhalb von 0,7 Sekunden bei 160 °C nicht mehr lebensfähig sind, bedarf es bei Sporen von Bodenbakterien 90 Minuten bei 160 °C. Folgende Bedingungen müssen erfüllt sein:

1. Der Heißluftsterilisator muß entsprechend den Richtlinien des Technischen Überwachungsvereins konstruiert sein und mindestens eine Innentemperatur von 200 °C erbringen.

2. Vor Inbetriebnahme und in regelmäßigen Abständen muß zur Überprüfung der Funktionstüchtigkeit eine Kontrolle mit Erdsporenpäckchen entsprechend der DIN-Norm 58947 durchgeführt werden.
3. Routinemäßig sollte die laufende Kontrolle durch Farbindikatoren, Schmelzpunktröhrchen oder Farbstreifen anzeigen, ob die erforderliche Sterilisationstemperatur erreicht worden ist. Als preiswerte Alternative kann die Braunverfärbung einer walnußgroßen Verbandwatteflocke herangezogen werden.

Sterilisation durch feuchte Hitze

Für die Sterilisation von Medien, Entsorgung infektiöser Abfälle sowie Sterilisation empfindlicher Materialien hat sich die Anwendung von feuchter Hitze bewährt. Bei der Anwendung von feuchter Hitze zur Sterilisation (=Autoklavieren) wird eine zusätzliche Energie, die der Kondensation von Wasser, zur Keiminaktivierung eingesetzt. Somit kann die effektive Temperatur von 180 °C auf 134 °C bzw. 121 °C reduziert werden. Wichtig ist, daß zunächst die im Sterilisator bzw. in dem zu sterilisierenden Gut vorhandene Luft über ein Strömungs- oder Vakuumverfahren beseitigt wird, um danach ausschließlich Heißdampf von 121 °C (2 bar) oder 134 °C (3 bar) zur Einwirkung auf das zu sterilisierende Gut gelangen zu lassen. Üblich ist, daß in einem fraktionierten Vakuumverfahren mit jeweils folgendem Dampfeinlaß der Restluftgehalt auf ein Minimum gesenkt wird (der Restluftgehalt muß weniger als 10% betragen). Somit ist gewährleistet, daß die Inaktivierung der Keime nahezu ausschließlich durch die Einwirkung von feuchter Hitze erfolgt. Wie bei der Hitzesterilisation kommt es zu einer Zerstörung der Eiweißmoleküle. Die verschiedenen Keime sind gegenüber diesen Sterilisationsverfahren unterschiedlich resistent. Die Einordnung erfolgt in die sogenannten Dampfresistenzgruppen I–IV (Tabelle 2.1). Da in der medizinischen Mikrobiologie nur die Dampfresistenzgruppen I–III wichtig sind und Gruppe IV keine Bedeutung hat, da diese Keime nicht für die medizinische Mikrobiologie relevant sind, ergibt sich, daß eine Temperatur von 121 °C und ein Druck von 2 bar ausreichen, um die wichtigsten Keime abzutöten.

Aus dem zeitlichen Ablauf der Sterilisation ist zu entnehmen, daß erst nach einer Steige- und Ausgleichszeit eine gleichmäßige Temperatur im Sterilisationsraum und Sterilisationsgut herrscht. Daher wird aus Sicherheitsgründen die eigentliche Abtötungszeit verdoppelt. Die Richtlinien für die Sterilisation sind in der DIN-Norm 58946 festgehalten. Nach Beendigung des Sterilisationsvorganges ist darauf zu achten, daß das sterilisierte Gut im trockenen Zustand dem Sterilisator entnommen wird, da Restfeuchte in und an der Verpackung zu einer Rekontamination führen kann. Wie bei der Heißluftsterilisation erfolgt die Überprüfung des Sterilisationsvorganges routinemäßig durch die „timecard"-Indikatoren. In halbjährlichen Abständen muß eine biologische Kontrolle mit einer Sporenerde gemäß der DIN-Norm 58946 durchgeführt werden.

Tabelle 2.1. Dampfresistenz von Bakterien und Pilzen (nach [4])

Resistenz-stufe	Keime	Abtötungszeit
I	Vegetative Zellen von Bakterien, Pilzen, Viren Pilzsporen	100 °C, 1 sec–1 min
II	*Bacillus anthracis* Sporen	100 °C, 15 min
III	Erdsporen, anaerobe Sporenbildner	121 °C, 10 min
IV	Thermophile Erdsporen	121 °C, mehrere Stunden

Technische Durchführung

Vor dem Autoklavieren ist zu gewährleisten, daß genügend Wasser am Boden des Autoklaven vorhanden ist. Die Gefäße sollten senkrecht auf den Einsatz gestellt werden und mit einer Aluminiumfolie abgedeckt sein; insbesondere Watte und Papierteile sollten vor Kondensationswasser mit einer Aluminiumfolie geschützt werden. Nach dem Schließen des Autoklaven sind die Ventile zu öffnen, damit der sich entwickelnde Wasserdampf die Luft verdrängen kann. Da doch erheblich Wasserdampf entwickelt wird, sollte man bei Autoklaven, die keine Wasserdampfkondensationsanlage haben, den einströmenden Wasserdampf über einen Schlauch in ein Gefäß mit kaltem Wasser einleiten, um zu verhindern, daß nach dem Autoklavieren die Raumluft mit Wasserdampf gesättigt ist. Ventile dürfen erst geschlossen werden, wenn nur noch Wasserdampf und keine Luft mehr aus dem Ablaßventil strömt und die Temperatur auf 100 °C gestiegen ist. Nach der Anheizphase (Ausgleichsphase) beginnt die eigentliche Sterilisationsphase, in der sich der Druck in Abhängigkeit von der Temperatur erhöht. Sie richtet sich nach der Größe der Gefäße (Tabelle 2.2). Bei größeren Mengen besteht ein Temperaturgradient zum Gefäßinneren hin. Wie zuvor schon erwähnt, reichen im allgemeinen für kleine Mengen 5 Minuten Sterilisationszeit aus; allerdings wird aus Sicherheits-

Tabelle 2.2. Sterilisationszeit für Flüssigkeiten in verschiedenen Gefäßen im Autoklaven (nach [9])

Gefäße	Volumen	Abtötungszeit
Reagenzgläser	5 ml	7–10 min
Reagenzgläser	20 ml	12–14 min
Erlenmeyer-Kolben	50 ml	12–14 min
Erlenmeyer-Kolben	200 ml	12–15 min
Erlenmeyer-Kolben	1000 ml	20–25 min
Erlenmeyer-Kolben	2000 ml	30–35 min
Flasche	9000 ml	50–55 min

gründen die Sterilisationsfrist verdoppelt (Sicherheitszeit), also auf 10 Minuten. Nach Abschalten der Heizung kühlt der Wasserdampf allmählich ab und kondensiert. Bei kleineren Gefäßen kann schon bei 80 °C der Druckausgleich vorsichtig hergestellt werden. Bei Gefäßen über 1 Liter Inhalt sollte mit dem Temperaturausgleich noch bis 50 °C gewartet werden, da solche Volumen langsamer abkühlen und es zum Siedeverzug kommen kann.

Sterilfiltration

Das Autoklavieren ist das Mittel der Wahl zur Sterilisation von Medien. Diese Methode kann jedoch nicht benutzt werden, wenn das Medium hitzestabile Bestandteile (z. B. Antibiotika, Aminosäuren, Vitamine u. a.) enthält. In diesem Fall bedient man sich der Sterilfiltration, einer Methode, bei der das Medium durch einen Filter gepreßt oder gesaugt wird, dessen Porengröße so beschaffen ist, daß die Bakterien vom Medium getrennt, d. h. von der Membrane zurückgehalten werden. Die Porengröße der Filter (im allgemeinen Filterblättchen mit der Standardporengröße von 0,45 µm) ist kleiner als der kleinste Durchmesser von Bakterien. Die technische Durchführung richtet sich nach der Art der verwendeten Anlage.

Technische Durchführung

Bei wiederverwendbaren Einheiten werden diese nach Einlegen des bakteriendichten Filters in Alufolie verpackt und 20 Minuten lang bei 121 °C autoklaviert. Nach dem Abkühlen kann in den oberen Vorratsbehältern die unsterile Lösung gefüllt und durch Unterdruck mittels Wasserstrahlpumpe in den sterilen Auffangbehälter gesaugt werden. Alternativ gibt es auch kleine Sterilfiltrationsanlagen, die auf eine Spritze aufgesetzt werden können. Entweder wird das Medium durch den Filter in die Spritze gesaugt oder mit Hilfe der Spritze durch den Filter in ein steriles Gefäß gedrückt.

Bakteriologische Wachstumsmedien

Zusammensetzung bakteriologischer Wachstumsmedien

Grundsätzliche Voraussetzung für das Wachstum von Mikroorganismen ist das Vorhandensein von Wasser. In flüssigen Kulturen steht den Organismen das Wasser in nahezu unbegrenzter Menge zur Verfügung, während auf festen Substraten andere Verhältnisse vorherrschen. Hier spielt weniger der absolute Wassergehalt im Agar eine Rolle, als vielmehr die Wassermenge, die den Mikroorganismen tatsächlich zur Verfügung steht. Sie ist abhängig vom Wasserdampfdruck des Substrates und von der Feuchtigkeit der umgebenden Luft. Zwischen beiden herrscht ein Gleichgewicht. Zum optimalen Wachstum in festen Substraten benötigen Bakterien z. B. einen höheren Wassergehalt als Hefen und Schimmelpilze.

Als Energiequelle dienen den meisten Mikroorganismen organische Substrate (Kohlenwasserstoffverbindungen wie Stärke, Zucker, organische Fette). Der Ab- bzw. Umbau dieser energiereichen Verbindungen liefert einerseits andere Kohlenstoffverbindungen, die zum Zellwachstum benötigt werden, andererseits Energie. Als Stickstoffquellen und Schwefelquellen können in vielen Fällen anorganische Verbindungen assimiliert werden. Im anderen Fall wird der Stickstoff aus komplexen Substraten wie Hefeextrakt, Peptonen oder aus definierten Stickstoff-haltigen Nährträgern von Harnstoff, Purinen und verschiedenen Aminosäuren gewonnen. Weiterhin benötigen Mikroorganismen die Elemente Sauerstoff, Wasserstoff, Phosphor, Kalium, Kalzium, Magnesium, Eisen und Schwefel und Spurenelemente wie Mangan, Kupfer, Zink, Molybdän, Kobalt u. a., die zur Aufrechterhaltung des Ionenmilieus und zur Bildung von räumlich angeordneten Eiweißstrukturen dienen. Darüber hinaus spielen Spurenelemente eine Rolle als Cofaktoren bei enzymatischen Reaktionen. Da einige Mikroorganismen auxotroph gegenüber Vitaminen sind, d. h. sie können die Vitamine nicht selbst synthetisieren, müssen diese dem Nährsubstrat in geeigneter Konzentration zugesetzt werden. Es handelt sich dabei um Nicotinsäure, Thiamin, Pyridoxalphosphat, Panthothensäure usw. Häufig werden diese genannten Vitamine in Form komplexer Substrate, z. B. Hefeextrakt, zugeführt.

Weitere Entwicklungsbedingungen sind die Wasserstoffionenkonzentrationen, der pH-Wert, die Temperatur und die Sauerstoffkonzentration. Pauschal kann gesagt werden, daß pathogene Bakterien eher im alkalischen Milieu, Sproßpilze eher im schwachsauren wachsen. Jeder Mikroorganismus hat in einem bestimmten Temperaturbereich sein Wachstumsoptimum. Für die meisten menschenpathogenen Keime liegt dieses zwischen 25 °C und 37 °C.

Der Sauerstoff spielt eine wesentliche Rolle bei der oxidativen Phosphorylierung (aerobe Energiegewinnung) bzw. bei der anaeroben Glykolyse (anaerobe Energiegewinnung).

Das bakterielle Wachstum ist an ein ausgewogenes Nährstoffangebot und bestimmte Wachstumsbedingungen gebunden; daher dürfen die chemische Zusammensetzung und die Konzentration der einzelnen Substanzen nur in einem gewissen Bereich schwanken; zu starke Abweichungen können zur Wachstumshemmung von einzelnen Mikroorganismen oder -gruppen führen.

In der diagnostischen Bakteriologie ist mit Keimen unterschiedlichster Nährstoffbedürfnisse zu rechnen. Daher ist es nötig, Medien einzusetzen, die möglichst vielen Bakterien das Wachstum erlauben. Daneben sind Medien (Selektivmedien) erforderlich, um bestimmte Erreger/Erregergruppen so rasch wie möglich zu erkennen.

Unterschiedliche Zwecke und Zielsetzungen haben zu einer Vielzahl von Nährbodenformulierungen geführt. Eine grobe, pragmatische Schematisierung in Voll-, Minimal-, Selektiv- und Differentialmedien sowie Fest- und Flüssigmedien ist möglich.

Medienarten

Ein Minimalmedium ist ein nährstoffarmes Medium, das die Mindestansprüche der zu untersuchenden Bakterien erfüllt. Hier müssen eingehende Kenntnisse der Nährstoffbedürfnisse vorliegen.

Ein Vollmedium ist ein nährstoffreiches Medium, das die Nährstoffansprüche einer großen Zahl von Bakterienarten erfüllt. Hier müssen keine eingehenden Kenntnisse der Nährstoffbedürfnisse vorliegen.

Oft sind klinische Materialien mit der Standortflora kontaminiert. Es gilt also, unerwünschte Keime von den gesuchten pathogenen abzutrennen. Selektivmedien sollen

1. die Begleitflora möglichst komplett unterdrücken
2. die gesuchten Bakterien nicht durch selektierende Bedingungen hemmen oder schädigen
3. eine einfache Differenzierung erlauben.

Selektionierende Substanzen sind in den Tabellen 2.3–2.5 angegeben. Nicht nur durch Zusätze, sondern auch durch Veränderungen des Gasmilieus, der Ionenstärke, des pH-Wertes und der Temperatur können selektionierende Bedingungen geschaffen werden.

So wachsen unter anaeroben Bedingungen keine Keime, die Sauerstoff benötigen, wie z.B. *Pseudomonas aeruginosa*. Durch Erhöhung der Ionenstärke, wie durch Zugabe von Natriumchlorid haben u.a. *Enterococcus faecalis* oder Staphylokokken Wachstumsvorteile.

Differentialnährböden erlauben aufgrund einfacher biochemischer oder physiologischer Reaktionen eine Unterscheidungs- und Differenzierungsmöglichkeit. Der Zusatz von Laktose als Kohlenstoffquelle sowie eines Farbindikators ist ein gängiges Verfahren zur Differenzierung der Enterobakterien. Wird der Zucker zur Säure abgebaut, kommt es zu einem Farbumschlag im Umkreis der Kolonie.

Flüssigmedien dienen der Anzucht und Anreicherung von pathogenen Keimen, die in geringer Zahl vorliegen oder eventuell geschädigt sind. Da hier die

Tabelle 2.3. Substanzen mit wachstumshemmenden Eigenschaften für gramnegative Keime (nach [10])

Substanz	Endkonzentration/ml Medium
Carbenicillin	15 μg
Cefalotin	30 μg
Cefazolin	10 μg
Cefoxitin	15 μg
Cefamandol	15 μg
Cefoperazon (außer Campylobacter)	15 μg
Cefsulodin (außer Yersinia)	15 μg
Colistin	5–10 μg
Polymyxin	10–30 μg
Trimethoprim	5 μg
Gentamicin	3 μg
Kanamycin	12 μg
Neomycin	4 μg
Streptomycin	12 μg
Tobramycin	3 μg
Chloramphenicol	50 μg
Nalidixinsäure	10 μg
Natriumazid	150–200 μg
Cetrimid (Cetyltrimethylbromid außer Pseudomonas)	300 μg
Lithiumchlorid	5 mg
Natriumchlorid	50 mg
Tellurit	100 μg
Thalliumacetat	350 μg

Tabelle 2.4. Substanzen mit wachstumshemmenden Eigenschaften für Sproßpilze (nach [10])

Substanz	Endkonzentration/ml Medium
Amphotericin B	1–2 μg
5-Fluorcytosin	3 μg
Nystatin	12,5 IE
Cycloheximid	500 μg

Nährstoffversorgung der einzelnen Zellen günstiger ist als auf festen Medien, ist auch die Wachstumsrate schneller. Bei einer Keimeinsaat von 10^4 bis 10^5 Keimen/ml Bouillon kann nach 4–6 Stunden deutliches Wachstum festgestellt werden. Der Nachteil von Flüssigkulturen ist, daß Mischkulturen nicht erkannt werden können. Da auf festen Nährmedien Artengemische vereinzelt werden können, ist eine Unterscheidung aufgrund der Koloniemorphologie möglich. Erst mit der Einführung der Gelatine und später des Agar-Agar zur Verfestigung der Nährmedien durch die Arbeitsgruppe Koch wurde somit die diagnostische Mikrobiologie ermöglicht.

Tabelle 2.5. Substanzen mit wachstumshemmenden Eigenschaften für grampositive Keime (nach [10])

Substanz	Endkonzentration/ml Medium
Penicillin G	1000 IE
Ampicillin	10–15 μg
Carbenicillin	15–30 μg
Novobiocin	2,5–5 μg
Cefalotin	15 μg
Cefazolin	15 μg
Cefamandol	4–15 μg
Cefoxitin	16 μg
Gentamicin (außer Streptokokken)	1–3 μg
Kanamycin (außer Streptokokken)	100 μg
Neomycin (außer Streptokokken)	3–10 μg
Streptomycin (außer Streptokokken)	12 μg
Tobramycin (außer Streptokokken)	2–5 μg
Trimethoprim	3–5 μg
Anisomycin	8 μg
Vancomycin	0,5–10 μg
Bacitracin	2,5 IE
Lincomycin	10 μg
Brillantgrün	25 μg
Desoxycholat	1–2,5 mg
Eosin	400 μg
Gentianaviolett	40 μg
Kristallviolett	1–10 μg
Natriumlaurysulfat	100 μg
Selenit	4 μg
Tergitol 7 (Natriumheptadecylsulfat)	100 μg

Auswahl der Medien

Die verschiedenen Medien (Tabelle 2.6) bieten durch unterschiedliche Nährstoffangebote und -milieus Vor- und Nachteile, die allerdings bei wenig empfindlichen Keimen, wie sie z. B. in der bakteriologischen Urindiagnostik eine Rolle spielen, unerheblich sind. Die Wahl der Medien orientiert sich im wesentlichen an dem zu erwartenden Keimspektrum und der individuellen Entscheidung des Untersuchers.

Prinzipiell sollten Vollmedien mit Selektivmedien kombiniert werden, um eine möglichst vollständige Erfassung der bakteriologischen Infektion zu gewährleisten. Lediglich bei Harnwegsinfektionen, bei denen in 80% der Fälle Monokulturen vorliegen, reicht ein Vollmedium zur Diagnostik aus. Keinesfalls dürfen Selektivmedien allein eingesetzt werden, da sonst eine diagnostische Einschränkung in Kauf genommen wird.

Tabelle 2.6. Verhalten einiger pathogener Keime auf verschiedenen Differentialmedien (nach [10])

Medium	*Escherichia coli*	*Klebsiella* spp.	*Proteus* spp.	*Pseudomonas* spp.	*Enterococcus faecalis*	*Staphylococcus aureus*	*Serratia* spp. *Enterobacter* spp.
C.L.E.D.-Agar	Gelbe, opake Kolonien	Gelbliche bis weißlichblaue Kolonien	Durchsichtige blaue Kolonien, übermäßiges Schwärmen wird unterdrückt	Grüne Kolonien, matte Oberfläche, blaue Zonen um unregelmäßige Kolonienränder	Kleine gelbe Kolonien ∅ ca. 0,5 mm, opak	Dunkelgelbe gleichmäßig gefärbte Kolonien, etwas größer als von Streptokokken	Große farblose Kolonien mit blauen Zonen
ENDO-Agar	Rosarote Kolonien mit Metallglanz (kräftige Rötung des umgebenden Mediums)	Dicke, schleimige, rote, meist jedoch ungefärbte Kolonien, manchmal unbeständiger Metallglanz	Farblose bis leicht rosa Kolonien, glasig	Grünliche bis rosa Kolonien	Im Wachstum gehemmt	Im Wachstum gehemmt	Rosarote leicht metallisch glänzende Kolonien
EMB-Agar	Grünlich bis blauschwarz im durchscheinenden Licht; im reflektierenden Licht metallisch glänzend	Groß, bräunlich, schleimig	Farblose Kolonien	Farblos gezackt	Kein Wachstum	Klein, farblos, Nadelspitz-Kolonien	Grünliche, kleine Kolonien
Desoxycholat-Agar	Rosa bis rote Kolonien mit Präzipitathof, flach, klein	Farblos mit rosa Zentrum, schleimig	Farblose Kolonien mit schwarzem Zentrum	Farblose bis bräunliche Kolonien	Kein Wachstum	Kein Wachstum	Rosarote flache kleine Kolonien
McConkey-Agar	Flach, kräftig rote Kolonien	Farblos mit rosa Zentrum, schleimig	Farblose Kolonien	Farblose unregelmäßig geformte Kolonien	Wachstum gegehemmt	Vereinzelt als opake winzig kleine Kolonien	Rote, flache kleine Kolonien
Chinablau-Laktose-Agar	Flache bis mäßig erhabene, blaue Kolonien	Schleimig, farblose Kolonien mit blauem Zentrum	Farblose Kolonien, ca. 2 mm groß	Farblos, unregelmäßig	Stecknadelkopfgroße, dunkelblaue Kolonien	1 mm große weißliche bis blaue Kolonien	Bläuliche, flache Kolonien

Wasserqualität

Brauchwasser enthält Reste organischer Verbindungen, wie z. B. Tenside aus Waschmitteln. Durch die Chlorierung des Wassers werden diese organischen Verbindungen halogeniert und üben z.T. einen deutlichen antimikrobiellen Effekt aus. Daher sollte Leitungswasser nicht ohne vorherige Aufreinigung für die Herstellung von bakteriologischen Nährmedien eingesetzt werden. Das Wasser muß voll entsalzt und ohne organische Verbindungen sein. Zur Wasseraufbereitung bieten sich folgende Verfahren an:

1. Destillation
Wasser wird erhitzt und das Kondenswasser aufgefangen; die Salze, die im Wasser vorhanden waren, bleiben zurück. Der Vorteil ist sehr reines Wasser von 2 bis 4 Siemens. Allerdings können bei älteren Destillationsapparaten Mineralien und Schwermetalle wie Kupfer, die antimikrobiell wirken, an das Wasser abgegeben werden. Ein weiterer Gesichtspunkt ist die sehr hohe Energieaufnahme bei recht geringer Leistungskapazität.

2. Ionen-Austauscher
Eine schnelle und preiswerte Entsalzung wird über Ionenaustauschharze erreicht. Als Nachteile erweisen sich oft toxische Abbauprodukte der Harze, die insbesondere bei frischen Harzen auftreten, sowie die relativ häufige Besiedlung mit bis zu 10^6 Keimen/ml Mikroorganismen. Empfehlenswert ist eine Vorreinigung über einen Aktivkohlefilter. Die Leitfähigkeit liegt hier im Bereich bis zu 0,1 Siemens.

3. Umkehrosmose
Wenn zwei gleiche Volumina durch eine semipermeable Membrane getrennt werden, tritt das reine Wasser durch die Membrane, um die stärker konzentrierte Lösung zu verdünnen (Osmose). Den Druck, der erforderlich ist, den Wasserspiegel auf beiden Seiten der Membrane wieder auszugleichen, nennt man osmotischen Druck. Wenn ein Druck ausgeglichen wird, der größer ist als der osmotische Druck, so spricht man von Umkehrosmose. Hierbei wird Wasser durch die semipermeable Membrane gepreßt und Kontaminenten wie organische Bestandteile und Salze usw. verbleiben auf der Eingangsseite der Membrane. Dieses System entfernt ca. 90% der monovalenten Ionen, 95% der bivalenten Ionen, 99% aller organischen Substanzen und 99% der Partikel und Bakterien. Als nachteilig erweist sich eine gelegentliche Besiedlung der Membrane mit Mikroorganismen; auch muß der Vorfilter monatlich gewechselt werden. Der Reinheitsgrad des Wassers liegt bei einer Leitfähigkeit von 3–5 Siemens.

Heute sind Umkehrosmose, Ionenaustausch, Aktivkohleadsorption und Membranfiltration nicht nur aus Kostengründen der Destillation vorzuziehen, sondern sie sind auch geeignet, größere Mengen an Reinstwasser innerhalb kurzer Zeit zu erbringen. Eine Kombination der Verfahren ist sinnvoll, wenn kostengünstig ein besonderer Reinheitsgrad erzielt werden soll.

Herstellung von Medien

Entsprechend der Mediumformulierung ist zuerst die erforderliche Wassermenge in ein genügend großes Enghalsgefäß zu geben (das Gefäß sollte nicht mehr als ¾ gefüllt werden) und erst dann die entsprechende Menge an Trokkenmedium. Nach dem Suspendieren wird im Wasserbad unter gelegentlichem Schwenken – um das Karamelisieren des Mediums am Boden zu vermeiden – der Agar unter Erwärmung gelöst. Anschließend wird bei 121 °C in Abhängigkeit von der Menge zwischen 10 und 30 Minuten autoklaviert.

Zugabe von Supplementen

Da Supplemente durchweg hitzeempfindlich sind, muß das Medium nach dem Autoklavieren im Wasserbad auf 45 °C abgekühlt werden; danach wird steril die entsprechende Menge des Supplements zugegeben und durch leichtes Schwenken im Medium gleichmäßig verteilt. (Nicht schütteln, da sonst Luftblasen entstehen!)

Zugabe von Blut

Vor der Herstellung von Blut-Agarplatten muß überprüft werden, ob das Blut noch verwendbar ist. Tierblut wird defibriniert und ohne stabilisierende Zusätze geliefert. Die Verfallzeit liegt bei ca. 14 Tagen. Weiterhin sollte die Qualität der Petrischalen beachtet werden. Bei Bebrütung unter CO_2-Atmosphäre kann es in Abhängigkeit von dem Kunststoff der Petrischalen zur Hämolyse kommen. Optimale Resultate werden erzielt, wenn zimmertemperaturwarmes Blut bei 40 °C Medientemperatur zugegeben wird und die Platten möglichst rasch gegossen und abgekühlt werden. Je höher die Temperatur des Mediums bei Zugabe des Blutes ist und je länger dieses Blut bei hohen Temperaturen gehalten wird, um so rascher hämolysieren die Erythrozyten. Erkennbar sind hämolysearme Blutplatten an ihrer frischroten Farbe. Insbesondere Pferdeblut ist empfindlich gegenüber Hämolyse.

Gießen von Agarplatten

Für wissenschaftliche Untersuchungen ist die exakte Schichtdicke von Agarplatten wichtig; daher sollen für solche Versuche (z. B. experimenteller Agardiffusionstest oder experimenteller Dilutionstest) 23 ml Agarmedium pro Petrischale (90 mm Durchmesser) abgefüllt werden, um eine gleichbleibende Schichtdicke von 4,5 mm zu gewährleisten. Erforderlich sind dafür ein oder mehrere sterilisierte 50 ml Meßzylinder und ein Wasserbad bei 45 °C sowie ein nivellierter, erschütterungsfreier Tisch. Zur Hilfe kann mit Filzstift der Meßzylinder bei 23 ml markiert werden.

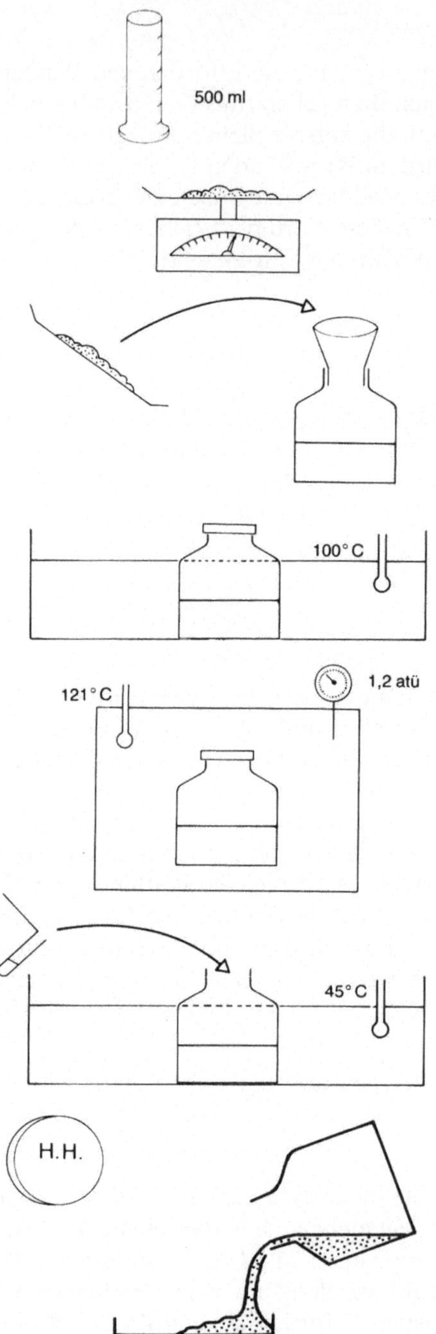

Abb. 2.1. Herstellung von Agarplatten

Naturgemäß kann ein solcher Aufwand nicht für Routinezwecke betrieben werden. Dennoch sollte auch hier eine gleichbleibende (Abb. 2.1) Schichtdicke von 3,5–4,5 mm angestrebt werden. Diese wird erreicht, wenn der 45 °C warme Agar bis auf eine ca. 5 DM-Stück große Fläche gleichmäßig in die Petrischalen (90 mm Durchmesser) gegossen und durch vorsichtiges Schwenken die Agarschicht gleichmäßig geschlossen wird. Alternativ kann ein „Gießhals" oder ein Gießautomat verwandt werden. Die frisch gegossenen Petrischalen sollten möglichst waagerecht gestapelt werden, um eine gleichmäßige Schichtdicke zu gewährleisten. Im Stapel kühlen die Agarplatten auch langsamer ab und es entsteht weniger Kondenswasser. Die verfestigten Platten sollten (vgl. S. 40–42) bei 35 °C auf Sterilität überprüft werden. Bis zum Gebrauch erfolgt die Lagerung der fertigen Agarplatten bei 4–10 °C. Die vielfach propagierte Lagerung bei Zimmertemperatur ist wegen der bei dieser Temperatur rasch verlaufenden chemischen Zersetzungsvorgänge abzulehnen; auch einige dehydrierte Medien, z. B. Harnstoffbouillonbasismedium, müssen gekühlt gelagert werden.

Eine sehr aufwendige Technik ist die Herstellung von sogenannten „Bilayerplatten" zur verbesserten Erfassung von Hämolyseeigenschaften. In einem ersten Schritt wird eine Basisschicht von 10 ml blutfreiem Basismedium gegossen. Nach dem Erstarren des Agars wird auf die erste Schicht eine dünne Blut-Agarschicht aufgebracht.

Herstellung von Schrägagar

Nach dem Lösen des Agars wird das Medium anteilig auf Reagenzgläser verteilt (es sollte anhand eines mit Wasser gefüllten Röhrchens die entsprechende Menge der später zu verwendenden Agarmenge ermittelt werden). Der Stichanteil sollte mindestens 2 cm betragen und der Schrägagaranteil darf, um Kontamination zu vermeiden, nicht bis ganz zum Stopfen hin reichen. Nach dem Autoklavieren werden die Röhrchen mit dem noch heißen Agar zum Abkühlen schräg auf eine Unterlage, z. B. auf einen Stock oder Schlauch, gelegt (Abb. 2.2).

Fehlerquellen bei der Herstellung von Medien

Auf den ersten Blick erscheint die Medienherstellung als ein simpler Vorgang, allerdings kann eine Reihe von Fehlern (Tabelle 2.7) auftreten, von denen der unangenehmste die Kontamination ist. Insbesondere Optimalnährböden wie

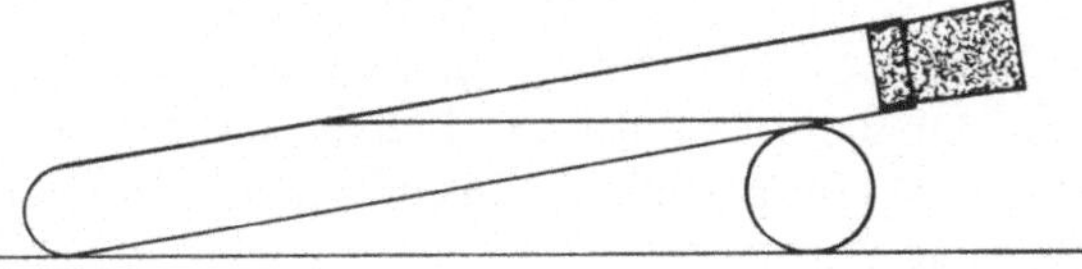

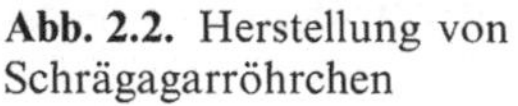

Abb. 2.2. Herstellung von Schrägagarröhrchen

Tabelle 2.7. Ursachen für atypisches Wachstum von Standardstämmen auf Agarmedien (nach [8])

- Antimikrobielle Wirkstoffe im Wasser
- Medien überlagert
- Medien zu feucht/zu warm gelagert
- Durch zu langes Sterilisieren Überhitzung des Nährbodens und damit Zerstörung von Substraten
- Verunreinigte Verarbeitungsgefäße
- Nicht ausreichende Gel-Stabilität
- Ungenügendes Vorquellen des Trockenmediums
- Unvollständige Mischung
- Falsches Mengenverhältnis zwischen Wasser und Trockennährboden
- Zu starke Verdünnung des Nährbodens durch nachträglichen Zusatz von Supplementen

Blut-Agarplatten sind dafür sehr anfällig. Durch unsterile Supplemente oder beim Plattengießen werden hier Keime – oft Hautkeime – ins Medium gebracht; seltener tritt die Kontamination durch ungenügend sterilisiertes Basismedium auf. Prinzipiell sollte jede Platte, bevor sie in der Routine verwandt wird, 24 Stunden bei 35 °C vorinkubiert und auf Sterilität überprüft werden.

Eines der häufigsten Probleme ist die Karamelisierung und thermische Zersetzung organischer Medienbestandteile. Durch allgemeine und örtliche Überhitzung (z. B. an verschmutzten Stellen der Glasgefäße) werden insbesondere Zucker, aber auch andere organische Bestandteile, zersetzt. Bei der Begutachtung der Platten fällt dann eine Farbabweichung oder Ausfällung der Medien auf. In der biologischen Qualitätskontrolle sieht man dann im allgemeinen ein atypisches Wachstumsverhalten.

Ein weiterer Fehlerpunkt ist nicht erstarrender Agar. Hier ist es durch zu geringe Trockennährbodeneinwaage oder durch ungenügende Lösung des Agar-Agars nicht zu genügender Verfestigung des Mediums gekommen. Auch ein falscher pH-Wert, z. B. durch Verwendung nicht neutralen Wassers, kann das Vernetzungsverhalten des Geliermittels beeinflussen.

Qualitätskontrolle von Medien

Die medizinisch-mikrobiologische Routinediagnostik ist auf gleichbleibende Qualität und Zuverlässigkeit der eingesetzten diagnostischen Medien angewiesen. Es ist daher erforderlich, jede neue Agarcharge zu überprüfen [6]. Dieses kann biologisch, chemisch oder physikalisch geschehen.

Im allgemeinen wird die Kontrolle der chemischen Zusammensetzung der Agarmedien die Kapazität der meisten Laboratorien übersteigen; außerdem muß davon ausgegangen werden, daß diese vom Nährbodenhersteller durchgeführt wird. Allerdings sollte bei atypischer biologischer Qualitätskontrolle und Ausschluß sämtlicher Fehler, die bei der Herstellung von Agarplatten auftreten können, evtl. auch eine chemische Qualitätskontrolle beim Hersteller herbeigeführt werden.

Aufgrund der Aufwendigkeit der chemischen Kontrolle ist im Routinelabor die biologische Qualitätskontrolle führend. Bei jeder neuen Nährbodencharge ist das Wachstumsverhalten von bekannten Standardstämmen zu überprüfen. Diese biologische Qualitätskontrolle erspart insbesondere Ungeübten Probleme bei der Diagnostik. Abbildung 2.3 gibt die Qualitätskontrolle nach der Technik von Miles-Misra wieder. Mittels Standardstämmen, für die die entsprechenden Reaktionsausfälle bzw. das entsprechende Wachstumsverhalten bekannt ist, wird die Qualität von Nährboden zur Anzucht sowie zur biochemischen Differenzierung (Tabelle 2.8) überprüft. Bei biochemischen Medien ist es wichtig, sowohl den positiven als auch den negativen Ausfall des Testes zu überprüfen, um falsch positive Reaktionen zu erkennen. Als Kriterien werden das Wachstumsverhalten, Üppigkeit des Wachstums, Hämolyse usw. überprüft.

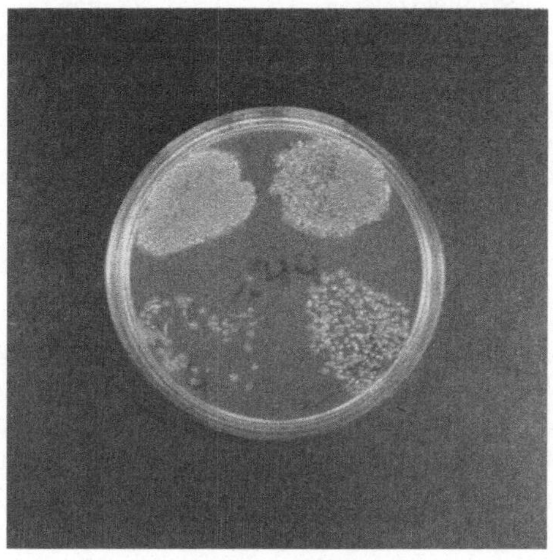

Abb. 2.3. Miles-Misra-Technik zur Qualitätskontrolle von Nährmedien

Tabelle 2.8. Qualitätsüberprüfung einiger typischer biochemischer Nachweise

	Positiv	Negativ
Glukosefermentation	*Escherichia coli*	*Pseudomonas* spp.
Laktosefermentation	*Escherichia coli*	*Proteus mirabilis*
Arabinosefermentation	*Citrobacter freundii*	*Proteus mirabilis*
Dulcitfermentation	*Salmonella enteritidis*	*Proteus mirabilis*
Inositfermentation	*Providencia* spp.	*Escherichia coli*
Voges-Proskauer-Reaktion	*Enterobacter cloacae*	*Escherichia coli*
Ureasereaktion	*Klebsiella pneumoniae*	*Escherichia coli*
Phenylalanindesaminase-reaktion	*Proteus mirabilis*	*Escherichia coli*
Lysindecarboxylasereaktion	*Escherichia coli*	*Proteus mirabilis*
Ornithindecarboxylasereaktion	*Proteus mirabilis*	*Klebsiella pneumoniae*
Beweglichkeit	*Proteus mirabilis*	*Klebsiella pneumoniae*
Cytochromoxydase	*Pseudomonas aeruginosa*	*Escherichia coli*
Citratverwertung	*Citrobacter diversus*	*Escherichia coli*
H_2S-Produktion	*Proteus mirabilis*	*Escherichia coli*

Tabelle 2.9. Prüfliste zur Kontrolle käuflicher Fertigplatten (nach [10])

		Ja	Nein
1. Haltbarkeit	2 Monate	□	□
	3 Monate	□	□
2. Kontamination (bis zu 3% akzeptabel)		□	□
3. Agarfarbe (atypische Verfärbung)		□	□
4. Schichtdicke (die Plattendicke sollte zwischen 3,5 und 4,5 mm liegen)		□	□
5. Oberflächeneigenschaft (sulzig?)		□	□
6. Sinkt die Impföse beim Beimpfen ein?		□	□
7. Bleibt die Agarplatte nach Bebrütung bei 35 °C und auch bei hohen Temperaturen (45 °C) steril?		□	□
8. Typische Koloniegröße nach 16–20 Stunden Bebrütung bei 35 °C von:			
Escherichia coli	≥2 mm	□	□
Staphylokokken	≥1 mm	□	□
Enterococcus faecalis	≥0,5 mm	□	□
9. Typische Differentialkriterien		□	□
10. Hämolyse auf Blut-Agar durch *Staphylococcus aureus*		□	□
11. Wachstum der auf Selektivnährböden zu unterdrückenden Keime		□	□

Dieses Vorgehen, das für selbst hergestellte Medien gilt, ist auch bei der Überprüfung von käuflichen Platten dringend zu empfehlen. Zwar garantieren die Hersteller von Fertigplatten eine chemische und eine biologische Qualitätskontrolle sowie gleichbleibende Qualität, doch findet man auch bei durchaus renommierten Herstellern (z. B. Mueller-Hinton) Agarplatten mit einer Schichtdicke von 6 mm statt der vorgeschriebenen 4,5 mm. Oft ist die Oberfläche sulzig, und die Impföse versinkt auch dem Geübten im Agar (Tabelle 2.9).

Biologische Qualitätskontrolle

Nach der Miles-Misra-Technik wird eine Übernachtbouillonkultur eines definierten Standardstammes mit physiologischer Kochsalzlösung (0,9%ig) 1000-, 10 000- und 100 000fach verdünnt. 50 µl dieser Verdünnungsstufen werden jeweils auf einen Quadranten der zu überprüfenden Agarplatte gebracht und mit der Pipettenspitze auf eine 2 DM-Stück große Fläche verteilt. Nach 16–18stündiger Inkubation bei 35 °C wird die Platte beurteilt. Alternativ können die Teststämme als radiale Striche ausgeimpft werden. Die Beurteilung erfolgt wie oben beschrieben.

Physikalische Qualitätskontrolle

Die physikalische Qualitätskontrolle wird sich im wesentlichen nur im wissenschaftlichen Bereich durchführen lassen. Sie erweist sich als nützlich bei der Überprüfung des Agardiffusionstests. In einem 1,2%-igen Agar sollten nach 25 Stunden und bei einer Temperatur von 25 °C die Diffusionszonen einer 1%igen alkoholischen Safraninlösung größer als 25 mm sein. Unter diesen Bedingungen ist das Diffusionsverhalten der meisten Antibiotika regelrecht und gewährleistet die Vergleichbarkeit von Hemmhöfen.

Mikrobiologische Arbeitstechniken

Zu den mikrobiologischen Labortechniken wie „steriles Arbeiten", Beimpfen von Medien und Entsorgung infektiösen Materials gehört auch der Schutz des Personals vor Infektionen und Unfall. Nicht allzu selten findet man Personal, das in Straßenkleidung mit infektiösem Material arbeitet oder in Laborkitteln frühstückt. Da die Kittel oft ungenügenden Schutz bieten, wäre vom hygienischen Standpunkt ein Umkleiden vor Aufnahme der Laborarbeiten, z. B. in einen Overall oder eine Kittel/Hosenkombination, anzustreben. Zumindest sollte die Schutzausrüstung den in der Tabelle 2.10 aufgeführten Punkten entsprechen. Darüber hinaus sind bei mikrobiologischen Arbeiten weitere Regeln zu berücksichtigen, die ein Expertenkomitee der Weltgesundheitsorganisation als Grundregeln der „guten Labortechnik" ausgearbeitet hat (Tabelle 2.11) [1].

Steriles Arbeiten

Unter sterilem Arbeiten wird in der Bakteriologie das Arbeiten ohne Kontamination verstanden.

Kontaminationsquellen sind Tröpfcheninfektionen durch das Laborpersonal, Schmierinfektionen von der Tischplatte sowie über das Kondenswasser im Deckel der Petrischalen. Kurzfristiges Offenstehen von Agarplatten hingegen ist unproblematisch, da die Kontamination durch Luftkeime gering ist. Nach einstündigem Offenstehen einer Agarplatte auf dem Labortisch werden im allgemeinen nur 10–20 Kolonien gefunden. Daraus ergibt sich für mikrobiologische Techniken

- Verschlußstopfen, Pipetten und Impfösen dürfen nicht auf die Tischplatte gelegt werden
- sterile Stopfen und Pipetten sollten in der Hand behalten werden
- kontaminierter Abfall, wie Pipettenspitzen, Pasteurpipetten und für Agglutination verwandte kontaminierte Objektträger, sollte sofort in ein Becherglas mit Desinfektionsmittel abgeworfen werden.

Vortrocknen von Petrischalen

Da Agarplatten nach einiger Lagerzeit im Kühlschrank Kondenswasser im Deckel gebildet haben, besteht die Gefahr einer Kontamination durch Tropfwasser bzw. können sich die Bakterien im Kondenswasser, das auf die Agaroberfläche getropft ist, wie in einer Nährbouillon verteilen und somit einen kontinuierlichen Rasen statt Einzelkolonien bilden. Daher sollten die Platten vor dem Beimpfen bei 35 °C in einem Brutschrank ohne Ventilatorbelüftung ca. 10–30 Minuten vorgetrocknet werden (Abb. 2.4). Ein überstarkes Trocknen der Platten sollte jedoch vermieden werden, da einige Keime dann nicht anwachsen können.

Tabelle 2.10. Persönliche Schutzausrüstung nach DIN-Norm 58956 Teil 2

Kittel
- Aus desinfizierbarem Material
- Mit verdeckter Knopfleiste
- Langärmelig, vorzugsweise mit Bündchen
- Beim Sitzen die Knie bedeckend
- Als zum Laboratorium zugehörig erkennbar

Für besonders gefährdende Laborarbeiten, wie z. B. Tierversuche, sind zusätzlich bereitzuhalten:
- Handschuhe
- Schürzen
- Schuhwerk
- Schutzhosen
- Gesichts-, Kopf- und Atemschutz

Tabelle 2.11. Grundregeln guter Labortechnik (nach [1])

- Türen der Arbeitsräume müssen während der Arbeit geschlossen sein
- In den Arbeitsräumen darf nicht getrunken, gegessen, geschminkt oder geraucht werden. Nahrungsmittel dürfen im Laboratorium nicht aufbewahrt werden.
- Im Arbeitsraum muß Schutzkleidung getragen werden
- Pipettieren mit dem Mund ist unbedingt verboten; es sind mechanische Pipettierhilfen zu benutzen
- Spritzen und Kanülen sollen nur wenn unbedingt nötig benutzt werden
- Nach Beendigung eines Arbeitsganges und vor Verlassen des Laboratoriums müssen die Hände sorgfältig gewaschen, desinfiziert und rückgefettet werden
- Laboratoriumsräume sollen aufgeräumt und sauber gehalten werden; die Laboratorien sind in den Hygieneplänen ähnlich den Bereichen, von denen eine erhöhte Infektionsgefährdung ausgeht, einzuordnen; auf den Arbeitstischen sollen nur die tatsächlich benötigten Geräte und Materialien stehen; Vorräte gehören ins Lager oder in Schränke
- Die Identität der benutzten Mikroorganismen ist regelmäßig zu überprüfen
- In der Mikrobiologie unerfahrene Mitarbeiter müssen über die möglichen Gefahren unterrichtet werden und sorgfältig angeleitet und überwacht werden
- Alle Arbeitsplätze sind täglich zu desinfizieren
- Schutzkleidung darf nicht außerhalb der Arbeitsräume getragen werden
- Infektiöser Abfall muß gefahrlos gesammelt und dann durch Sterilisieren unschädlich gemacht werden
- Wird infektiöses Material verschüttet, muß der kontaminierte Bereich sofort desinfiziert werden
- Der Gesundheitszustand des Personals ist durch arbeitsmedizinische Vorsorgeuntersuchung zu überwachen, d.h. Erstuntersuchung bei Arbeitsaufnahme und jährliche Nachuntersuchung

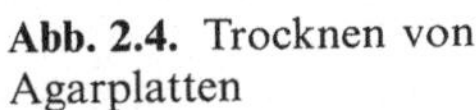

Abb. 2.4. Trocknen von Agarplatten

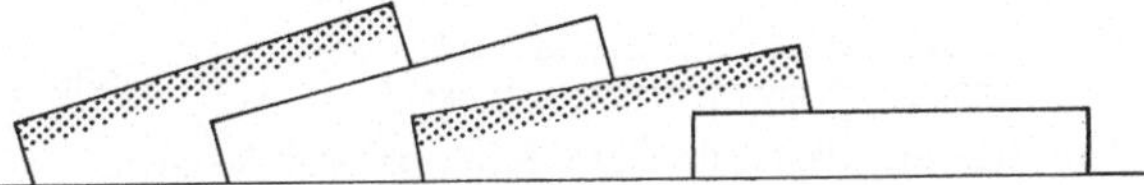

Beimpfen von Medien

Zur Keimvermehrung oder Keimvereinzelung werden die zu testenden Materialien in flüssige oder auf feste Medien gebracht [7]. Die Gerätschaften (Abb. 2.5) für diese Verimpfungstechniken müssen vor Gebrauch sterilisiert werden.

1. Sterilisation von Gerätschaften zum Beimpfen von Medien
Impfösen, Impfnadeln und Impfhaken werden im kalten Teil der Flamme vorgetrocknet, um ein Verspritzen infektiösen Materials zu verhindern und anschließend im heißen Anteil der Flamme bis zur Weißglut erhitzt. Der Drigalskispatel bzw. gebogene Glasstab wird in Aluminiumfolie eingeschlagen und zum Sterilisieren autoklaviert. Die mit etwas Watte auf 1 cm gestopften Pasteurpipetten und Einmalspitzen für Kolbenhubpipetten werden in einem Becherglas gestapelt, mit Aluminiumfolie abgedeckt und zum Sterilisieren autoklaviert.

2. Fraktioniertes Ausstreichen zur Gewinnung von Einzelkolonien
Klinisches Material wird zickzackförmig mit engliegenden Impfstrichen verteilt; mit einer sterilen Impföse wird einmal durch die 1. Fraktion gefahren und anschließend wieder zickzackförmig die 2. Fraktion ausgestrichen. Falls erforderlich – bei höheren Keimzahlen – können eine 3. und 4. Fraktion, jeweils mit

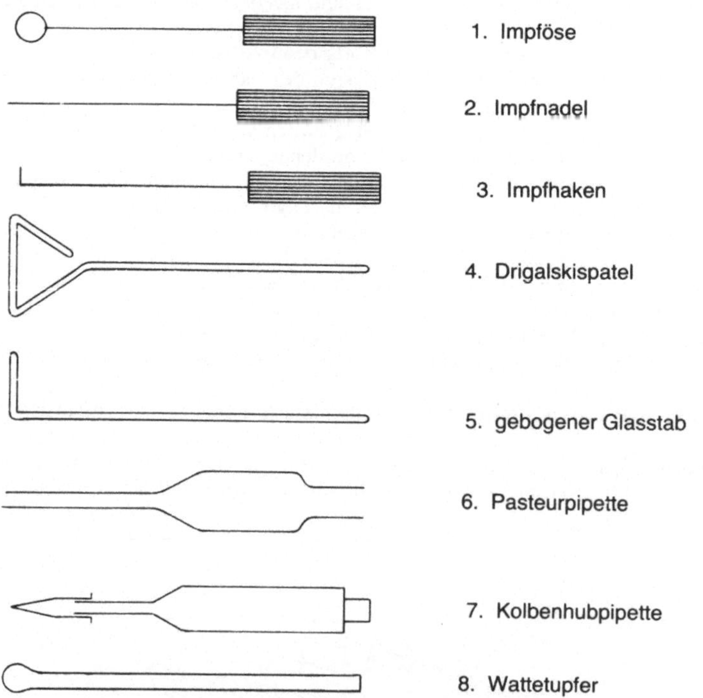

Abb. 2.5. Gerätschaften zum Beimpfen von Medien

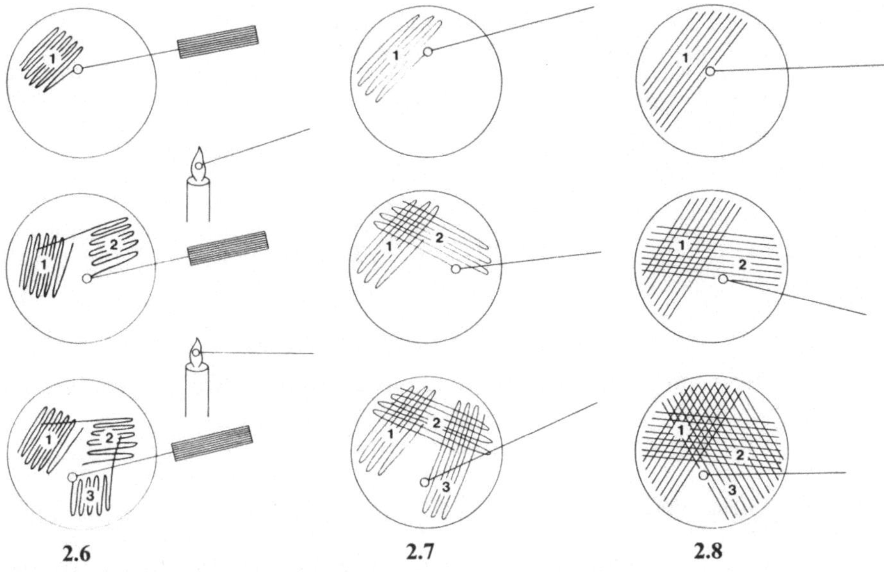

Abb. 2.6. Fraktioniertes Ausstreichen

Abb. 2.7. Fraktioniertes Ausstreichen auf mäßig selektiven Medien

Abb. 2.8. Fraktioniertes Ausstreichen auf hochselektiven Medien

frisch ausgeglühter, aber abgekühlter Impföse, angelegt werden (Abb. 2.6). Beim Beimpfen von Selektivmedien kann durch mehrfaches zickzackförmiges Durchfahren der vorhergehenden Fraktion ggf. eine bessere Vereinzelung in der 2. bzw. 3. oder 4. Fraktion erreicht werden (Abb. 2.7). Für hochselektive Medien wird z. T. ein gitterförmiger Ausstrich vorgeschlagen (Abb. 2.8).

Flächenmäßiges Beimpfen von Agarplatten

Ein Aliquot (zwischen 50 und 300 µl) wird auf eine vorgetrocknete Platte gegeben und mit dem Drigalskispatel, dem gebogenen Glasstab oder einem sterilen Wattetupfer unter ständigem Drehen der Platte gleichmäßig verteilt. Als Hilfsmittel kann hierbei ein Drehteller verwendet werden. Mengen unter 50 µl werden sofort im Medium aufgesogen, dadurch ist eine Verteilung nicht zufriedenstellend möglich; größere Mengen hingegen werden nicht richtig aufgesogen, so daß ein Flüssigkeitsfilm auf der Platte zurückbleibt.

Beimpfen von Schrägagar-Röhrchen

Der Stopfen des Röhrchens wird mit dem kleinen Finger der rechten Hand gefaßt, die Öffnung des Röhrchens abgeflammt und das Untersuchungsmate-

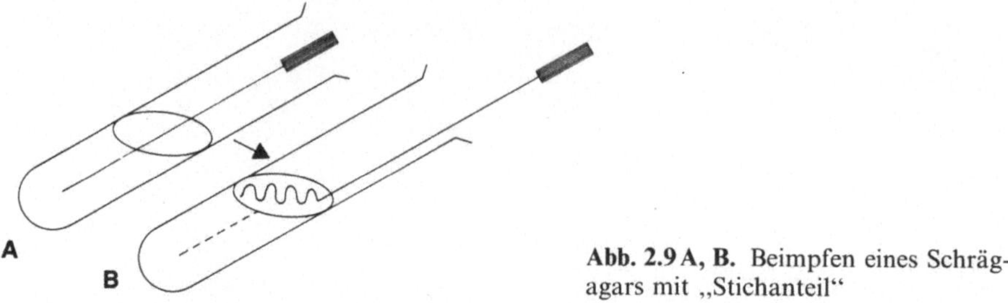

Abb. 2.9 A, B. Beimpfen eines Schrägagars mit „Stichanteil"

rial von unten nach oben zickzackförmig mit der Impföse auf der Schrägfläche verteilt (Abb. 2.9).

Beimpfen eines Schüttelagars

Der in Schraubverschlußröhrchen erstarrte Agar wird im Wasserbad bei 100 °C verflüssigt. Nach dem Abkühlen auf 45 °C wird die Keimsuspension z. B. mit einer Pasteurpipette zugegeben und um diese zu verteilen das Röhrchen zwischen den Handflächen hin- und hergerollt.

Beimpfen von Schichtagar

Das Impfmaterial wird mittels Impfnadel durch einen einfachen Stich tief in den Agar eingebracht; auf keinen Fall sollte mehrfach in den Agar eingestochen werden, da sonst das anaerobe Milieu nicht mehr gewährleistet ist.

Beimpfen von Festmedien auf Flüssigmilieu

Material wird mittels Impfnadel oder Impföse abgenommen und knapp oberhalb des Flüssigkeitsspiegels an der Gefäßwand verrieben. Anschließend wird diese Fläche durch leichtes Schrägstellen des Röhrchens benetzt und mit der Impfnadel suspendiert (Abb. 2.10). Eine Homogenisierung der Suspension erreicht man durch Hin- und Herrollen des Röhrchens zwischen beiden Händen oder durch kurzfristiges Schütteln auf einem elektrischen Schüttler.

Vorbereiten des Arbeitsplatzes

Vor Arbeitsaufnahme muß der Laborplatz übersichtlich geordnet und das Material und die Hilfsmittel für alle erforderlichen Arbeiten übersichtlich bereitgestellt werden (Abb. 2.11, Tabelle 2.12).

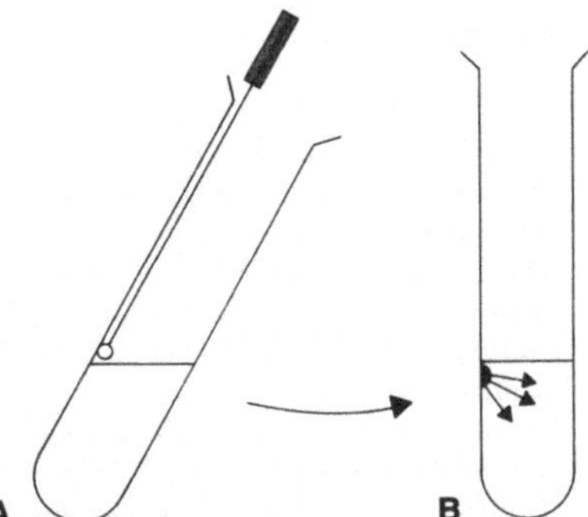

Abb. 2.10 A, B. Suspendieren einer Bakterienkolonie bzw. Einimpfen in ein Flüssigmedium

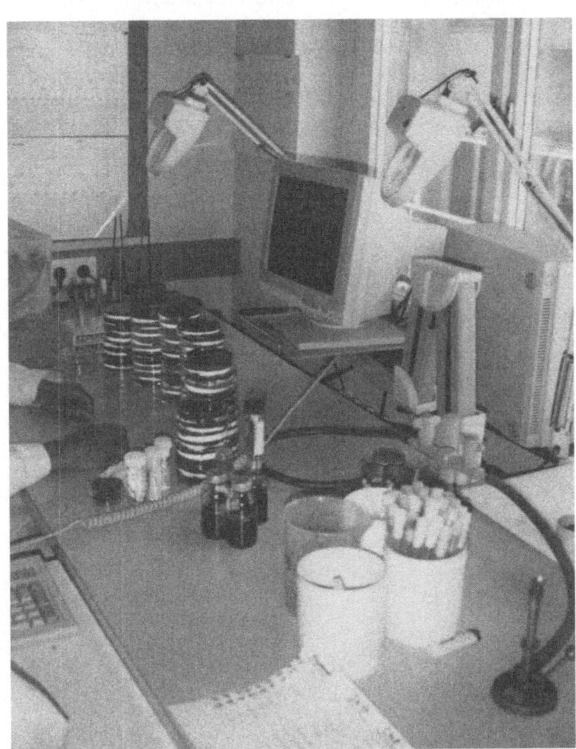

Abb. 2.11. Mikrobiologischer Arbeitsplatz

Tabelle 2.12. Schritte zur Vorbereitung des Arbeitsplatzes

1. Bunsenbrenner so stellen, daß nicht versehentlich durch die Flamme gegriffen wird
2. Abwurfgefäß (aus Kunststoff) mit Desinfektionsmittel für infizierte Abfälle, wie z. B. Pipettenspitzen, bereitstellen
3. Ablage für zu autoklavierende Röhrchen bereitstellen
4. Ablage für zu entsorgende Platten bereitstellen
5. Impfösenständer griffbereit neben Bunsenbrenner stellen
6. Protokollbuchführung und andere schriftliche Arbeiten nicht auf dem Labortisch, sondern auf einem Beistelltisch durchführen
7. Bereitstellen von Ablage mit Glasschreiber, Fettstift, Markerstift

Literatur

1. Report by the working group on the development of emergency services (1979) WHO-Special Programme on Safety Measures in Microbiology, Geneva 6–9, March
2. Sterilisation; Dampfsterilisation (1984) DIN-Norm 58946 Teil 1–8. Beuth, Berlin
3. Sterilisation; Heißluft-Sterilisation (1984) DIN-Norm 58947 Teil 1–5. Beuth, Berlin
4. Borneff J (1982) Hygiene. 4. Aufl. Thieme, Stuttgart
5. Collins CH, Lyne PM, Grange JM (1989) Microbiological methods. 6th ed. Butterworth, London Boston
6. Fossum K (1979) Quality assurance of the raw material and other ingredients for bacteriological culture media. In: Corry EL, Roberts TA, Mossel DAA, Morris GK, Harvey RWS, Blood RM, Kendall M (eds) Proceedings of the Symposium Quality Assurance and Quality Control of Microbiological Culture Media. Calas de Mallorca. G-I-T-Verlag Ernst Giebeler, Darmstadt
7. Näveke R, Tepper KP (1979) Einführung in die mikrobiologischen Arbeitsmethoden mit Praktikumsaufgaben. Fischer, Stuttgart, New York
8. Oxoid Deutschland GmbH (1983) Oxoid-Handbuch
9. Schlegel HG (1985) Allgemeine Mikrobiologie. 6. Aufl. Thieme, Stuttgart
10. Werk R (1985) Bakteriologie der Harnwegsinfektionen. MSD Sharp und Dohme GmbH, München, in Zusammenarbeit mit dem Babende-Institut

Kapitel III
Verarbeitung von klinischen Materialien und Bedeutung der Erregerspektren von Krankheitsbildern für die Diagnostik

Wachstumskinetik und Wachstumsphysiologie

In einer statischen Kultur, wie sie z. B. auf einer Agarplatte oder in einer Nährbouillon vorliegt, durchläuft der eingeimpfte Keim verschiedene Wachstumsphasen, nämlich die Anlauf-Phase (lag-Phase), die exponentielle Phase (log-Phase) und die stationäre Phase (Abb. 3.1) [6]. Das Wachstum wird limitiert, wenn ein Nährsubstrat verbraucht oder toxische Stoffwechselprodukte angehäuft worden sind. Auch pH-Wert-Erniedrigungen oder -Erhöhungen können hierbei eine wachstumsbegrenzende Wirkung haben.

In der Anlaufphase erfolgt die Synthese der RNA, Ribosomen etc. Wird eine kritische Bakterienkonzentration erreicht, geht der Keim in eine Phase exponentieller Vermehrung über. Entspricht das neue Medium in seinem Substratangebot und Milieubedingungen dem ursprünglichen, so bedürfen die Keime keiner wesentlichen de novo-Synthese von Enzymen. Die Länge der lag-Phase hängt u. a. von der Entnahmephase des Inokulums ab; befinden sich diese Keime in der exponentiellen Phase, so adaptieren sie rasch an das neue Milieu. Keime, die aus der stationären oder lag-Phase stammen, benötigen eine signifikant längere Anpassungszeit. Sehr wesentlich für die Länge der lag-Phase ist die Keimeinsaat (Abb. 3.2). Je höher die Keimeinsaat ist, desto

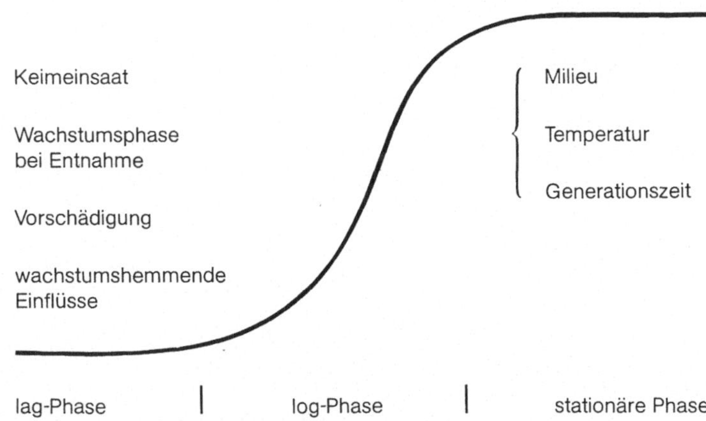

Abb. 3.1. Gesetzmäßigkeit des bakteriellen Wachstums in einer statischen Kultur

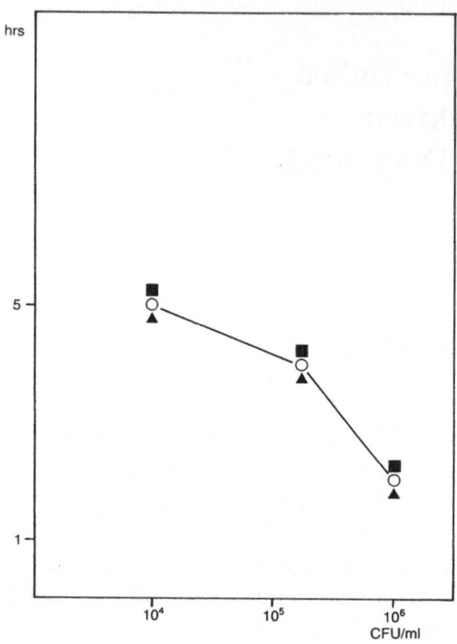

Abb. 3.2. Abhängigkeit der lag-Phase für Candidastämme von der Inokulumdichte

rascher ist die lag-Phase abgeschlossen. Bei 10^4 Keimen liegt sie für die Enterobakterien durchschnittlich bei ca. 1 Stunde. Die Keime, die sich nun in der exponentiellen Phase befinden, vermehren sich analog zum Schneeballsystem. So wachsen die Keime bei einer Einsaat von 10^4 mit einer Generationszeit von 20–30 Minuten innerhalb von 6 Stunden zu einer Bakterienpopulation von 10^8 und mehr. Bei dieser Dichte läßt sich dann auch schon makroskopisch eine feine Koloniebildung auf festen Nährmedien erkennen.

Erregerspektrum bei infektiologischen Krankheitsbildern

Es entspricht gängigem medizinisch-mikrobiologischen Wissen, daß jede Infektionserkrankung durch einige wenige Keime verursacht wird. Man bezeichnet diese prozentual häufigsten Keime als Leitkeime. Dementsprechend wird sich die mikrobiologische Diagnostik auf die häufigsten Keime des zugrunde liegenden Krankheitsbildes ausrichten und nur bei Verdacht auf seltene Erreger weiterführende Untersuchungen einleiten.

In den letzten 10–20 Jahren wurden Versuche zur Standardisierung der Materialverarbeitung unternommen. Hier sind insbesondere die Bestrebungen sowohl der American Society for Microbiology als auch der Deutschen Gesellschaft für Hygiene und Mikrobiologie zu erwähnen. Die Verarbeitungsrichtlinien haben zwar noch keine Verbindlichkeit, doch empfiehlt es sich auch aus juristischen Gründen, diesen, soweit vorhandenen, Schemata zu folgen.

Prinzipiell sollte sich die Materialverarbeitung an den Nährstoffansprüchen der zu erwartenden Krankheitserreger ausrichten. Neben einem Optimalnährboden sollten gezielt Selektivmedien, die die sichere Erfassung der Leitkeime ermöglichen, eingesetzt werden. Neben den Nährstoffansprüchen der Mikroorganismen bestimmt im wesentlichen die persönliche Erfahrung die Wahl der Medien. Im Rahmen der Diagnostik sollte man sich allerdings vergegenwärtigen, daß pathogene Mikroorganismen auf unterschiedliche Medien- und Milieubedingungen mit verschiedenen makromorphologischen Erscheinungsmerkmalen reagieren können. Aus diesem Grunde sollte vor Aufnahme der Routinediagnostik das System mit definierten, bekannten Standardstämmen überprüft werden. Diese können von Stammsammlungen und einigen Firmen erworben werden (Tabelle 3.1).

Generell sollte bei der Diagnostik berücksichtigt werden, daß bei Problemkeimen, die im Routinelabor in geringer Frequenz auftreten, die Gefahr von fehlerhaften Differenzierungen und Antibiotikatestungen wesentlich größer ist als in Speziallaboratorien. So wird u.a. gefordert, daß die Diagnostik von Mykobakterien nur in Laboratorien durchgeführt wird, die mindestens ein Probenaufkommen von 5000 Untersuchungsaufträgen im Jahr haben [3, 7]. Ähnliches sollte auch für andere Materialien und Untersuchungen, z.B. auf Gasbranderreger, Botulismuserreger und Listerien, gefordert werden. Die erforderlichen Spezialkenntnisse, spezielle Laborausrüstungen usw. liegen im allgemeinen nur in Referenzzentren vor und sollten daher von Routinelaboratorien nicht durchgeführt werden.

Die Wertung der Befunde erfolgt anhand des klinischen Bildes und der Materialherkunft. Der Candidanachweis bei gesunden Gebißträgern im Sputum kann einen normalen Befund darstellen. Derselbe Keim aber in der Bronchiallavageflüssigkeit hat erhebliche Konsequenzen für den Patienten. Somit ist die Voraussetzung einer fundierten bakteriologischen Diagnostik, möglichst viel Material mit möglichst wenig Kontamination zur richtigen Zeit am richtigen Ort zu isolieren und sofort ohne Verzug zur Verarbeitung zu bringen. Oft erleichtert die Entnahme des Alternativmaterials, von dem auszugehen ist,

Tabelle 3.1. Stammsammlung für medizinisch-mikrobiologisch wichtige Mikroorganismen

American Type Culture Collection (ATCC)
12301 Parklawn Drive
Rockville, Md. 20852
USA

Difco/Biotest-Serum-Institut GmbH
Landsteinstr. 5
D-6072 Dreieich

Centraal Bureau voor Schimmelcultures (CBS)
Oosterstraat 1
Baarn
Holland

Centers for Disease Control
Atlanta, Georgia, 30333
USA

Collection of the Institut Pasteur
Rue du Dr. Roux
Paris 15
Frankreich

International Collection of Phytopathogenic Bacteria
University of California
Davis, California 95616
USA

Laboratorium voor Microbiologie
Technische Hogeschool
Julianalaan 67a
2623 BC Delft
Holland

National Institute of Health
Tokyo
Japan

Yeast Division
Julianalaan 67a
Delft
Holland

Centre International de Distribution des Souches et d'Informations sur les Types Microbiens (CIDSITM)
19 av. Cesar Roux
CH-1000 Lausanne
Schweiz

Mycological Reference Laboratory
(Menschen- und Tier-pathogene Pilze und Hefen)
London
England

Deutsche Stammsammlung für Mikroorganismen (DSM)
Gesellschaft für biotechnologische Forschung (GBF)
Grisebachstr. 8
D-3400 Göttingen

National Collection of Industrial and Marine Bacteria
P.O. Box 31
135 Abbey Road
Aberdeen, AB9 8DG
Scotland

National Collection of Type Cultures (NCTC)
Central Public Health Laboratory
Colindale
London NW9 5HT
England

daß weniger Kontaminationen vorliegen, die Diagnosestellung. Aus diesem Grunde ist eine Zusammenstellung zur Materialentnahme angegeben (Tabelle 3.2, s. S. 56 und 57).

Literatur

1. Citron DM (1984) Specimen collection and transport, anaerobic culture techniques, and identification of anaerobes. Rev Infect Dis 6:51
2. Kaplan RL, Goodman LJ, Barrett JE, Gordon MT, Landau W (1982) Comparison of rectal swabs and stool cultures in detecting Campylobacter fetus subsp. jejuni. J Clin Microbiol 15:959–960
3. Küchler R (1985) Gegenwärtiger Stand der bakteriologischen Tuberkulosediagnostik. Dtsch Ärzteblatt 82:658–662
4. Potter LD, Lewis JS, Wentworth BB, Larsen EH (1983) Ammonium bicarbonate as a replacement for carbon dioxide in transgrow bottle for primary isolation of Neisseria gonorrhoeae. J Clin Microbiol 18:1258–1259
5. Schaal KP (1976) Entnahme und Transport von Untersuchungsmaterial zur mikrobiologischen, parasitologischen und serologischen Diagnostik von Infektionskrankheiten – Teil I (a). Krankenhausarzt 49:395–413
6. Schlegel HG (1985) Allgemeine Mikrobiologie, 6. Aufl. Thieme, Stuttgart
7. Schongard G, Dickgießer A, Bermayer HP, Just I, Horsch E, Ringelmann R (1984) Interne Qualitätskontrolle bei der Mykobakterien-Diagnostik. Labormedizin 8:373–379
8. Werk R, Knothe H (1984) Resistenzprobleme in der Praxis. Münch Med Wschr 126:903–907

Tabelle 3.2. Zusammenstellung zur Materialentnahme [nach 1, 2, 4, 5, 8]

Herkunft	Material	Alternativmaterial	Menge	Indikation	Besonderheiten beim Transport
Auge	Abstrich	Corneageschabsel		Blenorrhöe und Chlamydien	
		intraokuläre Flüssigkeit	0,5 ml	Go-Blenorrhöe	TM, T
				Corneainfektion	TM
				intraokuläre Anaerobier- oder Pilzinfektion	TM
Atemwege	Rachenabstrich	Bronchialsekret	3–5 ml	z.B. Scharlach	T
tiefe	Sputum	transtracheale Aspirat on	3 ml	Pneumonie	steriles Röhrchen
		Lungenpunktion	3 ml		
				Anaerobier, Pilzinfektion	TM
				Lungengangrän, Legionella	
				Pneumocystis carinii-Infektion	TM
		Pleuraerguß		frühes Pneumoniestadium	BK, aerob, anaerob
		Blutkultur			
Blut	Blutkultur	Sternalpunktat		Bakteriämie, Fungämie, Endokarditis	BK, aerob, anaerob
				Systemmykosen, Osteomyelitis	TM
				Enteritis	
Gastrointestinum	Stuhl	Rektalabstrich	1 ml	Massenscreening	Cary-Blair-Medium gepuffert und gekühlt für Campylobacter
	Galle	Blutkultur	3 ml	Cholezystitis/Cholangitis	steriles Röhrchen
Geschlechts-krankheiten	Abstrich			Genitalinfektion	
	Harnröhre			Urethritis	
	Zervix			Gonorrhöe	TM, vorbebrütet, CO_2

Harnwege	Spontanurin			Harnwegsinfekt	steriles Röhrchen
		Urikult	10 ml	nur im Sommer, langer Transportweg	Urikult
		suprapubischer Blasenpunktionsurin	10 ml	Pilz-, Anaerobierinfektion unklare Zystitis bei Kindern	steriles Röhrchen
HNO	Abstrich			HNO-Infektionen	TM, T
		Blutkultur		Epiglottisinfektion bei Kleinkindern mit *Haemophilus influenzae*	BK
		Punktat	1–3 ml	Mittelohr- und NNH-Infektionen	TM
Haut	Hautgeschabsel	Punktat	1 ml	Pilzinfektion	steriles Röhrchen
				Verletzungsmykosen	TM
intraabdominell	Punktat	Abstrich	10 ml	intraabdominelle Infektionen	TM
		Dialysat	10–100 ml	Peritonitis	TM/steriles Gefäß
Wunden	Abstrich	Spülung, Aspirat		Wundinfektionen	TM
				Anaerobierinfektionen	TM
ZNS	Liquor			Meningitis	TM, T, (BK)
		Blutkultur	5 ml	Frühstadium einer Meningitis	BK
		Abszeßpunktat	3 ml	Hirnabszeß	TM
Diverses	Katheter			Katheterinfektion	steriles Röhrchen
	Drainage		3–5 ml	z. B. Osteomyelitis	steriles Röhrchen
	Punktat		3–5 ml	z. B. Abszeß, Arthritis	TM

T Temperatur bei 22 °C; *TM* Transportmedium; *BK* Blutkultur

Tonsillitis, Pharyngitis, Stomatitis, Parotitis, Peritonsillarabszeß

Material: Rachenabstrich, Abszeßpunktat

Tonsillitis/Pharyngitis

Die Tonsillitis/Pharyngitis gehört zu den häufigsten Infektionen in der ambulanten Patientenversorgung. Zu Unrecht wird die Tonsillitis/Pharyngitis als „banale" Infektion abgetan, da sie eine Reihe von Folgeerkrankungen nach sich ziehen kann. Vor der Penicillinära waren die post-Streptokokkenerkrankungen wie Endokarditis und glomeruläre Nephritis ein gefürchtetes Krankheitsbild. Auch heute treten sie immer wieder nach nicht fachgerechter Behandlung auf. Wichtiger ist allerdings die Gefahr, hier inbesondere bei Kindern, daß bei der Tonsillitis/Pharyngitis durch Hochpressen der Keime beim Schnupfen durch die eustachische Röhre in das Mittelohr eine Otitis media entstehen kann. Eine seltene Komplikation ist die Bildung eines Retropharyngealabszesses mit Gefahr einer Jugularisvenenthrombose.

Hauptsächlich wird die Tonsillitis/Pharyngitis durch Tröpfcheninfektion oder durch eine Autoinfektion hervorgerufen. Nach Hoffmann [11] sind 10,9% aller Kinder unter 14 Jahren A-Streptokokkenträger, 2,3% der Altersgruppe 15–44 Jahre und 0,6% der über 45jährigen. Auch B-, C- und G-Streptokokken können in der autochthonen Mundflora vorhanden sein (Tabelle 3.3). Nur selten werden Streptokokken-bedingte Pharyngitiden durch Lebensmittel übertragen [8].

Keimspektrum

Bakterielle Leitkeime der akuten Tonsillitis/Pharyngitis sind β-hämolysierende Streptokokken, insbesondere der Serogruppe A, Arkanobakterien (Corynebacterium haemolyticum) und auch Pneumokokken (Tabellen 3.4–3.7). Die pathogene Bedeutung von Mykoplasmen ist noch unklar [15]. Andere Keime spielen nur eine untergeordnete Rolle. Wichtig ist in diesem Zusammenhang

Tabelle 3.3. Trägerrate (in %) bei symptomlosen Patienten

	Kleinkinder	Kinder	Jugendliche/ Erwachsene
Pneumokokken	60	25	5
Streptococcus pyogenes		20	3
C-Streptokokken			3
G-Streptokokken			2
Staphylococcus aureus	40–90		15–30

Nach Farr BM, Mandell GL (1988) Grampositive pneumonia. In Pennington JE (ed) Respiratory infections: diagnosis and management, 2nd ed. Raven Press, New York

Tabelle 3.4. Standortflora des Nasopharynx

Acinetobacter calcoaceticus	*Staphylococcus* spp.
Bacteroides spp.	Pneumokokken
Campylobacter sputorum	Viridansstreptokokken
Haemophilus spp.	*Veillonella* spp.
Moraxella spp.	

Nach Painter BG (1977) Indigenous microbiota. In: von Graevenitz A (ed) Clinical microbiology, vol. I. Handbook Series in Clinical Laboratory Science. Seligson D. CRC Press, Cleveland

Tabelle 3.5. Standortflora des Rachens und der Tonsillen

Actinomyces spp.	*Neisseria* spp.
Bacteroides spp.	Peptokokken
Campylobacter sputorum	Peptostreptokokken
Candida spp.	*Staphylococcus* spp.
Corynebacterium spp.	Pneumokokken
Fusobacterium spp.	Viridansstreptokokken
Haemophilus spp.	*Veillonella* spp.
Mycoplasma spp.	

Nach Painter BG (1977) Indigenous microbiota. In: von Graevenitz A (ed) Clinical microbiology, vol. I. Handbook Series in Clinical Laboratory Science. Seligson D. CRC Press, Cleveland

Tabelle 3.6. Prozentuale Keimverteilung der Erreger der akuten Pharyngitis und Tonsillitis

A-Streptokokken	25–40
B-Streptokokken	0.6
C-Streptokokken	<5
G-Streptokokken	2
F-Streptokokken	<1
Arkanobakterien	5–10
Mycoplasma pneumoniae (pathogen?)	15
Viren insgesamt	16–35
Herpes simplex-Virus	<10
Coxsackie-Virus	4–11
Influenza-Virus	4
Parainfluenza-Viren	3
Adeno-Viren	2
Respiratory-Syncytal-Virus	8

Tabelle 3.7. Seltene Infektionserreger einer Pharyngitis

Achromobacter (*Alcaligenes*) *xyloseoxidans* subsp. *xyloseoxidans*[a]; *Yersinia enterocolitica*[b]

[a] Igra-Siegman Y, Chmel H, Cobbs C (1980) Clinical and laboratory characteristics of Achromobacter xyloseoxidans infection. J Clin Microbiol 11: 141–145

[b] Rose FB, Camp CJ, Antes EJ (1987) Family outbreak of fatal Yersinia enterocolitica pharyngitis. Am J Med 82: 636–637

noch der erhebliche Unterschied des Keimspektrums bei Tonsillitiden der Kinder und Erwachsenen. Bei Kindern läßt sich kulturell i.a. der pathogene Keim klar darstellen, während bei Erwachsenen oft eine Mischinfektion vorliegt [6]. Auch ist bei Erwachsenen die Begleitflora, z.B. apathogene Neisserien und Enterobakterien, deutlich stärker vertreten. Aufgrund dieser massiven Begleitflora, insbesondere bei Gebißträgern, sollte daher vor der Probenentnahme der Mund sorgfältig mit klarem Wasser gespült werden. Dieses Vorgehen sollte ebenfalls bei der Probenentnahme zur Diagnostik der Stomatitis und der Parotitis eingehalten werden.

Stomatitis/Parotitis

Die Stomatitis ist überwiegend ein virales Geschehen. Daneben hat die Candida-Stomatitis (Soor-Stomatitis) bei Säuglingen oder Erwachsenen unter Antibiotika- oder Zytostatikatherapie eine erhebliche Bedeutung, da es zu weitergeleiteten Infektionen des Ösophagus, der Soor-Ösophagitis, kommen kann. Die bakterielle Stomatitis wird durch Anaerobier, Streptokokken oder Staphylokokken verursacht. Da nur eine geringe Anzahl von Daten vorliegt, wird auf eine tabellarische Darstellung verzichtet. Weniger häufig als die Stomatitis ist die eitrige Parotitis. Leitkeime dieses Infektionsgeschehens sind Staphylokokken.

Peritonsillarabszeß/Retropharyngealabszeß

Wie oben bereits aufgeführt, ist der Retropharyngealabszeß/Peritonsillarabszeß eine gefürchtete Komplikation einer Tonsillitis. Die Inzidenz eines Peritonsillarabszesses wird in der Literatur mit 0–22% angegeben [16]. Die Häufigkeit des Peritonsillarabszesses schwankt ebenso wie die Häufigkeit der Tonsillitis über das Jahr. In der kalten Jahreszeit zwischen Oktober und Februar treten diese Erkrankungen am häufigsten auf. Die kulturelle Diagnostik ist beim Peritonsillarabszeß kritisch und bedarf rascher und sorgfältiger Probengewinnung. Fast immer liegt eine aerob/anaerobe (83%) und in 19% eine anaerob/anaerobe Mischinfektion vor (Tabelle 3.8, [12]). Daher ergeben Kulturen z.T. nur bis zu 50% [16] positive Ergebnisse. Leitkeime sind Streptokokken (A-Streptokokken zwischen 23 und 40%), *Bacteroides*, Peptostreptokokken und Fusobakterien.

Diagnostik (Abb. 3.3, Tabelle 3.9)

Tonsillitis

Bei der Diagnostik der Tonsillitis nimmt das Grampräparat einen orientierenden Stellenwert ein (Tabelle 3.9). Mit Streptokokken beladene Zellen neben

Tabelle 3.8. Keimverteilung beim Retropharyngealabszeß (Patienten N = 14) (nach [12])

α-hämolytische Streptokokken	6
β-hämolytische Streptokokken	8
A-Streptokokken	3
Staphylococcus aureus	5
Branhamella catarrhalis	2
Haemophilus influenzae Type B	3
Gesamtzahl der Aerobier	26
Peptostreptococcus spp.	18
Microaerophile Streptokokken	4
Veillonella parvula	3
Eubacterium lentum	4
Propionibacterium acnes	1
Clostridium spp.	2
Fusobacterium spp.	14
Bacteroides spp.	22
Bacteroides melaninogenicus	10
Gesamtzahl der Anaerobiern	78

Leukozyten zeigen ein entzündliches Geschehen an. Typisch für die Angina Plaut Vincenti sind gramnegative fusiforme Stäbchenbakterien und Spirillen.

Zum Erfassen der Leitkeime der Tonsillitis, der A-Streptokokken, wurden in der letzten Zeit verschiedene nicht-kulturelle Schnellnachweise auf den Markt gebracht. Sie beruhen meist auf einem enzymimmunologischen Nachweis oder Agglutinationstest nach Antigenextraktion vom Abstrichtupfer. Alternativ liegen auch bereits Fluoreszenztests vor. Generell liegt die Sensitivität zwischen 80 und 95% [18]. Hierbei spielt die Abnahme einer ausreichenden Anzahl von Keimen eine Rolle; auch ist zu berücksichtigen, daß andere Bakterien die Krankheitserreger sein können.

Zur kulturellen Erfassung der Krankheitserreger (Tabelle 3.9) reicht prinzipiell eine 5–7%-ige Blut-Agarplatte aus [2]. Columbia-Agar, Casman-Agar usw. können als Basismedien eingesetzt werden. Es ist auf genügende Pufferkapazität des Mediums zu achten, um die Autolyse von Streptokokken, z. B. Pneumokokken, bei langfristiger (>2 Tage) Inkubation zu verhindern [1]. Zum Nachweis der β-Hämolyse sind Glukose-(Dextrose-)Agar, Mueller-Hinton-, Tryptic-Digest-, Hirn-Herz-Infus- und Eugon-Agar als Grundmedien nicht geeignet [7]. Die Hämolyseeigenschaften sind variabel. Sie hängen u. a. von Erythrozytenspezies, Inkubationsdauer und Mediumschichtdicke ab und erschweren oft die sichere Abtrennung apathogener vergrünender von pathogenen β-hämolysierenden Streptokokken. Der für die Hämolyse verantwortliche Faktor Hämolysin O ist Sauerstoff-empfindlich [10]. Unter anaeroben Verhältnissen wird das Hämolysin O nicht von O_2 inaktiviert, und die Hämolyse ist ausgeprägter. Wichtig ist in diesem Zusammenhang, daß auch Streptokokken der Serogruppe A nicht unter allen Umständen eine β-Hämolyse, also

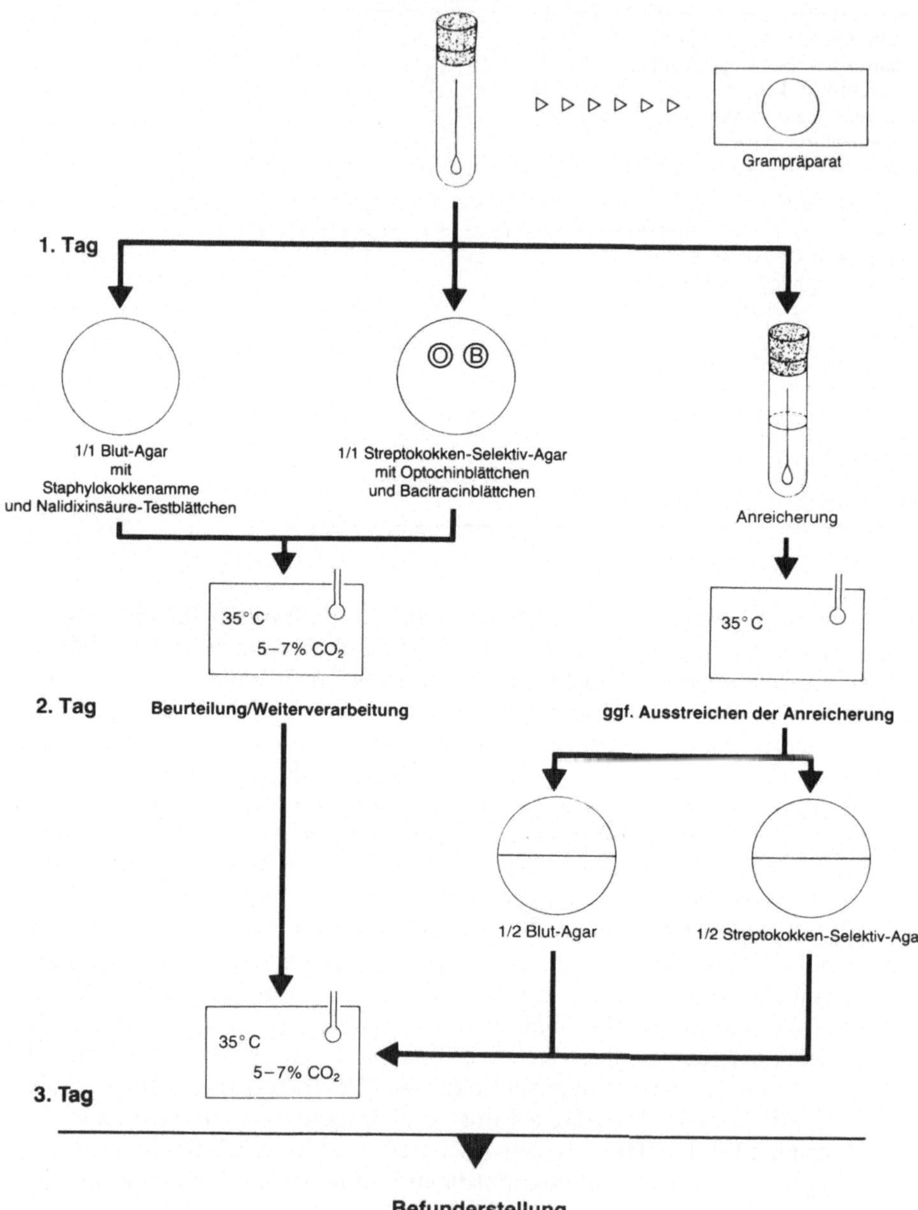

Abb. 3.3. Kulturelles Vorgehen beim Rachenabstrich

Tabelle 3.9. Anlegeschema zur kulturellen Diagnostik

	1	2	3	4	5	6	7	8	9	10
Tonsillitis/Pharyngitis	+	+	+	+		+	+		+	
Stomatitis	+		+	+		+	+	+	+	+
Parotitis	+		+		+	+	+		+	
Peritonsillar-/Retropharyngealabszeß	+	+	+	+	+	+	+	+	+	+

1 Grampräparat, *2* A-Streptokokken-Immunfluoreszenz, *3* Blut-Agar, *4* Streptokokken-Selektiv-Agar, *5* grampositiver Selektiv-Agar, *6* Laktose-Indikator-Agar, *7* Pilz-Selektiv-Agar z. B. Sabouroud-Agar, *8* Anaerobier-Selektiv-Agar, *9* aerobe Anreicherung, *10* anaerobe Anreicherung

die vollständige Hämolyse, verursachen [17]. Neben den A-Streptokokken ist in den letzten Jahren *Arcanobacterium haemolyticum* (früher *Corynebacterium haemolyticum*) als Tonsillitiserreger in den Gesichtskreis gerückt. *Arcanobacterium haemolyticum* wird rasch übersehen, da die Kolonien nicht selten unter 1 mm groß sind und erst nach 48–56 Stunden eine deutliche β-Hämolyse auf Pferdeblut ausbilden.

Ein „Kunstgriff" kann die Erfassung der β-Hämolyse erleichtern. Sogenannte „Bilayer"-Agarplatten, bei denen über ein blutfreies Medium eine dünne Schicht Blut-Agar gegossen wurde, zeigen vergleichbar klarere und deutlichere Hämolysezonen [7]. Darüber hinaus kann zusätzlich Staphylokokken β-Lysin ins Medium inkorporiert werden, um die β-Hämolyse-Ausprägung zu unterstützen [17].

Die Isolierung von Streptokokken und Arkanobakterien wird durch die Begleitflora erschwert. Durch das Mitführen einer Streptokokken-Selektiv-Platte wird diesem Problem entsprochen, die Ausbeute deutlich erhöht und die Isolierung und Befunderstellung wegen der inhibierten Begleitflora deutlich beschleunigt. Als selektionierende Substanzen bieten sich u. a. Chemotherapeutika wie Nalidixinsäure, Aminoglykoside, Sulfonamide oder Trimethoprim an, die gegenüber den Streptokokken eine deutlich herabgesetzte Wirksamkeit aufweisen [9]. Da der MHK-Bereich von Streptokokken gegenüber Aminoglykosiden über 4 mg/l liegt, kann durch Supplementieren des Blut-Agars mit 1,5 mg/l bis 3 mg/l eines Aminoglykosids eine selektive Wirkung erzielt werden. Ebenfalls führt eine anaerobe bzw. 5%-ige CO_2-Atmosphäre zu verbessertem Wachstumsverhalten bei gleichzeitiger Wachstumshemmung der Viridansstreptokokken, die mit den β-hämolysierenden um die Substrate konkurrieren [14].

Das Auflegen diagnostischer Testblättchen führt zur Beschleunigung der Diagnostik und raschen Erfassung der Pathogenen. Üblicherweise werden Testblättchen zur Diagnostik von A-Streptokokken, Pneumokokken und zur Unterdrückung von gramnegativen Bakterien eingesetzt. Zur vorläufigen Einordnung der A-Streptokokken dient die Erfassung der Empfindlichkeit gegenüber Bacitracin. Allerdings zeigen auch andere Serogruppen gelegentlich einen

Tabelle 3.10. Prozentual positiver Ausfall des Bacitracintests bei

Streptokokken Serovar A	93–98
Streptokokken Serovar B	6
Streptokokken Serovar C	<7,5
Streptokokken Serovar G	<7,5
Viridansstreptokokken	7,5
Pneumokokken	95

positiven Bacitracintest [9]. Die Fehlermöglichkeiten sind in Tabelle 3.10 aufgeführt. Als Schlüsselreaktion zur Einordnung dient die Empfindlichkeit der Pneumokokken gegenüber Optochin. Da sie Optochin-empfindlich sind, wachsen sie nicht an das Blättchen heran. Eine Optochinresistenz bei Pneumokokken kann vorkommen, ist jedoch recht selten [13].

Wegen der unterdrückten Begleitflora ist das Ablesen der Platten mit diagnostischen Blättchen auf Selektiv-Agar sicherer und einfacher als auf der Blut-Agarplatte. Gelegentlich können Antibiotikablättchen, die die gramnegative Begleitflora hemmen, wie z. B. Nalidixinsäureblättchen oder Pipemidsäureblättchen, eine Isolierungshilfe darstellen. Diese Blättchen sollten in der ersten Fraktion auf Blut-Agarplatten aufgelegt werden. Weiterhin wird üblicherweise ein *Staphylococcus aureus*-Stamm quer durch die Fraktionen gestrichen. Da *Staphylococcus aureus* die Eryhtrozyten lysiert, werden in der Hämolysezone NADPH und Hämin freigesetzt; diese „Wachstumsfaktoren“ sind für das Wachstum von *Haemophilus influenzae* erforderlich, und die Bakterien können im Bereich des Staphylokokkenimpfstriches wachsen (Ammen- oder Satellitphänomen).

Bei Pferdeblut-Agarplatten ist dieses Vorgehen nicht erforderlich, da Pferdeerythrozyten die Wachstumsfaktoren auch ohne Hämolyse ins Agarmedium freisetzen.

Obwohl Anreicherungen bei Rachenabstrichen nicht erforderlich sind, erlauben sie die Isolierung von vorgeschädigten Keimen wie z. B. bei Patienten, die mit Antibiotika oder antimikrobiellen Therapeutika (Halspastillen) vorbehandelt wurden. Generell sollte die Beurteilung eines Rachenabstriches nach 2 Tagen abgeschlossen sein. Bei einer Generationszeit von 35–45 Minuten ist nach 16–20 Stunden mit genügendem Wachstum zu rechnen. Hierbei sind die hämolysierenden Streptokokken der verschiedensten Serogruppen als pathogen zu betrachten, ebenso Pneumokokken; ggf. sollte auch ein deutlicher Anteil von *Staphylococcus aureus* berücksichtigt werden. Da *Staphylococcus aureus*-Stämme in über 70% eine extrazelluläre, diffusible Penicillinase bilden, können Penicilline, z. B. Penicillin G und V, das Mittel der 1. Wahl bei Pharyngitiden, inaktiviert werden [3, 4]. Es kommt also zu einem protektiven Effekt der pathogenen Streptokokken vor dem Antibiotikum durch die penicillinzerstörende Begleitflora. Deshalb muß insbesondere bei rezidivierenden Streptokokkeninfektionen *Staphylococcus aureus* mit berücksichtigt und getestet werden. Als pathogen an sich ist er zu betrachten, wenn er in Reinkultur vorliegt.

Stomatitis/Parotitis

Der Untersuchungsvorgang bei Stomatitis und Parotitis folgt im wesentlichen dem bei Tonsillenabstrichen (Tabelle 3.9). Zusätzlich sollte zur besseren Erfassung der Soor-Stomatitis zu dem üblichen Sproßpilz-Selektiv-Agar eine Candida-Anreicherungsbouillon wie z. B. Sabouraud-Bouillon eingesetzt werden.

Peritonsillarabszeß/Retropharyngealabszeß

Die kulturelle Diagnostik des Peritonsillarabszesses entspricht im wesentlichen der bei der Tonsillitis/Pharyngitis (Tabelle 3.9). Aufgrund des erheblichen Anteiles von Anaerobiern und der Schwere der Erkrankung ist das Mitführen mindestens einer aeroben Flüssigkeitsanreicherung wie z. B. Hirn-Herz-Bouillon oder Brucella-Bouillon zusätzlich zu einer anaeroben Anreicherungsbouillon wie Thioglykolat-Bouillon, supplementiert mit Vitamin K_3 und Hämin, erforderlich. Der anaeroben Diagnostik muß durch Mitführen eines nicht-selektiven Blut-Agars wie Wilkins-Chalgren oder Brucella-Agar mit 5–7,5% Pferdeblut und eines Selektiv-Agars wie Kanamycin-Vancomycin-Blut-Agar Rechnung getragen werden.

Literatur

1. Abdou MAF (1982) Vor- und Nachteile kultureller und nichtkultureller Verfahren zum Erregernachweis in Aspiraten und Punktaten. I. Mikroskopische, biochemische und kulturelle Verfahren. Med Lab 35:123–132
2. Bannatyne RM, Clausen C, McCarthy LR (1979) Laboratory diagnosis of upper tract infections. Cumitech 10. In: Duncan, IBR (ed) American Society for Microbiology, Washington
3. Brook I (1984) The role of β-lactamase-producing bacteria in the persistence of Streptococcus tonsillar infection. Rev Infect Dis 6:601
4. Brook I (1987) Microbiology of retropharyngeal abscesses in children. Am J Dis Child 141:202–204
5. Brook I (1988) Aerobic and anaerobic bacteriology of purulent nasopharyngitis in children. J Clin Microbiol 26:592–594
6. Brook I, Foote PA (1986) Comparison of the microbiology of recurrent tonsillitis between children and adults. Laryngoscope 96:1385–1388
7. Collins CH, Lyne MP, Grange JMM (1989) Microbiological Methods, 6th ed. Butterworth, London Boston
8. Decker MD, Lavely GB, Hutcheson RH, Schaffner W (1985) Foodborne streptococcal pharyngitis in a hospital pediatrics clinic. J Am Med Assist 253:679–681
9. Gunn B, Ohashi DK, Gaydos CA (1977) Selective and enhanced recovery of group A and B streptococci from throat cultures with sheep blood agar containing sulfamethoxazole and trimethoprim. J Clin Microbiol 11:650–655
10. Hacker J (1985) Das Escherichia coli-Hämolysin: Genetik, Epidemiologie und medizinische Bedeutung. Forum Mikrobiologie 8:76–90
11. Hoffmann S (1985) The throat carrier rate of group A and other beta hemolytic streptococci among patients in general practice. Acta Pathol Microbiol Immunol Scand [B] 93:347–351

12. Jokipii AMM, Jokipii L, Sipila P, Jokinen K (1988) Semiquantitative culture results and pathogenic significance of obligate anaerobes in peritonsillar abscesses. J Clin Microbiol 26:957–961
13. Kontiainen S, Sivonen A (1987) Optochin resistance in Streptococcus pneumoniae strains isolated from blood and middle ear fluid. Eur J Clin Microbiol 6:422–424
14. Lauer BA, Reller LB, Mirrett S (1983) Effect of atmosphere and duration of incubation on primary isolation of group A streptococci from throat cultures. J Clin Microbiol 17:338–340
15. McMillan JA, Sandstrom C, Weiner LB, Forbes BA, Woods M, Howard T, Poe L, Keller K, Corwin RM, Winkelman JW (1986) Viral and bacterial organisms associated with acute pharyngitis in a school-aged population. J Pediatr 109:747–752
16. Spires JR, Owens J, Woodson GE, Miller RH (1987) Treatment of peritonsillar abscess. Arch Otolaryngol Head Neck Surg 113, 984–986
17. Tagg JR, Vugler LG (1986) Enhancement of the hemolytic activity of group B streptococci and streptolysin S-deficient group A streptococci on blood agar medium containing staphylococcal betalysin. J Microbiol Methods 5:215–220
18. Yajko DM, Lawrence J, Nassos P, Young J, Hadley K (1986) Clinical trial comparing bacitracin with strep-A-chek for accuracy and turnaround time in the presumptive identification of Streptococcus pyogenes. J Clin Microbiol 24:431–434

Sinusitis, Kieferhöhleninfektion, Otitis media, Mastoiditis, Cholesteatom

Material: Nasenabstrich, Kieferhöhlenpunktat, Mittelohreiter

Otitis media und Sinusitis maxillaris und frontalis sind in der ambulanten Praxis häufig vorkommende Krankheitsbilder, die allzu oft nur als banale Infektionen verstanden werden. Sie haben jedoch nicht nur wegen ihrer lokalen Problematik, sondern auch wegen der Gefahr einer Chronifizierung und aufsteigenden Infektionen wie Mastoiditis und Meningitis eine erhebliche klinische Bedeutung (Tabelle 3.11). Die Komplikationen sind zwar nicht so häufig, können jedoch – wie bei einer Patientin mit nicht ausreichend therapierter Sinusitis, die eine fulminante Sepsis mit tödlichem Ausgang innerhalb weniger Stunden entwickelte (Werk, nicht publizierte Daten, 1987) – fatal sein. In der Mehrzahl liegen Risikofaktoren wie Infektionen der oberen Luftwege, Zahninfektionen oder Erkrankungen mit Störung der mukociliären Clearance und Hindernisse im Nasenraum sowohl anatomischer als auch iatrogener Natur vor (Tabelle 3.12). So finden sich bei der chronischen Sinusitis zu 40% Zahninfektionen und zu 16% Nasenpolypen [5].

Tabelle 3.11. Komplikationen der Sinusitis

- Chronische Sinusitis
- Orbitainfektionen (hauptsächlich bei Ethymoiditis, Sphaenoiditis)
- Mastoiditis
- Meningitis
- Zerebritis
- Hirnabszeß
- Osteomyelitis (Pott Tumor)

Tabelle 3.12. Risikofaktoren für eine akute/chronische Sinusitis (nach [5])

- Infektionen der oberen Luftwege
- Zahninfektionen
- Erkrankungen mit herabgesetzter mukociliärer Clearance
  zystische Fibrose
  Karthagener Syndrom
  (Syndrom der amotilen Zilien)
- einengende anatomische Verhältnisse wie
  Nasenpolypen
  Septumdeviation
  intranasale Tumoren
- Fremdkörper wie
  nasotracheale Intubation
  nasogastrale Intubation
  Tamponade
- allergische Rhinitis

Sinusitis

Anders als bei der Otitis media erkranken an einer Sinusitis häufiger Patienten zwischen 14 und 44 Jahren. Nur 4% der Patienten einer schwedischen Studie waren Kinder unter 4 Jahren [4]. Die Inzidenz der Sinusitis liegt bei 1,4%, bei der chronischen Sinusitis bei 0,02% [5].

Otitis media

Die Otitis media ist aufgrund der anatomischen Verhältnisse bei Kindern eine der häufigsten Infektionen. Rekurrierende Infektionen können zur chronischen Otitis media und zum Cholesteatom mit der Gefahr der Bildung eines intrakranialen Abszesses oder einer Mastoiditis führen. Als eine spezielle Genese der Otitis media sei hier die Otitis media bei endotrachealer Intubation angeführt. Nach Lucks et al. [7] ist mit einer relativ hohen Inzidenz (bis zu 29%) mit dieser Komplikation zu rechnen.

Mastoiditis

Die akute Mastoiditis ist aufgrund der Antibiotikatherapie eine seltene Erkrankung geworden. Andererseits sind die möglichen Komplikationen wie intrakranialer Abszeß und Meningitis, mit denen auch trotz Therapie gerechnet werden muß, lebensbedrohlich. Über eine Otitis mit Effusionen kommt es zur Mastoiditis mit einer begleitenden Periostitis, die dann in eine Mastoiditis mit Osteitis übergehen kann. Klinisch finden sich eine Trommelfellschwellung und Erythem über dem Mastoid, Fieber meist über 38 °C und eine röntgenologisch nachweisbare Verschattung des Mastoids [9].

Diagnostische Materialien bei der Mastoiditis

Die mikrobiologische Diagnostik ist allerdings eingeschränkt erfolgreich. Lediglich bei 38–62% der Patienten lassen sich die Erreger isolieren [8]. Die Blutkultur ergibt in wenigen Fällen eine Information, so daß die Probengewinnung nach Tympanocentese am erfolgreichsten ist.

Keimspektren

Das Keimspektrum dieser Erkrankungen setzt sich aus Streptokokken, Staphylokokken, *Haemophilus influenzae* und *Branhamella catarrhalis* sowie Enterobakterien und Anaerobiern als wichtige Krankheitserreger [1, 4, 8–10, 13] zusammen (Tabellen 3.13–3.16).

Tabelle 3.13. Prozentuale Keimverteilung der Erreger der Sinusitis

Anaerobier	9–23
Enterobakterien (*Escherichia coli*, Klebsiellen, *Proteus* spp. usw.)	10
Haemophilus influenzae	10–30
Pseudomonas aeruginosa	5
Staphylococcus aureus	10–20
Pneumokokken	20–30
Streptokokken Serovar A	5–10
Branhamella catarrhalis	2–25
Pilze	selten
Rhinovirus	15
Influenzavirus	5
Parainfluenzavirus	3
Adenovirus	<1

Kumulierte Daten nach:
1. Farr BM, Gwaltney JM (1988) Acute and chronic sinusitis. In: Pennington JE (ed) Respiratory infections: Diagnosis and management. 2nd ed. Raven Press, New York
2. Knothe H, Dette GA (1984) Antibiotika in der Klinik. 2. Aufl. Aesopus Verlag, Zug

Tabelle 3.14. Prozentuale Keimverteilung der Erreger der Otitis media

Bei Neugeborenen bis 6 Wochen	
Haemophilus influenzae	–
Pneumokokken	5
Streptokokken Serovar A	–
Viridansstreptokokken	5
Branhamella catarrhalis	–
Staphylococcus aureus	24
Escherichia coli	33
Klebsiella spp.	24
Pseudomonas aeruginosa	9
Bei Kindern bis zu 1 Jahr	
Haemophilus influenzae	14
Pneumokokken	55
Streptokokken Serovar A	5
Bei Kindern bis zu 15 Jahren	
Haemophilus influenzae	25
Pneumokokken	30
Streptokokken Serovar A	17

Nach Knothe H, Dette GA (1984) Antibiotika in der Klinik. 2. Aufl. Aesopus Verlag, Zug

Tabelle 3.15. Prozentuale Keimverteilung der Erreger der Otitis media bei Erwachsenen

Haemophilus influenzae	5
Streptokokken Serovar A	5
Pneumokokken	30
Branhamella catarrhalis	10–30

Nach Knothe H, Dette GA (1984) Antibiotika in der Klinik. 2. Aufl. Aesopus Verlag, Zug

Tabelle 3.16. Prozentuale Keimverteilung der Erreger der Mastoiditis (nach [8, 9])

Aerobier	
Pneumokokken	30,4
A-Streptokokken	13,4
Staphylococcus epidermidis	21,7–8,3
Staphylococcus aureus	8,7–19,4
Haemophilus influenzae	13
Pseudomonas aeruginosa	8,3
Proteus	8,3
Proteus mirabilis	13,9
Klebsiella pneumoniae	2,8
Escherichia coli	2,8
Anaerobier	
Peptokokken	13,9
Peptostreptokokken	5,6
Propionibacterium acnes	2,8
Clostridien	11,1
Eubacterium	5,6
Bacteroides fragilis	25
Bacteroides melanogenicus	27,8
Bacteroides	44,4
Fusobakterien	16,7

Tabelle 3.17. Seltene Infektionserreger der Sinusitis und Otitis media

Seltene Infektionserreger der Sinusitis[a]

Legionella pneumophilia

Seltene Infektionserreger von Otitis media[b]

Rotavirus
Chlamydia trachomatis
Alcaligenes (*Achromobacter*) *xyloseoxidans*

[a] Schlanger G, Lutwick LI, Kurzman M, Hoch B, Chandler FW (1984) Sinusitis caused by Legionella pneumophila in a patient with the acquired immune deficiency syndrome. Am J Med 77:957–960

[b] Hadziselmiovic F, Just M, Berger R, Frey I, Stalder G (1984) Rotavirus infection and otitis media. Infection 12:296

Führend sind Pneumokokken (bis 30%) und A-Streptokokken. Des weiteren nimmt *Haemophilus influenzae* mit bis zu 30% eine gewichtige Position ein. Berücksichtigt werden muß bei den kulturellen Vorgehen, daß 17,1% reine Anerobierinfektionen und 62,8% aerob/anaerobe Mischinfektionen sind [1]. Neuere Untersuchungen weisen auf die Bedeutung von Viren (Adeno-Virus, Influenza A- und Influenza B-Virus) und Mykoplasmen bei der akuten Sinusitis hin [11]. Insbesondere bei bakteriologisch negativen Sinusitiden können diese Infektionserreger als Ursachen in Betracht gezogen werden. Im Keimspektrum der Otitis media nach endotrachealer Intubation [7] finden sich im wesentlichen gramnegative Keime, wie z.B. *Pseudomonas aeruginosa*, *Klebsiella* und *Enterobacter*. Bei der Otitis media sei noch auf die unterschiedliche Speziesverteilung in den Altersgruppen hingewiesen (Tabelle 3.14, 3.15); aber auch hier sind prozentual die Streptokokken gefolgt von *Haemophilus influenzae* die wichtigsten Keime (s. auch Tabelle 3.17).

Diagnostik (Abb 3.4, Tabelle 3.18)

Die Diagnostik muß durch Einsatz von sorgfältig gewählten Kulturbedingungen dem Keimspektrum Rechnung tragen. Die Isolierungsbedingungen für Streptokokkenarten können entsprechend denen im vergangenen Kapitel („Rachenabstrich") vorgeschlagenen Methoden gewählt werden. Zur Isolierung von *Haemophilus influenzae* sind CO_2-Platten mit Columbia-, Brucella-, Eugon-, Nähr-Agar etc. als Basismedium geeignet. Der Zusatz von Bacitracin, Vancomycin, Clindamycin allein oder in Kombination erleichtert ein Erfassen der Influenzabakterien [2]. Werden keine Haemophilus-Selektiv-Platten gewählt, sollten zumindest durch Auflegen von 10 I.E. Oleandomycin-Testblättchen (10 I.E. Bacitracin) in der 1. Fraktion die Isolierungsbedingungen verbessert werden [3]. Wird anstelle des in der BRD üblichen Schafsblutes Pferdeblut verwandt, ist eine CO_2-Agarplatte nicht unbedingt erforderlich.

Pferdeerythrozyten lecken die für *Haemophilus* wichtigen Wachstumsfaktoren X und V, also Hämin und NADPH [3]. Bei Schafserythrozyten ist dieses nicht der Fall. Haemophiluskolonien erscheinen auf Pferdeblut-Agar in ca. 1 mm großen, tautropfenähnlichen Kolonien und geben oft Anlaß zu Verwechslungen mit nicht-hämolysierenden Streptokokken.

Werden Schafsblutplatten eingesetzt, muß eine Staphylokokkenamme ausgestrichen werden. Im Bereich der Hämolyse und damit im Bereich erhöhter Wachstumsfaktorkonzentrationen treten Haemophiluskolonien auf. Diese, als Satellit- oder Ammenphänomen bezeichnete Eigenschaft, wird auf Pferdeblut-Agar nicht deutlich. Ein weiterer wesentlicher Gesichtspunkt ist die primäre Inkubation in feuchter, CO_2-reicher Atmosphäre (5–10%). Insbesondere *Haemophilus* in geringer Keimzahl wächst in CO_2-armem Milieu schlecht an [6].

Ein häufig übersehener Infektionserreger ist *Branhamella catarrhalis*, dessen Häufigkeit in Skandinavien mit bis zu 10% angegeben wird [14]. Aus diesem Grund wurde ein Selektivmedium auf DNase-Testagarbasis zur Erhö-

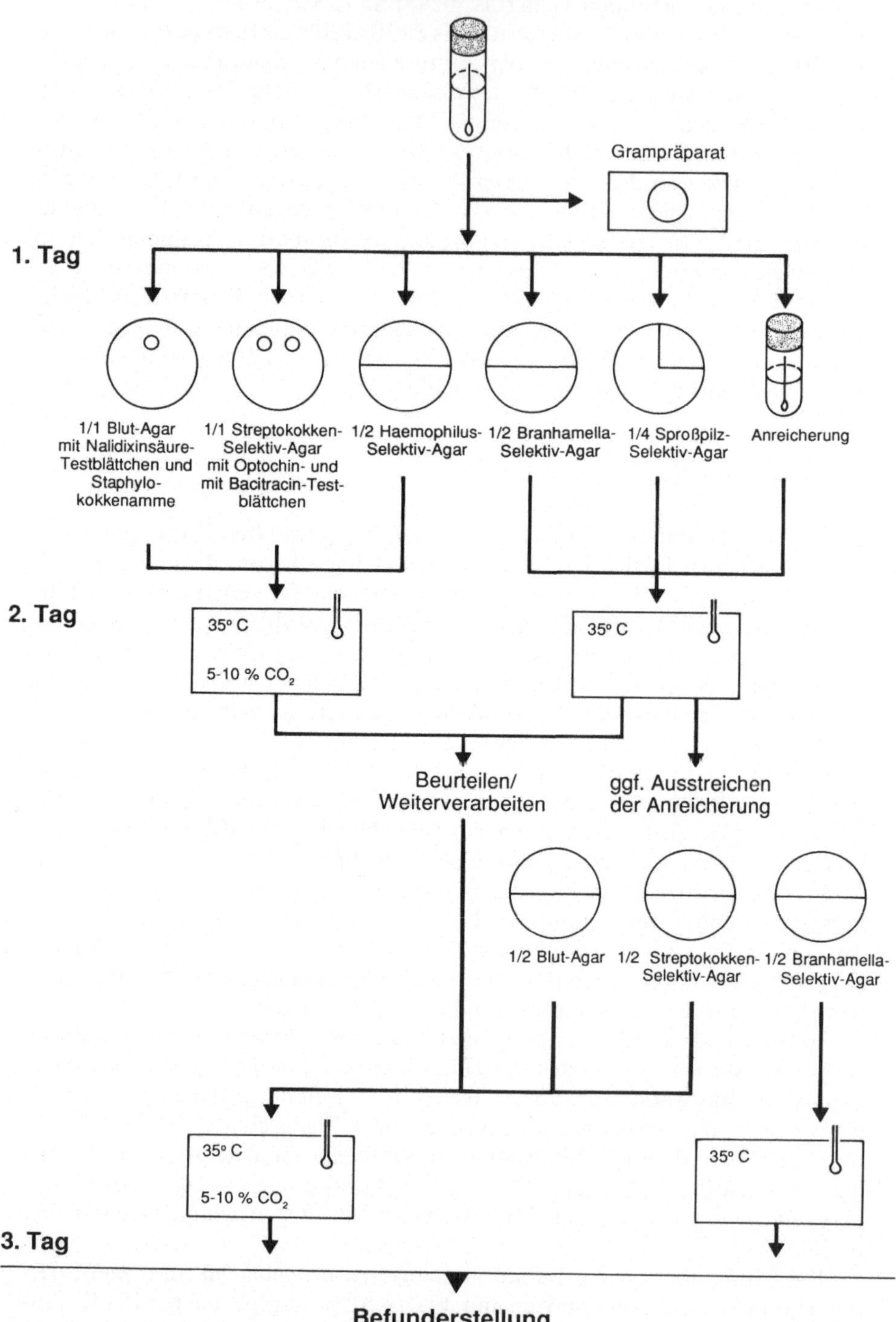

Abb. 3.4. Kulturelles Vorgehen beim Nasenabstrich

Tabelle 3.18. Anlegeschema zur kulturellen Diagnostik

	1	2	3	4	5	6	7	8	9	10	11
Sinusitis	+	+	+	+	+	+	+	+	+	+	+
Otitis media (akut)	+	+	+	+	(+)	+	∅	∅	+	+	+
Mastoiditis	+	+	+	+		+	+	+	+	+	+

1 Grampräparat, *2* Blut-Agar, *3* Streptokokken-Selektiv-Agar, *4* Haemophilus-Selektiv-Agar, *5* Branhamella-Selektiv-Agar, *6* Laktose-Indikator-Agar, *7* Anaerobier-Agar, *8* gramnegativer Anaerobier-Selektiv-Agar, z. B. Kanamycin-Vancomycin-Agar, *9* Sproßpilz-Selektiv-Agar, *10* aerobe Anreicherung, *11* anaerobe Anreicherung

hung der Isolierungsrate vorgeschlagen [12]. Der DNase-Testagar, der mit Amphotericin B (2 mg/l), Vancomycin (10 mg/l) und Trimethoprim (8 mg/l) supplementiert wurde, wird nach Inkubation bis zu 48 Stunden bei 5% CO_2 mit Toluidinblau (0,025% in 0,2 M Tris-Puffer (pH 7,8) überflutet. Branhamellakolonien werden aufgrund der DNase-Aktivität von einem klaren Hof umgeben.

McConkey-, Endo-Agar o. ä., sogenannte „gramnegative" Medien, begünstigen durch Unterdrückung der grampositiven Flora das Wachstum von Enterobakterien. Das gleiche gilt für spezielle Pilzselektivmedien. Zwar soll auch an Pilze, insbesondere Sproßpilze, aber auch an Schimmelpilze gedacht werden, doch wird man im allgemeinen erst bei klinischem Verdacht solche Untersuchungen in die Wege leiten.

Demgegenüber stellen anaerob wachsende Bakterien einen erheblichen prozentualen Teil an Erregern der Sinusitis, aber nicht der Otitis media, dar. Anaerob inkubierte Spezialmedien, wie Wilkins-Chalgren- oder Schädler-Agar mit Vitamin K_1 und Hämin sowie evtl. Selektivmedien mit Phenyläthylalkohol oder Kanamycin, Vancomycin usw. erleichtern die kulturelle Erfassung (vgl. S. 255). Da *Bacteroides* eine relativ lange Generationszeit hat, sollten die Platten frühestens nach 48 Stunden beurteilt werden.

Literatur

1. Brook I (1987) The role of anaerobic bacteria in otitis media: microbiology, pathogenesis, and implications on therapy. Clin Rev 8:109–117
2. Chapin KC, Doern GV (1983) Selective media for recovery of Haemophilus influenzae from specimens contaminated with upper respiratory tract microbial flora. J Clin Microbiol 17:1163–1165
3. Collins CH, Lyne PM, Grange JMM (1989) Microbiological methods. 6th ed. Butterworth, London Boston
4. Ekedahl C (1987) Akute Sinusitis bei Erwachsenen. Infection [Suppl 3] 15:120–122
5. Farr BM, Gwaltney JM (1988) Acute and chronic sinusitis. In: Pennington JE (ed) Respiratory Infections: Diagnosis and management. 2nd ed. Raven Press, New York
6. Kilian M (1985) Haemophilus. In: Lennette EH, Balows A, Hausler WJ, Jhadomy HJ (eds) Manual of clinical microbiology. 4th ed. American Society for Microbiology, Washington

7. Lucks D, Consiglio A, Stankiewicz J (1988) Incidence and microbiological etiology of middle ear effusion complicating endotracheal intubation and mechanical ventilation. Infect Dis 157:368–369
8. Maharaj D, Jadwat A, Fernandes CMC, Williams B (1987) Bacteriology in acute mastoiditis. Arch Otolaryngol Head Neck Surg 113:514–515
9. Ogle JW, Lauer BA (1986) Acute mastoiditis. Diagnosis and complications. Am J Dis Child 140:1178–1182
10. Roydhouse N (1980) Adenoidectomy for otitis media with mucoid effusion. Ann Otol Rhinol Laryngol 89:312–315
11. Savolainen S, Jousimies-Somer H, Kleemola M, Ylikoski J (1989) Serological evidence of viral or Mycoplasma pneumoniae infection in acute maxillary sinusitis. Eur J Clin Microbiol Infect Dis 8:131–135
12. Soto-Hernandez JL, Nunley D, Holtsclaw-Berk S, Berk SL (1988) Selective medium with DNase test agar and a modified toluidine blue technique for primary isolation of Branhamella catarrhalis in sputum. J Clin Microbiol 26:405–408
13. Thore M, Lidén M (1987) Relapse of acute purulent otitis media: antibiotic sensitivities of nasopharyngeal pathogens. Scand J Infect Dis 19:315–323

Infektionen des äußeren Gehörgangs

Material: Abstrich vom äußeren Gehörgang

Diese Infektionen werden so charakteristisch oft beim Freizeitsport Schwimmen und Tauchen erworben, daß sie den Namen Schwimmerotitis oder „swimmers ear" erhielten. Typischerweise ist der bedeutendste pathogene Erreger *Pseudomonas aeruginosa*. Andere wichtige Infektionserreger sind Staphylokokken und Streptokokken (Tabelle 3.19, 3.20). Nicht so häufig finden sich verschiedene Sproß- und Hyphenpilze (z. B. *Aspergillus niger*). In der durch

Tabelle 3.19. Standortflora des äußeren Ohres

Candida spp.
Corynebacterium spp.
Staphylococcus spp.
Viridansstreptokokken

Nach Painter BG (1977) Indigenous microbiota. In: von Graevenitz A. Clinical microbiology, vol. I. Handbook Series in Clinical Laboratory Science. Seligson D. CRC Press, Cleveland

Tabelle 3.20 a. Prozentuale Keimverteilung der Erreger der akuten Otitis externa

Pseudomonas aeruginosa	60–70
Enterobacter spp.	20–30
Proteus spp.	10
Escherichia coli	6
andere Enterobakterien	6
Streptokokken Serovar A, B, C, G	10–15
Staphylococcus aureus	20–25

Nach Berendes J, Link R, Zöller F (1979) Hals-Nasen-Ohren-Heilkunde in der Praxis und Klinik: Ohr I. Thieme, Stuttgart

Tabelle 3.20 b. Prozentuale Keimverteilung der Erreger der chronischen Otitis externa

Pseudomonas aeruginosa	30
Proteus spp.	20
Escherichia coli	6
Enterobakterien	5
Streptokokken Serovar A, B, C, G	10–15
Staphylococcus aureus	60–70
Corynebakterien	25

Nach Berendes J, Link R, Zöller F (1979) Hals-Nasen-Ohren-Heilkunde in der Praxis und Klinik: Ohr I. Thieme, Stuttgart

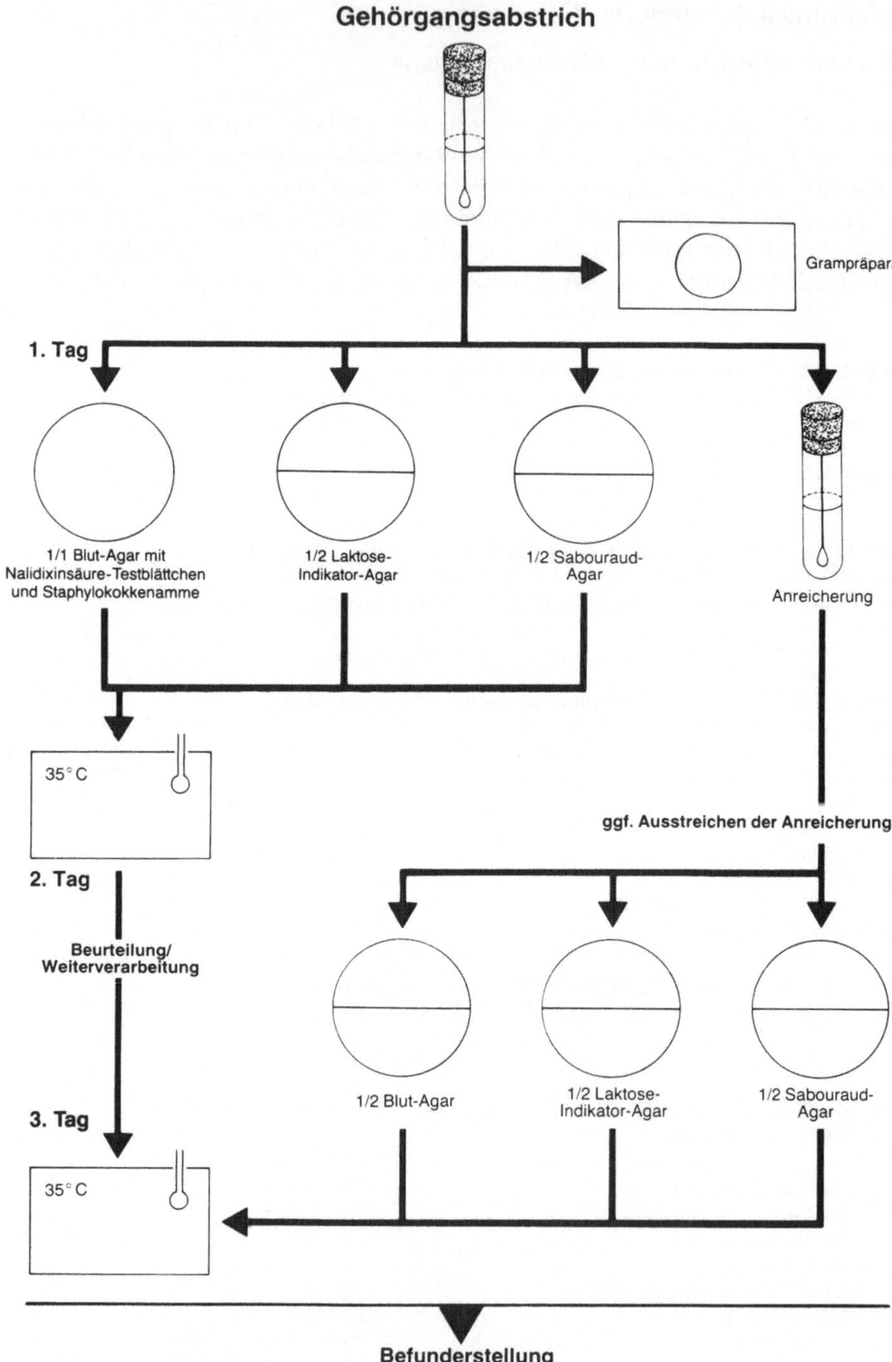

Abb. 3.5. Kulturelles Vorgehen beim Gehörgangsabstrich

Tabelle 3.21. Anlegeschema zur kulturellen Diagnostik

	1	2	3	4	5	6	7
Otitis externa							
Akut	+	+	(+)[a]	+	+		+
Chronisch	+	+	+	+	–	+	+

[a] (+) stellt eine Hilfe zur raschen Isolierung und Differenzierung dar
1 Grampräparat, *2* Blut-Agar, *3* grampositiver Selektiv-Blut-Agar, *4* Laktose-Indikator-Agar, *5* Pseudomonas-Selektiv-Agar, z. B. Cetrimid-Agar, *6* Staphylokokken-Selektiv-Agar, *7* aerobe Anreicherung

Feuchtigkeit und bakterielle Stoffwechselprodukte mazerierten Haut vermehren sich die pathogenen Keime, so daß es zu einer Begleitotitis kommen kann. Rezidivierende Infektionen können zur chronischen schwer therapierbaren Verlaufsform führen, bei denen *Staphylococcus aureus* Leitkeim ist (Tabelle 3.20 b). Häufig liegen Mischinfektionen vor.

Diagnostik (Abb. 3.5, Tabelle 3.21)

Das zu erwartende Keimspektrum ist mit seinen Kulturbedingungen anspruchslos. Es reicht daher aus, neben einer Blut-Agarplatte evtl. eine „grampositive“ Selektivplatte, Blut-Agar mit Colistin-Nalidixinsäure-Zusatz, als Differentialmedium einzusetzen. Als Selektivmedium für Pilze bietet sich Sabouraud-Agar mit Zusatz von Penicillin und Sulfonamid oder evtl. einem Aminoglykosid an. Biggy-Nickerson-Agar oder andere vergleichbare Agarmedien können ebenfalls zur vorläufigen Erfassung und Einordnung der Sproßpilze eingesetzt werden. Das Verwenden von Bierwürz-Agarplatten bei Zimmertemperatur bzw. 22 °C begünstigt die Isolierung von Schimmelpilzen wie *Aspergillus niger* oder *Mucor* spp. Weitere spezielle Selektivbedingungen oder Verwendung diagnostischer Testblättchen sind nicht erforderlich.

Literatur

Sonntag, Brunner, Lüttiken, Husmann, Lutz-Dettinger (1981) Mikrobiologische Diagnostik von Infektionen der oberen Luftwege, des Ohres und des Auges. In: Burkhardt P (Hrsg) DGHM-Verfahrensrichtlinien für die Mikrobiologische Diagnostik. Deutsche Gesellschaft für Hygiene und Mikrobiologie. Fischer, Stuttgart New York

Pertussis – Keuchhusten

Material: Nasopharyngealabstrich

Der Keuchhusten wird durch *Bordetella pertussis* oder *Bordetella parapertussis* hervorgerufen. Bei Kleinkindern bis zu 4–5 Jahren liegt die Inzidenz bei 100 000 Fällen/Jahr in der BRD [12]. Ein oft versteckt verlaufendes Krankheitsbild ist die Pertussisinfektion bei Erwachsenen. In England waren unter 2295 untersuchten Pertussisfällen 10% Erwachsene [14]. Somit muß daran gedacht werden, daß Pertussis-infizierte Erwachsene ein Ansteckungsreservoir darstellen [3, 7, 8, 14]. Erwachsene werden eine Pertussisinfektion i.a. als eine chronische Bronchitis erfahren, ohne daß an eine Bordetellainfektion gedacht wird. Dramatisch kann allerdings eine solche Infektion für Säuglinge und Kleinkinder werden. Die Mortalität wird mit 1 Fall auf 1 000 000 Einwohner angegeben und betrifft überwiegend (zu 70%) Säuglinge unter 6 Monaten.

Eine aktuelle Übersicht über die Klinik und Diagnostik findet sich bei Friedman [2].

Probengewinnung und mikrobiologische Diagnostik (Abb. 3.6)

Neben den serologischen Untersuchungen (Komplementbindungsreaktion, Mikroagglutination und Enzymimmunoassay) stehen in der Zwischenzeit sowohl verbesserte Transport- und Anzuchtmedien [5, 10] als auch ein Immunfluoreszenzdirektnachweis zur Verfügung.

Da *Bordetella pertussis* und *parapertussis* sehr transportempfindlich sind und rasch durch die Begleitflora überwuchert werden, wurde von Hoppe und Mitarbeitern [6] auf die Wichtigkeit des Einsatzes von Calciumalginattupfern und des Transportes in Pferdeblut-Aktivkohle-Agar hingewiesen. Dieses Medium wird vorort nach Beimpfung 2 Tage vorinkubiert und erst dann versandt. Calciumalginattupfer in Amies-Medium ergeben eine vergleichbar gute Ausbeute, wenn die Verarbeitung innerhalb von 2–3 Stunden erfolgt [13]. Mit entscheidend ist der Einsatz von Calciumalginat-, Dacron- oder Rayontupfern, da sie frei von Fettsäuren sind und *Bordetella* nicht im Wachstum hemmen. Eine erhebliche Rolle für eine erfolgreiche Pertussisdiagnostik spielt der Abnahmezeitpunkt. Die *Bordetella*-Clearance beträgt ca. 4 Wochen mit einer beständigen Abnahme der vermehrungsfähigen Keime. Somit wird i. a. erst zu spät, nämlich im Stadium convulsive die Diagnostik eingeleitet [4]. Darüber hinaus werden wegen der unspezifischen Symptomatik im Inkubationsstadium häufig ungezielt Antibiotika gegeben, so daß die Lebensfähigkeit der Keime deutlich herabgesetzt ist. Aus diesen Gründen ist eine immunfluoreszenzmikroskopische Untersuchung eines Direktpräparates sinnvoll. Wegen der deutlichen Hintergrundfluoreszenz sollten jedoch nur an Epithelien haftende fluoreszierende Stäbchenbakterien als positiv bewertet werden; andernfalls ist mit einer falsch positiven Auswertungsrate zu rechnen. Gelegentlich findet sich eine Diskrepanz zwischen mikroskopischem und kulturellem Be-

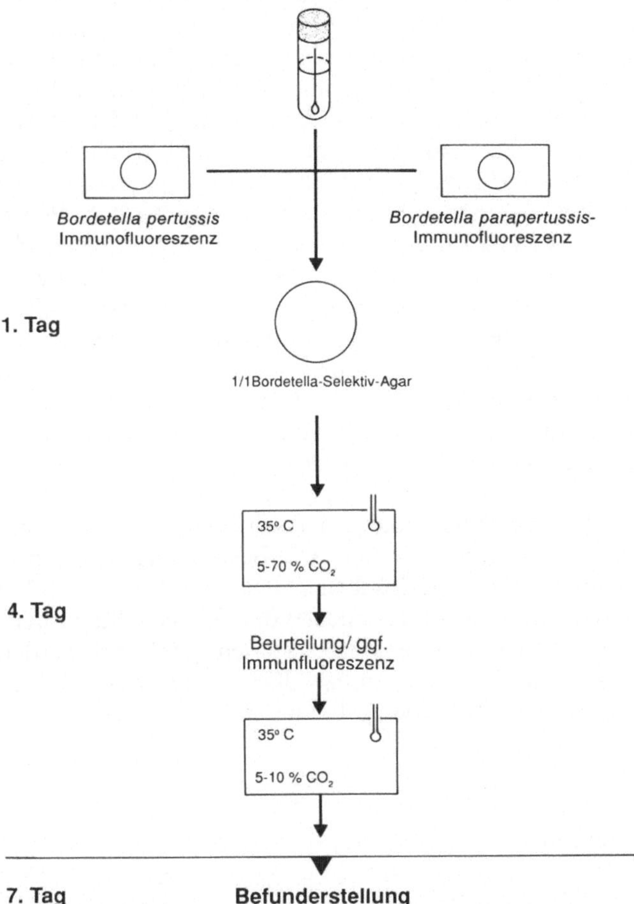

Abb. 3.6. *Bordetella pertussis/parapertussis*-Diagnostik

fund. Nicht vermehrungsfähige oder z. B. durch Antibiotika geschädigte Bordetellen können im Immunfluoreszenztest nachweisbar sein, sind jedoch nicht mehr kultivierbar.

Weiterhin sollte auch routinemäßig eine Überprüfung auf *Bordetella parapertussis* durchgeführt werden. Die Sensitivität des Bordetella-IF-Tests wird nach Marcon et al. [9] mit 70% angegeben. Sie sinkt jedoch auf 18%, wenn die Untersuchung erst 3 bis 4 Wochen nach Krankheitsbeginn erfolgt [2].

Entscheidend beeinflußt die Abnahmemethode die Verläßlichkeit des kulturellen Ergebnisses. Nur bei 50% der positiven Nasopharyngealabstriche findet sich ein positiver Nachweis im Rachenabstrich [9]. Zur kulturellen Diagnostik (Abb. 3.6) hat sich Aktivkohle-Pferdeblut-Agar durchgesetzt. Dieser Agar hat nach Hoppe und Vogl [5] eine deutlich bessere Isolierungsrate als

Bordet-Gengou-Agar oder Jones-Kendrick-Agar. Zusätzlich bietet sich noch das Cyclodextrin-Solid-Medium nach Aoyama et al. [1] an. Auf diesem wachsen jedoch nur weniger als 60% der Stämme an, hingegen auf Bordet-Gengou-Medium 80% [10]. Wegen seiner hohen Ausbeute und der langen Haltbarkeit (Bordet-Gengou-Agar verfällt innerhalb weniger Tage) hat sich Aktivkohle-Pferdeblut-Agar (Haltbarkeit 8 Wochen) und im geringeren Umfang Jones-Kendrick-Agar mit Pferdeblut (ca. 6–9 Wochen Haltbarkeit) durchgesetzt [11]. Der Arbeitsgruppe Morill et al. [10] zufolge werden bessere Ergebnisse mit Regan-Lowe-Medium (½ Stärke) (entspricht Pferdeblut-Aktivkohle-Medium) bei 4–25°C erhalten als mit gepuffertem Hefeextrakt-Aktivkohle-Agar mit Ketoglutarat und Pferdeblut. Wesentlich ist der Zusatz von Holzkohle zur Absorption der Fettsäuren, die toxisch für *Bordetella pertussis* sind. Zugabe von 15% Pferdeblut, mit dem deutlich bessere Ergebnisse erzielt werden als mit Schafsblut, optimiert das Wachstum. Für die Unterdrückung der Begleitflora hat sich Cefalexin (30–40 mg/l) als selektives Supplement durchgesetzt. Wachstumsfördernd wirkt sich eine 5–7,5% CO_2-Atmosphäre während der Inkubation aus. Aufgrund der langen Generationszeit muß insbesondere bei *Bordetella pertussis* von Inkubationszeiten von 2 bis 6 Tagen ausgegangen werden. Bordetellakolonien erscheinen als lichtbrechende, tautropfenartige, gräulich-opaque Kolonien. Die Bestätigung wird mit der Bunten Reihe, Agglutination mit spezifischen Antiseren oder Immunfluoreszenztests durchgeführt. Parallel zur Keuchhustendiagnostik sollte prinzipiell auch nach „Varia-Keimen" wie z. B. Arkanobakterien gefahndet werden, da häufig entweder Mischkulturen vorliegen bzw. Keime wie Arkanobakterien ein pertussiformes Krankheitsbild imitieren können.

Literatur

1. Aoyama T, Murase Y, Iwata T, Imaizumi A, Suzuki Y, Sato Y (1986) Comparison of blood-free medium (Cyclodextrin solid medium) with Bordet-Gengou medium for clinical isolation of Bordetella pertussis. J Clin Microbiol 23:1046–1048
2. Friedman RL (1988) Pertussis: the disease and new diagnostic methods. Clin Microbiol Rev 1:365–376
3. Granström G, Sterner G, Nord CE, Granström M (1987) Use of erythromycin to prevent pertussis in newborns of mothers with pertussis. J Infect Dis 155:1210–1214
4. Hagedorn HJ, Hoppe JE, Wirsing von König CH (1987) Keuchhusten – Ein grundsätzlicher Wandel in der Diagnostik. Dtsch Ärzteblatt 84:1714–1718
5. Hoppe JE, Vogl R (1988) Comparison of three media for culture of Bordetella pertussis. Eur J Clin Microbiol 5:361–363
6. Hoppe JE, Weiss A, Wörz S (1988) Failure of charcoal-horse blood broth with cephalexin to significantly increase rate of Bordetella isolation from clinical specimens. J Clin Microbiol 26:1248–1249
7. Kurt TL, Yeagar AS, Guenthe S, Dunlop S (1972) Spread of pertussis by hospital staff. J Am Med Assist 221:264–267
8. Linneman CC, Ramundo N, Perlstein PH, Minton SD, Englender S, McCormick JB, Hayes PS (1975) Use of pertussis vaccine in an epidemic involving hospital staff. Lancet II:540–543

9. Marcon MJ, Hamoudi AC, Cannon HJ, Hribar MM (1987) Comparison of throat and nasopharyngeal swab specimens for culture diagnosis of Bordetella pertussis infection. J Clin Microbiol 25:1117–1118
10. Morill WE, Barbaree JM, Fields BS, Sanden GN, Martin WT (1988) Effects of transport temperature and medium on recovery of Bordetella pertussis from nasopharyngeal swabs. J Clin Microbiol 26:1814–1817
11. Stauffer LR, Brown DR, Sandstrom RE (1982) Cephalexin-supplemented Jones-Kendrick charcoal agar for selective isolation of Bordetella pertussis: comparison with previously described media. J Clin Microbiol 17:60–62
12. Stehr K (1985) Pertussis-Schutzimpfung. Dtsch Ärzteblatt 82:2620–2624
13. Werk R (1988) Nicht publizierte Daten
14. Williams WO (1988) Risk of pertussis-infected adults infecting newborn children. J Infect Dis 157:607–608

Pneumonie, Bronchitis, Infektion der unteren Luftwege

Material: Sputum, Trachealaspirate, Bronchialspülwasser

Infektionen des unteren Respirationstraktes, die Bronchitis bzw. die Pneumonie, sind sowohl beim ambulanten (Tabelle 3.22) als auch beim hospitalisierten Patienten häufige Krankheitsbilder. Die Pneumonie gehört mit zu den wichtigsten Todesursachen, insbesondere der über 65jährigen. In den USA sind diese Infektionen für 40% der Arbeitsunfähigkeiten verantwortlich. Mehr als 10% der Patienten suchen dort einen niedergelassenen Arzt wegen einer Infektion der tiefen Atemwege auf [10]; zugleich sind sie mit die wichtigsten Gründe für die Verschreibung eines Antibiotikums in der Praxis [23].

Tabelle 3.22. Erkrankungshäufigkeit an einer ambulant erworbenen Infektion der unteren Luftwege (nach [15])

	Häufigkeit je Person je Jahr	Häufigkeit je 100 Personen je Jahr
Pneumonie	0,2	1,5
Bronchitis	0,2	2,8

Auch im Krankenhaus sind Infektionen der Atemwege ein häufiges Problem, das erheblich zur Mortalität (25–50%) beiträgt. Ca. 15% der im Krankenhaus erworbenen Infektionen sind Infektionen der unteren Atemwege; 0,5–5% aller Krankenhauspatienten erwerben im Verlaufe ihres Krankenhausaufenthaltes eine Pneumonie [31]. Obwohl bei meist zugrunde liegender schwerer Krankheit die Einschätzung der Mortalität nicht sicher ist, liegt sie in Abhängigkeit von der Grunderkrankung bei 50–75% [30].

Pathogenese

Akute und chronische Bronchitis

Bei der akuten mikrobiell bedingten Bronchitis wird durch den Infektionserreger das Epithel direkt, z. B. bei Influenza-Viren, und/oder durch Stoffwechselprodukte und/oder Toxine geschädigt und in seiner normalen Funktion gestört. Die Regeneration des Flimmerepithels kann sich bis zu 6 Monaten post infectionem erstrecken und somit den Boden für eine erneute Infektion bieten.

Der chronischen Bronchitis liegt eine ausgedehnte Zerstörung des Flimmerepithels zugrunde. Oft werden die Flimmerepithelien durch Epithelien ohne Flimmersaum ersetzt. Hierdurch ist die Clearance des Schleimes beeinträchtigt. Die Schleimsekretionen werden dicker, zäher und können zu Obstruktionen führen. Die verlangsamte Mukus-Clearance behindert somit gleichzeitig die mikrobielle Clearance und erlaubt den pathogenen Keimen die Invasion des Bronchialgewebes. Wahrscheinlich können Keime wie *Haemophilus influenzae* im Bronchialgewebe persistieren und bei Schwächung der Abwehrlage immer wieder zu akuten Ausbrüchen der chronischen Bronchitis führen [9]. Gleichzeitig nimmt die IgA-Konzentration im Sputum ab, die einen wichtigen Abwehrmechanismus darstellt.

Infektionen der unteren Atemwege bei Patienten mit zystischer Fibrose

Eine Besonderheit stellt die Bronchitis bei Patienten mit zystischer Fibrose dar. Bei der zystischen Fibrose, einer genetisch bedingten Erkrankung (Inzidenz von 1:2000 bei Mitteleuropäern [35]), ist der Mukus visköser und verursacht eine Obstruktion der Bronchien mit eitrig-viskösem Sekret, so daß es häufig zu Bronchiektasien, Atelektasen und Emphysem kommen kann [35]. Durch diesen Schleim ist die mukociliäre Clearance von Bakterien herabgesetzt, so daß es zur Ausbildung einer Infektion kommen kann [43]. Die Krankheitserreger stammen typischerweise aus der Mundflora, die bei Patienten mit zystischer Fibrose verändert ist. Durch Veränderung der Kolonisationsresistenz, bei der Fibronectin eine bedeutende Rolle zukommt, werden anaerobe Bakterien und grampositive aerobe Bakterien durch gramnegative Stäbchenbakterien verdrängt. Diese Keime können nun in dem veränderten, infektionssusceptibleren Milieu eine Infektion hervorrufen [43].

Pneumonie

Die Pathogenese der Pneumonie ist ein komplexes, multifaktorielles Geschehen, in dessen Kernpunkt die „Kolonisationsresistenz“ der oberen Luftwege steht, die eine Besiedlung dieser Schleimhäute mit potentiell pathogenen Keimen verhindert, sowie die lokal/systemische Abwehr der Lunge.

Krankenhausaufenthalt, Antibiotikatherapie, Grundkrankheiten, Virusinfekte usw. können zu einer Veränderung der normalen gemischt aerobgrampositiven/anaeroben Flora mit Überwucherung durch pathogene Keime führen. Durch Mikroaspiration gelangen geringe Mengen infektiösen Materials in die Lunge, die beim gesunden Menschen mit normaler Lungenabwehr unschädlich sind. Die Lungenabwehr selbst ist ein ineinandergreifendes System aus Hustenreflex, mukociliärer Aktivität, bakteriziden Eigenschaften des Surfactants, Alveolarmacrophagen, IgG- und IgA-Antikörper, Komplement, sowie der B- und T-Lymphozyten der Bronchus-assoziierten lymphatischen Plaques.

Bei z.B. postoperativen oder durch Übergewicht bedingten Atelektasen oder bei herabgesetzter Abwehrkraft der Lunge durch Risikofaktoren (Tabellen 3.23, 3.24) wie Alkoholismus, Zytostatikatherapie oder konsumierende Erkrankungen ist die mikrobielle Clearance der Lunge herabgesetzt und ermöglicht so ein Angehen der Infektion. Eine Vielzahl von Einzelfaktoren wie Störung der Funktionsfähigkeit von Leukozyten bei Alkoholismus, Verringe-

Tabelle 3.23. Risikofaktoren, die zu einer erhöhten Inzidenz und Mortalität durch eine Pneumonie prädisponieren (nach [13])

Alkoholismus
Chemotherapie
Rauschgiftsucht
Therapie mit Tranquilizern und Narkotika
Dauer der Hospitalisierung
Transplantation
Überdruckbeatmung
Z. n. Operationen
Alter über 65 Jahre
kardiovaskuläre Erkrankungen
Übergewicht

Tabelle 3.24. Risikofaktoren für den Erwerb einer Pneumonie bei abwehrgeschwächten Patienten (nach [13])

– Lymphom/Leukämie
– Chemotherapie bei Neoplasien oder malignen Erkrankungen
– Immunsuppressive Therapie bei Organtransplantationen
– Neutropenie unter 500/mm^3
– Hypogammaglobulinämie
– Asplenie
– Kollagen-vaskuläre Erkrankungen
– AIDS

rung der Fibronectinkonzentration durch vermehrte Speichelproteaseproduktion bei Risikopatienten und partiell verringerte Konzentrationen von IgG-Subklassen [33] sind Ursache für eine herabgesetzte körpereigene Abwehr. Ähnliche Mechanismen können auch bei der ambulant erworbenen Pneumonie angenommen werden. Die Genese ist wie bei der nosokomialen Pneumonie überwiegend auf Mikroaspirationen zurückzuführen; nur selten wird eine hämatogene Genese die Ursache sein. Die hämatogene Entstehung der Pneumonie findet sich hauptsächlich bei Rauschgiftsüchtigen [27].

Eine aus der Pneumonie hervorgehende Sepsis wird von der Abwehrlage des Patienten und Virulenz des Krankheitserregers bestimmt. Einen wichtigen Gesichtspunkt stellen synergistisch wirkende viral/bakterielle Mischinfektionen dar. Die Mischinfektionen haben eine Mortalität von bis zu 42%. In einem Mausmodell konnte gezeigt werden, daß die Proteasen einiger Staphylokokkenstämme durch Spaltung der Influenza-Virushaemagglutinine das Influenza-Virus aktivieren [39]. Das Virus wird durch die Spaltung erheblich virulenter und ruft ein massives Erkrankungsbild hervor. Ebenfalls kann *Haemophilus influenzae* eine Aktivierung bewirken.

Aspirationspneumonie

Wesentliche Voraussetzung für die Aspirationspneumonie ist ein Ereignis, das die Aspiration größerer Mengen keimhaltigen Materials, z. B. aus der Mundhöhle oder kontaminiertem Mageninhalt ermöglicht. Solche Situationen sind bei Alkoholismus, allgemeiner Anästhesie, Schädeltraumata, Bewußtseinsstörungen, Erkrankungen der Speiseröhre, Sondenernährung, Rauschgiftsucht oder Peridontitis gegeben [25]. Diese Form der Infektion ist fast ausschließlich eine synergistische aerobe/anaerobe Infektion, in deren Verlauf es zu Lungengewebsnekrose durch bakterielle Produkte kommen kann. Die Gefahr der Bildung eines Empyems oder eines Lungenabszesses ist gegeben.

Klinische Symptome bei Infektionen der unteren Atemwege

Da die Symptomatik der tiefen Atemwegserkrankungen allgemein bekannt ist, soll hier nur kurz auf die Klinik der akuten Exacerbation bei zystischer Fibrose eingegangen werden.

Typischerweise zeigen folgende Symptome eine akute Lungeninfektion bei Patienten mit zystischer Fibrose an [35]:

- vermehrter Auswurf
- Veränderungen in Sputummenge, -aussehen und -farbe
- sich verstärkender Auskultationsbefund
- zunehmende Dyspnoe
- neu aufgetretene Infiltrate im Röntgenbild
- Verschlechterung der Lungenfunktionsparameter
- Appetit- und Gewichtsabnahme
- leichte Ermüdbarkeit
- Temperaturen über 37,7 °C
- Auftreten neuer pathogener Keime im Sputum
- Zunahme der Granulozyten oder „stabkernigen" Leukozyten im Sputum

Keimspektren

Bronchitis

Die akute Bronchitis ist im allgemeinen viral bedingt. Sekundär bzw. beim Übergang in das chronische Stadium führen hier *Haemophilus influenzae*, *Branhamella catarrhalis* und Pneumokokken die prozentuale Keimverteilung an (Tabelle 3.25). Staphylokokken und Streptokokken Serovarietäten machen nur einen kleinen Anteil aus.

Bronchitis bei Patienten mit zystischer Fibrose

Hier wird in Infektionen bei Patienten im Anfangsstadium der Erkrankung und solchen bei Patienten mit schwererem Krankheitsverlauf unterschieden. Im Anfangsstadium ist *Staphylococcus aureus* der Leitkeim, gefolgt von *Haemophilus influenzae* und Pneumokokken. Im späteren Stadium (Tabelle 3.26),

Tabelle 3.25. Prozentuale Keimverteilung der Erreger der ambulant erworbenen chronischen Bronchitis

Haemophilus influenzae	25–80
Pneumokokken	20–40
Branhamella catarrhalis	10–30
Streptokokken Serovar A, C, G, F	<6
Staphylococcus aureus	3
Arcanobacterium haemolyticum	<5

Tabelle 3.26. Prozentuale Keimverteilung bei zystischer Fibrose (N = 102 Patienten)

Gramnegativ	
Pseudomonas aeruginosa	84,3
Pseudomonas maltophilia	6,8
Haemophilus influenzae	11,8
Escherichia coli	3,9
Proteus mirabilis	2,9
Citrobacter freundii	2,9
Klebsiella pneumoniae	2,0
Salmonella typhimurium	2,0
Enterobacter cloacae	0,9
Providencia rettgeri	0,9
Morganella morganii	0,9
Grampositiv	
Staphylococcus aureus	24,5
Staphylococcus epidermidis	11,8
Streptococcus pneumoniae	6,9
Enterocococcus faecalis	2,0
Streptococcus warneri	0,9
Streptococcus saprophyticus	0,9
Aerococcus	0,9
Fungi	
Candida albicans	29,4
Aspergillus fumigatus	5,9

Nach Bauernfeind A, Bertele RM, Harms K, Hörl G, Jungwirth R, Petermüller C, Przyklenk B, Weisslein-Pfister C (1987) Qualitative and quantitative microbiological analysis of sputa of 102 patients with cystic fibrosis. Infection 15:270–277 wenn bereits mehrfach Antibiotikatherapien durchgeführt wurden, treten *Pseudomonas aeruginosa* und *Pseudomonas cepacia*, gefolgt von Enterobakterien, *Candida* und *Mycoplasma pneumoniae* in den Vordergrund [35].

Ambulant erworbene Pneumonie

Wie zuvor aufgeführt wurde, wird aus klinisch pragmatischen Gründen zwischen einer typischen (z. B. Pneumokokken-bedingten) Pneumonie und einer atypischen Pneumonie unterschieden. Die letztere wird u. a. durch Viren, Mykoplasmen, Legionellen und Protozoen bedingt. Falsch ist hier auf jeden Fall die Bezeichnung „nicht-bakterielle" Pneumonie; diese muß den Pneumonien infektiöser Genese, die durch Viren, Protozoen, Parasiten und Pilze hervorgerufen sind, vorbehalten sein. Leitkeime der akuten, ambulant erworbenen typischen Pneumonie der Erwachsenen sind mit 30–70% die Pneumokokken. Bedeutung haben weiterhin *Haemophilus influenzae* (bis 15%), *Staphylococcus aureus* (bis 10%) und Mykoplasmen (bis 20%) (Tabelle 3.27).

Tritt bei Patienten eine Pneumonie bei zugrunde liegenden Lungenerkrankungen (z. B. chronisch obstruktiven Lungenerkrankungen), Alkoholismus oder einem kurz vorangegangenem Klinikaufenthalt auf, so verändert sich das Erregerspektrum. Nach Klinikaufenthalt muß mit dem Export multiresistenter, gramnegativer Keime, insbesondere von Enterobakterien, gerechnet werden [32]. Bei Patienten mit einer chronisch obstruktiven Lungenerkrankung (COPD) ist *Haemophilus influenzae* (ca. 55%) führend, gefolgt von Pneumokokken (ca. 25%) [7]. Bei Patienten mit Bronchiektasien sind prozentual bedeutende Erreger *Haemophilus influenzae*, *Staphylococcus aureus* und *Pseudomonas aeruginosa* [2, 7] (Tabelle 3.28). Ein anderes Bild zeigt sich bei Kindern

Tabelle 3.27. Prozentuale Keimverteilung der akuten, ambulant erworbenen Pneumonie (nach [15])

Pneumokokken	30–70
A-Streptokokken	5
Staphylococcus aureus	8–10
Haemophilus influenzae	4–15
Enterobakterien	10–20
Mycoplasma pneumoniae	15–20
Legionellen	1–15
Viren	15

Tabelle 3.28. Prozentuale Keimverteilung bei der chronisch aktiven Bronchopneumonie (nach [7])

Haemophilus influenzae	53,5
Pneumokokken	23,2
Pseudomonas	7,0

und Jugendlichen. Insbesondere bei den Neugeborenen (im Alter von 2 Wochen bis 6 Monaten) muß mit einer Chlamydienpneumonie gerechnet werden. Aufgrund der z. T. hohen Durchseuchung der Schwangeren mit *Chlamydia trachomatis* (bis 12%) muß bei bis zu 1% der Neugeborenen mit einer Infektion der tiefen Atemwege bzw. Pneumonie gerechnet werden. Die Chlamydienpneumonie wird typischerweise erst 2–6 Wochen post partum manifest [24].

Während durch alle Altersstufen hindurch Pneumokokken die Leitkeime sind, hat *Haemophilus influenzae* nur bis zu dem 5. Lebensjahr eine größere prozentuale Bedeutung [24]. Bei Kindern ab dem 5. Lebensjahr und Jugendlichen wird in ca. 22% *Mycoplasma pneumoniae* als ursächlicher Krankheitserreger isoliert [29]. Die klinische Manifestation der *Mycoplasma pneumoniae*-Infektion variiert von symptomloser Infektion bis zu schwerster Pneumonie. Bei asymptomatischen Patienten liegt die Isolierungsrate nach Nagayama [29] bei bis zu 11% und bei schweren Pneumonien bei 22%. Das Erkrankungsmaximum liegt nach dieser Studie bei 4 Jahren. Möglicherweise wird durch eine Mykoplasmeninfektion eine Abwehrschwäche induziert, so daß Folgeerkrankungen in schwere Pneumonien münden [6]. Interessant ist auch die Häufung pertussisartigen Hustens bei Kindern mit erhöhten IgE-Konzentrationen.

Nosokomiale Pneumonie

Deutlich anders als bei der ambulant erworbenen Pneumonie sieht das Keimspektrum der im Krankenhaus erworbenen Pneumonie aus. Zum einen muß in Pneumonien mit und ohne Bakteriämie unterschieden werden (Tabelle 3.29), zum anderen sollten die zugrunde liegenden Faktoren wie Morbus Hodgkin, Zytostatikatherapie und Organtransplantationspatienten berücksichtigt werden. Zudem müssen bei der prozentualen Keimverteilung die Therapiegewohnheiten der jeweiligen Krankenhäuser beachtet werden, so daß die hier angegebenen Daten nur orientierenden Charakter haben.

Tabelle 3.29. Prozentuale Keimverteilung der nosokomialen Pneumonie

	Mit Bakteriämie	Ohne Bakteriämie
Escherichia coli	16	36
Klebsiella	16	31
Serratia	1–22	10
Enterobacter	6	17
Citrobacter	bis 3	bis 3
Pseudomonas aeruginosa	31	7
Legionella		0–14
Pneumokokken	<5	5–20
Staphylokokken	<10	5–10–14

Tabelle 3.30. Besondere Infektionserreger tiefer Atemwegserkrankungen bei Risikopatienten

Bei chronischen Lungenerkrankungen
Mycobacterium kansasii
Mycobacterium avium-intracellulare
Bei Morbus Hodgkin
Mycobacterium tuberculosis
Epstein-Barr-Virus
Varicella zoster-Virus
Haarzell-Leukämie
Pilzinfektionen
Gramnegative Keime
Chemotherapie bei Karzinomen mit Granulozytopenie
Pilzinfektionen
insbesondere *Candida, Aspergillus, Cryptococcus,*
seltener Zygomyzeten
Pneumocystis carinii
Cytomegalie-Virus
Organtransplantationen
Cytomegalie-Virus
Norcardia asteroides
Pilze
Pneumocystis carinii
Mykobakterien, *Legionella*

Bei den nosokomialen Pneumonien treten die Enterobakterien an Stelle der Pneumokokken, die hier nur noch 5% bis maximal 20% ausmachen; *Pseudomonas* ist der Leitkeim der Pneumonie mit Sepsis, *Escherichia coli* der häufigste Keim der Pneumonie ohne Bakteriämie (Tabelle 3.29).

Bei Risikopatienten muß darüber hinaus mit dem häufigeren Auftreten besonderer Infektionserreger wie atypische Mykobakterien und Viren gerechnet werden; insbesondere ist eine gewisse Assoziation von Keimen zu Krankheitsbildern gegeben (Tabelle 3.30). Auch Keime, die selten als Infektionserreger auftreten, müssen mit in die Diagnostik einbezogen werden (Tabelle 3.31).

Diagnostische Probengewinnung

Zur Diagnose sowohl der akuten Pneumonie als auch der chronischen Bronchitis wird im allgemeinen Sputum herangezogen. Als nachteilig erweist sich, daß oft das Sputum nicht aus der Tiefe produziert wird, sondern deutlich mit Speichel der Mundhöhle kontaminiert ist. Die Qualität des Sputums wird dann anhand der Anzahl der Mundschleimhautepithelien pro Gesichtsfeld (Vergrößerung 400fach) beurteilt. Finden sich reichlich Epithelzellen, mehr als 10 pro Gesichtsfeld, und wenig Leukozyten, so liegt Speichel vor [16, 42]. Hier findet sich dann dementsprechend die Standortflora der Mundhöhle. Kontaminationsfreies Sputum kann vorzugsweise durch endoskopische Gewinnung

Tabelle 3.31. Seltene Infektionserreger einer Pneumonie

Achromobacter (Alcaligenes) xyloseoxidans subsp. *xyloseoxidans*[a]
Enterokokken[b]
Neisseria cinerea[c]
Neisseria sicca[d]
Neisseria meningitidis[e]

[a] Berk SL, Verghese A, Holtsclaw SA, Smith JK (1983) Enterococcal pneumonia. Occurrence in patients receiving broad-spectrum antibiotic regiments and enteral feeding. Am J Med 74:153

[b] Boyce JM, Taylor MR, Mitchell EB, Knapp JS (1985) Nosocomial pneumonia caused by a glucose-metabolizing strain of Neisseria cinerea. J Clin Microbiol 21:1–3

[c] Dworzack DL, Murray CM, Hodges GR, Barnes WG (1978) Community-acquired bacteremic Achromobacter xyloseoxidans type IIIa pneumonia in a patient with idopathic IgM deficiency. Am J Clin Pathol 70:712–717

[d] Gilrane T, Tracy JD, Greenlee RM, Scheipert JW, Brandstetter RD (1985) Neisseria sicca pneumonia. Report of two cases and review of the literature. Am J Med 78:1038

[e] Sacks HS (1986) Meningococcal pneumonia and empyema. Am J Med 80:290

Tabelle 3.32. Indikationen für eingreifende Probengewinnung zur mikrobiologischen Diagnostik von tiefen Atemwegserkrankungen

Aspirationspneumonie	Bakterielle Infektionen wie
Lungenabszeß	*Legionella*
Epyem	Virale Infektionen wie
Pilzinfektionen wie	Cytomegalie-Virus
Aspergillusinfektion	Abwehrgeschwächte Patienten
Candidainfektion	z. B. durch Granulozytopenie
Cryptococcusinfektion	AIDS-Infektion
Protothecainfektion	Chemotherapie
Parasitische Infektionen wie	Knochenmarktransplantation
Pneumocystis carinii	Nierentransplantation
Toxoplasma gondii	
Mikrofilariose der Lunge	

von Bronchialspülflüssigkeit gewonnen werden. Die Bronchiallavage ist insbesondere notwendig, wenn Sputum nicht oder nur zäh und damit nicht abhustbar gebildet wird (Tabelle 3.32). Eine Bronchiallavage ist auch zur Diagnostik von Viruserkrankungen notwendig. Im Frühstadium einer Pneumonie bietet sich zusätzlich noch die Blutkultur als diagnostische Maßnahme an, da mit dieser bis zu 40–60% positive Ergebnisse erzielt werden (Tabelle 3.33). Zur Diagnostik Pilz-bedingter bzw. protozoischer Infektionen, z. B. *Pneumocystis carinii* oder *Toxoplasma gondii*, ist das Sputum nicht geeignet. Insbesondere bei Verdacht auf *Pneumocystis* ist eine bioptische Lungengewebsentnahme indiziert [30, 34]. Diese kann in Form der transthorakalen Feinnadelaspiration [31], der endoskopischen transbronchialen Lungenbiopsie [33] und ggf. auch durch eine offene Thorakotomie mit Lungenbiopsie [19] durchgeführt werden.

Tabelle 3.33. Bakteriämiehäufigkeit (in %) bei primären Pneumonien (nach [13])

	Bakteriämie (%)	Empyemhäufigkeit (%)
Streptococcos pneumoniae	25	1
A-Streptokokken	7	30–40
Staphylokokken	25	10

Indikationen für eingreifende Probengewinnungsmethoden sind in Tabelle 3.32 aufgeführt.

Bei Risikopatienten kann eine sichere mikrobiologische Diagnostik – berücksichtigt man die hohe Letalität solcher Infektionen (75–100%) [19] – kritisch die Therapieentscheidung beeinflussen und sich als lebensrettend erweisen.

Diagnostik (Abb. 3.7, Tabelle 3.34)

Wie bereits zuvor dargestellt wurde (Abschnitt Keimspektren), sind die Krankheitsbilder Bronchitis/Pneumonie von dem zu erwartenden Keimspektrum sehr divergierend, so daß bei der Schwere der Krankheitsbilder und der damit assoziierten Mortalität ein an den klinischen Daten orientiertes Vorgehen erforderlich ist. Um auch Infektionen mit Protozoen zu erfassen, darf die Diagnostik bei Risikopatienten in keinem Fall ausschließlich bakteriologisch vorangetrieben werden. Das Vorgehen sollte sich somit sowohl an der Erkrankung und ggf. vorhandenen Risikofaktoren als auch an dem Milieu, in dem die Infektion erworben wurde, orientieren. Hieraus lassen sich mehrere Gruppen bilden, die verschiedene diagnostische Vorgehensweisen erforderlich machen:

I – Bronchitis, chronisch obstruktive Bronchitis, ambulant erworbene typische Pneumonie, infizierte Bronchiektasien

II – Infektionen bei zystischer Fibrose

III – nosokomiale Pneumonie, ambulant erworbene Aspirationspneumonie, Pneumonie bei Risikopatienten

IV – atypische Pneumonie, Pneumonien bei hochinfektgefährdeten Risikopatienten

Typisch für Sputummaterial ist die Einbettung der Krankheitserreger in purulent fibrinösem Material. *Haemophilus influenzae* z. B. ist in über 61% bei der chronischen Bronchitis im purulenten Sputum eingebettet [38] und nur in 15% im mukösen [7]. Bei der Verarbeitung solcher Fibrinflocken ohne Aufbereitung kann es daher oft zu nicht signifikantem Wachstum der Pathogene kommen. Deshalb empfiehlt sich zur Homogenisierung des Sputums und Herauslösen der Bakterien aus den Fibrinnestern die Andauung der Fibrinagglomerate mit 1%-iger Pankreatinlösung über 1 Stunde [17]. Das so gewonnene, aufbereitete Sputum läßt sich nunmehr mühelos verarbeiten (Abb. 3.7). Alternativ bietet sich die Auswaschung nach Mulder [14] an. In einer sterilen Petri-

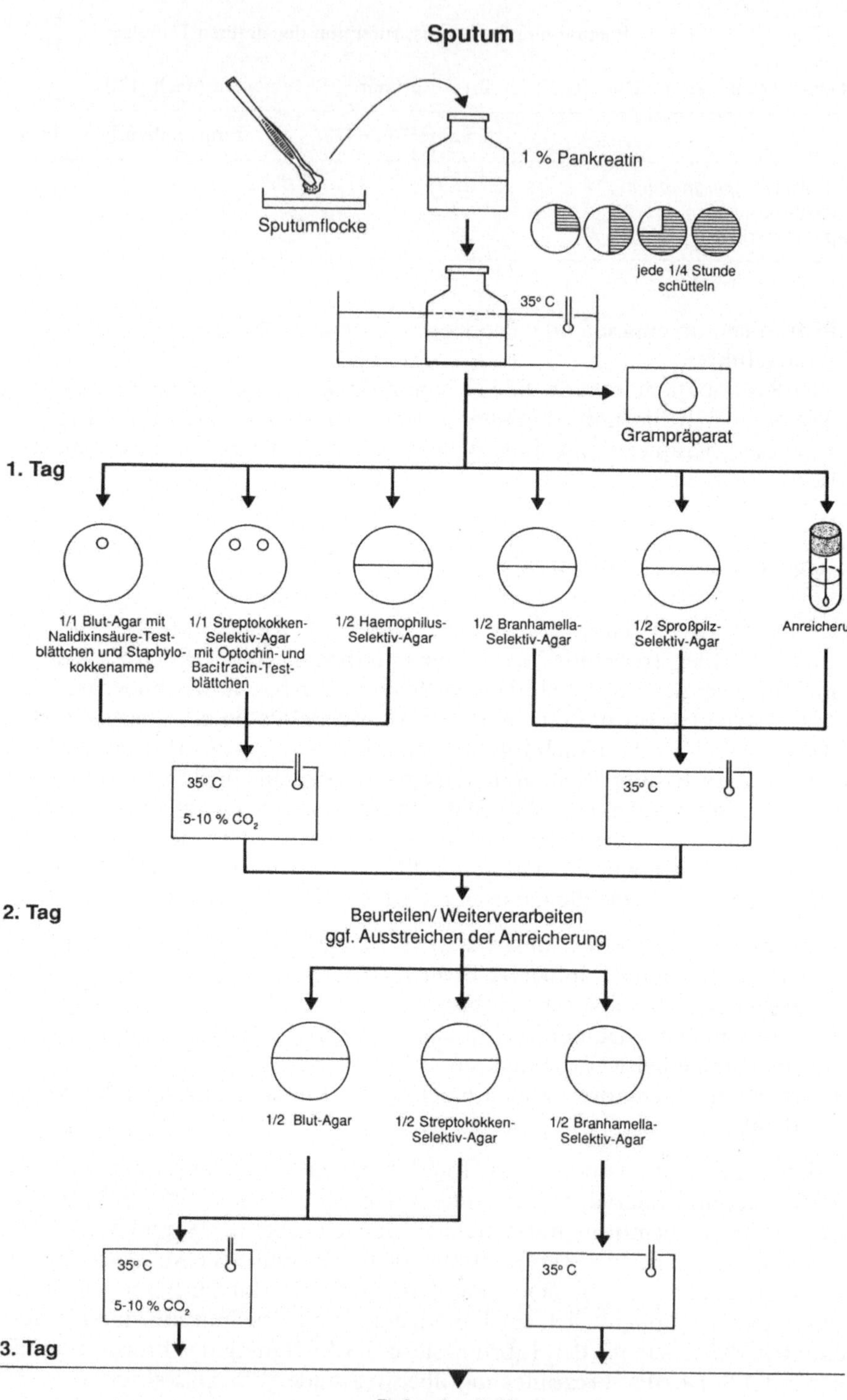

Abb. 3.7. Kulturelles Vorgehen bei Sputum

Tabelle 3.34. Anlegeschema zur kulturellen Diagnostik

	1	2	3	4	5	6	7	8	9	10	11	12	13	14	15	16	17	18	19	20
Bronchitis	+							+	+	+	+			+					+	
Bei zystischer Fibrose	+							+	+	+	+			+	+				+	
Ambulant erworbene Pneumonie	+				+			+	+	+	+			+					+	
<6 Monate																				
<20 Jahre	+							+	+	+	+	+								
>20 Jahre	+							+	+	+	+									
Nosokomiale Pneumonie	+			+				+	+				+	+		+	+		+	
Atypische Pneumonie, Pneumonie bei Risikopatienten	+	+	+	+		+	+	+	+			+	+	+	+	+	+	+	+	+
Aspirations-Pneumonie	+							+	+			+		+		+		+	+	+

1 Grampräparat, *2* Giemsapräparat, *3* Auraminpräparat, *4* Legionella-Immunfluoreszenz, *5* Chlamydien-Immunfluoreszenz, *6* Cytomegalie-Virus-Immunfluoreszenz, *7* Tbc-Medien, *8* Blut-Agar, *9* Streptokokken-Selektiv-Agar, *10* Haemophilus-Selektiv-Agar, *11* Branhamella-Selektiv-Agar, *12* Mykoplasmen-Selektiv-Agar, aerob, *13* Legionella-Selektiv-Agar, *14* Laktose-Indikator-Agar, *15* Pseudomonas-Selektiv-Agar z. B. Cetrimid-Agar, *16* Anaerobier-Agar, *17* Sproßpilz-Selektiv-Agar bei 22 °C, *18* bei 35 °C, *19* aerobe Anreicherung, *20* anaerobe Anreicherung

schale werden partikuläre eitrige Elemente isoliert und mit steriler Ringerlösung überflutet. Nach kräftigem Mischen mit sterilem Holzstäbchen wird die Waschlösung abgesaugt und die partikulären Bestandteile der Untersuchung zugeführt [14]. Eine anschließende Pankreatinverdauung ist möglich [17].

Bronchitis, chronisch obstruktive Bronchitis, ambulant erworbene atypische Pneumonie, infizierte Bronchiektasien

Bei diesen Krankheitsbildern wird sich in der Mehrzahl der Fälle eine ausreichend sichere Diagnostik mit sauber gewonnenem Sputum durchführen lassen. Das Grampräparat erlaubt sowohl eine rasche Orientierung der Ätiologie als auch eine Aussage zur Qualität des Sputums. Quantitative Aussagen haben jedoch einen sehr beschränkten Wert mit einer erheblich inter- und intraindividuellen Schwankungsbreite [40]. Dem Keimspektrum entsprechend ist das primäre Anlegen einer Blut-Agarplatte auf Basis eines Optimalagars wie Columbia- oder Brucella-Medium, eines wie zuvor beschriebenen Streptokokken-Selektiv-Mediums (vgl. S. 63) zur sicheren Erfassung der Pneumokokken, eines Haemophilus-Selektiv-Mediums (vgl. S. 71) sowie einer Laktose-Indikator-Platte zur selektiven Anzucht von Enterobakterien und „nicht-fermentierenden" gramnegativen Stäbchenbakterien erforderlich. Bei dem bronchitischen Formenkreis empfiehlt sich zusätzlich der Einsatz eines Branhamella-Selektiv-Agars, der aufgrund des DNase-Nachweises rasch *Branhamella* von apathogenen, aus der Mundflora kommenden Neisserien ermöglicht. Alternativ bietet sich das Selektiv-Medium nach Vaneechoutte et al. [41] an.

Bei aerober CO_2-freier Inkubation von Brucella-Medium-Pferdeblutplatten, supplementiert mit dem Carbonanhydrase-Inhibitor Acetazolamid (10 mg/l), werden apathogene Neisserien fast vollständig unterdrückt, während *Branhamella*-Stämme ungehindert wachsen können. Insbesondere bei Patienten in der Altersgruppe 5–20 Jahre sollte wegen der Häufigkeit von *Mycoplasma pneumoniae* ein Mykoplasmen-Medium mit in die Diagnostik einbezogen werden. Bei Neugeborenen ist darüber hinaus zusätzlich ein Immunfluoreszenzpräparat auf Chlamydien (ggf. auch ein Enzymimmunoassay, Vorsicht – falsch positive Ergebnisse durch Enterobakterien, Staphylokokken und seltener auch durch Enterokokken) anzulegen.

Infektionen der unteren Atemwege bei Patienten mit zystischer Fibrose

Deutliche Probleme macht bei diesen Patienten das zähe Sputum, so daß ggf. Probenmaterial durch eine Bronchiallavage gewonnen werden muß. Eine Auflösung des Sputums mit Pankreatin ist, wie zuvor beschrieben, äußerst wichtig. Da die Gefahr besteht, daß grampositive Keime – Streptokokken und Staphylokokken – durch gramnegative Keime, insbesondere durch *Pseudomonas* überwuchert werden und nicht isoliert werden können, empfiehlt es sich, neben dem Grundmedienansatz mit Blut-Agar, Streptokokken-Selektiv-Agar, Haemophilus-Selektiv-Agar und Laktose-Indikator-Agar einen Blut-Agar, supplementiert mit Colistin (10 mg/l) und Nalidixinsäure (5 mg/l) zur Unterdrückung von *Pseudomonas* und Enterobakterien, einzusetzen. Zusätzlich kann ein Cetrimid-Agar die selektive Anzucht von *Pseudomonas aeruginosa* und gleichzeitige Abtrennung anderer Pseudomonasarten ermöglichen.

Nosokomial erworbene Pneumonien, ambulant erworbene Pneumonien bei Risikopatienten, Aspirationspneumonien

Da die Mortalität bei diesen Formen der Pneumonien sehr hoch liegt und eine breite Diagnostik lebensrettend sein kann, sollte parallel zur kulturellen Sputumdiagnostik, die besser durch die des Bronchialsekretes ersetzt wird, eine Blutkulturdiagnostik durchgeführt werden. Der Basismedienansatz sollte ein Laktose-Indikator-Medium, ein Blut-Agarmedium, einen Streptokokken-Selektiv-Agar sowie einen grampositiven Selektiv-Agar enthalten. Zusätzlich sollte zur Erfassung von Legionellen mit einem Spezialmedium, dem Freeman Cooley-Agar oder dem „buffered charcoal-yeast-extract“, gepufferter Aktivkohle-Hefeextrakt-Agar, untersucht werden [28].

Ist bei der Genese der Pneumonie eine Aspiration gesichert oder vermutet, so muß wegen der großen wahrscheinlichen Beteiligung von Anaerobiern eine kulturelle Anaerobierdiagnostik, z. B. mit Kanamycin-Vancomycin-Brucella-Agar und/oder CDC-Anaerobier-Agar, mitgeführt werden.

Wegen der Häufigkeit von Sproßpilzen sollte neben einem Pilz-Selektiv-Medium (z. B. Sabouraud-Agar mit 5 mg/l Norfloxacin) bei 35 °C ein Medium (z. B. Bierwürz-Agar) bei Zimmertemperatur inkubiert werden.

Allerdings darf das Wachstum von Sproßpilzen nicht ohne weiteres mit einer Candidapneumonie gleichgesetzt werden. Oft liegt nämlich hier eine Kontamination durch die Mundflora vor, z. B. ist bei Gebißträgern ein recht hoher Anteil von Sproßpilzen zu erwarten.

Zur signifikanten Diagnosestellung der Candidapneumonie ist eine eingreifende Materialgewinnung erforderlich. Sind diese Methoden nicht möglich, so stellt die quantitative Bestimmung der Candidakeimzahlen im Sputum ein Hilfsmittel dar [8].

Atypische Pneumonie und Pneumonie bei hochinfektgefährdeten Risikopatienten

Da einige Erreger nur sehr schwer im Sputum erfaßt werden bzw. ihr Nachweis, wie z. B. bei *Aspergillus*, nur bedingte Wertigkeit hat, ist eine Bronchiallavage oder ein bioptisches Verfahren erforderlich. Hier kommt den mikroskopischen Verfahren eine erhebliche diagnostische Bedeutung zu.

Neben dem üblichen Grampräparat sollte zur Erfassung von Mykobakterien ein Ziehl-Neelsen- oder Auramin-Präparat, ein Giemsa- und Silber-Methamin-Präparat zum Nachweis von *Pneumocystis carinii*, Protozoen, Chlamydien und Schimmelpilzen durchgeführt werden. Darüber hinaus ist eine Immunfluoreszenz auf *Legionella* und Cytomegalievirus erforderlich. Aufgrund der vielen Serovarietäten kann es bei der Legionellenimmunfluoreszenz zu falsch negativen Ergebnissen kommen, so daß die Sensitivität bei 70% liegt [5, 11, 12, 28]. Anstelle des Immunfluoreszenztests kann auch ein Genprobennachweis mit 125 J markierter cDNA, die numehr im Handel erhältlich ist, eingesetzt werden. Die Sensitivität liegt allerdings bei 40% und die Spezifität bei 100% [11].

Zusätzlich zu der auf S. 93 aufgeführten kulturellen Diagnostik sollten Eiermedien, wie z. B. Ogawa-Medium, Löwenstein-Jensen- oder Hohn-Medium, zur Erfassung von Mykobakterien und Norcardien eingesetzt werden.

Literatur

1. Alcid DV (1982) Neisseria sicca pneumonia. Chest 77:123–124
2. Bartmann K, Fooke-Achterrath M, Koch G, Schütz I, Zierski M (1984) Bacteriological and biochemical criteria for the diagnosis of bacterial infections in chronic obstructive pulmonary disease (COPD). Infection 12:58–63
3. Blumer JL, Stern RC, Klinger JD, Yamashita TS, Meyers CM, Blum A, Reed MD (1985) Ceftazidime therapy in patients with cystic fibrosis and multiply-drug-resistant Pseudomonas. Am J Med 79:37–46
4. Braman SS, Donat WE (1986) Explosive pleuritis. Manifestation of group A beta-hemolytic streptococcal infection. Am J Med 81:723–726

5. Brown SL, Bibb WF, McKinney RM (1984) Retrospective examination of lung tissue specimens for the presence of Legionella organisms: comparison of an indirect fluorescent-antibody system with direct fluorescent-antibody testing. J Clin Microbiol 19:468–472
6. Brunner H, James WD, Horswood RL, Chanock RM (1973) Experimental Mycoplasma pneumoniae infection of young guinea pigs. J Infect Dis 127:315–318
7. Cazzola M (1987) Infektionen der tiefen Atemwege. Infection 15:113–119
8. Chapin KC, Doern GV (1983) Selective media for recovery of Haemophilus influenzae from specimens contaminated with upper respiratory tract microbial flora. J Clin Microbiol 17:1163–1165
9. Chodosh S (1987) Acute bacterial exacerbations in bronchitis and asthma. Am J Med 82:154–163
10. Dixon RE (1985) Economic costs of respiratory tract infections in the United States. Am J Med 78:45–51
11. Edelstein PH, Bryan RN, Enns RK, Kohne DE, Kacian DL (1987) Retrospective study of gen-probe rapid diagnostic system for detection of Legionellae in frozen clinical respiratory tract samples. J Clin Microbiol 25:1022–1026
12. Edelstein PH, Meyer RD, Finegold SM (1980) Laboratory diagnosis of legionnaires' disease. Am Rev Resp Dis 121:317–327
13. Fanta ChH, Pennington JE (1988) Pneumonia in the immunocompromised host. In: Pennington JE (ed) Respiratory infections: diagnosis and management. 2nd ed. Raven Press, New York
14. Fritsche, Bartmann, Hussel, Reinfurth, Ruckdeschel, Ullmann (1980) Die mikrobiologische Diagnose von Infektionen der tieferen Atemwege und der Lunge. Zentralbl Bakteriol Hyg [A] 248:162–176
15. Garibaldi RA (1985) Epidemiology of community-acquired respiratory tract infections in adults. Am J Med 78:32–37
16. Geckler RW, Gremillion DH, McAllister CK, Ellenbogen C (1977) Microscopic and bacteriological comparison of paired sputa and transtracheal aspirates. J Clin Microbiol 6:396
17. Gillis RR, Dodds TC (1976) Bacteriology illustrated. 4th ed. Churchill, Livingstone Edinburgh London New York
18. Gilrane T, Tracy JD, Greenlee RM, Schlepert JW, Brandstetter RD (1985) Neisseria sicca pneumonia. Report of two cases and review of the literature. Am J Med 78:1038–1040
19. Greenman R, Goodali P, King D (1975) Lung biopsy in immunocompromised hosts. Am J Med 59:488–496
20. Hanukoglu A, Gutman R, Fried D, Amsel S, Kaufman M (1984) Lung abscess caused by Streptococcus pneumoniae type 3. The importance of counterimmunoelectrophoresis in laboratory diagnosis. Infection 12:85–87
21. Isenberg HD, Washington JA, Balows A, Sonnenwirth AC (1985) Collection, handling and processing of specimens. In: Lennette EH, Balows A, Hausler J, Shadomy HJ (eds) Manual of clinical microbiology, 4th ed., American Society for Microbiology, Washington, pp 59–88
22. Karnad A, Alvarez S, Berk SL (1985) Pneumonia caused by gramnegative bacilli. Am J Med 79:61–67
23. Kemmerich B, Lode H, Brückner O (1983) Diagnostik und Antibiotikatherapie von Infektionskrankheiten in der Praxis. Dtsch Med Wochenschr 76:1943–1947
24. Klein JO (1985) Emerging perspectives in management and prevention of infections of the respiratory tract in infants and children. Am J Med 78:38–44
25. Lode H (1986) Initial therapy in pneumonia. Clinical, radiographic and laboratory data important for the choice. Am J Med 80:70–74
26. McGehee JL, Podnos SD, Pierce AK, Weissler JC (1988) Treatment of pneumonia in patients at risk of infection with gramnegative bacilli. Am J Med 84:597–602
27. McKellar PP (1985) Treatment of community-acquired pneumonias. Am J Med 79:25–31
28. Meyer RD (1984) Legionnaires' disease. Am J Med 76:657–663

29. Nagayama Y, Sakurai N, Yamamoto K, Honda A, Makuta M, Suzuki R (1988) Isolation of Mycoplasma pneumoniae from children with lower-respiratory-tract infections. J Infect Dis 157:911–917
30. Palmer DL (1984) Microbiology of pneumonia in the patient at risk. Am J Med 76:53–60
31. Palmer DL, Davidson M, Lusk R (1980) Needle aspiration of the lung in complex pneumonia. Chest 78:16–21
32. Pennington JE (1984) Respiratory tract infections: intrinsic risk factors. Am J Med 76:34–41
33. Pennington JE, Feldman NT (1977) Pulmonary infiltrates and fever in patients with hematologic malignancy. Assessment of transbronchial biopsy. Am J Med 62:581–587
34. Polsky B, Gold JWM, Whimbey E, Dryjanski J, Brown AE, Schiffman G, Armstrong D (1986) Bacterial pneumonia in patients with the acquired immunodeficiency syndrome. Ann Intern Med 104:38–41
35. Rubio TT (1986) Infection in patients with cystic fibrosis. Am J Med 81:73–77
36. Rudin JE, Evans TL, Wing EJ (1984) Failure of erythromycin in treatment of Legionella micdadei pneumonia. Am J Med 76:318–320
37. Samies JH, Hathaway BN, Echols RM, Veazey JM, Pilon VA (1986) Lung abscess due to Corynebacterium equi. Report of the first case in a patient with acquired immune deficiency syndrome. Am J Med 80:685–688
38. Smith CR, Kanner RE, Golden CA, Renzetti AD (1976) Haemophilus influenzae and Haemophilus parainfluenzae in chronic obstructive pulmonary disease. Lancet I:1253–1255
39. Tashiro M, Ciborowski P, Klenk HD, Pulverer G, Rott R (1987) Role of Staphylococcus protease in the development of influenza pneumonia. Nature 325:536–537
40. Valenstein PN (1988) Semiquantitation of bacteria in sputum gram stains. J Clin Microbiol 26:1791–1794
41. Vaneechoutte M, Verschraegen G, Claeys G, van den Abeele A (1988) Selective medium for Branhamella catarrhalis with acetazolamide as a specific inhibitor of Neisseria spp. J Clin Microbiol 26:2544–2548
42. Wong LK, Barry AL, Horgan SM (1982) Comparison of six different criteria for judging the acceptability of sputum specimens. J Clin Microbiol 16:627–631
43. Wood RE, Wanner A, Hirsch J, Farrel PM (1975) Tracheal mucociliary transport in patients with cystic fibrosis and its stimulation by terbutaline. Am Rev Respir Dis 10:733–738

Infektion des Auges nach operativen Eingriffen oder Traumata der Cornea, des Tränenkanals u. ä.

Material: Glaskörperflüssigkeit, Abstrich der Konjunktiva, Corneageschabsel

Bei den Infektionen des Auges handelt es sich um unterschiedliche Krankheitsbilder, die allerdings alle zum Verlust des Auges führen können [29], wenn nicht rechtzeitig und sauber diagnostiziert und behandelt wird. Darüber hinaus können die Infektionen die Orbita erfassen und so z. B. fortgeleitet eine Meningitis verursachen.

Gonokokkenblennorrhoe

Bei der „banalen“ Konjunktivitis nimmt die Gonokokkenblennorrhoe eine Sonderstellung ein. Sie tritt fast ausschließlich bei Neugeborenen auf. In der Regel wird die Infektion durch den direkten Kontakt mit dem infizierten Geburtskanal während der vaginalen Entbindung erworben. Die Übertragungsrate liegt bei 30–35%, die Inzidenz bei <0,1% [18]. Da bei einer Gonokokkenblennorrhoe das Auge rasch „einschmelzen“ kann, muß hier die Diagnostik besonders schnell eingeleitet werden.

Chlamydienophthalmitis

Bei Erwachsenen und Neugeborenen muß auch an die Chlamydienophthalmitis gedacht werden [28]. Mit zunehmender Durchseuchung der Schwangeren ist die Anzahl der Chlamydieninfektionen bei Neugeborenen im Steigen begriffen; sie wird auf ca. 5% bis zu 32% geschätzt [19]. Ebenso wie bei der Neisseriainfektion ist das Übertragungsrisiko mit 25–50% recht hoch [18]. Die Chlamydieninfektion ist bei älteren Kindern eine Rarität, sie wird jedoch häufig bei Erwachsenen mit einer Chlamydien-bedingten Urogenitalinfektion gesehen. Bei ca. 10% der Erwachsenen mit Keratokonjunktivitis ließen sich einer englischen Studie [28] zufolge Chlamydien isolieren. Bei Neugeborenen muß daran gedacht werden, daß eine Infektion erst nach 2–3 Tagen post partum verläßlich (vorzugsweise Cornealabstrich) nachweisbar wird.

Unspezifische Konjunktivitis/Keratitis

Unter den zu erwartenden pathogenen Keimen der unspezifischen Konjunktivitis befinden sich *Streptococcus pneumoniae*, *Streptococcus pyogenes*, *Haemophilus* spp. und *Moraxella lacunata* (Tabelle 3.35, 3.36), daneben auch Staphylokokken und *Pseudomonas* spp. Besonders gefürchtet sind Schimmelpilze, wie z. B. *Aspergillus fumigatus*, oder Pilze der Mucorgruppe.

Tabelle 3.35. Standortflora der Konjunktiva

Acinetobacter calcoaceticus	*Moraxella* spp.
Corynebacterium spp.	*Neisseria* spp.
Haemophilus aegypticus	*Staphylococcus* spp.
Haemophilus influenzae	Viridansstreptokokken

Nach Painter BG (1977) Indigenous microbiota. In: Von Graevenitz A (ed) Clinical microbiology, vol. I. Handbook Series in Clinical Laboratory Science. Seligson D. CRC Press, Cleveland

Tabelle 3.36. Krankheitserreger bei Infektionen des Auges (nach [9])

Krankheitserreger der bakteriell bedingten Konjunktivitis	
Haemophilus spp.	*Pseudomonas aeruginosa*
Moraxella lacunata	*Staphylococcus aureus*
Neisseria gonorrhoeae	Streptokokken Serovar A
Pneumokokken	
Krankheitserreger der mikrobiologisch bedingten Keratitis	
Candida spp.	*Proteus* spp.
Haemophilus aegypticus	*Aspergillus* spp.
Haemophilus influenzae	*Allescheria* (*Petriellidium*) *boydii*
Acremonium spp.	*Bacillus subtilis*
Mycobacterium fortuitum	*Curvularia* spp.
Neisseria gonorrhoeae	*Pseudomonas aeruginosa*
Neisseria meningitidis	*Fusarium solani*
Klebsiella spp.	
Krankheitserreger der mikrobiologisch bedingten intraokulären Infektionen	
Enterobakterien	*Pseudomonas aeruginosa*
Haemophilus influenzae	*Staphylococcus aureus*
Mycobacterium tuberculosis	*Treponema pallidum*
Neisseria spp.	*Mucorales*
Pneumokokken	

Ein häufigeres Infektionsgeschehen ist die Pseudomonasinfektion durch kontaminierte Kontaktlinsen [1, 3, 11], die u.a. bei übermäßig langer Tragedauer auftreten kann. Auch über Pseudomonasinfektionen nach Whirlpool-Benutzung [20] oder in Krankenstationen [7] ist berichtet worden. Die Infektion stellt sich dann als eine ulzerative Keratitis, eine Folliculitis o.ä. dar. Darüber hinaus kann mit einer Vielzahl seltener Infektionserreger (Tabelle 3.37) gerechnet werden.

Postoperative Ophthalmitis

Eine zunehmende Bedeutung kommt der Diagnostik der Endophthalmitis nach operativen Eingriffen wie Linsenimplantationen [24, 29, 30] zu. Das Infektionsrisiko liegt hier bei 0,1% [27], bei routinemäßigen Kataraktopera-

Tabelle 3.37. Seltene Infektionserreger der Augeninfektion

Acanthamoeba	Epstein et al. [14]
Achromobacter	Boisjoly et al. [6]
Bacillus cereus	Grossniklaus et al. [17]
Brucella	Rotando et al. [26]
Klebsiella oxytoca	Boisjoly et al. [6]
Klebsiella ozeanae	Janda et al. [22]
Moraxella lacunata	Lambert, Stein [24]
	Kowalski u. Harwich [23]
	Rotando et al. [26]
Moraxella nonliquefaciens	Lobue et al. [25]
Mycobacterium cheloni	Boisjoly et al. [6]
Neisseria mucosa	Gini [15]
Nocardia	Damenfeld et al. [10]
Pasteurella ureae	Bogaerts et al. [5]
Peptostreptokokken	Eiferman et al. [13]
Propionibacterium acnes	Beatty et al. [4]
Rhodococcus equi	Ebersole u. Paturzo [12]
Rhodococcus rhodochrous	Gopaul et al. [16]
Serratia marcescens	Boisjoly et al. [6]

Tabelle 3.38. Prozentuale Keimverteilung bei Endophthalmitis nach Linsenimplantation (nach [29])

Staphylococcus aureus	9/30	30
Staphylokokken Koagulase-negativ	19/30	63
Propionibacterium acnes	1/30	3
Enterokokken	1/30	6
Proteus mirabilis	1/30	3
Viridansstreptokokken		

tionen bei 0,086–0,5% [2, 8]. Die Gefahr solcher Infektionen besteht in Form von Hypopyon, Enukleation, Glaukom, Retinaablösung u. ä. [29]. Hierbei kann es sich sowohl um frühe Komplikationen (in weniger als 7 Tagen) als auch um Spätkomplikationen handeln. *Staphylococcus aureus* ist bei diesem Krankheitsbild mit ca. 93% der Leitkeime (Tabelle 3.38 [29]), aber auch *Pseudomonas* kann als Infektionserreger auftreten [30].

Diagnostik (Abb. 3.8, Tabelle 3.39)

Bei Verdacht auf eine Neisseriablennorrhoe empfiehlt sich ein Methylenblaupräparat, da hier die morphologischen Veränderungen der Zellstrukturen durch den Färbevorgang nicht so stark sind wie bei der Gramfärbung.

Daneben sollte ein Immunfluoreszenzdirektpräparat auf *Neisseria gonorrhoeae* gefärbt und untersucht werden. Falsch positive Ergebnisse können durch Staphylokokken, die das Protein A auf ihrer Oberfläche tragen, hervorgerufen werden. Ein negativer Immunfluoreszenztest allerdings schließt eine Gonokokkeninfektion nicht aus. Optimale Isolierungsergebnisse bei *Neisseria* werden erreicht, wenn das Patientenmaterial vor Ort direkt nach der Entnahme auf vorgewärmte supplementierte Optimalnährböden ausgestrichen wird (Abb. 3.8). Nach dem Ausstreichen sollten die Platten sofort in eine feuchte CO_2-Atmosphäre gebracht werden.

Aufgrund dieses Erregerspektrums empfiehlt es sich, ggf. routinemäßig neben den üblichen mikroskopischen Verfahren auch einen *Chlamydia trachomatis*-Nachweis durchzuführen; zumindest sollte bei negativem bakteriologischen Ergebnis an Chlamydien gedacht werden. Erfahrungsgemäß sind beim Konjunktiva-/Corneaabstrich nur wenige Zellen vorhanden, so daß eine Beurteilung äußerst schwierig sein kann; erfolgreicher ist die Untersuchung von Corneageschabsel. Eine Absicherung bietet sich, wie mehrfach vorgeschlagen [19], durch den Nachweis von Chlamydien im Urethraabstrich an, da meist gleichzeitig eine Infektion des Urogenitalbereiches vorliegt. Über 90% der Frauen und 50% der Männer mit einer Chlamydienaugeninfektion hatten einer englischen Studie zufolge [28] gleichzeitig eine Urogenitalinfektion durch Chlamydien.

Die Methodik der Isolierung von *Streptococcus* spp. und *Pseudomonas* wurde in den vorangegangenen Kapiteln beschrieben. Um dem Wachstum von Schimmelpilzen, wie sie potentiell bei der Keratitis zu erwarten sind, gerecht zu werden, empfiehlt sich das Anlegen eines Sabouraud-Agars bzw. von Alternativmedien wie Kartoffel-Glukose-(Dextrose-)Agar, Bierwürz-Agar und/ oder Sabouraud-Maltose-Agar. Ungehindertes Wachstum von Schimmelpilzen wird durch Unterdrückung des Sproßpilzwachstums durch Cycloheximid (Actidion), das der Bakterien durch Antibiotikakombinationen wie Sulfonamid-Aminoglykosid oder auch Norfloxacin erreicht. Ist zu vermuten, daß der Erreger der Konjunktivitis bzw. Keratitis ein Schimmelpilz ist, sollte prinzipiell eine ganze Platte angelegt werden, um nicht ein anderes Material mit Sporen des Schimmelpilzes zu kontaminieren. Darüber hinaus ist auch eine invasive Probengewinnung z. B. durch Corneabiopsie [21] in Erwägung zu ziehen. Die Inkubation einer Platte bei Zimmertemperatur ist zur Schimmelpilzdiagnostik hilfreich.

Die kulturelle Primärdiagnostik (Tabelle 3.39) wird sich an den häufigeren Keimen orientieren. Bei negativem kulturellen Ergebnis bei gravierendem Krankheitsbild müssen auch seltene Infektionserreger (Tabelle 3.36) in die kulturelle Diagnostik mit einbezogen werden.

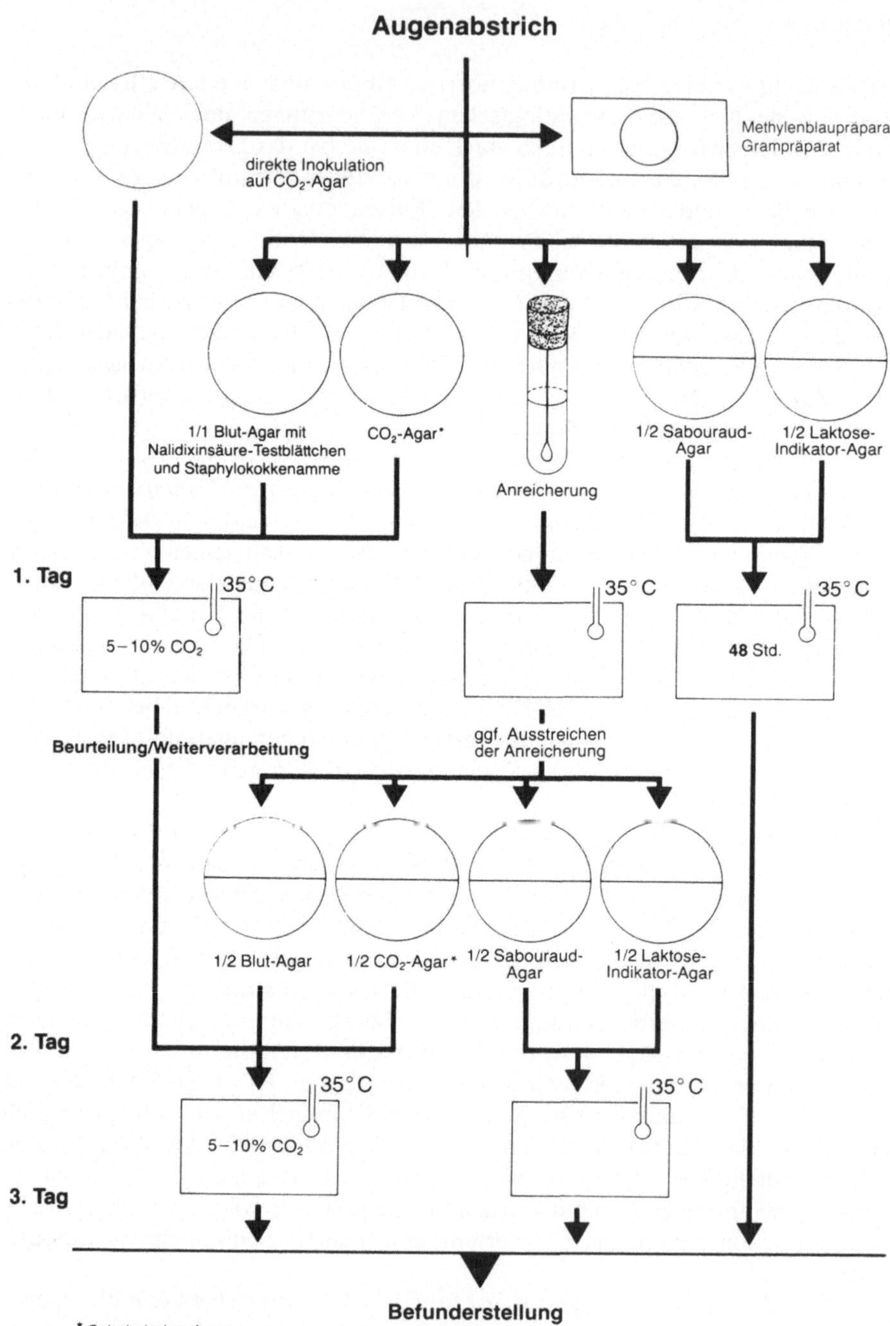

Abb. 3.8. Kulturelles Vorgehen beim Augenabstrich

Tabelle 3.39. Anlegeschema zur kulturellen Diagnostik

	1	2	3	4	5	6	7	8	9	10	11	12
Neonatale Blephanorrhoe	+	+	∅	+	+	+	+	∅	∅	+	∅	+
Konjunktivitis bei Erwachsenen	+	+	+	∅	+	+	+	∅	+	+	+	+
bei Kindern	+		+	∅	+	+	+		+	+	+	+
bei Linsenträgern	+	+	+	∅	+	+	+	+	+	+	+	+
Postoperative Ophthalmitis	+	∅	∅	∅	+	+	+	∅	+	+	∅	+

1 Grampräparat, *2* Chlamydien-Immunfluoreszenz, *3* Herpesvirus-Immunfluoreszenz, *4* Methylenblaupräparat, *5* Blut-Agar, *6* Streptokokken-Selektiv-Agar, *7* CO_2-Agar, *8* Pseudomonas-Selektiv-Agar z. B. Cetrimid-Agar, *9* Laktose-Indikator-Agar, *10* Pilz-Selektiv-Agar z. B. Sabouraud-Agar bei 37 °C, *11* Schimmelpilz-Selektiv-Agar, z. B. Bierwürz-Agar, *12* aerobe Anreicherung

Literatur

1. Alfonso E, Mandelbaum S, Fox MJ, Ferster RK (1986) Ulcerative keratitis associated with contact lens wear. Am J Ophthalmol 101:429
2. Allen HF, Mangiaracine AB (1974) Bacterial endophthalmitis after cataract extraction. II. Incidence in 36 000 consecutive operations with special reference to preoperative topical antibiotics. Arch Ophthalmol 91:3–7
3. Baum J, Baudoff SA (1986) Extended-wear contact lenses and pseudomonal corneal ulcers. Am J Ophthalmol 101:372
4. Beatty RF, Robui JB, Trousdale HD, Smith RE (1986) Anaerobic endophthalmitis caused by Propionibacterium acnes. Am J Ophthalmol 101:114
5. Bogaerts J, Lepage P, Kestelyn P, Vandepitte J (1985) Neonatal conjunctivitis caused by Pasteurella ureae. Eur J Clin Microbiol 4:427–428
6. Boisjoly HM, Pavan-Langston D, Kenyon KR, Sullivan Baker A (1983) Superinfections in Herpes simplex keratitis. Am J Ophthalmol 96:354–361
7. Bowden HH, Sulphui JE (1986) Nosocomial Pseudomonas keratitis in a critical care nurse. Am J Ophthalmol 101:612
8. Christy NE, Lall P (1973) Postoperative endophthalmitis following cataract surgery: effects of subconjunctival antibiotics and other factors. Arch Ophthalmol 90:361–366
9. D'Amato RF, Sierra MF, McGinnis R (1977) Infectious diseases and etiological agents. In: von Graevenitz A (ed) Clinical microbiology, vol. I. Handbook Series in Clinical Laboratory Science. Seligson CRC Press, Cleveland
10. Damenfeld ED, Cohen EJ, Barza M, Baum J (1985) Treatment of Norcardia keratitis with topical trimethoprim-sulfamethoxazole. Am J Ophthalmol 99:601
11. Duran JA, Refojo MF, Gipson IK, Kenyon KR (1987) Pseudomonas attachment to new hydrogel contact lenses. Arch Ophthalmol 105:106–109
12. Ebersole LL, Paturzo JL (1988) Endophthalmitis caused by Rhodococcus equi Prescott serotype 4. J Clin Microbiol 26:1221–1222
13. Eiferman RA, Ogden LL, Suyder J (1985) Anaerobic peptostreptococcal keratitis. Am J Ophthalmol 100:335
14. Epstein RJ, Wilson LA, Visvesvara GS, Plourde EG (1986) Rapid diagnosis of Acanthamoeba keratitis from corneal scrapings using indirect fluorescent antibody staining. Arch Ophthalmol 104:1318–1321
15. Gini GA (1987) Ocular infection in a newborn caused by Neisseria mucosa. J Clin Microbiol 25:1574–1575
16. Gopaul D, Ellis C, Maki A, Joseph MG (1988) Isolation of Rhodococcus rhodochrous from a chronic corneal ulcer. Diagn Microbiol Infect Dis 10:185–190

17. Grossniklaus H, Bruner WE, Frank KE, Purnell EW (1985) Bacillus cereus panophthalmitis appearing as acute glaucoma in a drug addict. Am J Ophthalmol 100:334
18. Hack J (1985) Sexuell übertragbare Erkrankungen beim Neugeborenen. In: Granitzka S, Petersen EE, Petzoldt D, Schönfeld H (Hrsg) Sexuell übertragbare Krankheiten. Chlamydien – Gardnerella – Gonorrhoe. Hoffmann La Roche AG, Grenzach-Wyhlen
19. Hobson D, Rees E, Viswalingam ND (1983) Chlamydial infections in neonates and older children. British Medical Bulletin 39:128–132
20. Insler MS, Gore H (1986) Pseudomonas keratitis and folliculitis from whirlpool exposure. Am J Ophthalmol 101:41
21. Ishibashi Y, Kaufman HE (1986) Corneal biopsy in the diagnosis of keratomycosis. Am J Ophthalmol 101:288–293
22. Janda WM, Hellerman DV, Zeiger B, Brody BB (1985) Isolation of Klebsiella ozaenae from a corneal abscess. Am J Clin Pathol 83:655
23. Kowalski RP, Harwick JC (1986) Incidence of Moraxella conjunctival infection. Am J Ophthalmol 101:437–440
24. Lambert SR, Stein WH (1985) Methicillin- and gentamicin-resistant Staphylococcus epidermidis endophthalmitis after intraocular surgery. Am J Ophthalmol 99:725
25. Lobue TD, Deutsch TA, Stein RM (1985) Moraxella nonliquefacieus endophthalmitis after trabeculectomy. Am J Ophthalmol 99:343
26. Rotando J, Carbone A, Haro D, Gotuzzo E, Carino C (1985) Retinal detachment in chronic brucellosis. Am J Ophthalmol 99:733
27. Stark WJ, Worthen DM, Holladay JT, Bath PE, Jacobs ME, Murray GC, McGhee ET, Talbott MW, Shipp MD, Thomas NE, Barnes RW, Brown DWC, Buxton JN, Reinecke RD, Lao CS, Fisher S (1983) The FDA report on intraocular lenses. Ophthalmology 90:311–317
28. Viswalingam ND, Wishart MS, Woodlana RM (1983) Adult chlamydial ophthalmia (paratrachoma). Br Med Bull 39:123–127
29. Weber DJ, Hoffman KL, Thoft RA, Sullivan Baker A (1986) Endophthalmitis following intraocular lens implantation: report of 30 cases and review of the literature. Rev Infect Dis 8:12–20
30. Yamis RA, Rinuig JP, Buxton TB, Shockley RK (1985) Multistrain comparison of three antimicrobial prophylaxis regimens in experimental postoperative Pseudomonas endophthalmitis. Am J Ophthalmol 100:404

Infektionen und bakterielle Toxikosen des Gastrointestinaltraktes, Gastritis

Material: Stuhl, Magenschleimhautbiopsie, Mageninhalt, Lebensmittel

Die Gastroenteritis ist eines der häufigsten ambulanten Krankheitsbilder (ca. 18% aller Einwohner über 15 Jahre haben 1 Diarrhoe pro Jahr [88]), dennoch werden nur 20% der Enteritiden einer mikrobiologischen Diagnostik zugeführt [79]. Ein Grund hierfür dürfte die heute nicht mehr gültige Meinung sein, daß nur 10–20% der Enteriden infektiologisch aufklärbar seien und der überwiegende Anteil viraler Genese sei, der sich damit der Diagnostik entzieht. Ein wichtiger Gesichtspunkt ist die seuchenhygienische Bedeutung von Enteritiden. Die Durchschnittsdauer der Salmonellenausscheidung nach Infektionen liegt bei 5 Wochen [6]. Bei Kindern unter 5 Jahren, bei Infektionen mit klinischem Krankheitsbild und Infektionen durch andere Serovarietäten als *Salmonella typhimurium* führen zu einer deutlich verlängerten Ausscheidungszeit. Gleichzeitig stellen diese Infektionen nach dem Bundesseuchengesetz eine seuchenhygienisch wichtige Erkrankung dar.

Physiologische Bedeutung des Darmtraktes

Die Diarrhoe ist das Symptom eines komplexen Geschehens, das auf einer funktionellen und/oder morphologischen Darmschleimhautschädigung beruht. Im Verlauf von 24 Stunden werden beim Erwachsenen ca. 9 Liter Flüssigkeit in den Gastrointestinaltrakt sezerniert. Im Jejunum, Coecum und Colon werden nahezu 90% der Flüssigkeit absorbiert und der Stuhl eingedickt [97]. Der größte Anteil der Resorption aus dem Intestinum findet im Jejunum statt; verantwortlich hierfür ist ein aktives Transportsystem des Darmepithels. Die einzelnen funktionellen und anatomischen Abschnitte des Darmtraktes sind physiologischerweise mit einer Mikroflora besiedelt, die sich aus über 400 Arten zusammensetzt, die von 10^2–10^3 KBE/ml im Duodenum auf 10^{11}–10^{12} KBE/g Stuhl im Colon steigt (Tabelle 3.40).

Die bakterielle Flora ist u.a. an dem Aufschluß von Nährstoffen, Vitaminen und Arzneimitteln, aber auch an der Bildung von Karzinogenen beteiligt. Ein wichtiger physiologischer Schritt ist die Spaltung des Glucuronids der Gallensäure, so daß die Gallensäure wieder resorbiert werden kann. Die metabolischen Aktivitäten der Bakterien sind zumindest in Tiermodellen bei der Bildung von Kolontumoren beteiligt. So können Bakterien Prokarzinogene aktivieren, die in natürlichen Produkten, Farbstoffen, Nahrungsmittelkonservierungsstoffen oder Additiven vorhanden sind [27]. Nachgewiesen werden konnte auch die somnogene Potenz von Mureinbestandteilen, die bei der Lyse von Bakterien entstehen [51 a].

Tabelle 3.40. Stuhlflora des Dickdarms

Keimzahlen	
im Duodenum	10^2–10^3 KBE/ml
im terminalen Ileum	$<10^7$ KBE/ml
im Colon	10^{11}–10^{12} KBE/g Stuhl
Aerobier	
Escherichia coli	10^6–10^8 KBE/g Stuhl
Klebsiella	10^4 KBE/g Stuhl
Proteus	10^3–10^6 KBE/g Stuhl
Citrobacter	10^2–10^4 KBE/g Stuhl
Enterobacter	10^3–10^4 KBE/g Stuhl
Serratia	Nicht nachweisbar
Pseudomonas	Nicht nachweisbar
Enterokokken	10^2–10^5 KBE/g Stuhl
Anaerobier	
Laktobazillen	10^6–10^{10} KBE/g Stuhl
Clostridien	10^2–10^6 KBE/g Stuhl
Bifidobacterium	10^{10}–10^{11} KBE/g Stuhl
Bacteroides	10^8–10^{11} KBE/g Stuhl
Veilonella	10^3–10^7 KBE/g Stuhl
Peptokokken	$<10^3$ KBE/g Stuhl
Candida	$<10^3$ KBE/g Stuhl

Modifiziert nach: Finegold SM, Sutter VL, Mathiesen GL (1983) Normal indigenous intestinal flora. In: Hentges DJ (ed) Human intestinal microflora in health and disease. Academic Press, New York und [50]

Pathomechanismen

Das diffizile physiologische Gleichgewicht des Darmes kann durch eine Vielzahl infektiöser oder nicht-infektiöser Faktoren, wie z. B. Colitis ulcerosa, oder durch iatrogene Eingriffe, z. B. durch Antibiotika, Laxantien oder Alkohol, gestört werden und Anlaß zu einer Diarrhoe geben (Tabelle 3.41).

Im Rahmen der Schutzmechanismen des Darmtraktes vor Besiedlungen mit pathogenen Keimen kommt dem Magen mit seiner starken Säurebildung eine wichtige Rolle zu. Der niedrige pH-Wert tötet die vegetativen Keime ab. Eine herabgesetzte bakterielle Clearance, z. B. durch Mangel an Magensäure (z. B. bei der chronischen Gastritis mit Achlorhydrie), durch verminderte Motilität und fehlende Immunglobuline (hier hauptsächlich sIgA) (Tabelle 3.42) ermöglichen eine Besiedlung des Magens und des Dünndarms im Sinne der bakteriellen Überwachsung des Dünndarminhaltes.

Bakterielle Überwucherung des Dünndarminhaltes

Wenn der Magen als Barriere für eindringende pathogene Keime entfällt, die Motilität abnimmt oder morphologische Veränderungen auftreten (Tabelle

Tabelle 3.41. Ursachen nicht-infektiös bedingter Durchfälle

Maldigestion
Exokrine Pankreasinsuffizienz
z. B. bei Mukoviszidose
Intraluminaler Gallensäuremangel
z. B. Cholestase
Morbus Crohn des terminalen Ileums
Malabsorption
Strukturell bedingt
Glutenenteropathie
Morbus Whipple
Sprue
Funktionell bedingt
Arzneimittel: Laxantien
Antazida
Antibiotika
Zytostatika
Biguanide
Glykoside
Diuretika
Ganglienblocker
L-Dopa
Choleretika, Cholekinetika
Mittel zur Gewichtsabnahme
Chinidin
Procainamid
p-Aminosalicylat
Neomycin
Indometacin
Unspezifische chronische Durchfälle
Colitis ulcerosa
Morbus Crohn
Laxantienabusus

3.42), kann es zu einer bakteriellen Überbesiedlung des Dünndarms unter Ausbildung einer massiven, wäßrigen Diarrhoe kommen.

Verantwortlich für die Infektionsabwehr ist die Produktion von Mucin, einer komplexen Glykoproteinsubstanz, die einen Schutzfilm auf den Dünndarmepithelien bildet, sowie sekretorische IgA; wird dieses vermindert gebildet, nimmt die Abwehrkraft ab. Bei älteren Patienten oder bei Diabetikern kann es zu einer Erkrankung der den Dünndarm versorgenden Gefäße mit einer relativen Ischämie kommen, die ihrerseits eine Abwehrschwäche hervorrufen kann [60]. Die bakterielle Überwucherung führt u. a. zu einem Disaccharidasemangel, so daß vermehrt Zucker zur Fermentation bereitstehen. Diese werden zu flüchtigen Fettsäuren und Alkoholen, die eine Choleratoxinähnliche Wirkung entfalten, abgebaut [59, 60].

Tabelle 3.42. Gründe für eine bakterielle Überbesiedlung des Dünndarminhalts

Magen	Achlorhydrie
Dünndarm	Morphologische Veränderungen
	Z. n. Billroth II-Operation
	Divertikel
	"blind loop"-Syndrom
	Obstruktionen durch
	Strikturen
	Adhäsionen
	Entzündungen
	Krebs
	Motorische Veränderungen
	bei Diabetes mellitus
	bei Sklerodermie
	bei Pseudoobstruktion
	Gastrocolische oder jejunocolische Fistel
	Illeocökale Klappenresektion

Pathogenese der Dickdarmenteritis

Bei der infektiös bedingten Enteritis sind im wesentlichen drei Mechanismen zu nennen. Durch die Wirkung von Toxinen werden die Zellen der Schleimhaut in ihrer Funktion gehemmt, wie z. B. durch das Choleratoxin. Zu den klassischen Toxinbildnern sind in den letzten Jahren weitere hinzugekommen; so sind auch Toxine von enterotoxinbildenden *Escherichia coli*-Stämmen [29] (Tabellen 3.43, 3.44), von *Aeromonas hydrophila* [26], *Bacillus cereus* [18, 22], das Zytotoxin vom *Clostridium difficile* [91] und *Clostridium perfringens,* das delta-Toxin von Staphylokokken [20] usw. für Kolitiden, z. T. in Form von nekrotischen Kolitiden, verantwortlich. Eine Schädigung der Schleimhaut ist auch durch Invasion oder Adhäsion in bzw. an das Darmepithel möglich.

Typische adhärierende Erreger sind Shigellen und enteroadhäsive *Escherichia coli*-Stämme. Salmonellen hingegen penetrieren die Darmmukosa und vermehren sich in dem submukösen lymphatischen Gewebe. Neben Salmonellen sind auch z. B. enteroinvasive *Escherichia coli*-Stämme zu diesem Mechanismus fähig [19]. Allerdings ist für eine Infektion eine Mindestkonzentration erforderlich, die sich bei den einzelnen Infektionserregern deutlich unterscheidet. Ca. 10–100 lebensfähige *Shigella flexneri*-Zellen können eine Infektion hervorrufen, während für *Vibrio cholerae* 10^5-10^8 Keime erforderlich sind [75] (vgl. Tabelle 3.46)

Inzidenz und Ätiologie der Gastritis

Im Rahmen der Schädigung der Magenschleimhaut bei Achlorhydrie wird seit kurzem eine infektiöse Genese diskutiert. Eine Vielzahl von klinischen Unter-

Tabelle 3.43. Enteropathogene Bakterien und solche, die mit Enteritiden oder Enterocolitiden assoziiert werden

Aeromonas hydrophila	Goodwin et al. [26]
– *sobria*	Janda et al. [42]
– *caviae*	Travis u. Washington [89]
Bacillus cereus	Fumarola u. Miragliotta [22] Turnbull et al. [92]
Campylobacter coli	Blaser, Pattou [2]
– *jejuni*	Butzler [9]
– *fetus*	Janssen et al. [43]
Campylobacter laridis	Simor u. Wilcox [80]
Clostridium difficile	Mulligan [66]
– *perfringens*	
– *septicum*	
Escherichia coli	Infectious Diseases and Immunization Committee, Canadian Paediatric Society [104]
Enteropathogene Stämme O-Serovare 20, 26, 44, 55, 86, 111, 114, 119, 126, 127, 128, 142, 158	
Enterotoxische Stämme O-Serovare 6, 8, 15, 16, 25, 78, 145, 149	
Enteroinvasive Stämme O-Serovare 28, 32, 112, 115, 124, 136, 143, 144, 147, 152, 164	

suchungen deutet darauf hin, daß ein Campylobacter-ähnlicher Organismus, „*Campylobacter* (*Helicobacter*) *pylori*" oder „*Campylobacter pyloridis*", Gastritiden verursachen kann [7, 34, 58, 74]. Die Bakterien finden sich entweder im Magenmukus oder in dem Interstitialraum der Magenschleimhaut. Zur Ausprägung des Erkrankungsbildes tragen u.a. die Sekretion von Hämolysinen, Urease sowie Stoffwechselprodukte bei, die eine Schleimhaut-schädigende Wirkung entfalten.

Gastritiden sind ein häufiges internistisches Krankheitsbild. 20% der Jugendlichen und mehr als 50% der 60jährigen leiden an einer Gastritis.

Bei mehr als 80% der Patienten mit einer Gastritis lassen sich in Biopsien Bakterien des „*Campylobacter pylori*"-Typs nachweisen [58]. Die Campylobacter-ähnlichen Organismen wurden bei 90% der Patienten mit chronisch aktiver Gastritis, 70% der Patienten mit Magengeschwüren und 96% der Patienten mit Duodenalulcus isoliert [7, 58].

Keimspektren

Enteritis

Prinzipiell ist eine derart große Vielzahl von Bakterien, Viren und Parasiten in Betracht zu ziehen (Tabellen 3.43–3.45), daß primär nicht auf alle Krankheits-

Tabelle 3.44. Enteropathogene Bakterien und solche, die mit Enteritiden und Enterocolitiden assoziiert werden

Plesiomonas	Taylor et al. [85]
Salmonella typhi	
– *paratyphi*	
Salmonella spp.	Buchwald und Blaser [6]
Shigella spp.	Dupont u. Hornick [16]
Staphylococcus aureus	Freer u. Aburthnott [20]
Staphylococcus spp.	Scheifele u. Bjornson [77]
	Jeljaszewicz [44]
Vibrio cholerae	
– *parahaemolyticus*	
– *fluivialis*	Tacket et al. [83]
– *vulnificus*	Johnston et al. [45]
– *metschinkovii*	Lee et al. [53]
– *hollisae*	Morris et al. [63]
Yersinia enterocolitica	Tekeberg [86]
– *pseudotuberculosis*	Christensen [12]

Tabelle 3.45. Prozentuale Keimverteilung der Erreger der mikrobiell bedingten Enteritis

Viren	80–90
Rotavirus bei Kindern	25–35–60
bei Erwachsenen (nach [82])	4
Adenoviren	6–8
Salmonellen	3–5–10
Shigellen	1–2
Campylobacter	1–5–18
Yersinien	0,2–2
Aeromonas (geografisch unterschiedlich)	1,5–2,5
Lamblien	3

erreger untersucht werden kann. Um das Keimspektrum einzuschränken, müssen wichtige klinische Daten wie Reiseanamnese, Symptomatik, Alter, Stuhlvolumen, Antibiotikatherapie usw. dem Diagnostiker mitgeteilt werden (Tabellen 3.46, 3.47). Unter optimalen Bedingungen sind z. Z. 60–80% der Durchfallserkrankungen abklärbar [25, 31]. Wichtige bakterielle Infektionserreger sind die Salmonellen, *Campylobacter* und enteropathogene *Escherichia coli* sowie das Rotavirus (gelegentlich bei Erwachsenen) [8, 39] und Adenoviren (die enteropathogenen Typen Ad 40 und Ad 41 sind für 6–8% der kindlichen Enteritiden verantwortlich [38, 55] (Tabellen 3.45, 3.46)). Es muß auch daran gedacht werden, daß asymptomatisch Rotavirus-infizierte Erwachsene ein Ansteckungsreservoir für Kinder darstellen können. Weitere wichtige Enteritiserreger sind das Norwalkvirus und das Norwalk-like-Virus, Calci- und Astroviren [11].

Weiterhin können Darmparasiten wie Würmer und Protozoen, insbesondere oft bei Bewohnern südlicher oder tropischer Länder, und unter bestimmten Bedingungen Pilze als Enteritiserreger auftreten [5]. Eine Reihe typischer Enteritiserreger wie Salmonellen (ca. 4–5% der Enteritiden werden durch Salmonellen verursacht), Shigellen und Vibrionen werden als obligate Krankheitserreger angesehen; weiterhin werden 4–5–10% der Enteritiden durch *Campylobacter* spp. [69, 93] und ca. 0,5–2% durch *Yersinia* spp. hervorgerufen. Daneben können im Einzelfall enteropathogene, toxinbildende Stämme von *Escherichia coli, Aeromonas* [17, 28, 29], *Plesiomonas* [71], *Klebsiella pneumoniae*, *Citrobacter* spp., *Enterobacter*, *Pseudomonas aeruginosa*, *Proteus* spp. [3, 32] und *Staphylococcus aureus* [44] Durchfälle, insbesondere bei älteren Patienten, Säuglingen und abwehrgeschwächten Patienten, hervorrufen. Gelegentlich können auch Koagulase-negative Staphylokokken über die Bildung und Sekretion des Delta-Toxins ein ähnliches Krankheitsbild hervorrufen [77]. Bei Neugeborenen kann auch in seltenen Fällen eine Gastroenteritis auf Chlamydien zurückzuführen sein [41]. Bei Säuglingen kann es zu einer toxischen Enteritis durch kontaminierte Brustmilch kommen, sei es, daß Keime in die Milch durch eine bestehende Mastitis oder durch unhygienische Manipulationen gelangen. Als pathogen sind insbesondere *Staphylococcus aureus*, *β*-hämolysierende A- und B-Streptokokken, Enterokokken, Enterobakterien und Pseudomonaden zu betrachten. In diesen Fällen ist eine hygienische Untersuchung der Muttermilch erforderlich wie sie u. a. bei Thofern und Botzenhardt [65] beschrieben ist. Eine wichtige Rolle spielen enteropathogene *Escherichia coli* bei Kleinkindern unter 2 Jahren [73]. Die pathogene Bedeutung von Sproßpilzen ist nicht sicher geklärt [95, 101]. Sie sind keine eigentlichen Enteritiserreger im Sinn einer Dickdarmschleimhautinvasion, können aber entweder durch Dünndarminvasion oder durch Verschiebung der normalen Flora im Dickdarm Durchfälle hervorrufen. Bei abwehrgeschwächten Patienten, insbesondere mit einer AIDS-Infektion, ist in hohem Prozentsatz mit seltenen protozoischen Erregern wie Cryptosporidien [100], Isospora [5] usw. zu rechnen.

Reisediarrhoe

Ca. 10–60% der Mitteleuropäer, die in südliche Länder, Subtropen oder Tropen reisen, erleiden innerhalb der ersten 3–5 Tage in dem Gastland eine Enteritis [4]. Entsprechend dem jeweiligen Land müssen Keime wie Vibrionen, *Plesiomonas*, *Aeromonas* und Amöben, die in Mitteleuropa selten isoliert werden, berücksichtigt werden. Enterotoxische *Escherichia coli*-Stämme, bei denen sich eine Assoziation mit der Serovarietät O 157 : H 7 nachweisen ließ [15, 29], sind die häufigsten Enteritisursachen für Reisende in Mittelamerika, Südostasien und Afrika. An *Vibrio*, insbesondere *Vibrio parahaemolyticus*, muß bei Besuchern von Japan und Südostasien gedacht werden. Häufig (12–15%) sind diese Enteriden Mischinfektionen [85].

Die Bedeutung enteroadhärenter *Escherichia coli*-Stämme als Infektionserreger ist zur Zeit noch nicht gesichert, obwohl z. B. bei Reisen nach Süd- und

Tabelle 3.46.

1) Infektiologische Parameter vor Enteritiserregern

Erreger	Inkubationsdauer	Infektionsdosis (KBE)	Infektionsmodus	Reservoir	Symptome
Campylobacter fetus	2–11 Tage	500	Lebensmittel	Schweine, Geflügel	Hohes Fieber, blutigschleimige Stühle, leukozytenreich
Salmonellen (nicht typhoid, Enteritisgruppe)	8–72 Stunden	10^{-6}–10^{-8}	Lebensmittel, z. B. Eis, Eier, Fleisch	Schweine, Geflügel, Rinder	Fieber, Brechdurchfall, hauptsächlich im Sommer
Salmonellen (typhoide Gruppe)	10–20 Tage	10^3	Schmutz-/Schmierinfektion	Mensch	Sepsis Auslandsaufenthalt in den meisten Fällen
Shigellen	2–7 Tage	10–200	Wasser, Lebensmittel	Mensch	Tenesmen, blutigschleimige Stühle, leukozytenreich
Vibrio cholerae	1–5 Tage	10^8	Wasser, Fisch		Voluminöse, wäßrige Stühle
Vibrio parahaemolyticus	15–24 Stunden	10^6–10^8	Fisch		Brechdurchfall
Yersinia enterocolitica	16–48 Stunden	?	Lebensmittel, Wasser	Schweine, Geflügel	Fieber, Diarrhoe in kühlerer Jahreszeit, z.T. Bild einer Pseudoappendizitis
Clostridium difficile		?	Nach Antibiotikaeinnahme	Autochthon?	Blutigschleimige Stühle
Staphylococcus aureus		10^6		Autochthon	Fieber, blutigschleimige Stühle

2) im Sinne von Lebensmittelvergiftungen

Keim	Inkubations-dauer	Infektionsdosis (KBE)	Nachweis in	Symptome
Staphylococcus aureus Koagulase-negative Staphylokokken	1–6 Stunden		Lebensmittel	Erbrechen, Durchfälle
Bacillus cereus	1–5 Std.[1] bzw. 10–15 Std.[2]	10^6–10^7 KBE/g	Lebensmittel	[1] Erbrechen [2] Durchfall
Clostridium perfringens	8–22 Std.	10^6 KBE/g	Lebensmittel	Durchfälle
Clostridium botulinum			Lebensmittel	Doppeltsehen, Atemlähmung, Schluckstörung

Tabelle 3.47. Infektiologische Parameter der Rotavirusgasteroenteritis (nach [39])

Dauer	<2 Wochen (Dauer nimmt mit Alter ab)
Häufigkeit bei 0–2jährigen	
Diarrhoe	
Erbrechen	
Fieber	>38,5 °C
Dehydratation	
Stuhlkonsistenz	weich bis wäßrig, nicht blutig
Extraintestinale Symptome	
Katarrhalische Symptome	häufiger
Konjunktivitis	
Pneumonie	selten
Lymphadenopathie	

Mittelamerika bis zu 25% der ungeklärten Reisediarrhoen durch enteroadhärente *Escherichia coli* verursacht sein können [17].

Abdominale Form der Tuberkulose

Bei Patienten mit einer aktiven Lungentuberkulose liegt in 10–30% eine intestinale Beteiligung vor [72].

Eine primäre intestinale Tuberkulose ist äußerst selten. So wurden in den USA seit 1960 nur 31 Fälle berichtet. Überwiegend (70%) handelt es sich um eine hyperplastische, seltener um eine ulcerative Form [94]. Die Symptomatik, wenn überhaupt eine vorliegt, ist meist diffus und uncharakteristisch und hängt von der Ausdehnung und Lokalisation der Erkrankung ab (Tabelle 3.48).

Aufgrund der Symptomatik und einer Häufung bei Frauen zwischen 20–40 Jahren führt die Erkrankung häufig zu einer Verwechslung mit einer terminalen Ileitis.

Tabelle 3.48. Symptome einer intestinalen Tuberkulose (nach [94])

Abdominelle Schmerzen:	
Diffus	
Krämpfe im Epigastrium, periumbilical im rechten unteren Quadranten	
Anorexia Nausea Erbrechen Gewichtsverlust	(in ca. 73% der Fälle)
Diarrhoe eher als Obstipation Subfebrile Temperaturen Vergrößerte Lymphknoten	(in ca. 50% der Fälle)

Beweisend ist der Nachweis säurefester Stäbchen bzw. von Tuberkulosebakterien im Biopsiebereich. Die Stuhlkultur selbst ist nur in den seltensten Fällen positiv.

Es muß auch bei AIDS-Patienten an eine intestinale Tuberkulose gedacht werden.

Überwachungskulturen bei abwehrgeschwächten Patienten

Eine Sonderstellung nehmen die Überwachungsuntersuchungen bei Infektions- bzw. Sepsis-gefährdeten Patienten ein, wie z. B. AIDS-Patienten, Patienten unter Zytostatika oder immunsuppressiver Therapie bzw. Patienten mit Knochenmarktransplantationen oder schweren Verbrennungen [30, 76].

Am häufigsten treten Infektionen durch gramnegative Keime bei Leukozytenzahlen unter $0{,}1 \times 10^9/l$ auf [14]. Diese Patienten sind durch ihre eigene, autochthone Flora infektionsgefährdet und haben somit eine hohe Mortalitätsrate. So führen 70% der Infektionen bei Patienten mit einer akuten Leukämie zum Tode, wobei 55% der Infektionen durch die körpereigene Flora hervorgerufen werden. Daneben können auch im Einzelfall für die Gastroenteritis ungewöhnliche Infektionserreger eine Infektion hervorrufen, wie z. B. das Cytomegalievirus [70].

Durch Antibiotikatherapie, verminderte Kolonisationsresistenz u. a. kann es zur Verschiebung der Flora zugunsten potentiell pathogener Keime wie *Klebsiella*, *Enterobacter*, *Serratia*, *Pseudomonas* und *Candida* mit Keimzahlen über 10^4 KBE/g Stuhl und zur endogenen Infektion kommen [33]. Einer neueren Studie [14] zufolge geht die Mehrzahl der Sepsisfälle von Keimen aus dem Stuhl aus.

Antibiotika-induzierte pseudomembranöse Colitis

Da viele Patienten unter Antibiotikatherapie stehen, kommt dem Einfluß der Antibiotika auf die Stuhlflora eine erhebliche Bedeutung zu [81]. Sie können erheblich die normale Stuhlflora stören und zur Verminderung der Kolonisationsresistenz führen. Diese Verminderung, die hauptsächlich durch Cefalosporine wie Latamoxef und Penicilline (Ampicillin) und Clindamycin bewirkt wird, kann der Überwucherung durch *Clostridium difficile* mit Ausbildung der pseudomembranösen Colitis Vorschub leisten, die eine erhebliche Bedrohung für Patienten mit Abwehrschwäche ist [23, 24, 66, 90]. Hierbei handelt es sich um durch Toxin(e) induzierte Schädigungen. Involvierte Toxine sind z. B. das D-1 [47] und das A-Toxin [37], jedoch nicht das B-Toxin.

90–95% der Patienten haben eine wäßrige Diarrhoe, die in 5–10% Blutbeimischungen aufweist. Weitere Symptome sind Tenesmen, Leukozytose und Fieber (bei 80% der Patienten). Bei abwehrgeschwächten Patienten oder auch Patienten mit schweren Brandwunden kann es selten zu hohem Fieber, massiven Proteinverlusten, Colonperforation und/oder toxischem Megacolon kommen.

Probengewinnung bei der Enteritis

Das klassische Probenmaterial der Enteritisdiagnostik ist der Stuhl. Als Alternativmaterial bietet sich insbesondere im Sommer der Analabstrich an, da durch Gärprodukte, die von der Fäkalflora gebildet werden, Keime wie Salmonellen und *Campylobacter* abgetötet werden [48, 99]. Die diagnostische Aussagekraft der Stuhluntersuchung ist beschränkt, da die Infektionserreger in geringen Keimzahlen, diskontinuierlich verteilt oder in der Darmmukosa lokalisiert vorhanden sein können. In solchen Fällen kann die Untersuchung einer Biopsie die Isolierungsrate erhöhen, die auch gleichzeitig den morphologischen Nachweis einer Infektion ermöglicht. Der sicherste Nachweis bei der Cryptosporidiose und Bilharziose des Kolons sowie Infektionen des Duodenums, Jejunums und Kolons mit *Giardia lamblia*, Cytomegalie-Virus, *Mycobacterium avium*-intracellulare Komplex und *Herpes simplex*-Virus wird durch die Untersuchung von Darmschleimhautbiopsien erreicht [1]. Darüber hinaus ist die Isolierungsrate von *Campylobacter* und *Yersinia* im Biopsiematerial um 30% höher als im Stuhl.

Diagnostik (Abb. 3.9, Tabelle 3.50)

Enteritis

Eine wesentliche Rolle bei der Stuhldiagnostik spielt das mikroskopische Präparat, da es den Nachweis von Parasiten, Parasiteneiern oder Protozoenzysten, einer massiven Verschiebung zu Keimgruppen (z. B. zu Streptokokken) und von Leukozyten und Erythrozyten in der Diagnostik ermöglicht. So sind Leukozyten in einer Spezifität von 68% und Sensitivität von 89%, Erythrozyten mit einer Sensitivität von 87% und Spezifität von 58% wegweisend für eine bakteriell bedingte Diarrhoe [78].

Neuerdings wird auch eine Immunfluoreszenzfärbung auf *Giardia lamblia* angeboten. Die Sensitivität liegt bei 89%, die Spezifität bei 96%.

Zur kulturellen Erfassung der Salmonellen und Shigellen hat sich die Kombination von einem „gramnegativen" Agar mit niedriger Selektivität und einem Agar mit mäßiger Selektivität wie Salmonella-Shigella-Medium, Desoxycholat-Citrat-Laktose-Saccharose-Agar (DCLS-Agar) oder Hektoen-Agar durchgesetzt (Tabelle 3.49) [50]. Bei den Selektiv-Anreicherungen bieten sich u. a. Tetrathionat-Bouillon mit Jod/Jodkali und Brillantgrün, „gramnegative" Selektiv-Bouillon nach Hajna bzw. Selenit-Bouillon an, wobei die Tetrathionat-Bouillon zur Anreicherung von Shigellen nicht günstig ist.

Nach 8–10 Stunden, spätestens jedoch nach 18–24 Stunden, wird die eingesetzte Bouillon auf ein mäßig selektives Medium und ein hochselektives Medium, wie der Desoxycholat-Citrat- oder Wismut-Sulfit-Agar, ausgestrichen. Dem Anlegeschema (Tabelle 3.49) folgend können Salmonellen in großer Keimzahl schon nach 18–20 Stunden, in geringer durchweg nach 48 Stunden nachgewiesen werden.

Tabelle 3.49. Medien zur Isolierung oder Anreicherung von enteropathogenen Keimen

		Nachweis	Selektiv für
Niedrige Selektivität	McConkey-Agar/Endo-Agar McConkey-Agar mit 4-Methyl-umbelliferylglucuronid „gramnegative" Bouillon	Laktose-fermentation	Enterobakterien „nicht-fermentierende" Stäbchenbakterien
Mäßige Selektivität	Leifson-Agar (Desoxycholat-Citrat-Agar) Salmonella-Shigella-Agar Xylose-Lysin-Desoxycholat-Agar Hektoen-Agar Tetrathionat-Bouillon	H_2S-Bildung	Enterobakterien „nicht-fermentierende" Stäbchenbakterien
	Ampicillin-Blut-Agar		*Aeromonas*, „nicht-fermentierende" Stäbchenbakterien z. T. Enterobakterien
Hohe Selektivität	Wismut-Sulfit-Agar (Wilson Blair)	H_2S-Bildung	Salmonellen
	Phenolrot-Brillantgrün-Agar		*Salmonella* (außer *Salmonella typhi*)
	CIN-Agar auf Salmonella-Shigella- oder McConkey-Agar-Basis	Kolonie-morphologie	*Yersinia*
	Hefeextrakt-Cystein-Blut-Agar mit Campylobactersupplement Columbia-Blut-Agar mit Campylobactersupplement Preston-Agar mit Cefoperazon	Kolonie-morphologie	*Campylobacter*
	Cereus-Selektiv-Agar		*Bacillus cereus*
	Blut-Kochsalz-(Mannit-)Agar	Hämolyse	*Staphylococcus*
	Cycloserin-Cefoxitin-Eigelb-Agar	Lecithinase	*Clostridium difficile*
Anreicherungs-bouillons	Selenit-Bouillon Tetrathioat-Bouillon Rappaport-Bouillon		*Salmonella* und *Yersinia* (bei 6 Std. auch *Salmonella*)
	Phosphat-gepufferte Kochsalzlösung (Kälteanreicherung)		*Yersinia*
	Basisches Peptonwasser mit 1% NaCl		*Vibrio*

Diagnostisch schwierig gestaltet sich der Nachweis von Infektionen mit sehr geringen Salmonellenzahlen. Hier bietet sich die Weiterinkubation der „gramnegativen" Bouillon über 6–8 Tage und erneutes Ausstreichen auf XLD-Agar an. So kann die Gesamtsalmonellenisolierungsrate um ca. 1% erhöht werden [102]. Dieses erscheint unter Berücksichtigung der Folgeprobleme auch bei routinemäßigem Ansatz gerechtfertigt, da die Kosten je Probe mit DM 1–2 vertretbar sind.

Für den Nachweis von *Campylobacter jejuni* und *Campylobacter coli* ist der Einsatz spezieller Medien und Inkubationsbedingungen erforderlich [61]. Zur

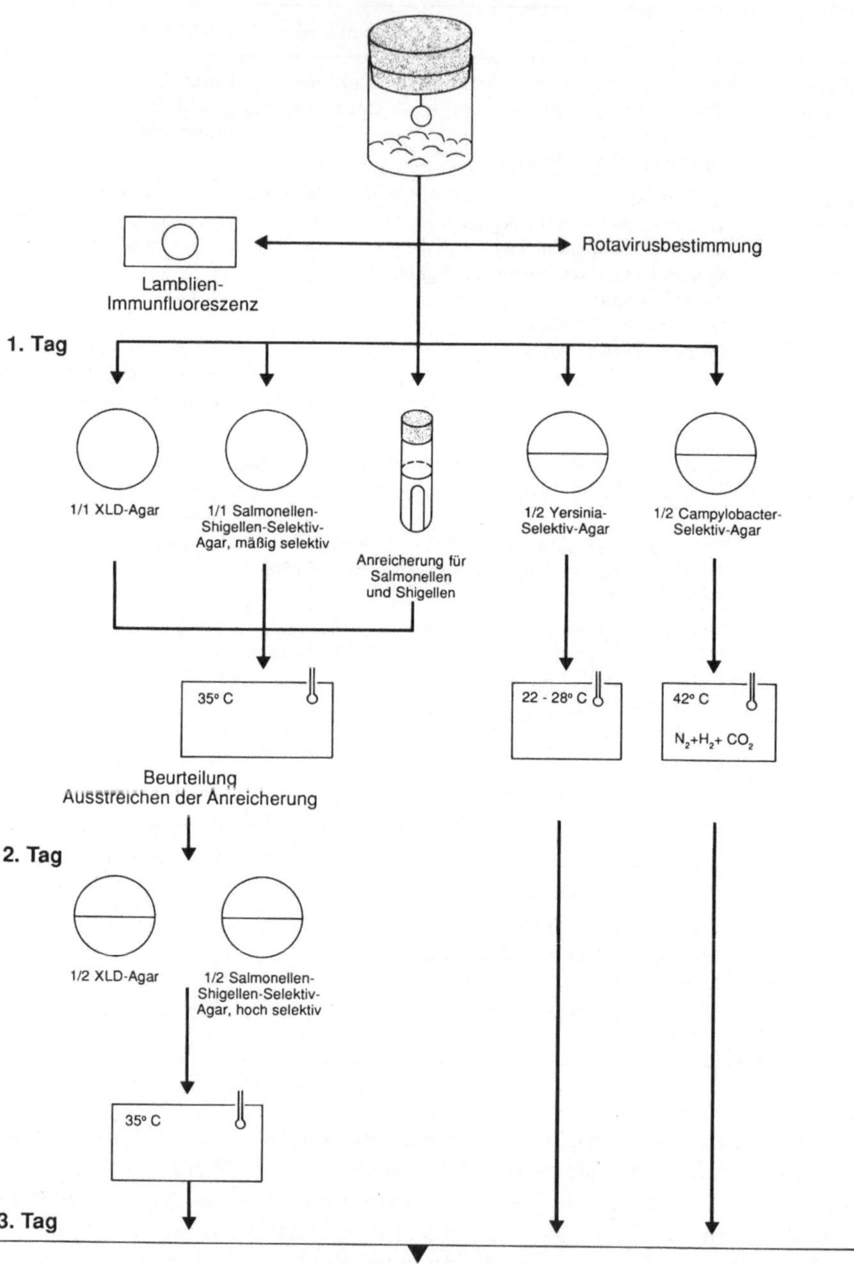

Abb. 3.9. Kulturelles Vorgehen bei Stuhlproben

Tabelle 3.50. Anlegeschema zur kulturellen Diagnostik

	1	2	3	4	5	6	7	8	9	10	11	12	13	14	15	16	17	18	19
Gastritis	+				+	+	+												
Enteritis	+	+	+	+		+		+	+	+	+	+	+						+
Bei abwehrgeschwächten Patienten	+	+	+	+		+		+	+	+	+	+	+						+
Reisediarrhoe	+	+	+	+		+		+	+	+	?	+	?	+					+
„Surveillance" Kultur	+					+	+		+		+	+	+						+
V. a. pseudomembranöse Colitis	+														+	+		+	+
Nahrungsmittelvergiftung	+					+		+	+								+	+	+

1 Grampräparat, *2* parasitologische Untersuchung, Lambliennachweis, *3* Rotavirusnachweis, *4* Adenovirusnachweis, *5* Martin-Thayer-Agar, *6* Laktose-Indikator-Agar, z. B. McConkey-Agar, *7* Blut-Agar, *8* mäßig selektiver Agar, z. B. XLD-Agar, *9* Optimal-Differential-Agar, z. B. Chinablau-Laktose-Agar, *10* Sproßpilz-Selektiv-Agar, z. B. Sabouraud-Agar, *11* Aeromonas-Selektiv-Agar, *12* Campylobacter-Selektiv-Agar, *13* Yersinia-Selektiv-Agar, *14* Sobitol-McConkey-Agar, *15* Clostridium difficile-Selektiv-Agar, *16* Blut-Agar mit 6% NaCl, *17* Cereus-Agar, *18* Blut-Agar anaerob, *19* Anreicherungen

Isolierung bieten sich verschiedene bluthaltige Medien mit einem Antibiotikasupplement nach Skirrow oder Butzler [9] sowie ein blutfreies Medium mit Cefoperazon nach Preston [52] an (Tabelle 3.49), das sich als hochselektiv mit sehr guter Isolierungsrate erwiesen hat, insbesondere wenn bei 42 °C statt bei 35 °C inkubiert wird [43]. Das Untersuchungsmaterial wird direkt aufgetragen und fraktioniert ausgestrichen; darüber hinaus kann auch zuvor Stuhl in Hirn-Herz-Infus suspendiert und zur Anreicherung durch einen Membranfilter (Porenweite 0,65 µm) gefiltert werden. In der 1. Fraktion sollte ein Cefalotintestblättchen (30 µg) aufgelegt werden, um den resistenten *Campylobacter jejuni* vorläufig zu identifizieren. Wichtig ist die Inkubationstemperatur entsprechend des Supplementes, entweder bei 42 °C oder bei 35 °C, sowie der Einsatz einer Gasatmosphäre mit reduzierter Sauerstoffspannung (H_2 85%, O_2 5%, CO_2 10%) [96]. Prinzipiell sollte jede Kolonie durch ein Grampräparat überprüft werden, um auch atypische Campylobacterkolonien zu erfassen. Obwohl verschiedene Anreicherungsmedien, wie z. B. ein modifiziertes Motilitätstestmedium, vorgeschlagen wurden [10, 36], hat sich deren breiter Einsatz bisher nicht durchgesetzt. Allerdings muß berücksichtigt werden, daß durch geeignete Bouillon, z. B. eine Tryptose-Bouillon mit Vitamin K_1, *Campylobacter*-Supplement, Antibiotika-Supplement nach Blaser und Wang mit 5% inaktivem Pferdeserum, die Isolierungsquote auf das 1,5 bis 2fache gesteigert werden kann [68]. Experimentell wurde *Campylobacter* mittels direkter Immunfluoreszenz in Stuhlproben erfolgreich nachgewiesen. Die Sensitivität lag bei 40%, die Spezifität bei 99,7% [40].

Aufgrund der langsamen Wachstumsrate und der z. T. nicht typischen Koloniemorphologie auf einigen Medien, die in der Stuhlbakteriologie eingesetzt werden, wird *Yersinia* oft übersehen, insbesondere wenn der Keim in geringer Keimzahl vorliegt. Eine systematische Untersuchung ergab die sichersten Ergebnisse mit CIN-Agar [35, 46]. Inkubation bei 28 °C erlaubt den Nachweis innerhalb von 20–40 Stunden. *Citrobacter, Serratia* und *Enterobacter agglomerans* können ebenfalls wachsen und gelegentlich zu Abtrennungsschwierigkeiten führen. Aus diesem Grund wurde zur Erhöhung der Selektivität eine Vorbehandlung der Stuhlproben mit einer KOH-Behandlung [98] oder einer Schockgefrierung vorgeschlagen. Als Alternativmedium zum CIN-Agar mit guter Ausbeute bietet sich das Medium nach Fukushima [21] oder der Wanters-Agar an.

Reisediarrhoe

Hier sollte das diagnostische Vorgehen neben der kulturellen Anzucht von Salmonellen, *Campylobacter*, *Yersinia* und Shigellen auch Vibrionen, *Aeromonas* und enterotoxische *Escherichia coli* erfassen. Obligat sollte die Suche nach Amöben im körperwarmen, frischgelassenen Stuhl im Nativpräparat sein.

Zur Anzucht von Vibrionen hat sich der TCBS-Agar und als Anreicherungsmedium basische Pepton-Bouillon mit 1% NaCl durchgesetzt. Mit diesen Medien können auch *Aeromonas* und *Plesiomonas* angezüchtet werden, obwohl sich Galle-Pepton-Bouillon als geeigneter erwiesen hat [71]. Sehr gute Ergebnisse werden auch mit Blut-Agar mit 20 µg/ml Ampicillin erzielt [49]. Nach 18–24 Stunden kann zur Anzucht von *Aeromonas* und *Plesiomonas* die Anreicherung sowohl auf Salmonella-Shigella-Agar als auch auf CIN-Agar ocer McConkey-Agar erfolgen.

Als Differentialmedium zur Kultivierung enterotoxischer *Escherichia coli* O 157:H 7-Stämme hat sich Sorbitol-McConkey-Medium (McConkey-Agar Grundsubstrat ohne Laktose + 1% Sorbitol) erwiesen [56, 57]. Das Medium weist eine Sensitivität von 100% und eine Spezifität von 85% auf. Durch Zusatz von 4-Methylumbelliferylglucuronid im Medium kann der Nachweis noch beschleunigt werden.

„Surveillance"- und Dysbakteriosekulturen

Sowohl zu Überwachungsuntersuchungen infektionsgefährdeter Patienten („surveillance"-Kulturen), kleinkindlicher Diarrhöen (hier insbesondere solche bedingt durch enteropathogene *Escherichia coli*) als auch zur Erfassung von fakultativ pathogenen Keimen wie *Staphylococcus aureus* und *Pseudomonas aeruginosa*, beide werden auf dem Salmonella-Shigella-Selektiv-Medium gehemmt, eignet sich das Ausspateln einer Stuhlverdünnung (1:1000) auf Chinablau-Laktose-Agar (Abb. 3.9). Dieses Medium bietet den Vorteil, daß parallel zu den Enterobakterien auch grampositive Keime nachgewiesen werden können, gleichzeitig werden Keimzahlen über 10^4 KBE/g Stuhl quantifiziert.

Bei Kindern unter 2 Jahren, bei denen mit einer Enteritis durch „Dyspepsie-Coli"-Stämme gerechnet werden muß, empfiehlt sich der zusätzliche Einsatz von 4-Methylumbelliferylglucuronid (MUG)-McConkey-Agar. Nach 18- bis 24stündiger Inkubation können *Escherichia coli*-Kolonien durch Fluoreszenz nachgewiesen und der serologischen Untersuchung spezifisch zugeführt werden. Zum Nachweis von Sproßpilzen kann ebenfalls die o. a. Stuhlverdünnung herangezogen werden. Müller [64] schlägt hier zur besseren Homogenisierung eine Suspension in 0,25% Trypsinlösung mit Glasperlen vor. In diesem Fall erfolgt das Ausspateln auf Sabouraud-Agar oder Bierwürz-Agar. Keimzahlen über 10^5-10^6 KBE/g Stuhl sind als signifikant anzusehen.

Pseudomembranöse Enterocolitis

Nach dem jetzigen Wissensstand ist *Clostridium difficile* der verursachende Krankheitserreger der pseudomembranösen Enterokolitis. Als Medien eignen sich Blut-Agar auf der Basis von Columbia-Medium supplementiert mit Cycloserin (500 mg/l), Cefoxitin (16 mg/l) und Hirn-Herz-Infus-Agar (alternativ Isosensitest oder Columbia-Agar) mit 2,5% Eigelb, 1% Fruktose und Cefoxitin und Cycloserin. Besonders erfolgreich hat sich der Ersatz von Eigelb durch Taurocholat (0,1%) im Cycloserin-Cefoxitin-Fruktose-Medium zur Isolierung von *Clostridium difficile*-Sporen erwiesen. Auf diesem Medium läßt sich auch eine kräftige Fluoreszenz der *Clostridium difficile*-Kolonien nachweisen [54, 103]. Zum Anlegen wird ca. 0,1 g (d. h. eine Impföse voll Stuhl) in 10 ml physiologischer Kochsalzlösung suspendiert, 100 µl hiervon auf den Agar ausplattiert und anaerob inkubiert. Die Ablesung erfolgt nach 20 und nach 48 Stunden. Von fraglichen Kolonien sollte ein Toxinnachweis in der Zellkultur mit z. B. HeLa-Zellen oder mittels käuflich erhältlichem Latex-Agglutinationstest durchgeführt werden [47].

„*Campylobacter* (*Helicobacter*) *pylori*“-Infektionen

Als Probenmaterial zur Diagnostik der „*Campylobacter pylori*“-Infektion des Magens bietet sich die Biopsie an. Es sollte hier allerdings die diskontinuierliche Verteilung der Erreger im Magen berücksichtigt und daher mehrere Proben untersucht werden. Bei der Diagnostik dieser Erkrankung ist das Grampräparat wegweisend. Seine Sensitivität wird übereinstimmend in der Literatur zwischen 90 und 100% angegeben [62, 67].

Zur Aufbereitung für die kulturelle Untersuchung werden die Proben mit 0,5 ml bis 1 ml Dextrose-Phosphat-Bouillon oder Brucella-Bouillon, auch Phosphat-gepufferter 0,9% Kochsalzlösung, vorinkubiert oder in einem sterilen Mörser zerrieben [84]. Alternative Methoden zur Vorbereitung der Proben, z. B. Mazerierung mittels Pasteurpipette, wurden ebenfalls publiziert [87]. „*Campylobacter* (*Helicobacter*) *pylori*“ wurde auf verschiedensten Medien wie Blut-Agar, Skirrow-Campylobacter-Medium [51] oder Brucella-Agar mit Blut [62, 84] angezüchtet. In einer vergleichenden Studie zeigte Martin-Thayer-Agar mit Stärke zur Wachstumsförderung die höchste Isolierungsrate [67]. Zur

Unterdrückung der Mundflora wird mit Vancomycin, Colistin und Trimethoprim supplementiert.

Parallel sollte zur raschen vorläufigen Identifizierung des Urease-positiven „*Campylobacter pylori*" eine Urease-Bouillon inkubiert werden [13]. Als günstige Inkubationsatmosphäre hat sich ein Gasgemisch mit 10% CO_2, 5% O_2 und 85% H_2, wie es durch käufliche Systeme erhaltbar ist, erwiesen. Die Platten sollten nach 2 und nach 4 Tagen abgelesen werden, bzw. die Urease-Bouillon nach 24 Stunden. Die Endablesung kann nach 1 Woche erfolgen.

Literatur

1. Bayerdörffer E, Höchter W, Kühner W, Ottenjann R (1986) Bioptische Mikrobiologie und Enterokolitis. Dtsch Med Wochenschr 111:796–798
2. Blaser MJ, Pattou CM (1985) Campylobacter enteritis associated with foodborne transmission. New serotyping data. Am J Epidemiol 121:625
3. Bockemühl J (1984) Die Diagnostik der Enteritis infectiosa – übrige Formen in den Medizinaluntersuchungsämtern der Bundesrepublik Deutschland 1981. Bundesgesundheitsblatt 27:233–240
4. Bockemühl J, Fleischer K, Bednarek I (1983) A cholera-like illness in a traveler due to a mixed infection with enterotoxigenic Escherichia coli, Vibrio parahaemolyticus and Pseudomonas aeruginosa. Infection 1:272–274
5. Bommer W, Mergerian H (1983) Parasitosen des menschlichen Dünndarms. Handbuch der inneren Medizin. Band III/3B: Dünndarm. Springer, Berlin Heidelberg New York
6. Buchwald DS, Blaser MJ (1984) A review of human salmonellosis: II. Duration of excretion following infection with nontyphi Salmonella. Rev Infect Dis 6:345–355
7. Buck GE, Gourley KW, Lee WK, Subramanyam K, Latimer JM, DiNuzzo AR (1986) Relation of Campylobacter pyloridis to gastritis and peptic ulcer. J Infect Dis 153:664–669
8. Burke V, Gracey M, Robinson J, Peck D, Beaman J, Bundell C (1983) The microbiology of childhood gastroenteritis: Aeromonas species and other infective agents. J Infect Dis 148:68–74
9. Butzler JP (1982) Campylobacter enteritis. Infection 10:67–69
10. Chan FTH, Mackenzie AMR (1982). Enrichment medium and control system for isolation of Campylobacter fetus subsp. jejuni from stools. J Clin Microbiol 15:12–15
11. Christensen ML (1989) Human viral gastroenteritis. Clin Microbiol Rev 2:51–89
12. Christensen SG (1987) The Yersinia enterocolitica situation in Denmark. Contrib Microbiol Immunol 9:93–97
13. Czinn SJ, Carr H (1987) Rapid diagnosis of Campylobacter pyloridis-associated gastritis. J Pediatr 110:569–570
14. Daw MA, Munnelly P, McCann SR, Daly PA, Falkiner FR, Keane CT (1988) Value of surveillance cultures in the management of neutropenic patients. Eur J Clin Microbiol Infect Dis 7:742–747
15. Doyle MP, Schoeni JL (1984) Survival and growth characteristics of Escherichia coli associated with hemorrhagic colitis. Appl Environ Microbiol 48:855–856
16. Dupont HL, Hornick RB (1973) Clinical approach to infectious diarrheas. Medicine (Baltimore) 52:265–270
17. Echeverria P, Sack RB, Blacklow NR, Bodhidatta P, Rowe B, McFarland A (1984) Prophylactic doxycycline for travellers' diarrhea in Thailand. Further supportive evidence of Aeromonas hydrophila as an enteric pathogen. Am J Epidemiol 120:912–921
18. Editorial (1983) Bacillus cereus as a systemic pathogen. Lancet II:1469
19. Editorial (1985) Diarrheal diseases: An Overview. Am J Med 78:63
20. Freer JH, Arbuthnott JP (1983) Toxins of Staphylococcus aureus. Pharmacol Ther 19:55–106

21. Fukushima H (1987) New Selective agar medium for isolation of virulent Yersinia enterocolitica. J Clin Microbiol 25:1068–1073
22. Fumarola D, Miragliotta G (1984) Bacillus cereus enterotoxins: what pathogenic mechanisms? Infection 12:105
23. George WL (1984) Antimicrobial agent-associated colitis and diarrhea: historical background and clinical aspects. Rev Infect Dis 6:208–213
24. George WL, Rolfe RD, Harding GKM, Klein R, Putnam CW, Finegold SM (1982) Clostridium difficile and cytotoxin in feces of patients with antimicrobial agent-associated pseudomembranous colitis. Infection 10:205–207
25. Goeser T, Gärtner U, Sonntag HG (1986) Die bakterielle Enteritis infectiosa: Wandel im Keimspektrum? Dtsch Ärzteblatt 44:3017–3022
26. Goodwin CS, Harper WES, Stewart JK, Gracey M, Burke V, Robinson J (1983) Enterotoxigenic Aeromonas hydrophila and diarrhea in adults. Med J Aust 1:25–26
27. Gorbach SL (1984) Gastrointestinal infections. An overview. Am J Med 76:120
28. Gracey M, Burke V, Robinson J (1982) Aeromonas-associated gastroenteritis. Lancet II:1304–1306
29. Gransden WR, Damm MAS, Anderson JD, Carter JE, Lior H (1986) Further evidence associating hemolytic uremic syndrome with infection by verotoxin-producing Escherichia coli O 157:H 7. J Infect Dis 154:522–527
30. Grube BJ, Heimbach DM, Marvin JA (1987) Clostridium difficile diarrhea in critically ill burned patients. Arch Surg 122:655–661
31. Guerrant RL, Shields DS, Thorson SM, Shorting JB, Gröschel DHM (1985) Evaluation and diagnosis of acute infectious diarrhoea. Am J Med 79:91
32. Gyr K (1984) Zur Pathophysiologie der infektiösen Diarrhoe. Schweiz Med Wochenschr 114:12–14
33. Haralambie E, Linzenmeier G (1982) Angewandte Gnotobiotik zur Infektionsprophylaxe bei abwehrgeschwächten Patienten. Tumor Diagnostik Therapie 3:270–272
34. Hazell SL, Lee A, Brady L, Hennessy W (1986) Campylobacter pyloridis and gastritis: association with intercellular spaces and adaptation to an environment of Mucus as important factors in colonization of the gastric epithelium. J Infect Dis 153:658–663
35. Head CB, Whitty DA, Ratnam S (1982) Comparative study of selective media for recovery of Yersinia enterocolitica. J Clin Microbiol 16:615–621
36. Heisick J (1985) Comparison of enrichment broths for isolation of Campylobacter jejuni. Appl Environ Microbiol 50:1313–1314
37. Henriques B, Florian I, Thelestam M (1987) Cellular internalisation of Clostridium difficile toxin A. Microbial Pathogen 2:455–463
38. Herrmann JE, Blacklow NR, Perron-Henry DM, Clements E, Taylor DN, Echeverria P (1988) Incidence of enteric adenoviruses among children in Thailand and the significance of these viruses in gastroenteritis. J Clin Microbiol 26:1783–1786
39. Hjelt K (1988) Acute rotavirus gastroenteritis in children. Clinical, epidemiological and immunological aspects. Dan Med Bull 35:222–236
40. Hodge DS, Prescott JF, Shewen PE (1986) Direct immunofluoresence microscopy for rapid sreening of Campylobacter enteritis. J Clin Microbiol 24:863–865
41. Hoyme UB (1988) STD-Infektionen in der Gynäkologie. Fortschritte der antimikrobiellen und antineoplastischen Chemotherapie Band 7-1:75–86
42. Janda JM, Bottone EJ, Skinner CV, Calcaterra D (1985) Phenotypic markers associated with gastrointestinal Aeromonas hydrophila isolates from symptomatic children. J Clin Microbiol 17:588–591
43. Janssen D, Helstad AG (1982) Isolation of Campylobacter fetus subsp. jejuni from human fecal specimens by incubation at 25 and 42°C. J Clin Microbiol 16:398–399
44. Jeljaszewicz J (1983) Infections caused by staphylococci. Infection 11:109–111
45. Johnston JM, Becker SF, McFarland LM (1986) Gastroenteritis in patients with stool isolates of Vibrio vulnificus. Am J Med 80:336–338
46. Kachoris M, Ruoff KL, Welch K, Kallas W, Ferraro MJ (1988) Routine culture of stool specimens for Yersinia enterocolitica is not a cost-effective procedure. J Clin Microbiol 26:582–583

47. Kamiya S, Nakamura S, Yamakawa K, Nishida S (1986) Evaluation of a commercially available latex immunoagglutination test kit for detection of Clostridium difficile D-1 toxin. Microbiol Immunol 30:177–181
48. Kaplan RL, Goodman LJ, Barrett JE, Trenholme GM, Landau W (1982) Comparison of rectal swabs and stool cultures in detecting Campylobacter fetus subsp. jejuni. J Clin Microbiol 15:959–960
49. Kelly MT, Stroh EMD, Jessop J (1988) Comparison of blood agar, ampicillin blood agar, McConkey-ampicillin-tween agar, and modified cefsulodin-irgasan-novobiocin agar for isolation of Aeromonas spp. from stool specimens. J Clin Microbiol 26:1738–1740
50. Kist M, Aleksic C, Bockemühl J, Dahn R, v. Pritzbuer E, Müller HE, Kunkel J, Hoffmann K (1985) Die bakteriologische Diagnose enteraler Infektionen. In: Burkhardt F (Hrsg) DGHM-Verfahrensrichtlinien für die mikrobiologische Diagnostik. Fischer, Stuttgart New York
51. Krajden S, Bohnen J, Anderson J, Kempston J, Fuksa M, Matlow A, Marcon N, Haber G, Kortan P, Karmali M, Corey P, Petrea C, Babida C, Hayman S (1987) Comparison of selective and nonselective media for recovery of Campylobacter pylori from antral biopsies. J Clin Microbiol 25:1117–1118
51a. Krueger JM, Karaszewski DD, Davenne D, Shoham S (1986) Somnogenic muramyl peptides. Fed Proc 45:2552–2555
52. Lai-King NG, Stiles ME, Taylor DE (1985) Comparison of basal media for culturing Campylobacter jejuni and Campylobacter coli. J Clin Microbiol 21:226–230
53. Lee JV, Donovan TJ, Furniss AL (1978) Characterization, taxonomy, and amended description of Vibrio metschnikovii. Int J System Bacteriol 28:99–111
54. Levett PN (1985) Effect of basal medium upon fluorescence of Clostridium difficile. Letter Appl Microbiol 1:75–76
55. Madeley CR (1986) The emerging role of adenoviruses as inducers of gastroenteritis. Pediatr Infect Dis 5:63–74
56. March SB, Ratnam S (1986) Sorbitol-McConkey medium for detection of Escherichia coli O 157:H 7 associated with hemorrhagic colitis. J Clin Microbiol 23:869–872
57. March SB, Ratnam S (1986) Stool survey for Escherichia coli O 157:H 7. J Infect Dis 153:1176
58. Marshall BJ (1986) Campylobacter pyloridis and gastritis. J Infect Dis 153:650–657
59. Martin JL, Justus PG, Mathias JR (1980) Altered motility of the small intestine in response to ethanol (ETOH): an explanation for the diarrhea associated with consumption of alcohol. Gastroenterology 78:1218
60. Mathias JR, Clench MH (1985) Review: Pathophysiology of diarrhea caused by bacterial overgrowth of the small intestine. Am J Med Sci 289:243–248
61. Merino FJ, Agulla A, Villasante PA, Díaz A, Saz JV, Velasco AC (1986) Comparative efficacy of seven selective media for isolating Campylobacter jejuni. J Clin Microbiol 24:451–452
62. Morris A, McIntyre D, Rose T, Nicholson G (1986) Rapid diagnosis of Campylobacter pyloridis infection. Lancet I:149
63. Morris JG, Miller HG, Wilson R (1982) Illness caused by Vibrio damsela and Vibrio hollisae. Lancet I:1294–1297
64. Müller J (1976) Die Erregerdiagnostik der systemischen Pilzerkrankungen mit besonderer Berücksichtigung quantitativer Methoden. Chemotherapy 22:53–86
65. Müller R (1983) Muttermilchernährung. In: Thofern, Botzenhardt (Hrsg) Hygiene und Infektionen im Krankenhaus. Fischer, Stuttgart
66. Mulligan ME (1984) Epidemiology of Clostridium difficile-induced intestinal disease. Rev Infect Dis 6:222–224
67. Parsonnet J, Welch K, Compton C, Strauss R, Wang T, Kelsey P, Ferraro MJ (1988) Simple microbiologic detection of Campylobacter pylori. J Clin Microbiol 26:948–949
68. Pickert A (1988) Nährmedien zur Anzucht von Campylobacter jejuni/coli aus Stuhl. Laboratoriumsmedizin 12:346–349

69. Pönkä A, Pitkänen T, Sarna S, Kosunen TU (1984) Infection due to Campylobacter jejuni: a report of 524 outpatients. Infection 12:175–178
70. Proujansky R, Orenstein SR, Kocoshis SA, Yunis E, Starzl TE (1988) Cytomegalovirus gastroenteritis after liver transplantation. J Pediatr 113:700–703
71. Rahim Z, Kay BA (1988) Enrichment for Plesiomonas shigelloides from stools. J Clin Microbiol 26:789–790
72. Riggins HM (1942) Tuberculosis of the alimentary tract. Med Clin North Am 1:819–829
73. Robins-Browne RM (1987) Traditional enteropathogenic Escherichia coli of infantile diarrhea. Rev Infect Dis 9:28–53
74. Salmeron M, Desplaces N, Lavergne A, Houdart R (1986) Campylobacter-like organisms and acute purulent gastritis. Lancet I:975–976
75. Schaad UB (1983) Which number of infecting bacteria is of clinical relevance? Infection 11:87–89
76. Schaefer UW, Schmidt CG, Rüther U, Schüning F, Becher R, Beyer JH, Hossfeld DK, Nowrousian MR, Öhl S, Wetter O, Bamberg M, Schmitt G, Bormann U, Scherer E, Haralambie E, Linzenmeier G, Grosse-Wilde H, Hierholzer E, Kuwert E, Henneberg KB, Luboldt W, Richter HJ, Leder LD, Hantschke D (1982) Knochenmarktransplantation bei Panmyelopathie und akuter Leukämie. Dtsch Med Wochenschr 21:803–808
77. Scheifele DW, Bjornson GL (1988) Delta toxin activity in coagulase-negative staphylococci from the bowels of neonates. J Clin Microbiol 26:279–282
78. Siegel D, Cohen PT, Neighbor M, Larkin H, Newman M, Yajko D, Hadley K (1987) Predictive value of stool examination in acute diarrhea. Arch Path Lab Med 111:715–718
79. Simmen HP, Lüthy R, Siegenthaler W (1981) Antibiotikaeinsatz in der ambulanten Praxis. Ergebnisse und Gedanken zu einer Umfrage bei praktizierenden Ärzten im Kanton Zürich. Schweiz Med Wochenschr 111:4–10
80. Simor AE, Wilcox L (1987) Enteritis associated with Campylobacter laridis. J Clin Microbiol 25:10–12
81. Sjöval J, Huitfeld B, Magni L, Nord CE (1986) Effect of betalactam prodrugs on human intestinal microflora. Scand J Infect Dis 49:73–84
82. Svanteson B, Thorén A, Castor B, Barkenius G, Bergdahl U, Tufvesson B, Hansson HB, Möllby R, Juhlin I (1988) Acute diarrhoea in adults: aetiology, clinical appearance and therapeutic aspects. Scand J Infect Dis 20:303–314
83. Tacket CO, Hickman F, Pierce GV, Mendoza LF (1982) Diarrhea associated with Vibrio fluvialis in the United States. J Clin Microbiol 16:991–992
84. Taylor DE, Hargeaves JA, Lai-King NG, Sherbaniuk RW, Jewell LD (1987) Isolation and characterization of Campylobacter pyloridis from gastric biopsies. Am J Clin Pathol 87:49–54
85. Taylor DN, Echeverria P, Blaser J, Pitaransgi C, Blacklow N, Cross J, Weniger BG (1985) Polymicrobial aetiology of travellers' diarrhea. Lancet I:381–383
86. Tekeberg R (1983) Recent advances in management of bacterial diarrhea. Rev Infect Dis 5:246–257
87. Teo C, Nicolatsopoulou D (1987) A simple procedure for the isolation and identification of Campylobacter pyloridis. Pathology 19:317–318
88. Thorén A, Lundberg O, Bergdahl U (1988) Socioeconomic effects of acute diarrhea in adults. Scand J Infect Dis 20:317–322
89. Travis LB, Washington JA (1986) The clinical significance of stool isolates of Aeromonas. Am J Clin Pathol 85:330–336
90. Treloar AJ, Kalra L (1987) Mortality and Clostridium difficile diarrhoea in the elderly. Lancet II:1279
91. Triadafilopoulos G, Pothoulakis C, O'Brien MJ, LaMont JT (1987) Differential effects of Clostridium difficile toxins A and B on rabbit ileum. Gastroenterology 93:273–279
92. Turnbull PCB, Kramer JM, Jorgensen K, Gilbert RJ, Melling J (1979) Properties and production characteristics of vomiting, diarrhoeal, and necrotizing toxins of Bacillus cereus. Am J Clin Nutr 32:219–228

93. Ullmann U, Langmaack H, Blasius Ch (1982) Campylobacteriosis des Menschen durch die Subspezies intestinalis und fetus unter Berücksichtigung sechs neuer Erkrankungen. Infection 10:64–66
94. Vanderpool DM, O'Leary JP (1988) Primary tuberculous enteritis. Surgery 167:167–173
95. Walsh TJ, Merz WG (1986) Pathologic features in the human alimentary tract associated with invasiveness of Candida tropicalis. Am J Clin Pathol 4:498–502
96. Wang WL, Leuchtefeld NW, Blaser MJ, Reller LB (1982) Comparison of CampyPak II with standard 5% oxygen and candle jars for growth of Campylobacter jejuni from human feces. J Clin Microbiol 16:291–294
97. Wanitschke R (1985) Leitsymptom Diarrhoe. Dtsch Ärzteblatt 82:563–573
98. Weissfeld AS, Sonnenwirth AC (1982) Rapid isolation of Yersinia spp. from feces. J Clin Microbiol 15:508–510
99. Werk R, Knothe H (1984) Resistenzprobleme in der Praxis. Münch Med Wochenschr 126:903–907
100. Werk R, Knothe H (1983) Übersicht: Kryptosporidiose. Umweltmedizin 4:74–75
101. Werk R, Seeliger HPR (1981) Pilze: Ätiologischer Faktor bei entzündlichen Erscheinungen im Magen-Darm-Trakt? Dtsch Med Wochenschr 106:419–420
102. Werk R (1988) Nicht publizierte Ergebnisse
103. Wilson KH, Kennedy MJ, Fekety FR (1982) Use of sodium taurocholate to enhance spore recovery on a medium selective for Clostridium difficile. J Clin Microbiol 15:443–446
104. Infectious Diseases and Immunization Canadian Paediatric Society (1987) Escherichia coli gasteroenteritis: making sense of the new acronyms. CMAJ 136:241–244

Cholezystitis/Cholangitis, Leberabszeß

Material: Galle, Abszeßpunktat

Cholezystitis/Cholangitis

Ursache sowohl der akuten als auch der chronischen Cholezystitis ist in bis zu 95% eine Gallenblasenentleerungsstörung [2] aufgrund einer Gallensteinerkrankung, seltener durch raumfordernde Prozesse, Abknickung des Ductus cysticus u. ä. Eine Häufung der Gallensteinerkrankungen findet sich bei Diabetikern, Patienten mit Leberzirrhose und Patienten mit Erkrankungen des terminalen Ileums; bei diesen Risikogruppen finden sich bis zu ca. 30% Gallensteine.

Durch den behinderten Gallenabfluß kann es zu einer Aszension von Keimen kommen, die sich in der Gallenblase vermehren können. Hier sind insbesondere Gallensteine ein Infektionsherd, über die eine chronische Cholezystitis unterhalten werden kann. Komplikationen der akuten Cholezystitis sind die Cholangitis, die Entzündung der Gallenwege bis hin zu den Ductuli, das Gallenblasenempyem (in bis zu 20%) sowie in ca. 2–14% die Perforation mit galliger Peritonitis, der pericholezystische, subphrenische oder subhepatische Abszeß sowie ggf. Sepsis und Pankreatitis. Wegen der Komplikationen der Gallensteinerkrankung wird i. allg. eine Entfernung der Steine, z. B. durch ein operatives Vorgehen, angestrebt werden. Erfolgt die Operation bei Vorliegen von Risikofaktoren wie Alter über 70 Jahre, Choledochus-Gallensteine, akuter Cholezystitis oder obstruktiver Gallenwegserkrankung, besteht in 22,5% die Gefahr einer Wundinfektion durch Keime aus der Galle [15]. Eine besondere Erkrankungsform stellt die Cholezystitis und Cholangitis der Kinder dar. Anders als beim Erwachsenen sind Gallensteine bei Kindern selten [20]. Häufig liegt hier eine Atresie des Gallenganges zugrunde, so daß eine Operation zur Vermeidung von Folgeschäden durchgeführt wird. Diese Operationen sind in 36% mit einer postoperativen Cholangitis kompliziert [9], häufig als rezidivierende Verlaufsform. In nahezu 48% dieser Erkrankungen lassen sich die Krankheitserreger in der Blutkultur nachweisen.

Aufgrund des häufigen Einsatzes der endoskopisch retrograden Cholangiographie (ERCP) und endoskopischen Papillotomie (EPT) wird zunehmend eine Cholezystitis hervorgerufen. Ca. 1% der ERCP-Untersuchungen sind mit einer Infektion belastet. In einem erheblichen Prozentsatz (17%) tritt bei Patienten nach einer EPT eine Bakteriämie auf, die jedoch meist transient ist [1]. Neben der Art des Eingriffes bestimmt auch die Grunderkrankung die Infektionsgefährdung. So beträgt die Cholangitishäufigkeit nach einer ERCP bei extraheptischen Obstruktionen 15% [13].

Infektionen sind dementsprechend auch die Hauptursache für die Mortalität (0,2%) dieser Untersuchungen [4]. Die ERCP-bedingte Cholezystitis beruht auf der iatrogenen Keimeinschleppung durch die Endoskopie aus dem Dünndarm, dem Magen und der Speiseröhre. Auch kann das Infektionsgeschehen durch Keime, die der Desinfektion des Endokopes an schlecht zugänglichen Stellen entgangen sind, hervorgerufen werden. In einer Vielzahl von Fällen konnte diese Genese für eine *Pseudomonas*-bedingte Cholezystitis nach ERCP wahrscheinlich gemacht werden. In schlecht desinfizierbaren Teilen des Endoskopes kann *Pseudomonas* in feuchter Atmosphäre über Nacht hohe Keimzahlen erreichen, so daß es zu einer Infektion kommen kann [6].

Keimspektrum

Das Bild der akuten Cholezystitis wird im wesentlichen durch Enterobakterien (Tabelle 3.51) bestimmt, wobei *Escherichia coli* mit 70% der Leitkeim [14] dieses meist monoinfektiös bedingten Krankheitsgeschehens (Tabelle 3.52) ist [15]. Bei Risikopatienten oder bei Rezidiven des Krankheitsgeschehens [9] nimmt die Anzahl der Mischinfektion zu und gleichzeitig die prozentuale Bedeutung von *Escherichia coli* ab. Ein weiterer wichtiger Keim ist *Streptococcus faecalis* mit ca. 10–25%. Anaerobe Bakterien wie Clostridien, *Bacteroides* und Peptostreptokokken werden in von 1 bis zu 10% der Fälle bei der Infektion isoliert [15]. Bei der Cholangitis nimmt die Zahl der anaeroben Isolate deutlich zu und liegt bei bis zu 23%; auch liegt in der Mehrzahl eine Mischinfektion vor (Tabelle 3.53).

Hiervon weicht das Keimspektrum bei der ERCP-bedingten Cholezystitis deutlich ab. Neben *Escherichia coli*, Klebsiellen, Streptokokken und Anaerobiern werden bis zu 29% *Pseudomonas aeruginosa* isoliert (Tabelle 3.54).

Infektionen mit Actinomyceten [11] oder *Mycobacterium tuberculosis* stellen bei diesen Krankheitsbildern eine Ausnahme dar.

Tabelle 3.51. Prozentuale Keimverteilung der Erreger der akuten Cholezystitis (kumulierte Daten nach [14, 15])

Escherichia coli	60–70
Klebsiella spp.	5–10
Proteus spp.	4
Enterobacter spp.	<2
Streptococcus faecalis	10–25
Staphylokokken	6
Peptostreptokokken	10–15
Clostridium perfringens	1–3
Salmonella spp.	1–3

Tabelle 3.52. Prozentuale Häufigkeit von Monokulturen bei Infektionen der Gallenwege und Gallenblase [15]

Akute Cholezystitis	90
Akute Cholezystitis bei Patienten mit Risikofaktoren	44
Cholangitis	12

Tabelle 3.53. Prozentuale Keimverteilung bei der Cholangitis (nach [15])

Escherichia coli	65
Klebsiella, Enterobacter	73
Citrobacter, Morganella, Serratia	43
Streptokokken	26
Staphylokokken	4
Clostridien	39
Bacteroides fragilis	9

Tabelle 3.54. Prozentuale Keimverteilung in der Galle nach endoskopischer Papillotomie (nach [1])

Escherichia coli	59
Klebsiella, Enterobacter, Serratia	7
Pseudomonas aeruginosa	29
Proteus	12
Citrobacter freundii	12
Streptococcus faecalis	24
Eubacterium	12

Probengewinnung

Die Diagnosestellung ist durch operativ oder ERCP-gewonnene Galle oder eine Blutkultur möglich. In 30–60% der Fälle gelingt der Keimnachweis in der Blutkultur [8]. Der Duodensalsaft hingegen ist zur Diaganostik der Cholezystitis wenig geeignet [20].

Als alternatives Vorgehen wurde auch die Leberbiopsie zur Diagnostik einer Cholangitis vorgeschlagen [9].

Diagnostik (Abb. 3.10, Tabelle 3.58)

Das diagnostische Vorgehen muß hier die Anzucht von Enterobakterien, Streptokokken und anaeroben Bakterien gewährleisten.

Die kulturellen Maßnahmen setzen sich aus Laktose-Indikator-Medien wie z. B. McConkey-Agar, Blut-Agar, ggf. mit einer grampositiven Selektiv-Platte kombiniert zur Erfassung der Streptokokken, sowie anaeroben Kulturmedien und -bedingungen zusammen.

Aufgrund des hohen Anteils von *Escherichia coli* empfiehlt sich der Einsatz von McConkey-Agar mit 4-Methylumbelliferylglucuronid (MUG). Durch Nachweis der Spaltprodukte von MUG mittels Fluoreszenzlampe kann bereits innerhalb von 16–24 Stunden nach Anlegen der Platte eine weitgehend sichere Diagnose gestellt werden, welche die Möglichkeit einer frühen Therapieempfehlung ermöglicht. Zur Anzucht der Clostridien kann sowohl ein Anaerobier-Agar als auch ein Schüttelagar eingesetzt werden.

Bei der Cholezystitis/Cholangitis nach ERCP kann wegen des hohen *Pseudomonas*-Anteils der Einsatz von Cetrimid-Agar hilfreich sein.

Leberabszeß

Der Leberabszeß ist ein seltenes Erkrankungsbild; lediglich bei 0,29–1,47% der Autopsien läßt sich diese Infektion nachweisen. In der Mehrzahl sind ältere Patienten mit Grundkrankheiten wie Diabetes mellitus, Metastasen und

Alkoholismus betroffen [10, 21] oder es liegen Erkrankungen der Gallengänge, extrahepatische Infektionen, bauchchirurgische Eingriffe, Traumata des rechten Oberbauches und infizierte Hämatome oder ähnliches vor [17]. Die Mortalität der Erkrankung liegt bei solitären Abszessen bei 10% und bei multiplen Abszessen bei 36%.

Eine andere Altersverteilung liegt bei den Amöbenabszessen vor. Meist ist die Altersgruppe bis 35 Jahre von einem *Entamoeba histolytica*-Abszeß betroffen [2, 17]; auch fehlt die Assoziation mit den oben angeführten Grunderkrankungen.

Raritäten sind der subhepatische Abszeß nach Magenulcusdurchbruch durch *Trichomonas* [12], infizierte Hydatidenzysten [5] oder *Nocardia* [7].

Die häufigsten klinischen Symptome des Leberabszesses sind Fieber, Schüttelfrost, Übelkeit, Erbrechen oder Schmerzen im rechten Abdominalquadranten (Tabelle 3.55).

Probengewinnung und Keimspektrum

Als Untersuchungsmaterialien bieten sich das Abszeßaspirat und die Blutkultur an. Werden beide Materialien eingesetzt, so läßt sich in 93% eine kulturelle Diagnose stellen. Allein für sich erfaßt die Abszeßkultur 90% und die Blutkultur 48% aller Infektionen [2, 21].

Das Keimspektrum des bakteriellen Leberabszesses ist ein Spiegel der Darmflora, wobei in 25% anaerobe Keime am Infektionsgeschehen beteiligt sind [19] (Tabelle 3.56, 3.57). Der aerobe Leitkeim ist *Escherichia coli* und mit ca. 30% sind *Bacteroides*-Arten die wichtigsten anaeroben Infektionserreger [10, 18, 19].

Diagnostik (Abb. 3.10, Tabelle 3.58)

Zum vorläufigen raschen Nachweis der *Bacteroides-fragilis*-Gruppe bietet sich die direkte Immunfluoreszenz an.

Zur Erfassung der Staphylokokken-/Streptokokken-Gruppe wird ein Blut-Agar sowie ein Streptokokken-Selektiv-Agar eingesetzt. Eine besondere Bedeutung kommt der ausgedehnten Anaerobierdiagnostik zu; neben einem nicht-selektiven Blut-Agar wie Wilkins-Chalgren-Blut-Agar, Brucella-Blut-Agar und Schädler-Blut-Agar sollte ein Anaerobier-Selektiv-Agar wie Kanamycin-Vancomyin-Blut-Agar verwandt werden, um aerob/anaerobe Keimgemische besser trennen zu können (Tabelle 3.58).

Eine Beschleunigung der Erfassung des Leitkeimes *Escherichia coli* wird durch den Einsatz von 4-Methylumbelliferylglucuronid-Medien, z. B. als Bouillon oder als McConkey-Agar, erreicht, da diese Medien eine rasche vorläufige Identifizierung von *Escherichia coli* erlauben.

Tabelle 3.55. Häufige klinische Symptome (in %) beim Leberabszeß (nach [2])

	Amöben-bedingt	Bakteriell bedingt
Fieber	87	77
Schüttelfrost	69	53
Übelkeit	85	62
Erbrechen	32	43
Oberbauchschmerzen	90	66
Schmerzen im rechten Oberbauch	59	27
Brustschmerzen/Husten	24	51
Gewichtsverlust	45	60
Symptomdauer unter 14 Tagen	86	63

Tabelle 3.56. Prozentuale Keimverteilung beim Leberabszeß (nach [2])

Escherichia coli	42
Klebsiella pneumoniae	16
Enterobacter	8
Proteus	10
Streptokokken	16
Enterokokken	10
Staphylococcus aureus	2,6
Mikroaerophile Streptokokken	18,5
Anaerobe Kokken	18,5
Bacteroides fragilis	18,5
Bacteroides spp.	21
Fusobakterien	13

Tabelle 3.57. Seltene Infektionserreger eines Leberabszesses

Streptococcus milleri	Masterton et al. [16] Bateman et al. [3]
Haemophilus influenzae, Typ B	Bradley et al. [5]
Trichomonas	Jakobsen et al. [12]
Nocardia asteroides	Cockerill et al. [7]

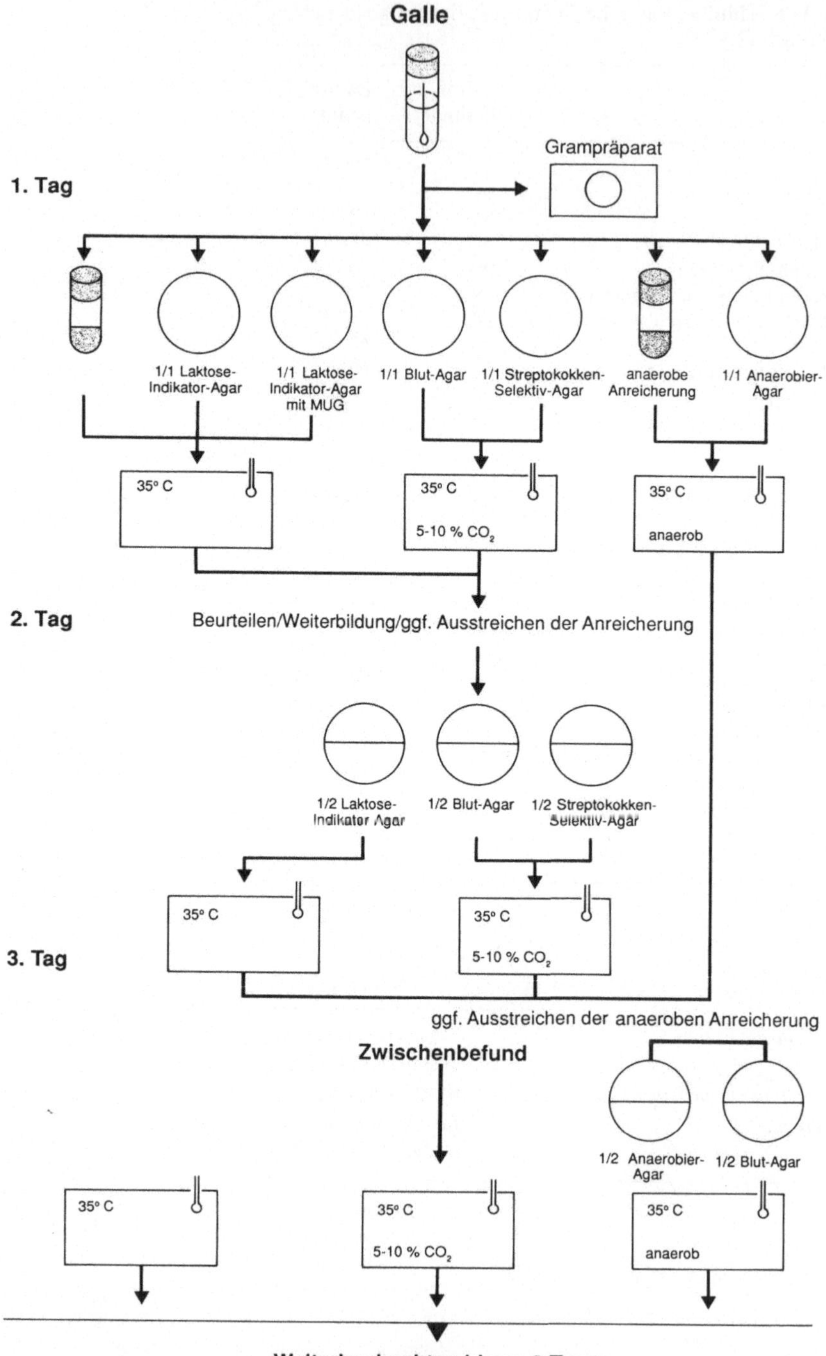

Abb. 3.10. Kulturelles Vorgehen bei Galleflüssigkeit

Tabelle 3.58. Anlegeschema zur kulturellen Diagnostik

	1	2	3	4	5	6	7	8	9	10	11	12
Akute Cholezystitis/ Cholangitis	+	∅	+	+	+	+	–	+	–	+	+	+
Cholezystitis durch ERCP	+	∅	+	∅	+	+	+	+	–	∅	+	+
Leberabszeß	+	+	+	+	+	+	–	+	+	+	+	+

1 Grampräparat, *2* *Bacteroides*-Immunfluoreszenz, *3* Laktose-Indikator-Agar, *4* McConkey Agar + MUG, *5* Blut-Agar, *6* Streptokokken-Selektiv-Agar, *7* Pseudomonas-Selektiv-Agar, z. B. Cetrimid-Agar, *8* Anaerbier-Selektiv-Agar, *9* Blut-Agar anaerob, *10* Schüttelagar o. Stichagar, *11* aerobe Anreicherung, *12* anaerobe Anreicherung

Literatur

1. Ansorg R, Fölsch UR, Kieslich N, Arnold R (1983) Mikrobiologische Untersuchungen vor und nach endoskopischer Papillotomie (EPT). Infection 11:260–264
2. Barnes PF, de Cock KM, Reynolds TN, Ralls PW (1987) A comparison of amebic and pyogenic abscess of the liver. Medicine (Baltimore) 66:472–483
3. Bateman NT, Eykyn SJ, Phillips I (1974) Pyogenic liver abscess caused by Streptococcus milleri. Lancet I:657–659
4. Bilbao MK, Dotter CT, Lee TG, Katon RM (1976) Complications of endoscopic retrograde cholangiopancreatography (ERCP): a study of 10000 cases. Gastroenterology 70:314–320
5. Bradley J, Francis J, Wheatley T (1987) Liver abscess due to Haemophilus influenzae type B. Eur J Clin Microbiol 6:76–77
6. Classen DC, Jacobson JA, Burke JP, Jacobson FT, Evans RS (1988) Serious pseudomonas infections associated with endoscopic retrograde cholangiopancreatography. Am J Med 84:590–596
7. Cockerill FR, Edson RS, Roberts GD, Waldorf JC (1984) Trimethoprim/Sulfamethoxazole-resistant Nocardia asteroides causing multiple hepatic abscesses. Am J Med 77:558–560
8. Daschner F (1983) Infektionskrankheiten. Springer, Berlin Heidelberg New York
9. Ecoffey C, Rothman E, Bernard O, Hadchouel M, Valayer J, Alagille D (1987) Bacterial cholangitis after surgery for biliary atresia. J Pediatr 111:824–829
10. Eykyn S, Phillips I (1980) Pyogenic liver abscess. Br Med J 280:1617
11. Hansen W, Pepersack F, Labbé M, Prigoguie T, Yourrassowsky E (1981) Isolation of Actinomyces israelii in a case of gallbladder infection and comparison of identification methods. Infection 9:47
12. Jakobsen EB, Friis-Möller A, Friis J (1987) Trichomonas species in a subhepatic abscess. Eur J Clin Microbiol 6:296–297
13. Kennes IA, Jacobson JR, Silcis SE (1974) Endoscopic cholangiography for biliary system diagnosis. Ann Int Med 80:61–64
14. Knothe H, Dette GA (1984) Antibiotika in der Klinik, 2. Aufl. Aesupus Verlag Zug AG, Zug
15. Lewis RT, Goodall RG, Marien B, Park M, Lloyd-Smith W, Wiegand FM (1987) Biliary bacteria, antibiotic use, and wound infection in surgery of the gallbladder and common bile duct. Arch Surg 122:44–47
16. Masterton RG, O'Doherty MJ, Eykyn SJ (1987) Streptococcus milleri infection of a hepatopulmonary hydatid cyst. Eur J Clin Microbiol 6:414–415

17. Ostermiller W, Carter R (1967) Hepatic abscess. Current concepts in diagnosis and management. Arch Surg 94:353–356
18. Sabbaj J (1984) Anaerobes in liver abscess. Rev Infect Dis 6:152–156
19. Simon C, Stille W (1982) Antibiotika-Therapie in der Klinik und Praxis, 7. Aufl. Schattauer, Stuttgart New York
20. Takiff H, Fonkalsrud EW (1984) Gallbladder disease in childhood. Am J Dis Child 138:565–567
21. Vögtlin J, Büche D, Gyr K (1986) Der pyogene Leberabszeß. Schweiz Med Wochenschr 116:1166–1172

Zystitis, Pyelonephritis

Material: Urin, Punktionsurin, Katheterurin

Harnwegsinfekte sind ein häufiges Problem sowohl in der Praxis als auch in der Klinik.

Epidemiologische Untersuchungen zeigen, daß die Infektionshäufigkeit mit Geschlecht und Alter grob korreliert. Bei Kindern und jüngeren Patienten sind überwiegend weibliche Personen infiziert (20–30:1) [55]. Mit zunehmendem Alter gleicht sich der Unterschied aus und das Verhältnis wird mit 9:1–3:1 [10] bei über 65jährigen Patienten angegeben. Die Infektionshäufigkeit in dieser Altersgruppe liegt bei 18,2% bei Frauen und 6,0% bei Männern. Bei Kindern und jüngeren Patienten wird die Infektionshäufigkeit niedriger, nämlich mit ca. 6% veranschlagt. Insbesondere Frauen gehören zur Risikogruppe (Tabelle 3.59); ca. 6% der geschlechtsreifen Frauen erleiden einen Harnwegsinfekt; hier ist ein Bezug zum Sexualverhalten gegeben. Oft (in ca. 33,3%) tritt eine Zystitis innerhalb von 24 Stunden nach dem Geschlechtsverkehr [38] auf. Problematisch ist die Zystitis bei den Schwangeren, da sie in 20–30% durch eine Pyelonephritis kompliziert wird. In 20% dieser Komplikationen ist mit der Geburt eines unreifen Kindes zu rechnen [43, 60]. Die Mortalität für Kinder, die von Müttern mit einer Pyelonephritis geboren wurden, liegt bei 17,9 je 1000 Geburten [43].

Tabelle 3.59. Risikofaktoren für den Erwerb einer Harnwegsinfektion (nach [59])

Schwangere
Frauen im Alter von 35–50 Jahren
Männer nach urologischen Operationen
Männer mit chronischer bakterieller Prostatitis
Patienten mit neurogener Blasenlähmung
Patienten mit intermittierender oder chronischer Blasenkatheterisierung

Insbesondere sind auch Neugeborene mit Risikofaktoren durch Harnwegsinfekte mit der Möglichkeit einer ansteigenden Urosepsis gefährdet [41].

Einen deutlichen Einfluß auf die Häufigkeit von Harnwegsinfekten hat ein Aufenthalt im Krankenhaus oder in Pflegestationen [25]. Bei diesen Patienten treten signifikant häufiger Infektionen auf (bis zu ca. 30% bei Frauen und 11% bei Männern) [34].

Weiterhin ist ein Urinkatheter ein erheblicher Risikofaktor. Innerhalb von 5 Tagen haben einer Studie von Zambon et al. [72] zufolge 50% der Katheterträger einen Harnwegsinfekt (Abb. 3.11). Ebenso wie diese Gruppe sind Patienten mit neurogener Blasenlähmung hoch infektionsgefährdet [14].

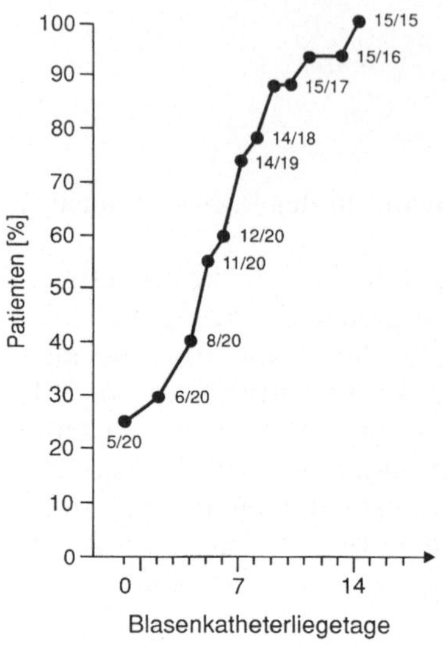

Abb. 3.11. Zeitliches Auftreten eines Harnwegsinfektes bei Patienten mit Blasenkatheter [nach 72]

Pathogenese

Sowohl patienteneigene Faktoren als auch die Virulenz von Krankheitserregern beeinflussen das Auftreten und den Verlauf von Infektionen des Harnwegstraktes.

Wichtige Schutzmechanismen des Makroorganismus sind die Besiedlung der unteren Urethra mit einer Standortflora im Sinne einer Kolonisationsresistenz, der niedrige pH des Urins, seine hohe Osmolarität, die Bildung des Uromukoids, Strömung des Urins, der geringe Zuckergehalt des Urins u.a. [53, 70].

Die Herabsetzung der Kolonisationsresistenz durch Antibiotikagabe, die Alkalisierung des Urins, die geringere Uromukoidbildung bei älteren Patienten [53] oder der höhere Zuckergehalt bei Diabetikern führen zu einer höheren Infektsuszeptibilität [55].

In den letzten Jahren konnten in der Virulenzforschung uropathogener Keime wichtige Fortschritte gemacht werden. Die Bedeutung der Adhäsion in der Genese von Infektionserkrankungen ist von zentraler Bedeutung [8]. Eindeutig konnte bei *Escherichica coli* die Beteiligung von sogenannten Fimbrien in der Pathogenese der *Escherichia coli*-bedingten Harnwegsinfektionen nachgewiesen werden. Basierend auf molekularbiologischen Arbeiten konnte Hacker [26] ein Infektionsmodell für *Escherichia coli* aufstellen (Abb. 3.12). Die gentechnologischen und biochemischen Untersuchungen zeigen, daß 93% der akuten oder chronischen Pyelonephritiden, die durch *Escherichia coli* bewirkt werden, Stämme mit MS- oder MR-Fimbrien sind [24, 30, 31, 45].

Bei uropathogenen *Escherichia coli*-Stämmen finden sich mehr als drei verschiedene Fimbrientypen mit entsprechender Spezifität, die in unterschiedlichen Infektionsstadien ausgebildet werden. So sind es die sogenannten Mannose-sensitiven Fimbrien, die die Haftung an die Epithelien der Harnröhre

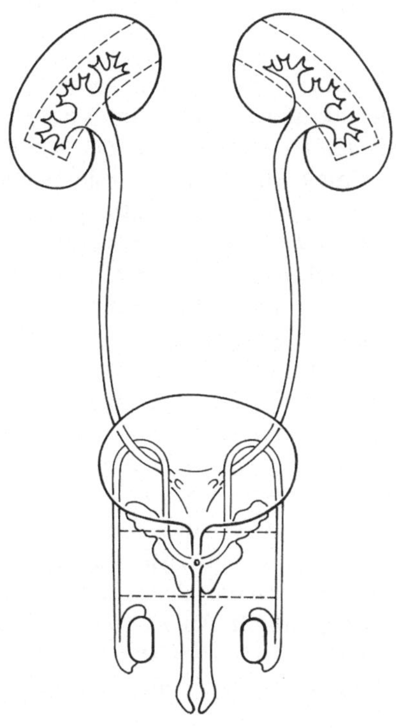

7. Stufe: Schädigung von Nierenzellen
Hämolysin

6. Stufe: Schädigung von Leukozyten
Hämolysin

5. Stufe: Entzündung, Fieber
Hämolysin, Endotoxin

4. Stufe: Vermehrung / Serum- und Phagozytoseresistenz
O- und K-Antigene
Serum-Resistenz-Faktor

3. Stufe: Haften an Nierenzellen, Kolonisation
P-, andere MRH-Fimbriae

2. Stufe: Haften an den Zellen des unteren Harnweges
P-, S-, andere MRH-Fimbriae

1. Stufe: Haften / Vermehrung in der Blase
MSH-Fimbriae

Abb. 3.12. Pyelonephritis – Pathogenitätsmodell nach Hacker [nach 26]

und der Blase bewirken und die Vermehrung erlauben. P-, Mannose-sensible und Mannose-resistente Fimbrien sind für Haftung in den Uretheren verantwortlich [12]. P-, MSH-, MRH-Fimbrien erlauben die Haftung an die Zellen des Nierenkelchsystems. Es ließ sich sogar zeigen, daß Antikörper gegen Typ 1 Fimbrien vor einer Infektion mit *Escherichia coli* schützen [3]. Da sich die Fimbrien bei der Infektion des Gewebes als nachteilig erweisen würden, wird deren Ausbildung unterdrückt; statt dessen werden Hämolysine gebildet, die das Gewebe angreifen sowie Faktoren, die eine Verdauung durch Phagozyten beeinträchtigen (Phagozytoseresistenz) und solche, die dem Angriff von Opsoninen (Serumresistenz) entgegenwirken. Die weiteren Infektionsstadien wie Entzündung, Schädigung der Leukozyten und anschließend der Nierenzellen werden durch Hämolyse bewirkt.

Eine Anzahl von Untersuchungen weist darauf hin, daß ähnliche Mechanismen auch für andere Keime, wie z. B. *Proteus mirabilis*, gelten. Diese Aspekte der Pathogenese haben direkte Anknüpfungen an die Diagnostik und Therapie. Keime mit guter Haftungseigenschaft werden nicht so rasch durch den Urinstrom von den Epithelien abgewaschen und bewirken daher nicht so hohe Keimzahlen im Urin. Die Arbeitsgruppe Källenius [9, 68] konnte bei Kindern zeigen, daß P-fimbrinierte *Escherichia coli*-Stämme mit signifikant niedrigen Keimzahlen einhergehen.

Keimspektren

Die Erreger akuter Harnwegsinfektionen sind ein Spiegel der aeroben Stuhlflora. *Escherichia coli* ist der Leitkeim der akuten Harnwegsinfektionen.

Neben *Escherichia coli* ist *Proteus mirabilis* der zweithäufigste Keim (Tabelle 3.61) [33]. Bei chronischen Harnwegsinfektionen, bei stationären Patienten oder bei Patienten nach Klinikaufenthalt nimmt die Bedeutung von *Escherichia coli* zugunsten von Klebsiellen, *Enterobacter*, *Pseudomonas* und Indol-positiven Proteusarten ab, die bei akuten Infektionen einen geringeren Anteil haben (Tabelle 3.62). Ein ähnliches Keimspektrum liegt bei Harnwegsinfektionen von Patienten mit neurogener Blasenlähmung vor (Tabelle 3.63) [13]. Der Grund für eine prozentual geringere Beteiligung von *Proteus vulgaris* an akuten Harnwegsinfektionen (<1,5%) wird auf dessen geringe Häufigkeit (0,45%) im Stuhl zurückgeführt. Im Vergleich dazu machen *Proteus mirabilis* 62% und *Morganella morganii* 34% der Proteusstuhlisolate aus [48]. *Enterococcus faecalis*, der bei akuten Harnwegsinfektionen weniger häufig auftritt, kann ebenfalls aus der normalen Stuhlflora isoliert werden. Gelegentlich tritt bei Salmonellosen des Darmtraktes parallel eine Harnwegsinfektion mit Salmonellen auf [44]. *Acinetobacter*, ein normaler Besiedler der Standortflora der vorderen Urethra (Tabelle 3.60), kann gelegentlich Anlaß zu signifikanten Bakteriurien geben [27]. Eindeutig ist in der Zwischenzeit die pathogene Bedeutung von *Staphylococcus aureus*, auch in geringeren Keimzahlen, gesichert worden.

Insbesondere bei älteren Patienten kann eine *Staphylococcus aureus*-Pyelonephritis zur aufsteigenden Urosepsis werden [20, 51, 62]. Einer der Gründe der Prädisposition älterer Patienten gegenüber Harnwegsinfektionen dürfte eine verringerte Bildung von Uromukoid sein. Dieses schützt möglicherweise über eine Herabsetzung der Fimbrien-vermittelten Adhäsion vor aufsteigenden Infektionen [54]. Ebenfalls als signifikant sind Infektionen mit *Staphylococcus saprophyticus* [19, 36, 37, 52, 68] anzusehen (Tabelle 3.64). Diese treten insbesondere bei jungen Frauen in niedriger Keimzahl auf. Für weitere Koagulase-negative Staphylokokken konnte deren Beteiligung an Harnwegsinfektionen nachgewiesen werden [39]. Die prozentual häufigsten aus dieser Gruppe sind *Staphylococcus epidermidis* und *Staphylococcus haemolyticus* nach *Staphylococcus saprophyticus*. Eine weitere pathogenetische Korrelation läßt sich zu den Blutgruppen ermitteln. Bei Patienten mit Blutgruppe B läßt sich eine Häufung von *Pseudomonas aeruginosa*-, *Klebsiella*- und *Proteus*-Infektionen feststellen [49]. Infektionen mit anderen aeroben Keimen, wie *Staphylococcus xylosus* [65], mit anaeroben Keimen [42, 71] oder mit Sproßpilzarten [35] sind selten und finden nur unter speziellen Bedingungen Berücksichtigung.

In seltenen Fällen finden sich auch anspruchsvolle *Escherichia coli*-Stämme, die als Wachstumszusatz Blut oder Serum brauchen und auch dann sehr langsam wachsen [29]. Zu den seltenen Erregern eines Harnwegsinfektes gehören die Pneumokokken mit <0,1%. Eine Pneumokokkurie kann besonders bei Kindern ein Hinweis auf eine systemische Pneumokokkeninfektion sein; gelegentlich ist eine Pneumokokkurie früher nachweisbar als die Bakte-

Tabelle 3.60. Standortflora der vorderen Urethra

Acinetobacter calcoaceticus
Bacteroides spp.
Mycobacterium spp.
Mycoplasma spp.
Neisseria spp.
Staphylococcus epidermidis
Streptokokken

Nach Painter BG (1977) Indigenous microbiota. In: Von Gravenitz A (ed) Clinical microbiology, vol. I. Handbook Series in Clinical Laboratory Science. Seligson D. CRC Press, Cleveland

Tabelle 3.61. Prozentuale Keimverteilung bei Patienten mit akutem Harnwegsinfekt

Escherichia coli	50–75–80
Klebsiellen	5–10
Proteus mirabilis	10–18
Enterobacter	1–2
Pseudomonas aeruginosa	0,5–2
Citrobacter	bis 1
Proteus Indol-positiv	bis 2
Staphylokokken	<2
Enterococcus faecalis	<5
Kokkobazilläre Bakterien	5
Mykoplasmen	1–12
Ureaplasmen	1–5
Gardnerella (bei Frauen)	0,5?

Modifiziert nach Knothe H, Dette GA (1984) Antibiotika in der Klinik, 2. Aufl. Aesopus Verlag, Zug

Tabelle 3.62. Prozentuale Keimverteilung bei Patienten mit chronischen Harnwegsinfektionen und stationären Patienten

Citrobacter	1
Escherichia coli	40–60
Klebsiellen	10–30–40
Enterobacter	10–20–25
Proteus mirabilis	5–10
Proteus Indol-positiv	1–5–10
Pseudomonas aeruginosa	5–10–15
Enterococcus faecalis	10–20
Staphylokokken	≤5

Nach Knothe H, Dette GA (1984) Antibiotika in der Klinik, 2. Aufl. Aesopus Verlag, Zug

Tabelle 3.63. Prozentuale Keimverteilung der Harnwegsinfektionen bei Patienten mit neurogener Blasenlähmung (nach [13])

Escherichia coli	2,6
Klebsiella pneumoniae	14
Proteus mirabilis	7
Proteus vulgaris	3
Providencia stuartii	4
Serratia marcescens	4
Pseudomonas aeruginosa	17
Enterococcus faecalis	13

Tabelle 3.64. Prozentuale Verteilung Koagulase-negativer Staphylokokken bei Harnwegsinfektionen (nach [39])

Staphylococcus saprophyticus	51
Staphylococcus epidermidis	25
Staphylococcus haemolyticus	11
Staphylococcus warneri	7
Staphylococcus simulans	2
Staphylococcus hominis	2
Staphylococcus xylosus	1
Staphylococcus sciuri	<1
Staphylococcus capitis	<1

Tabelle 3.65. Prozentuale Verteilung von grampositiven kokkobazillären Isolaten bei Harnwegsinfektionen (nach [14])

Streptococcus faecalis	47,1
Streptococcus agalactiae	22,3
Streptococcus milleri	9,5
Streptococcus sanguis II	2,9
Streptococcus morbillorum	1,7
Streptococcus mitis	1,7
Streptococcus acidominus	0,4
Streptococcus salivarius	0,4
Streptococcus cremonis	0,4
Streptococcus faecium	0,4
G-Streptokokken	0,4
Acrococcus viridans	1,7
Gardnerella vaginalis	8,26

Tabelle 3.66. Seltene Infektionserreger eines Harnwegsinfektes

Achromobacter (*Alcaligenes*) *xyloseoxidans* subsp. *xyloseoxidans*	Igra-Siegman et al. [28]
Lactobacillus gasseri	Dickgießer et al. [17]
Campylobacter	Feder et al. [18]
Corynebacterium D2 Gruppe	Soriano [56]
Salmonella enteritidis	Andreu-Domingo et al. [6]
Herpes simplex-Virus	DeHertogh und Brettman [16]

riämie. Einer Studie von Nguyen und Penn [47] zufolge waren bei einem Pneumokokkenharnwegsinfekt meist ältere (> 60 J.) Patienten mit morphologischen Veränderungen des Urogenitaltraktes betroffen.

Recht selten finden sich Corynebakterien der Gruppe D als Erreger von Harnwegsinfektionen einschließlich von Pyelonephritiden [4, 56, 57, 67]. Aufgrund ihrer Urease-Aktivität wird die Beteiligung dieser Keimgruppe an der Bildung von Konkrementen diskutiert [57]. Die Isolierungsrate von *Mycoplasma hominis* im Urin (ca. 12%) entspricht der Isolierungsrate im Genitaltrakt bei Frauen. Bei Männern ist die Isolierungsrate im Urin geringer (1–5%). *Ureaplasma* wird häufig bei Mänern unter 50 Jahren mit ca. 21% gefunden, bei Frauen bis zu ca. 36% [23]. Häufig wird bei Frauen eine Harnwegsinfektion durch *Gardnerella vaginalis* übersehen [40, 43], die sowohl hämorrhagische Zystitiden (Tabelle 3.65) [2] als auch asymptomatische Bakteriurien [46] mit einer Häufigkeit von 8,26% der kokkobazillären Isolate bewirken kann (Tabelle 3.65) [14]. Insbesondere bei Schwangeren zeigt sich eine hohe Kolonisation der Blase (18%) ohne klinische Symptomatik [42]. Daneben wird eine Vielzahl seltener Keime gelegentlich bei Harnwegsinfektionen isoliert (Tabelle 3.66).

Aufgrund der schwierigen Diagnostik wird nach Viren als Erreger einer Harnwegsinfektion selten gefahndet, obwohl Zystitiden durch das Cytomegalievirus oder das *Herpes simplex*-Virus beschrieben sind [16].

Keimzahlbestimmung im Urin

Ein schwieriges Problem stellt die Interpretation der klinischen Signifikanz von Keimzahlen bei akuten Harnwegsinfektionen dar. Nach grundlegenden Arbeiten von Kass [32] sind nur Keimzahlen von mehr als 10^5/ml Urin pathologisch. Allerdings wird der Kliniker oft schon festgestellt haben, daß bei Patienten mit klassischen klinischen Symptomen einer beginnenden Pyelonephritis sich oft niedrige Keimzahlen z.T. sogar unter 10^3/ml finden. So haben nur 68% der Frauen mit einem Harnwegsinfekt Keimzahlen über 10^5 KBE/ml [37]. Grund für diese niedrigen Keimzahlen sind reichliche Flüssigkeitsaufnahme durch den Patienten, häufige Entleerung der Blase, wie die-

Tabelle 3.67. Keimzahlen im Urin bei Frauen mit Beschwerden im Sinne eines Harnwegsinfekts (nach [61])

Gesamtzahl der untersuchten Frauen	163
Zahl der Patientinnen mit Keimzahlen/ml im Urin von:	
41	>100000
21	>10000
10	>1000
10	>100
4	>10

ses für Zystitis-Patienten typisch ist (es sollte nur Urin verwendet werden, der mindestens 3 Stunden in der Blase war), aber auch andere Faktoren, wie die zeitliche, diskontinuierliche Verteilung der Infektionserreger und oft geringe Keimzahlen zu Beginn einer Pyelonephritis [60, 61]. Auch finden sich bei Infektionen mit sogenannten „P-fimbrinated" Bakterien, also Bakterien, die besonders gut an dem Uroepithel haften, niedrigere Keimzahlen [9]. Solche P-fimbrinierte *Escherichia coli*-Stämme treten in niedrigeren Keimzahlen auf. Dies ist wichtig, da über 93% der *Escherichia coli*-Stämme, die einen Harnwegsinfekt [9] und über 90% der *Escherichia coli*-Stämme, die eine erstmalige akute Pyelonephritis verursachen [30], P-fimbrinierte Stämme sind. Der Bakteriologe wird hier in Unkenntnis des klinischen Bildes eher einen negativen bzw. einen pathologisch nicht bedeutsamen Befund herausgeben. Dieses wird häufiger der Fall sein, wenn Nährbodenträgerkulturen zur quantitativen Diagnostik verwandt werden, die Keimzahlen unter 10^3/ml insbesondere bei *Pseudomonas aeruginosa* nicht oder schlecht erfassen [50]. Hier hat auf jeden Fall das klinische Bild mehr Gewicht als der labordiagnostische Befund. Ergebnisse, die 1981 bei der Interscience Conference on Antimicrobial Agents and Chemotherapy [61] vorgetragen wurden, zeigen, daß über 50% der Patienten mit Symptomen im Sinne einer Harnwegsinfektion Keimzahlen unter 10^5 KBE/ml im Urin hatten (Tabelle 3.67).

Nachweis antimikrobieller Wirkstoffe

Wie Studien u.a. von Cruikshank [15] zeigen, sind 21–35% der Urine falsch steril. Ursache hierfür ist die Einnahme von Antibiotika, z.T. auch Zytostatika, die nicht im Zusammenhang mit der Behandlung des Harnwegsinfektes stehen. Da Chemotherapeutika im Urin höhere Konzentrationen aufweisen als im Serum, können sie somit leicht nachgewiesen werden. Niedrige Keimzahlen oder steriler Urin bei positivem Hemmstofftest haben eine deutliche klinische Relevanz. Entsprechend den Richtlinien der Deutschen Gesellschaft für Hygiene und Mikrobiologie [11] sowie der DIN-Norm [1] und denen der American Society for Microbiology [7] ist die Überprüfung des Nativurins auf antimikrobielle Wirkstoffe ein Standardverfahren.

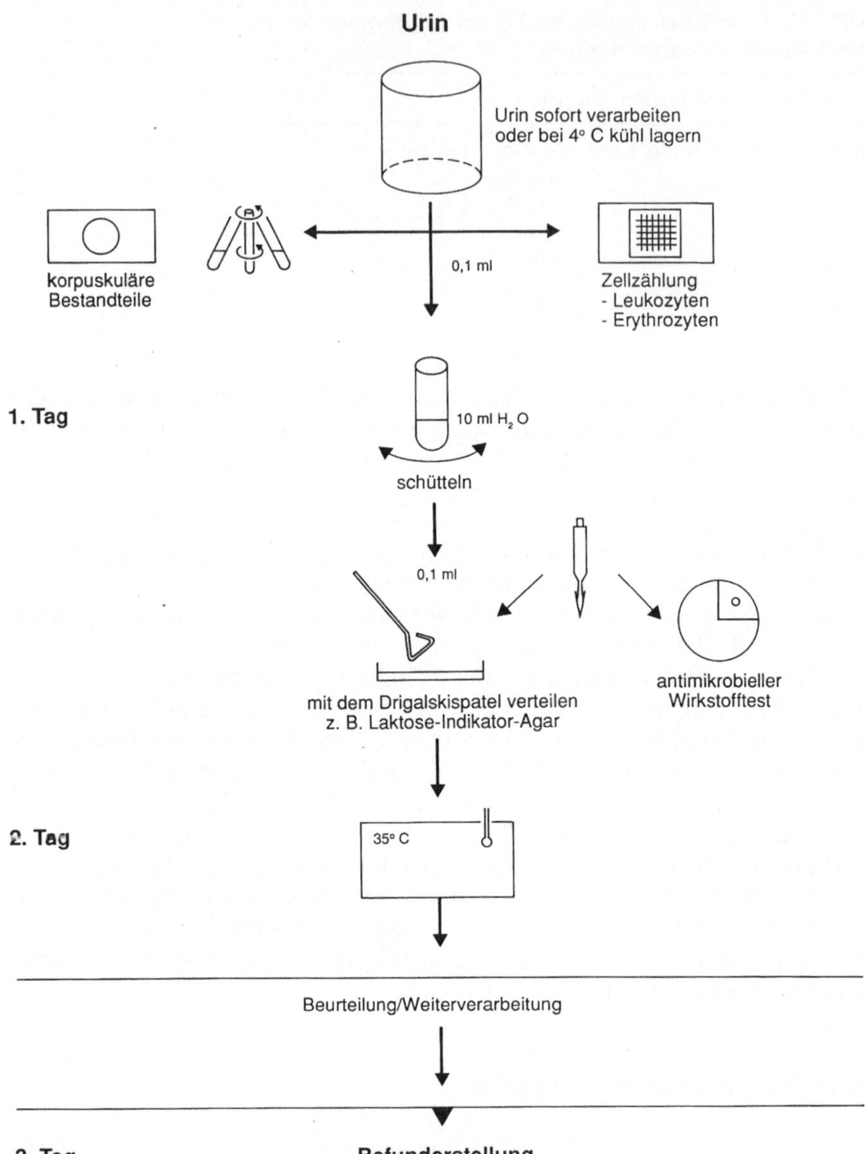

Abb. 3.13 a. Kulturelles Vorgehen bei Urin (Plattengußverfahren)

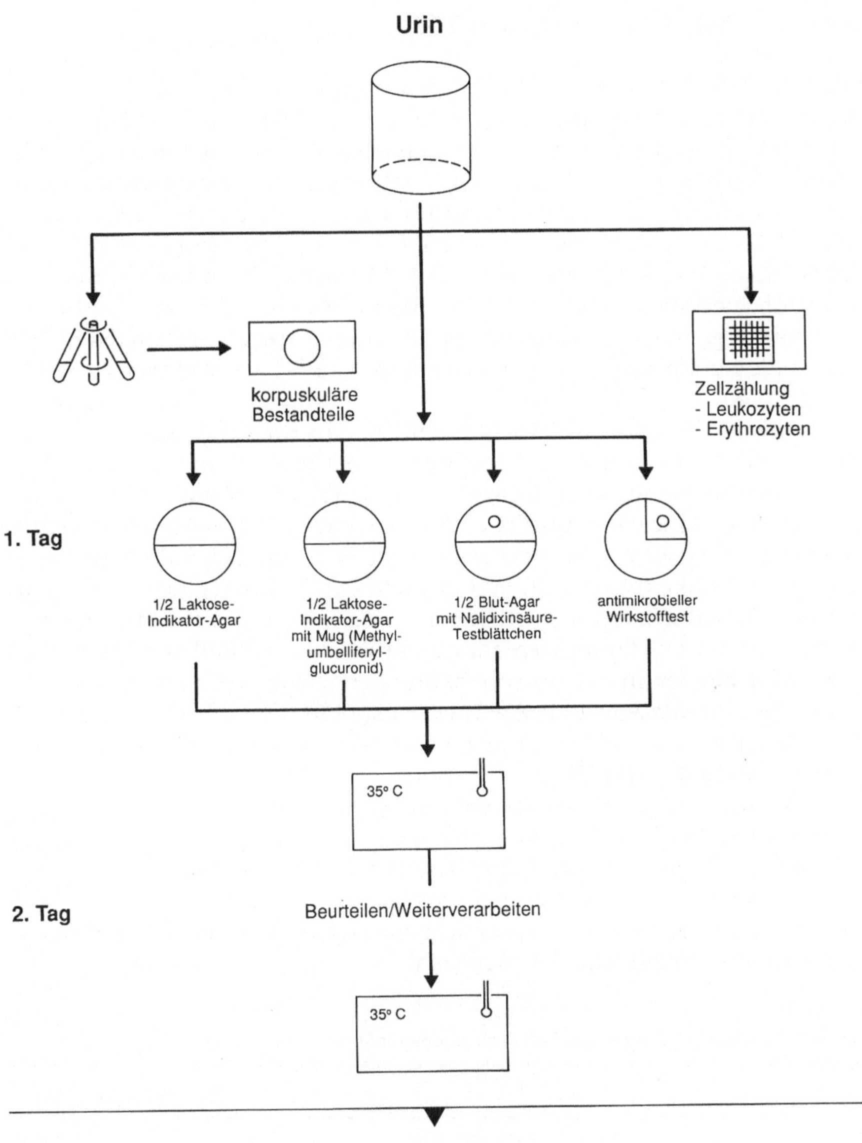

Abb. 3.13 b. Kulturelles Vorgehen bei Urin (kalibrierte Impföse)

Diagnostik (Abb. 3.13, 314, Tabelle 3.68)

In der Urinbakteriologie hat sich zur semiquantiativen Beurteilung korpuskulärer Bestandteile des Urins, z. B. Bakterien, Erythrozyten oder Leukozyten, die Untersuchung des Sedimentes durchgesetzt. Wie Stamm [58–60] ausführt, wird eine genaue Quantifizierung der Erythrozyten usw. nur aus historischen Gründen nicht durchgeführt; diagnostisch allerdings geben die Quantifizierung mittels Zellzählkammer, „Coulter Counter" oder Bioluminszenz wertvolle klinische Informationen. Wegweisend kann das Grampräparat bei einer Campylobacterinfektion sein [18]. Bei negativem Grampräparat und negativem Kulturergebnis sollte noch das Methylenblaupräparat mit in die Diagnostik einbezogen werden, um ggf. einen Hinweis auf Mykobakterien zu erhalten (Tabelle 3.68).

Aus dem Keimspektrum wird ersichtlich, daß zur Erfassung der überwiegenden Anzahl von Harnwegsinfektionen daher eine gramnegative Platte sowie ein Optimalmedium, vorzugsweise Blut-Agar, jedoch auch „Cystin-Lactose-Electrolyte-Deficient"-Agar (C.L.E.D.), ausreicht [21]. Als gramnegativer Selektiv-Agar eignet sich hier wegen des großen *Escherichia coli*-Anteils insbesondere McConkey-Agar ggf. mit 4-Methylumbelliferylglucuronid. Durch Spaltung des Glucuronids entsteht für *Escherichia coli* mit hoher Spezifität und Sensitivität ein fluoreszierendes Spaltprodukt, so daß spezifisch *Escherichia coli*-Kolonien innerhalb von 20 Stunden nachgewiesen werden können.

Für den Einsatz von Blut-Agarplatten spricht die Vielzahl an anspruchsvollen Keimen oder auch an „dwarf"(Zwerg-)Mutanten, z. B. von *Escherichia coli* (Häufigkeit 1–3%) [66].

Es ist nicht erforderlich, wie vorgeschlagen wurde, z. B. Selektiv-Medien zur erleichternden Isolierung von *Staphylococcus saprophyticus* zu verwenden [22], allerdings sollte zur Erfassung des erheblichen Anteils an Mykoplasmen und *Ureaplasma* ein Mykoplasmen-Selektiv-Agar mitgeführt werden. Angestrebt werden sollte bei der Mykoplasmenanzucht auch eine zumindest semiquantitative Einschätzung der Keimzahl.

Tabelle 3.68. Anlegeschema zur kulturellen Diagnostik

	1	2	3	4	5	6	7	8	9	10	11	12	13
Urin	+		(+)	+	+		+	+		+	?	+	
Punktionsurin	+		(+)	+	+	+	+	+	+	+	+	+	
Eintauchnährboden			(+)		+							+	
Urin bei rezidivierenden kultur-negativen Infektionen	+	+	+	+	+	+	+		+	+	+	+	+

1 Grampräparat, *2* Methylenblaupräparat, *3* Herpes-Virus-Immunfluoreszenz, *4* Laktose-Indikator-Agar, z. B. McConkey-Agar, *5* Blut-Agar, *6* Anaerobier-Selektiv-Agar, *7* Mykoplasmen-Selektiv-Agar, anaerobe Inkubation, *8* Optimal-Differential-Agar für Plattengußverfahren, z. B. Chinablau-Laktose-Agar, *9* Sproßpilz-Selektiv Agar, z. B. Sabouraud-Agar, *10 Gardnerella*-Selektiv-Agar, *11* Anreicherung, *12* Nachweis antimikrobieller Wirkstoffe, *13* Tbc-Medien

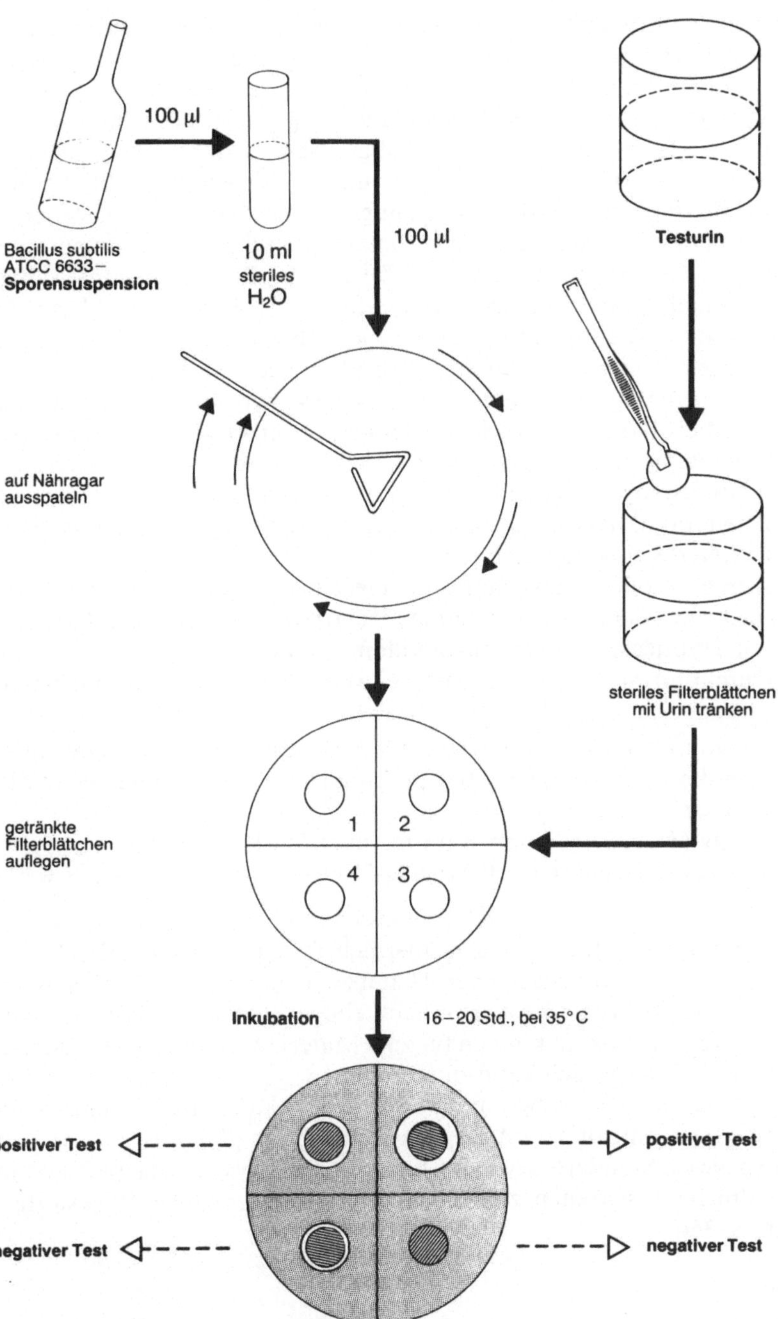

Abb. 3.14. Nachweis antimikrobieller Wirkstoffe

Zur Keimzahlbestimmung hat sich im allgemeinen die Verwendung kalibrierter Impfösen (Einmalimpfösen oder auch Platinimpfösen) durchgesetzt. Dieses Verfahren ist als semiquantitativ zu verstehen. Die Übereinstimmung zu Standardmethoden liegt bei 50% und mehr [5]. Zu berücksichtigen ist, daß eine 1 µl fassende Impföse eine Ausschlußgrenze von 1000 KBE/ml hat; d.h. Keimzahlen darunter werden nicht oder nur im Einzelfall erfaßt. Bei einer 10 µl fassende Impföse liegt die Ausschlußgrenze bei 100 KBE/ml. Wesentlich genauere Keimzahlen werden mittels Plattengußverfahren des entsprechend verdünnten Urins ermittelt, jedoch dürfte für die Routinediagnostik dieser Unterschied nicht gravierend sein (Abb. 3.13 und 3.14). Ein ungeklärtes Problem ist allerdings die sog. „plating efficiency". Nicht aus jeder lebensfähigen Bakterienzelle entsteht beim Ausstreichen/Plattieren eine Kolonie.

Die routinemäßige Flüssiganreicherung wird sowohl von der American Society for Microbiology als auch von der Deutschen Gesellschaft für Hygiene und Mikrobiologie als nicht akzeptable Technik angesehen, da es aufgrund der Kontaminationsmöglichkeiten bei der Materialgewinnung zu Fehlbeurteilungen kommen kann; allerdings sind Flüssiganreicherungen bei der Isolierung vorgeschädigter Keime hilfreich [69].

In jedem Fall sollten Flüssiganreicherungen bei invasiv gewonnenen Proben mit eingesetzt werden, um auch geringe Keimzahlen zu erfassen. Als Medien eignet sich Trypticase-Sojapepton-Bouillon o.a. an.

Zur Durchführung des Hemmstoffnachweises bieten sich 2 Vorgangsweisen an:

1. Sporen von *Bacillus subtilis* ATCC 6633 werden in 50 °C warmen Agar zu einer Endkonzentration von 10^4 Sporen/ml suspendiert und in einer Platte ausgegossen.
2. Alternativ (Abb. 3.15) können 0,1 ml einer Verdünnung von 10^5 Sporen/ml auf einer Agarplatte (z.B. Mueller-Hinton-Agar) ausgespatelt werden.

Sterile Filterscheiben mit einem Durchmesser von 6 mm werden mit der Urinprobe getränkt und aufgelegt. Nach einer Bebrütung von 16 Stunden bei 35 °C wird der Test auf Vorliegen einer Hemmzone überprüft. Hierbei ist jede Hemmzone als positiv zu bewerten; auch einige Zytostatika können antimikrobiell wirken. Insgesamt können bis zu 9 Materialien auf einer Platte mitgeführt werden. Gelegentlich kann durch *Proteus* spp. die Ablesung erschwert werden. Hemmung des Schwärmens von *Proteus* kann ein Tropfen Pril oder Nitrophenylpropantriol dem Agar zugesetzt werden [73].

Neben diesen Standardmethoden liegen in der Zwischenzeit auch kommerziell erhältliche Teststreifen zum Nachweis antimikrobieller Wirkstoffe vor (Anhang S. 356).

Literatur

1. Medizinische Mikrobiologie (1984) Schnellwachsende aerob anzüchtbare Bakterien; bakteriologische Urinuntersuchung. DIN-Norm 58958 Teil 1. Beuth, Berlin
2. Abercrombie GF, Allen J, Maskell R (1978) Corynebacterium vaginale urinary tract infection in a man. Lancet I:766

3. Abraham SN, Babu JP, Giampapa CS, Hasty DL, Simpson WA, Beachy EH (1985) Protection against Escherichia coli-induced urinary tract infections with hybridoma antibodies directed against type 1 fimbriae or complementary d-mannose receptors. Infect Immun 48:625–628
4. Aguado JM, Ponte C, Soriano F (1987) Bacteriuria by a multiresistant Corynebacterium species (Corynebacterium group D2). An unnoticed cause of urinary tract infection. J Infect Dis 156:144–150
5. Albers AC, Fletcher RD (1983) Accuracy of calibrates-loop transfer. J Clin Microbiol 18:40–42
6. Andreu-Domingo A, Ojeda-Pérez F, Coira-Nieto A (1987) Urinary tract infection by Salmonella enteritidis. J Urol 138:1260
7. Barry AL, Smith PB, Turck M (1975) Laboratory diagnosis of urinary tract infections. Cumitech 2. American Society for Microbiology, Washington
8. Beachy EH (1981) Bacterial adherence: adhesin-receptor interactions mediating the attachment of bacteria to mucosal surfaces. J Infect Dis 143:325–344
9. Bollgren I, Engström EV, Hammarlind M, Källenius G, Ringertz H, Svenson SB (1984) Low urinary counts of P-fimbrinated Escherichia coli in presumed acute pyelonephritis. Arch Dis Child 59:102–106
10. Boscia JA, Kobasa WD, Knight RA, Abrutyn E, Levison ME, Kaye D (1986) Epidemiology of bacteriuria in an elderly ambulatory population. Am J Med 80:208–214
11. Burkhardt F, Bolze HJ, Ullmann U (1980) Die bakteriologische Diagnose der Harnwegsinfektion. In: Burkhardt F (Hrsg) Verfahrensrichtlinien für die mikrobiologische Diagnostik. Deutsche Gesellschaft für Hygiene und Mikrobiologie. Fischer, Stuttgart
12. Burns MW, Burns JL, Krieger JN (1987) Pediatric urinary tract infection. Diagnosis, classification, and significance. Pediatr Clin North Am 34:1111–1119
13. Canadian Multicentre Neurogenic Bladder Infection Study Group (1988) Multicentre trial of norfloxacin treatment of urinary tract infections in patients with neurogenic bladders. 2nd International Symposium on New Quinolones, Geneva
14. Collins LE, Clarke RW, Maskell R (1986) Streptococci as urinary pathogens. Lancet II:479–481
15. Cruickshank JG, Gawler AHL, Hart RJC (1980) Cost of unnecessary tests: nonsense urines. Br Med J 280:1355–1356
16. De Hertogh DA, Brettman LR (1988) Hemorrhagic cystitis due to Herpes simplex virus as a marker of disseminated Herpes infection. Am J Med 84:632–635
17. Dickgießer U, Weiss N, Fribere D (1984) Lactobacillus gasseri as the cause of septic urinary infection. Infection 12:14
18. Feder HM, Rasoulpour M, Rodriquez AJ (1986) Campylobacter urinary tract infection. Value of the urine gram's stain. Am Med Assoc 256:2389
19. Fowler JE (1985) Staphylococcus saprophyticus as the cause of infected urinary calculus. Ann Int Med 102:342–343
20. Freedman LR (1983) Urinary-tract infections in the elderly. N Engl J Med 309:1451–1452
21. Fung JC, Lucia G, Clark E, Berman M, Goldstein J, D'Amato RF (1982) Primary culture media for routine urine. J Clin Microbiol 16:632–636
22. Fung JC, McKinley G, Tyburski MB, Berman M, Goldstein J (1984) Growth of coagulase-negative staphylococci on colistin-nalidixic acid agar and susceptibility to polymyxins. J Clin Microbiol 19:714–716
23. Furr PM, Taylor-Robinson D (1987) Prevalence and significance of Mycoplasma hominis and Ureaplasma urealyticum in the urines of a non-venereal disease population. Epid Inform 98:353–359
24. Gander RM, Thomas VL, Forland M (1985) Mannose-resistant hemagglutination and P receptor recognition of uropathogenic Escherichia coli isolated from adult patients. J Infect Dis 151:508–513
25. Großgebauer K (1982) Unspezifische Harnwegsinfektionen. In: Großgebauer K (Hrsg) Mikrobiologische Aspekte. Acron, Berlin München Pennington

26. Hacker J, Goebel W (1982) Mechanism and methods for analysing pathogenicity. Swiss Biotechnology 5:21–31
27. Hoffmann S, Mabeck CE, Vejlsgaard R (1982) Bacteriuria caused by Acinetobacter calcoaceticus biovars in a normal population and in general practice. J Clin Microbiol 16:427–431
28. Igra-Siegman Y, Chmel H, Cobbs C (1980) Clinical and laboratory characteristics of Achromobacter xycloseoxidans infection. J Clin Microbiol 11:141–145
29. Isenberg HD, Vellozzi EM (1988) Nosocomial urinary tract infection with a slowly growing, fastidious Escherichia coli. J Clin Microbiol 26:364–365
30. Jacobson SH, Lins EL, Svenson SB, Källeniùs G (1985) P-fimbriated Escherichia coli in adults with acute pyelonephritis. J Infect Dis 152:426–427
31. Källenius G, Jacobson SH, Tullus K, Svenson SB (1985) P-fimbriae studies on the diagnosis and prevention of acute pyelonephritis. Infection 13:159–161
32. Kass EH (1957) Bacteriuria and the diagnosis of infections of the urinary tract, with observations on the use of methionine as an urinary antiseptic. Arch Int Med 100:709–714
33. Knothe H, Sietzen W (1976) Bakteriologische Untersuchungen bei ambulanten Patienten mit akuten Harnwegsinfektionen unter besonderer Berücksichtigung des Resistenzspektrums. Infection 4:3–7
34. Kunin CM (1979) Detection, prevention and management of urinary tract infections, 3rd ed, vol 122. Lea & Febiger, Philadelphia, pp 246–248
35. Lachenicht P, Potel J (1976) Nachweismethoden für Hefen im Urin und ihre klinische Bedeutung. Münch Med Wochenschr 118:43–44
36. Latham RH, Running K, Stamm WE (1983) Urinary tract infections in young adult women caused by Staphylococcus saprophyticus. J Am Med Ass 250:3063–3066
37. Latham RH, Wong ES, Larson A, Coyle M, Stamm WE (1985) Laboratory diagnosis of urinary tract infection in ambulatory women. J Am Med Ass 254:3333–3336
38. Leibovici L, Alpert G, Laor A, Kalter-Leibovici O, Danon YL (1987) Urinary tract infections and sexual activity in young women. Arch Int Med 147:345–347
39. Leighton PM, Little JA (1986) Identification of coagulase-negative staphylococci isolated from urinary tract infections. Am J Clin Pathol 85:92–95
40. Loulergue J, Laudat P, Huten N, Raoult A, Boutault L (1984) Upper urinary tract infection with Gardnerella vaginalis in a woman. Eur J Clin Microbiol 3:270
41. Maherziv M, Guignard JP, Torrado A (1978) Urinary tract infections in high risk newborn infants. Pediatrics 62:521–523
42. McDowall DR, Buchanan JD, Fairley KF, Gilbert GL (1981) Anaerobic and other fastidious microorganisms in asymptomatic bacteriuria in pregnant women. J Infect Dis 144:114–122
43. McGrady GA, Daling JR, Peterson DR (1985) Maternal urinary tract infection and adverse fetal outcomes. Am J Epidemiol 121:377–381
44. Mitchell RG, Oxon BM (1965) Urinary tract infections caused by Salmonellae. Lancet I:1092
45. Möllby R, Källenius G, Korhonen TK, Winberg J, Svenson SB (1983) P-fimbriae of pyelonephritogenic Escherichia coli: detection in clinical material by a rapid receptor-specific agglutination test. Infection 11:68–71
46. Murphy BF, Fairley KF, Birch DF, Marshall AD, Durman OB (1984) Culture of mid-catheter urine collected via an open-ended catheter: a reliable guide to bladder bacteriuria. J Urol 131:19–21
47. Nguyen VQ, Penn RL (1988) Pneumococcosuria in adults. J Clin Microbiol 26:1085–1087
48. Peerbooms PGH, Verweij AMJJ, MacLaren DM (1984) Uropathogenic properties of Proteus mirabilis and Proteus vulgaris. J Med Microbiol 19:55–60
49. Ratner JJ, Thomas VL, Forland M (1986) Relationships between human blood groups, bacterial pathogens, and urinary tract infections. Am J Med Sci 29:87–91
50. Schmitt HJ (1983) Urindiagnostik mit Eintauchnährböden. Münch Med Wochenschr 125:1180–1181

51. Seidenfeld SM, Luby JP (1983) Urosepsis. Extracta Urologica 6:403–418
52. Sewell CM, Clarridge JE, Young EJ, Guthrie RK (1982) Clinical significance of coagulase-negative staphylococci. J Clin Microbiol 16:236–239
53. Sobel JD, Kaye D (1985) Reduced uromucoid excretion in the elderly. J Infect Dis 152:653
54. Sobel JD, Kaye DF (1984) Host factors in the pathogenesis of urinary tract infections. Am J Med 77:122–130
55. Sobel JD, Kaye D (1985) Urinary tract infections. In: Mandell GL, Douglas RG, Bennett JE (eds) Principles and practice of infectious diseases, 2nd ed. John Wiley & Sons, New York, pp 426–452
56. Soriano F (1987) Emergence of urea-splitting multi-resistant coryneform bacteria (Corynebacterium group D2) as pathogens. Eur J Clin Microbiol 6:601–602
57. Soriano F, Ponte C, Santamaria M, Aguado JM, Wilhelmi I, Vela R, Cifuentes L (1985) Corynebacterium group D2 as a cause of alkaline-encrusted cystitis: report of four cases and characterization of the organisms. J Clin Microbiol 21:788–792
58. Stamm WE (1983) Measurement of pyuria and its relation to bacteriuria. Am J Med 75:53–38
59. Stamm WE (1984) Quantitative urine cultures revisited. Eur J Clin Microbiol 3:279–281
60. Stamm WE (1984) Prevention of urinary tract infections. Am J Med 77:148–154
61. Stamm WE, Counts GW, Running K, Fihn S, Turck M, Holmes HK (1982) Diagnosis of coliform infection in acutely dysuric women. N Engl J Med 307:463–468
62. Stark RP, Maki DG (1984) Bacteriuria in the catheterized patient. N Engl J Med 311:560–564
63. Stille W, Schilling A (1984) Infektionen des Harntrakts. Zuckschwerdt, München Bern Wien
64. Svenson SB, Hultberg H, Källenius G, Korhonen TK, Möllby R, Winberg J (1983) P-fimbriae of pyelonephritogenic Escherichia coli: identification and chemical characterization of receptors. Infection 11:73–79
65. Tselenis-Kotsowillis AD, Koliomichalis P, Papavassiliou JT (1982) Acute pyelonephritis caused by Staphylococcus xylosus. J Clin Microbiol 16:593–594
66. Urbanczik R (1981) Dwarf-colony variants of Escherichia coli from urine cultures: a possible disadvantage of the dip-slide technique. Eur J Clin Microbiol 1:194–195
67. Van Bosterhaut B, Gigi J, Wauters G (1983) Isolement, identification et signification clinique de corynébactéries polyrésistentes. Med Malad Infect 13:515–519
68. Walmark G, Anemark I, Telander B (1978) Staphylococcus saprophyticus: a frequent cause of urinary tract infections among female outpatients. J Infect Dis 138:791–797
69. Werk R (Hrsg) (1984) Bakteriologie der Harnwegsinfektionen. MSD, Sharp & Dohme GmbH, München, in Zusammenarbeit mit dem Babende-Institut für medizinisch-mikrobiologische Forschung, Würzburg
70. Werk R (1986) Neue Gesichtspunkte bei der bakteriologischen Diagnostik von Harnwegserkrankungen. In: Winz HR (Hrsg) Jahrbuch der Urologie. Biermann, Regensburg, Münster
71. Werner H (1979) Harnwegsinfektionen durch Anaerobier. Schwerpunkt Medizin 1
72. Zambon JV, Vollaard EJ, Clasener HAL (1988) Prevention and treatment of catheter-associated urinary tract infections in high risk patients by selective decontamination and systemic antibiotic prophylaxis. 2nd International Symposium on New Quinolones, Geneva
73. Döll W (1956) Hemmung des Schwärmens von Proteus-Bakterien durch oberflächenaktive Substanzen (Pril und Rei). Zentralbl Bakteriol I Abt Orig 166:43–47

Infektionen des Urogenitaltraktes wie Urethritis, Vaginitis, Endometritis, Adnexitis (auch Prostatitis)

Material: Abstrich aus dem Genitalbereich,
laparoskopisch gewonnenes Material

Unter den Begriff der Infektionen des Urogenitaltraktes fällt eine Vielzahl von Krankheitsentitäten wie die Urethritis, die Vaginitis in der Präpubertät, die Dysbakteriose der geschlechtsreifen Frau, die Kolpititis, die Zervizitis, die Endometritis, die Adnexitis, die Prostatitis und die Epididymitis sowie sexuell übertragbare Krankheiten. Da bei geschlechtsreifen Patienten die überwiegende Anzahl der Erkrankungen durch sexuelle Übertragung entsteht, haben die Krankheitsbilder im wesentlichen das gleiche Keimspektrum. In einem hohen Prozentsatz gehen die „lokalen Infektionen“ wie Urethritis oder Vaginitis in eine Infektion der Adnexe, z. B. Epididymitis, oder bei Frauen in die Endometritis, Salpingitis oder Adnexitis über. So entwickelt sich bei 15 bis 30% der Frauen mit einer Gonokokkenurethritis eine Salpingitis [3]. Aus diesen Gründen sollen hier nur repräsentativ sexuell übertragbare Krankheiten besprochen werden, daneben die Diagnostik der Vaginitis bei Kindern und die der Candidamykosen des Genitaltraktes.

Seit langem ist die Beteiligung von *Neisseria gonorrhoeae* und *Treponema pallidum* an sexuell übertragbaren Erkrankungen bekannt. Gegenläufig zur Abnahme der klassischen ist eine deutliche Zunahme von Geschlechtskrankheiten, die durch andere Infektionserreger, z. B. *Chlamydia trachomatis*, hervorgerufen werden, zu beobachten. In diese Reihe von Erkrankungen gehört die nicht-gonorrhoische Urethritis. In Abhängigkeit vom Kollektiv und geographischer Verteilung macht die nicht-gonorrhoische Urethritis z. B. in Asien 28–72% der Urethritiden aus (Tabelle 3.69) [17].

Bei sexuell übertragbaren Erkrankungen besteht die Gefahr eines vorzeitigen Blasensprunges [15] bzw. der Übertragung von Infektionserregern praepartum bzw. subpartum auf Fetus bzw. Kind. Bekannt sind hier insbesondere die Einschlußkonjunktivitis, die 8 Tage postpartum auftritt, sowie die 2–4 Wochen später einsetzende Pneumonie durch Chlamydien (Tabelle 3.70). Das Übertragungsrisiko ist mit ca. 40% [9] recht hoch; durch die Chlamydieninfektion scheint auch die Gefahr einer Frühgeburt erhöht zu sein. Da die Chlamy-

Tabelle 3.69. Verteilung (%) der nicht-gonorrhoischen Urethritis in Asien (nach [17])

	Gonokokkennachweis Urethritis	Nicht-gonorrhoische Urethritis
Korea	27,2	72,8
Japan	40,8	59,2
Hongkong	64,5	35,2
Indonesien	28,8	71,2
Thailand	71,4	28,6

Tabelle 3.70. Klinische Manifestationsformen sexuell übertragbarer Neugeboreneninfektionen (nach [32])

	Gardnerella vaginalis	*Neisseria gonorrhoeae*	*Chlamydia trachomatis*
Ophthalmia neonatorum (Konjunktivitis)	–	+++	+++
Respiratorische Störungen (Pneumonie)	–	–	++
Septische Arthritis	–	+	–
Infektion von Haut und subkutanem Gewebe (Abszeß, Zellulitis)	+	(+)	–
Neonatale Sepsis	(+)	+	–

dieninfektion schleichend verläuft, ist das gesundheitliche Risiko recht erheblich. Aus diesem Grund wird in mehreren Ländern, z. B. USA und Österreich, eine Sichtungsuntersuchung Schwangerer aus Risikogruppen (häufig wechselnder Partner, Prostituierte, Rauschgiftabhängige) angestrebt. Für *Gardnerella* und *Ureaplasma* konnte ebenfalls die infektiologische Bedeutung für das Ungeborene bzw. für das Neugeborene erhärtet werden.

Die Ureaplasmen sind nicht nur wegen ihrer Häufigkeit [39] bei diesen Krankheitsbildern wichtig, sondern auch weil sie z. T. erheblich therapierefraktär sind. Ureaplasmainfektionen können Ursache für Infertilität und Beeinträchtigung des Schwangerschaftsablaufes sein. Signifikant häufig kommt es bei Ureaplasmainfektionen zu Aborten [25] und Geburt von untergewichtigen Kindern [6]. Die Verknüpfung bestimmter Serotypen mit diesen Geschehen ist nicht sicher [26].

Pathogenese

Im allgemeinen werden durch direkten Kontakt beim Geschlechtsverkehr pathogene Keime übertragen. In Abhängigkeit von der Virulenz des jeweiligen Krankheitserregers kommt es zur Ausbildung einer Infektion beim Partner (Tabelle 3.71). Während *Neisseria gonorrhoeae* in 69% übertragen wird, ist die Übertragungsrate bei nicht typischen sexuell übertragbaren Krankheitserregern wie *Staphylococcus aureus, Escherichia coli* oder *Herpes simplex*-Virus II nur in hohen Keimzahlen und dann auch nur in geringerem Prozentsatz (1,1–13%) gegeben. In signifikanter Häufigkeit sind die meisten sexuell übertragbaren Infektionen Mischinfektionen (Tabelle 3.72), die möglicherweise synergistisch agieren.

In der Vagina der gesunden Frau wird durch Laktobazillen, der Döderleinschen Flora, eine Kolonisationsresistenz für pathogene Keime bewirkt. Durch Herabsetzung des pH-Wertes auf 4,5 und darunter ist die Lebensfähigkeit anderer Keime deutlich eingeschränkt. Dieser Schutzmechanismus kann u. a.

Tabelle 3.71. Prozentuale Übertragung von Erregern sexuell bzw. gelegentlich sexuell übertragbarer Krankheiten (nach [1])

Neisseria gonorrhoeae	69
Ureaplasma urealyticum	69
Chlamydia trachomatis	67
Mycoplasma hominis/fermentans	56
B-Streptokokken	46
Gardnerella vaginalis	30
Staphylococcus aureus	13
Enterococcus faecalis	12
Candida spp.	8
Escherichia coli	9
Herpes simplex II Virus	1.1

Tabelle 3.72. Prozentuale Beteiligung anderer Infektionserreger an Infektion mit:

Neisseria gonorrhoeae	50–60
Chlamydia trachomatis	45
Ureaplasma urealyticum	60
Mycoplasma hominis	80–90
B-Streptokokken	60–70
Gardnerella vaginalis	80

durch Einbringen von Tensiden in Intimwaschmittel usw. gestört werden, so daß es zu einer „Dysbakteriose" im Sinne einer Vaginose kommen kann. Für das klinische Bild der bakteriellen Vaginose sind die Symptome wie in Tabelle 3.73 typisch (Sensitivität >90%) [14].

Weiterhin können sich eine Vaginitis und aufsteigend eine Zervizitis, eine Endometritis und eine Adnexitis entwickeln. Pathogene Keime sind über verschiedene Mechanismen in der Lage, sich an das Urogenitalepithel zu binden. So konnte bei *Neisseria gonorrhoeae* die Adhäsion über Pili nachgewiesen werden [3], z. B. bei B-Streptokokken und *Candida* die Fibronectin- und/oder Lektin-medierte Adhäsion [42]. Verschiedene Erkrankungen wie Diabetes mellitus führen zu einer Vermehrung solcher Rezeptoren auf den Epithelien, so daß *Candida* besser an solchen Epithelien haften kann.

Ähnlich wie bei der Frau ist für die Pathogenese der Urethritis beim Mann die Kolonisationsresistenz des vorderen Abschnittes der Harnröhre für pathogene Keime wichtig. Eine gemischt aerob/anaerobe Flora apathogener Keime ist in diesem Bereich hierfür verantwortlich.

Tabelle 3.73. Typische Symptome der bakteriellen Vaginose (nach [14])

pH der Vagina	<4.7
Amintest	++
Schlüsselzellen	++

Tabelle 3.74. Standortflora des äußeren Genitales (nach [30])

Bacteroides spp.	*Mycobacterium* spp.
Candida spp.	*Mycoplasma* spp.
Clostridium spp.	Peptokokken
Corynebacterium spp.	Peptostreptokokken
Fusobacterium spp.	Streptokokken

Vulvovaginitis

Die Vulvovaginitis ist ein sehr häufiges Krankheitsbild geschlechtsreifer Patientinnen und Frauen in der Postmenopause. Besonders gefährdet sind Schwangere, deren Schleimhäute bis zu 25–40% mit dem Leitkeim der Vulvovaginitis, *Candida,* asymptomatisch besiedelt sind, Frauen, die Antikonzeptiva einnehmen oder solche, die unter einer Antibiotikatherapie stehen.

Tabelle 3.75. Standortflora der Vagina (nach [30])

Acinetobacter calcoaceticus	*Mycobacterium* spp.
Bacteroides spp.	*Mycoplasma* spp.
Bifidobacterium spp.	*Neisseria* spp.
Candida spp.	Peptostreptokokken
Clostridium spp.	Peptokokken
Corynebacterium spp.	*Proteus* spp.
Escherichia coli	*Staphylococcus epidermidis*
Lactobacillus spp.	Streptokokken
Moraxella spp.	

Ebenso betroffen sind Mädchen ab der 3. Lebenswoche bis zum Eintritt der Pubertät, da aufgrund fast fehlender Östrogenstimulation das Vaginalepithel recht dünn ist und wenige Laktobazillen vorhanden sind. Daraus resultiert ein relativ alkalischer pH-Wert und eine geringe Infektabwehr. *Candida,* für die der Darmtrakt häufig ein Reservoir darstellt, bindet an das Vaginalepithel und wird durch Östrogen und Progesteron zur Ausbildung invasiver Keimschläuche angeregt [37]. Schon ein Inokulum von 10^2 Keimen kann eine Infektion induzieren. Da geringe Keimzahlen ausreichen, kann es bei Vorliegen eines intestinalen Reservoirs immer wieder zu rekurrierenden Infektionen durch *Candida* kommen.

In einer ausführlichen Übersicht von Sobel [37] werden weitere Gesichtspunkte dieses Krankheitsbildes wie der Einfluß des Sexualverhaltens, der Intimwäsche, der Bekleidung usw. besprochen. Meist weisen die klinischen Aspekte bereits die Diagnose. Für die Candidamykose ist der krümelige, weißliche Ausfluß sowie ein meist starker Juckreiz typisch.

Die Charakteristika der *Gardnerella*-Vulvovaginitis (die Häufigkeit liegt bei 40–60%) wurden bereits auf S. 152 besprochen. Ca. 10% der Vulvovaginitiden werden durch *Trichomonas vaginalis* bewirkt. Bei dieser Infektion ist der Ausfluß meist schaumig; gleichzeitig tritt z. T. ein Juckreiz auf [38].

Persistierende oder rekurrierende Urethritis beim Mann

Ca. 50% der nicht-gonorrhoischen Urethritis klingen trotz Antibiotikatherapie nicht ab oder treten nach einem beschwerdefreien Intervall wieder auf [2, 13]. Typische Symptome sind Ausfluß, Dysurie, Hodenschmerzen u. a. (Ta-

Tabelle 3.76. Symptomatik (in %) der persistierenden oder rezidivierenden Urethritis (nach [45])

Ausfluß	87
Dysurie	62
Tröpfeln	25
Pollakisurie	17
Hodenschmerzen	13
Harnverhalten	11
Harndruck	11
Tiefe Rückenschmerzen	9
Suprapubische Schmerzen	8
Schmerzen bei der Ejakulation	6
Perineale Schmerzen	4
Rektale Schmerzen	4

belle 3.76). Ähnliche Symptome charakterisieren die Prostatitis mit ihren Verlaufsformen der chronischen Prostatitis und der Prostatadynie [21]. Bei einer erneuten Untersuchung lassen sich bei einem Teil dieser Patienten (32% nach [45]) erneut pathogene Keime wie z. B. *Chlamydia trachomatis* oder *Ureaplasma urealyticum* isolieren (Tabelle 3.77).

Die Ursachen für ein Versagen der Antibiotikatherapie und Weiterbestehen der Beschwerden sind vielfältig. Die Urethritis kann durch Reinfektion bedingt sein; das Infektionsgeschehen kann durch einen Infektionsherd in der Prostata unterhalten werden; auch kann die Urethritis nicht-infektiös bedingt sein (Tabelle 3.78).

Tabelle 3.77. Keimspektrum der rekurrierenden oder persistierenden Urethritis (nach [45])

Anzahl der Patienten ohne signifikanten pathogenen Keim	36
Anzahl der Patienten mit positivem Nachweis	17
davon	
Chlamydia trachomatis	2
Ureaplasma urealyticum	10
Trichomonas vaginalis	3
Staphylococcus saprophyticus	2

Tabelle 3.78. Gründe für eine persistierende oder rekurrierende Urethritis beim Mann (nach [45])

Reinfektion durch neuen oder nicht behandelten Geschlechtspartner
Infektion durch Antibiotika-resistente Chlamydien- und *Ureaplasma*-Stämme
Infektion durch *Trichomonas vaginalis*
Infektionsherd in der Prostata
Allergische Ursachen
Schlechte „Patienten Compliance“
Schlechte Absorption der eingesetzten Therapeutika

Keimspektren

Obwohl es sich hier klinisch um verschiedene Krankheiten handelt, zeigen die Erregerspektren eine deutliche Übereinstimmung (Tabellen 3.74, 3.75, 3.79–3.86). Leitkeime der Infektionen sind Mykoplasmen, Ureaplasmen, B-Streptokokken, Chlamydien sowie *Gardnerella vaginalis*. Neben *Mycoplasma hominis* und *fermentans* wird die Beteiligung von *Mycoplasma genitalium* bei Urogenitalinfektionen kontrovers diskutiert. In einer großen Studie mit 513 Materialien konnten Samra et al. [36] keinen *Mycoplasma genitalium*-Stamm isolieren.

Daneben haben aerobe grampositive und gramnegative Bakterien im Einzelfall eine Bedeutung, wie z. B. *Pseudomonas* als Erreger der Vaginitis bei kleinen Mädchen. In nicht unerheblichem Maße können auch *Haemophilus influenzae* und *parainfluenzae* isoliert werden, selten jedoch Pneumokokken oder β-hämolysierende Streptokokken der Serovarietäten A, C, G und F. Seltene Erreger einer Vaginitis bei Kindern [10] und Erwachsenen [7, 33] sind Mangelmutanten (NVS) von *Streptococcus pyogenes* (A-Streptokokken).

Auch bei der Prostatitis können im Prostataexprimat Pneumokokken [8] und F-Streptokokken neben anaeroben Kokken, Enterobakterien und Propionibakterien gefunden werden (Tabelle 3.81) [23].

Eine Besonderheit stellt die Spermauntersuchung bei der Aufbereitung zur In-vitro-Fertilisation dar. Prinzipiell tritt ein ähnliches Spektrum (Tabelle

Tabelle 3.79. Prozentuale Keimverteilung bei Fluor vaginalis

Bakterielle Vaginose	60
Candida spp.	20–30
Trichomonaden	5
Mykoplasmen	<20
Chlamydia trachomatis	10–20
Neisseria gonorrhoeae	<1
Herpes simplex II Virus	1–2
Cytomegalie-Virus	2–4

Tabelle 3.80. Prozentuale Beteiligung von Keimgruppen an der bakteriellen Vaginose

Gardnerella vaginalis		100
Aerobier	Enterobakterien Staphylokokken Streptokokken Pseudomonaden	45
Anaerobier	*Bacteroides* spp. Peptokokken Peptostreptokokken Fusobakterien	100
Mykoplasmen		45

Tabelle 3.81. Prozentuale Keimverteilung der Erreger der Prostatitis

Escherichia coli	10–30
Pseudomonas aeruginosa	1
Staphylococcus aureus	10
Streptococcus faecalis	10–30
Streptokokken Serovar B	10
Candida spp.	3
Mykoplasmen, Ureaplasmen	30–35
Anaerobier	8

Tabelle 3.82. Prozentuale Keimverteilung der Erreger der Zervizitis

Candida spp.	5–10
Gardnerella vaginalis (*Corynebacterium vaginalis*)	30–50
Staphylococcus aureus	<10
B-Streptokokken	10
Anaerobier	20–30
Mykoplasmen	10–20
Neisseria gonorrhoeae	<3
Chlamydien	1–10

Tabelle 3.83. Prozentuale Keimverteilung bei der postpartalen Endometritis (nach [15])

Gardnerella vaginalis	38
B-Streptokokken	12
Streptokokken	12
Bacteroides bivius	11
Bacteroides spp.	14
Peptococcus asaccharolyticus	14
Peptococcus spp.	7
Ureaplasma urealyticum	78
Mycoplasma hominis	24
Chlamydia trachomatis	2

Tabelle 3.84. Prozentuale Keimverteilung bei mikrobiologischen Spermauntersuchungen für In-vitro-Fertilisation

Chlamydia trachomatis	20
Mycoplasma hominis/fermentans	20
Escherichia coli	13
Citrobacter	13
Klebsiella	6,5
Staphylococcus aureus	13
Enterococcus faecalis	6,5
Candida	10

Tabelle 3.85. Häufigkeit (in %) von Mykoplasmen und Ureaplasmen in klinischen Materialien (nach [36])

Material	*Mycoplasma hominis*	*Ureaplasma urealyticum*
Sperma	8	21
Ausfluß	∅	27
Blutkultur	3	0.1
Zervixabstriche	18	41
Amnionflüssigkeit	11	42
Penisabszeß	1	2

Patientenmaterial $N = 513$

Tabelle 3.86. Seltene Erreger einer Urogenitalinfektion

Pneumokokken	Darbas u. Boyer [8]
Hämolysierende Streptokokken der Gruppen A, C, G, F	Moberg u. Nord [23]
NVS-A-Streptokokken	Pulvirenti et al. [33]
Clostridium difficile	Hafiz et al. [12] Thirkell et al. [40]
Actinomyces naeslundii	Onderdonk et al. [28]

3.84) wie bei der Prostatitis auf. So liegt die Isolierungsrate für Chlamydien und Mykoplasmen bei bis zu jeweils 20%. Allerdings wird das Keimspektrum auch durch die Gewinnungsmethode beeinflußt. Neben einem erheblichen Anteil von gramnegativen Stäbchenbakterien finden sich Staphylokokken und Streptokokken. Gelegentlich können auch A-Streptokokken und andere Keime der Mundflora nachgewiesen werden. Ein komplexes Keimspektrum macht die Aminkolpitis oder Vaginose der Frau aus. Hierbei sind Anaerobier wie *Bacteroides urealyticus* und *Mobiluncus* [29] für die Diagnostik von Bedeutung (Tabelle 3.85). Bei längerwierigen Infektionen muß auch an seltenere Infektionserreger wie Mykobakterien und bei Frauen auch an Actinomyzeten gedacht werden (Tabelle 3.86).

Diagnostik (Abb. 3.15, Tabelle 3.87)

Um das polymikrobielle Geschehen sicher zu erfassen, muß somit bei der kulturellen Erfassung sexuell übertragbarer Erkrankungen versucht werden, möglichst alle Infektionserreger anzuzüchten. Allerdings erlaubt die Klinik schon eine deutliche Orientierung bei der Diagnostik. So ist für eine Gonokokkeninfektion der dickflüssige, eitrige Ausfluß typisch; Chlamydien zeichnen sich eher durch ein dünnflüssiges, glasiges Sekret aus. Da die kulturelle Diagnostik der Chlamydieninfektion jedoch ein routiniertes Zellkulturlabor der Risikogruppe III mit erfahrenen Kräften voraussetzt, sei hier nur auf die weiterführende Literatur verwiesen [18].

In der Zwischenzeit sind eine Reihe von nicht-kulturellen Chlamydiendirektnachweisen auf dem Markt; deshalb wird das Routinelabor immer häufiger mit dieser Diagnostik konfrontiert werden. Hier ist weder die Genehmigung nach § 19, Abs. 2 des Bundesseuchengesetzes noch ein Typ III-Labor erforderlich, da es sich um diagnostische Maßnahmen mit abgetöteten Erregern handelt. Zur Verfügung stehen direkte Immunfluoreszenztechniken mit markierten monoklonalen Antikörpern. Die Sensitivität dieses Tests wird mit 88–97,5% angegeben, die Spezifität mit ca. 97% [20]. Von der schleimfreien Cervix bzw. der Urethra werden mit dem Tupfer Zellen abgenommen und auf dem Objektträger ausgerollt. Nach gründlicher Trocknung des Präparates wird das Material fixiert und mit Chlamydia-Antikörper-freiem Humanserum vorinkubiert, um falsch positive Fluoreszenz durch eine Antikörperbildung an das Protein A von Staphylokokken zu verhindern. Falsch positive Reaktionen treten in bis zu 3% der Fälle auf. Anschließend erfolgt die weitere Testdurchführung gemäß Vorschrift. Noch unklar ist die Beurteilung der Quantität von Elementarkörperchen im Präparat. Die untere Ausschlußgrenze wird in Abhängigkeit von den Autorengruppen zwischen 1 und 10 Elementarkörperchen je Präparat gelegt. Präparate mit weniger als 10–20 Zellen sind nicht sicher beurteilbar, da aus Sicherheitsgründen 50 Epithelzellen ausgewertet werden sollten. Aufgrund der Ausschlußgrenze ist der Immunfluoreszenztest nur im Positivnachweis sicher. Infektionen mit geringen Chlamydienzahlen können im Immunfluoreszenztest nicht erfaßt werden. Ähnliche Aussagen, wie sie für

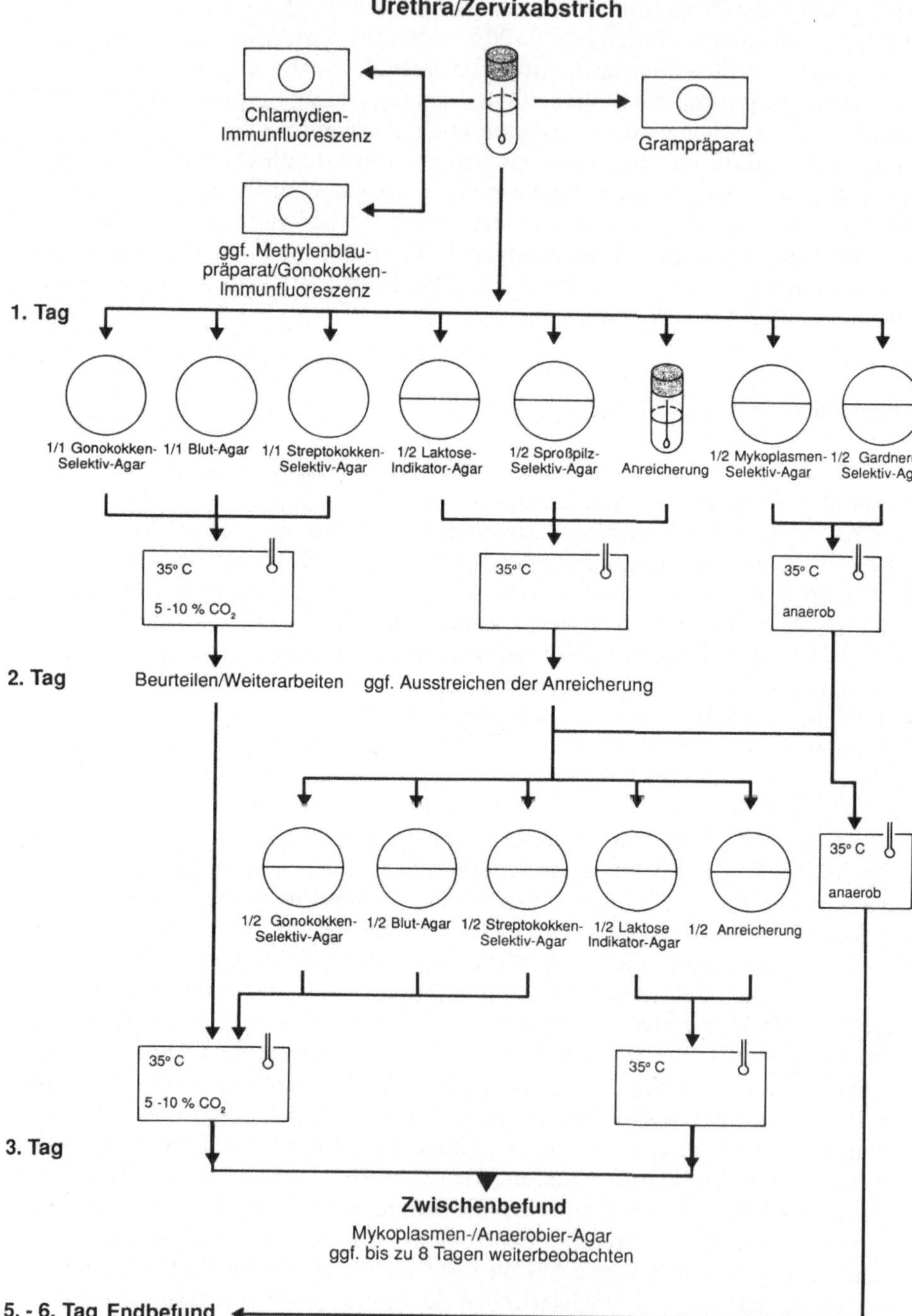

Abb. 3.15. Kulturelles Vorgehen bei Urethra/Zervixabstrich

Tabelle 3.87. Anlegeschema zur kulturellen Diagnostik

	1	2	3	4	5	6	7	8	9	10	11	12	13	14	15	16	17
Vaginitis																	
0–3 Monate (Mädchen)	+	+	∅	+	+	+	+	+	∅	∅	∅	+	+	+	∅	∅	∅
bis 10 Jahre (Mädchen)	+	∅	∅	∅	+	∅	∅	+	∅	∅	∅	+	+	+	∅	∅	∅
jugendliche/erwachsene Frauen	+	+	+	+	+	+	+	+	+	+	+	+	+	+	∅	∅	∅
Schwangere Frauen	+	+	+	+	+	+	+	+	+	+	∅	+	+	+	+	∅	∅
Postmenopause – Vulvovaginitis	+	∅	+	∅	+	∅	∅	+	+	+	+	+	+	+	∅	∅	∅
Endometritis	+	+	∅	+	+	+	+	+	+	+	+	+	+	∅	∅	∅	∅
Douglasabszeß	+	+	∅	+	+	+	+	+	+	+	+	+	+	∅	∅	∅	∅
Männer																	
Urethritis	+	+	∅	+	+	+	+	+	+	+	∅	+	+	∅	∅	∅	∅
Prostatitis-Epidymitis	+	+	∅	+	+	+	+	+	+	+	∅	+	+	∅	∅	∅	∅
Chronische Epidymitis	+	+	∅	∅	+	∅	∅	(+)	+	+	+	+	+	+	∅	+	+

1 Grampräparat/Methylenblaupräparat, *2* Chlamydien-Immunfluoreszenz, *3* Herpes-Virus-Immunfluoreszenz, *4* Gonokokken-Immunfluoreszenz, *5* Blut-Agar, *6* Gonokokken-Selektiv-Agar, *7* Streptokokken-Selektiv-Agar, *8* Laktose-Indikator-Agar, *9* Mykoplasmen/*Ureaplasma*-Agar, *10* *Gardnerella*-Selektiv-Agar, *11* Blut-Agar anaerob, *12* Sproßpilz-Selektiv-Agar, z. B. Sabouraud-Agar, *13* aerobe Anreicherung, *14* Sproßpilzanreicherung, *15* Streptokokken-Selektiv-Anreicherung, *16* Auraminpräparat, *17* Tbc-Nährböden

den Immunfluoreszenztest getroffen werden, können auch für den Enzymimmunoassay gemacht werden. Demgegenüber ist die DNA-Hybridisierung mit Genproben und deren Sichtbarmachung durch eine Immunperoxidasetechnik z. Z. weniger sensitiv.

Bei den STD-(sexually transmitted diseases-)Erkrankungen bieten sich weitere mikroskopische Verfahren an. Im Nativpräparat ggf. mit Phasenkontrast lassen sich im frischen Sekret das Protozoon *Trichomonas* durch seine taumelnde Bewegung bzw. der *Mobiluncus*, ein sich heftig bewegendes, gebogenes Bakterium, nachweisen. Neuerdings liegt auch ein *Trichomonas vaginalis*-Immunfluoreszenztest vor, der den sicheren Nachweis des Protozoons erlaubt, auch wenn seine aktive Bewegung nicht mehr gegeben ist.

Die Acridinorangefärbung bei pH 5,5 ermöglicht dem Geübten, Mykoplasmen im nicht fixierten Präparat nachzuweisen. Der an die DNA bindende Farbstoff zeigt durch brillante gelbe Fluoreszenz Mykoplasmen an, die sich aufgrund ihrer Größe von anderen Bakterien unterscheiden.

Die Sensitivität und Spezifität des Methylenblaupräparates, das bei Verdacht auf eine Gonorrhöe wegen der geringeren morphologischen Veränderungen als das Grampräparat parallel zu diesem angelegt werden sollte, liegt bei 98% [22]. Eine Gonorrhöe kann in 85% der Fälle durch das Grampräparat (mehr als 5 Granulozyten pro Gesichtsfeld bei 100 × Vergrößerung) erhärtet bzw. ausgeschlossen werden. Im allgemeinen finden sich bei der nicht-gonorrhoischen Urethritis weniger Granulozyten. Allerdings ist bei Frauen nur in

50% der positiven Kulturen auch das mikroskopische Präparat positiv. Neben der typischen Konfiguration der Gonorrhöe fallen bei der Vaginose die typischen Schlüsselzellen, massiv mit Bakterien besetzte Epithelzellen, auf. Unter Verdrängung der normalen Döderleinschen Flora etabliert sich mit zunehmender Zeit eine immer komplexere Dysbiose mit Beteiligung von potentiell pathogenen Anaerobiern, Aerobiern und Sproßpilzen. Charakteristisch liegt bei der bakteriellen Vaginose der pH-Wert des Sekretes unter 4,5. Klinisch fällt der fischartige Amingeruch auf (Tabelle 3.73).

Neben der Leukozytenvermehrung, bei Frauen sind 2 Leukozyten bei 100fachem Gesichtsfeld im Vaginalsekret als normal anzunehmen, fällt im mikroskopischen Präparat die mit Bakterien beladene Zelle, die Schlüssel- oder Clue-Zelle, auf und weist auf eine bakterielle Vaginose hin, die bei ca. 10% der Frauen vorliegt.

Bei der Prostatitis findet sich typischerweise eine Erhöhung der Leukozytenzahl über 3 Leukozyten je Gesichtsfeld bei 100 × Vergrößerung sowie des C3 Komplements auf über 7,5 mg/ml Ejakulat [1].

Neisseria gonorrhoeae ist gegenüber Umwelteinflüssen hochempfindlich und bedarf zur primären Isolation reichhaltiger Optimalmedien. Ein erheblicher Prozentsatz der *Neisseria*-Stämme ist auxotroph, d. h. sie benötigen Prolin, Hypoxanthin und andere Aminosäuren zum Wachstum. Diese Stämme haben eine erhebliche Bedeutung, da sie oft Verursacher der kulturell negativen Gonorrhöe sind. 17% dieser Stämme sind panresistent [4]. Bei geschädigten Gonokokken muß auch an den wachstumshemmenden Einfluß von Peroxidradikalen im Medium gedacht werden [27]; durch Pyruvat, das die H_2O_2-Konzentration im Medium senkt, kann dem Problem entgegengetreten werden.

Bei der kulturellen Diagnose muß diesen Gegebenheiten durch Einsatz optimaler Isolierungsbedingungen, wie Abstrich auf vorgewärmten und vorinkubierten Medien wie z. B. Columbia-CO_2-Agar, Thayer-Martin-Agar, New York City-Agar und Einsatz von Selektivmedien, die mit Anisomycin, Vancomycin (allerdings sind bis zu 10% der Stämme Vancomycin-sensibel) und/oder Cotrimoxazol supplementiert wurden, Rechnung getragen werden. Insbesondere die auxotrophen Mutanten sind empfindlich gegen Austrocknung und wachsen nur in einem engen Temperaturbereich. Daher sollte prinzipiell die Inkubation bei 35 °C erfolgen, um zu verhindern, daß bei Temperaturschwankungen im Brutschrank über 37 °C die Neisserien absterben. Auf keinen Fall reichen zur sicheren Diagnostik mit kommerziellem Testsystem Nährbodenträgerkulturen aus.

Ein weiteres Muß ist die Inkubation in 5–7%-iger CO_2-Atmosphäre [11]. Auch unter optimalen Kultur- und Laborbedingungen stellt die Isolierung von Neisserien ein schwieriges Problem dar und sollte nach Möglichkeit nur in Zusammenarbeit mit einem erfahrenen Bakteriologen erfolgen.

Zur schnellen Erfassung von B-Streptokokken bietet sich ein Streptokokken-Selektiv-Medium ähnlich dem Granada-Medium an [35]. Columbia-Blut-Agar mit Gentamicin oder Colistin-Oxolinsäure supplementiert, unterdrückt weitgehend die unerwünschte Begleitflora. Als Bilayer-Agar unterstützen diese beiden Medien den Hämolysenachweis.

In der Zwischenzeit werden eine Reihe von Bakterien als fakultative Erreger sexuell übertragbarer Erkrankungen angesehen. Dieses sind u. a. die gramvariablen *Gardnerella vaginalis* (*Corynebacterium vaginalis*) [34], allerdings sollen 80% der gesunden Frauen eine Besiedlung mit z. B. *Gardnerella* aufweisen [43]. Möglicherweise sind diese Keime nur in hoher Keimzahl als pathogen zu betrachten.

Gardnerella vaginalis ist ein sehr anspruchsvolles gramnegatives Stäbchenbakterium. Die Hämolyseeigenschaften lassen sich am besten mit Human- oder Kaninchenblut nachweisen. Bei Verwendung von Humanblut sollte nach Möglichkeit Gardnerella-Antikörper-freies Blut eingesetzt werden.

Der Columbia-Agar oder Casman-Agar wird mit 1% Proteosepepton supplementiert. Zusatz von 5–7% Humanblut und Colistin (15 µg/ml) und Nalidixinsäure (5 mg/l) führt zur Reduktion der Begleitflora [41]. Unter einer mikroaerophilen Atmosphäre mit erhöhtem CO_2-Gehalt wird die Standortflora unterdrückt und das Hämolyseverhalten unterstützt.

Ebenso wie bei *Gardnerella* ist bei Mykoplasmen und *Ureaplasma* nicht jede Keimzahl als pathogen anzusehen; die Keimbesiedlung von *Ureaplasma urealyticum* und Mykoplasmen liegt hier im allgemeinen bei 10^4-10^5 KBE/ml [15a]. Bei potentiell pathogenen Keimen wird die Ausschlußgrenze i. allg. bei $>10^6$ KBE/ml liegen. Für die Mykoplasmen-/Ureaplasmen-Isolierung wurde eine Vielzahl von Medienformulierungen wie Sp 5-, Hayflick-Medium usw. publiziert [46]. Als besonders günstig zur Erfassung der beiden im Urogenitaltrakt pathogenen Mykoplasmaarten, *Mycoplasma hominis* und *fermentans,* erweist sich ein modifiziertes Medium nach Blenk (persönliche Mitteilung, 1987).

Dieses Medium ist gleichzeitig ein Selektiv- und Differentialmedium. *Mycoplasma fermentans* zeigt einen Farbumschlag nach gelb an, während bei *Mycoplasma hominis* das Medium unverändert bleibt. *Ureaplasma urealyticum* bewirkt z. T. erst nach Stehen an der Luft einen Farbumschlag nach kirschrot. Die Inkubation sollte in feuchter, anaerober Atmosphäre (z. B. im Anaerobiertopf) erfolgen. Die Kulturen müssen dann bei der 10- bis 40fachen Vergrößerung, besser jedoch unter dem Plattenmikroskop, nach 2 und 4 Tagen durchgemustert werden. Die abschließende Beurteilung kann im negativen Fall erst nach 6–7tägiger Inkubation erfolgen.

Zur Erfassung gramnegativer Keime empfiehlt sich das Mitführen von Laktose-Indikator-Agar wie McConkey-Agar bzw. Chinablau-Laktose-Agar als nicht selektives Universaldifferentialmedium. Aufgrund der signifikanten Bedeutung von Sproßpilzarten sollte hier ein Pilz-Selektiv-Agar, wie Sabouraud-Agar mit Zusatz von Norfloxacin (10 mg/l) oder Nickerson-Medium, eingesetzt werden. Ebenso ist es erforderlich, zusätzlich eine Pilz-Selektiv-Anreicherung mitzuführen. Da Sproßpilze eine Generationszeit von ca. 40–60 Minuten haben, ist die noch vielerorts geübte 8–10tägige Inkubationszeit nicht erforderlich.

Sollte der Einsatz von Selektiv-Nährmedien zur Isolierung der grampositiven Keime nicht möglich sein, können durch Auflegen von Testblättchen jeweils auf eine der Ecken eines gleichschenkligen Dreieckes mit einer Kantenlänge von ca. 2 cm alternative Selektivbedingungen erreicht werden

(Abb. 3.15). In den sich überschneidenden Hemmhöfen der Testblättchen ist die Isolierung der nicht unterdrückten, grampositiven Flora vereinfacht möglich. Als Testblättchen bieten sich hier Colistin-, Cinoxacin-, Nalidixinsäure- und Oxolinsäureblättchen an. Zur Erfassung anaerob wachsender Keime bei Prostatitis und Zervizitis sollte eine „anaerobe" Primärplatte angelegt werden.

Literatur

1. Blenk H (1985) Gewinnung und Transport von Untersuchungsmaterial für die Diagnostik sexuell übertragbarer Infektionen. In: Granitzka S, Petersen EE, Petzold D, Schönfeld H (Hrsg) Hahnenklee-Symposium. Hoffmann-La Roche AG, Grenzach-Wyhlen, pp 87–100
2. Bowie WR, Alexander ER, Stimson JB, Floyd JF, Holmes KK (1981) Therapy for nongonococcal urethritis. Double-blind randomized comparison of two doses and two durations of minocycline. Ann Intern Med 95:306–311
3. Britigan BE, Cohen MS, Sparling PF (1985) Gonococcal infection: a model of molecular pathogenesis. Engl J Med 312:1683–1695
4. Brorson JE, Holmberg B, Nygren B, Seeberg S (1973) Vancomycin-sensitive strains of Neisseria gonorrhoeae: a problem for the diagnostic laboratory. Br J Ven Dis 49:452–453
5. Carrol CH, Hurley R, Stanley V (1973) Criteria for diagnosis of Candida vulvovaginitis in pregnant women. J Obstet Gynaecol Br Commonwealth 80:258–263
6. Cassell GH, Davis RO, Waites KB, Brown MB, Marriott PA, Stagno S, David JK (1983) Isolation of Mycoplàsma hominis and Ureaplasma urealyticum from amniotic fluid at 16–20 weeks of gestation: potential effect on outcome of pregnancy. Trans Dis 10:294–302
7. Christensen KK, Christensen P, Flamholg L, Ripa T (1974) Frequencies of streptococci of groups A, B, C, D and G in urethra and cervix swab specimen from patients with suspected gonococcal infection. Acta Pathol Microbiol Immunol Scand [B] 82:470–474
8. Darbas H, Boyer G (1987) Isolement de Streptococcus pneumoniae dans les prévèlements génitaux. Pathol Biol (Paris) 35:177–180
9. Fransen L, Nsanze H, Klauss V, van der Stuyft P, D'Costa L, Brunham RC, Piot P (1986) Ophthalmia neonatorum in Nairobi, Kenya: the roles of Neisseria gonorrhoeae and Chlamydia trachomatis. J Infect Dis 153:862–869
10. Ginsburg CM (1982) Group A streptococcal vaginitis in children. Pediatr Infect Dis 1:36–37
11. Griffin CW, Mehaffey MA, Cook EC (1983) Five years of experience of a national external quality control program for the culture and identification of Neisseria gonorrhoeae. J Clin Microbiol 18:1150–1159
12. Hafiz S, McEntegart MG, Morton RS, Waitkins SA (1975) Clostridium difficile in the urogenital tract of males and females. Lancet I:420–421
13. Handsfield HH, Alexander ER, Wang SP, Pedersen AHB, Holmes KK (1976) Differences in the therapeutic response of chlamydia-positive and chlamydia-negative forms of nongonococcal urethritis. J Am Ven Dis Assoc 2:5–9
14. Holst E, Wathne B, Hovelius B, Mardh PA (1987) Bacterial vaginosis: microbiological and clinical findings. Eur J Clin Microbiol 6:536–541
15. Hoyme UB, Eschenbach DA (1985) Bakterielle Vaginose. Dtsch Med Wochenschr 110:349–354

15a. De Isele TS, Pelz K, Petersen EE (1985) Das Keimspektrum bei Aminkolpitis in der Vagina und im Ejakulat. In: Granitzka S et al. (Hrsg) Sexuell übertragbare Krankheiten. Hoffmann-La Roche AG, Grenzach-Wyhlen

16. Jones DE, Kanarek KS, Lim DV (1984) Group B streptococcal colonization patterns in mothers and their infants. J Clin Microbiol 20:438–440
17. Kawada Y (1988) Multicenter study of ofloxacin on non-gonococcal urethritis in Asia. 2nd International Symposium on New Quinolones, Geneva
18. Kellog DS, Holmes KK, Hill GA (1976) Laboratory diagnosis of gonorrhoea. Cumitech 4. Coordinating. In: Maraus S, Sherris JC (eds) American Society for Microbiology, Washington
19. Lachenicht P, Siepe EM, Potel J (1967) Die Bedeutung von Hefepilzinfektionen und -erkrankungen für Gynäkologie und Geburtshilfe. Geburtshilfe Frauenheilk 27:362
20. Lindner LE, Geerling S, Nettum JA, Miller SL, Altman KH, Wechter SR (1986) Identification of Chlamydia in cervical smears by immunofluorescence: technic, sensitivity, and specificity. A J Clin Pathol 85:180–185
21. Madsen PO, Gasser TC (1986) Prostatitis. Infection 14: 253–254
22. McCutchan JA (1984) Epidemiology of veneral urethritis: comparison of gonorrhoea and non-gonococcal urethritis. Rev Infect Dis 6:669–688
23. Moberg PJ, Nord CE (1985) Anaerobic bacteria in urine before and after prostatic massage of infertile men. Med Microbiol Immunol (Berl) 174:25–28
24. Morello JA, Bohnhoff M (1980) Neisseria and Branhamella. In: Lenette EH, Balows A, Hausler WJ, Truant JP (eds) Manual of Clinical Microbiology, 3rd ed. American Society for Microbiology, Washington
25. Naessens A, Foulon W, Volckaert M, Amy JJ, Lauwers S (1983) Cervical and placental colonization with Ureaplasma urealyticum and fetal outcome. J Infect Dis 148:333
26. Naessens A, Foulon W, Breynaert J, Lauwers S (1988) Serotypes of Ureaplasma urealyticum isolated from normal pregnant women and patient with pregnancy complications. Microbiol 26:319–322
27. Norrod EP, Morse SA (1982) Presence of hydrogen peroxide in media used for cultivation of Neisseria gonorrhoeae. J Clin Microbiol 15:103–108
28. Onderdonk AB, Zamarchi GR, Walsh JA, Mellor RD, Muñoz, Kass, EH (1986) Methods for quantitative and qualitative evaluation of vaginal microflora during menstruation. Appl Environ Microbiol 51:333–339
29. Phålson C, Forsum U (1985) Rapid detection of Mobiluncus species. Lancet I:927
30. Painter BG (1977) Indigenous microbiota. In: von Graevenitz A (Hrsg) Clinical Microbiology, vol I. Handbook Series in Clinical Laboratory Science. Seligson, CRC Press, Cleveland
31. Patt V, Niesen M, Korte W (1973) Vaginalmykosen in der Gynäkologie und Geburtshilfe. Gynäkolog 5:217–228
32. Petersen EE (1985) Epidemiologie und Diagnostik der Aminkolpitis. Hahnenklee-Symposium. In: Granitzka S, Petersen EE, Petzoldt D, Schönfeld H (Hrsg) Hoffmann-La Roche AG, Grenzach-Wyhlen, S 41–50
33. Pulvirenti J, Dorigan F, Chittom AL, Kallick C, Kocka FE (1988) Vaginitis caused by nutritionally variant Streptococcus pyogenes. Eur J Microbiol Infect Dis 7:56–57
34. Ratnam S, Fitzgerald BL (1983) Semiquantitative culture of Gardnerella vaginalis in laboratory determination of nonspecific vaginitis. J Clin Microbiol 18:344–347
35. de la Rosa M, Villa Real R, Vega DMC, Martinez Brocal A (1983) Granada medium for detection and identification of group B streptococci. J Clin Microbiol 18:779–785
36. Samra Z, Borin M, Bukosky Y, Lipshitz Y, Sompolinsky D (1988) Non-occurrence of Mycoplasma genitalium in clinical specimens. Eur J Clin Microbiol Infect Dis 7:49–51
37. Sobel JD (1985) Epidemiology and pathogenesis of recurrent vulvovaginal candidiasis. Am J Obstet Gynecol 152:924–935
38. Sweet RL (1985) Importance of differential diagnosis in acute vaginitis. Am J Obstet Gynecol 152:921–923
39. Taylor-Robinson D (1983) The role of mycoplasma in non-gonococcal urethritis: a review. Yale J Biol Med 56:537–543
40. Thirkell D, Thakker B, Herriot A, Armitt I (1984) A screen for Clostridium difficile in the vagina: an out-patient study using and comparing selective media. Antonie Van Leeuwenhoek 50:355–360

41. Totten PA, Amsel R, Hale J, Piot P, Holmes KK (1982) Selective differential human blood bilayer media for isolation of Gardnerella (Haemophilus) vaginalis. J Clin Microbiol 15:141–147
42. Trumbore DJ, Sobel JD (1986) Recurrent vulvovaginal candidiasis: vaginal epithelial cell susceptibility to Candida albicans adherence. Obstet Gynecol 67:810–812
43. Wilks M, Thin N, Tabaquchali S (1984) Quantative bacteriology of the vaginal flora in genital disease. J Med Microbiol 18:217–231
44. Wise GJ, Goldberg P, Kozinn PJ (1976) Genitourinary candidiasis: diagnosis and treatment. J Urol 116:778
45. Wong S, Hooton TM, Hill CC, McKevitt M, Stamm E (1988) Clinical and microbiological features of persistent or recurrent non-gonococcal urethritis in men. J Infect Dis 158:1098–1101
46. Yajko DM, Balson E, Wood D, Sweet RL, Hadley WK (1984) Evaluation of PPLO, A7B, E, and NYC agar media for the isolation of Ureaplasma urealyticum and Mycoplasma species from the genital tract. J Clin Microbiol 19:73–76

„Soft tissue infection", Wundinfektion, chirurgische Wundinfektion, Brandwundeninfektion, Zellulitis, Folliculitis, nekrotisierende Fascitis, Myonekrose, Paronychia, trophische Ulcera, Bißwunden

Material: Wundabstrich, Eiter, Biopsien

Die Haut, das größte Organ des Menschen, zwar mit einer Vielzahl von Bakterien, z.T. auch pathogenen Keimen, besiedelt, ist ein ausgezeichneter Schutz tieferliegender Organe vor Infektionen. Wird die Kontinuität, z.B. durch Verletzungen unterbrochen, können sowohl autochthone Hautkeime als auch Keime der Umwelt in die Wunde eindringen und eine Infektion bewirken. Die Vielzahl der verschiedenen Infektionen werden im angloamerikanischen Sprachgebrauch zu „soft tissue"-Infektionen zusammengefaßt.

Klassifikation und Pathogenese der Weichteilinfektionen

Die Infektionen können aufgrund ihrer Lokalisation und der Infektionserreger klassifiziert werden (Tabelle 3.88). Ein wesentlicher Punkt ist die Unterscheidung in die klassische Eiterung und in die das Gewebe zerstörende, nekrotisierende Infektion. Die nicht-nekrotisierenden Infektionen sind klinisch durch lokale Überwärmung, Spannungsgefühl, Erythem und die Bildung von Eiter gekennzeichnet. Primär lokalisiert, können die Infektionen auch zu generalisierten, systemischen Infektionen werden. Das ist der Fall z.B. bei der Streptokokkenzellulitis, die in eine Lymphangitis („Blutvergiftung") übergehen kann. Nekrotisierende Infektionen demgegenüber weisen trotz erheblicher Weichteilbeteiligung keine klassischen Infektionszeichen auf [1], gehen aber z.T. mit lebensbedrohlichen Komplikationen wie Sepsis, Kreislaufschock u.a.

Tabelle 3.88. Infektionen der Hautschichten und des Bindegewebes (nach [1])

Betroffenes Gewebe	*Streptococcus pyogenes*	*Staphylococcus aureus*	*Clostridium perfringens*	Staphylokokken + Streptokokken	Gram-negative Mischflora
Epidermis	Ecthyma contagiosum	„scalded skin" Syndrom		Impetigo	
Dermis und Subdermis	Erysipel	Folliculitis Abszeß	Clostridien Zellulitis	Synergistisches Gangrän	Trophisches Ulcus
Faszien	Streptokokkengangrän	Karbunkel	Clostridien Zellulitis	Nekrotisierende Fascitis	
Muskeln	Streptokokkenmyositis	Muskelabszeß Pyomyositis	Clostridien Myonekrose	Nicht Clostridienbedingte Myonekrose	

Tabelle 3.89. Gründe für die Ausbildung eines Gangrän

Durch Entzündung
- Vaskulitis
- Sepsis

Durch Anoxie
- Thrombose
- Embolie
- Arteriosklerose

Durch Toxineinwirkung
- Bakterielle Toxine („toxic shock"-Toxin von *Streptococcus pyogenes* und *Staphylococcus aureus*)
- Zytotoxische Substanzen
- Vasokonstriktoren
- Zytotoxische Substanzen
- Hypertone Lösungen

Durch Traumata
- Verletzungen durch mechanische Einwirkung
- Brand- und Kälteschäden
- Ätzende Chemikalien

einher. Gründe für gangränöse Veränderung sind vielfältig und können durch anoxische, entzündungsbedingte, toxische und traumatische Faktoren bedingt sein (Tabelle 3.89). Ein erhöhtes Risiko dieser Infektionsform findet sich in zunehmendem Maß bei onkologischen Patienten mit chemotherapeutisch induzierter Granulozytopenie [3]. Weitere Risikofaktoren sind z. B. Alkoholismus, Rauschgiftsucht, Diabetes mellitus oder höheres Alter. Betroffen werden kann jede Körperregion.

Der Verlauf nekrotischer Infektionen ist meist sehr rasch und zeigt z. T. Symptome wie Bewegungseinschränkung der betroffenen Extremität, Parästhesien, Schüttelfrost, Fieber und lokale Schmerzen auf. Im weiteren Verlauf können Hautnekrosen, Blasen und Ödeme auftreten. Die Letalität nekrotisierender Infektionen ist mit 43% hoch und steigt auf 71%, wenn Zweitoperationen nötig sind [7]; ebenso mit zunehmendem Alter (über 50 Jahre).

Ein ähnlich wie die nekrotisierende Fascitis verlaufendes Infektionsgeschehen ist die bakterielle nicht-Clostridien-bedingte Myonekrose. Sie betrifft meist Patienten mit Diabetes mellitus oder Artherosklerose und weist eine hohe Letalitätsrate (76%) auf [28]. Die Myonekrose durch Clostridien basiert auf einer ausgedehnten Gewebeschädigung mit niedriger Sauerstoffspannung, da nur unter diesen Bedingungen die Sporen auswachsen. Typische Verletzungen hierfür sind kontaminierte Wunden, z. B. Schußwunden oder mit Stuhl kontaminierte Wunden. Der Verlauf dieser Erkrankung ist rasant und geht mit Intoxikationserscheinungen wie Verwirrtheit, Tachykardie, Tachypnöe und Schweißausbrüchen einher.

Probengewinnung

Als diagnostisches Verfahren bei Infektionen der Haut und der angrenzenden Weichteilgewebe hat sich die Feinnadelbiopsie mit 81% Sensitivität als relativ zuverlässige Methode zur Probengewinnung erwiesen [16]. Als sicherstes Verfahren ist allerdings die intraoperativ oder nach Inzision gewonnene Probe anzusehen.

Bißwunden

Bißwunden sind ein häufiges traumatisches Ereignis. In den USA erleiden jährlich über 2 Millionen Personen [8] eine Bißverletzung oder Kratzwunde sowohl durch Haustiere, hier in erster Linie durch Hunde und Katzen, aber auch durch Ratten und andere Nager, als auch durch Menschen.

Die Infektion wird durch Einbringen der Mundflora des „Angreifers“ hervorgerufen. Der Genese entsprechend sind die Keimspektren anders als bei Haut- und Wundinfektionen und variieren mit dem Verursacher. Ebenfalls gibt es bei dem Opfer typische Prädilektionsstellen. Bei Hunde- ebenso wie bei Katzenbissen sind in über 70% die oberen Extremitäten und hier insbesondere die Hände betroffen, während bei Menschenbissen öfter das Gesicht und der Kopf betroffen ist.

Nicht jeder Biß führt jedoch zu einer Infektion. Thomas und Buntine [30] berichteten, daß nach üblicher chirurgischer Behandlung der Wunde sich nur bei 11% der Hundebisse eine Infektion entwickelte.

Brandwundeninfektionen

Brandwunden stellen ein schwierig therapierbares Krankheitsbild dar. Aufgrund der Haut- und Gewebezerstörung ist rasch eine bakterielle Kolonisation vorhanden, die in eine Infektion mit der Gefahr einer Sepsis münden kann. Zum einen stellt das geschädigte Gewebe ein optimales Substrat für die bakterielle Vermehrung dar, zum anderen ist die Einwanderung von Abräumzellen u.a. durch bei der Verbrennung sich bildende Toxine gehemmt. Bei großen Brandwunden kommt es durch Flüssigkeits- und Plasmaproteinverlusten zur Abnahme der Abwehrkraft, so daß der Patient durch systemische Infektionen, ausgehend von der Brandwunde, gefährdet ist.

Probengewinnung

Innerhalb der ersten Woche nach dem Brandtrauma treten 80% Sepsisfälle auf [10]; allerdings ist die Korrelation zwischen der Höhe der Wundkeimzahl und der Ausbildung einer Sepsis nach Meinung einiger Autoren nicht gesichert [33]. Eine Quantifizierung der Keimzahl kann durch Untersuchung einer Ge-

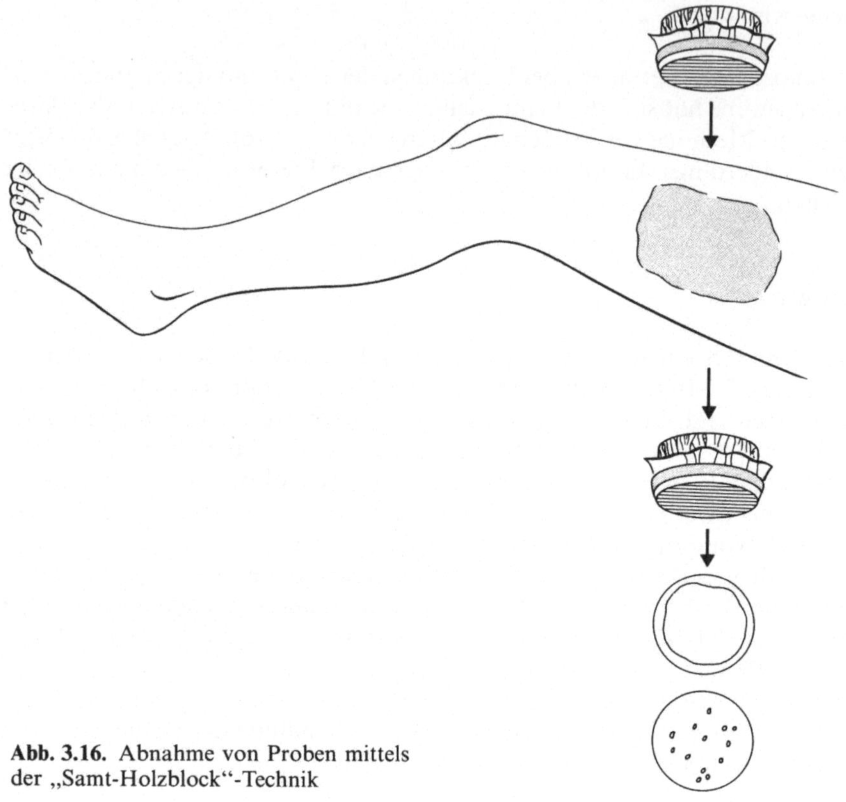

Abb. 3.16. Abnahme von Proben mittels der „Samt-Holzblock"-Technik

webeprobe [4] oder weniger eingreifend durch eine Modifikation der klassischen Lederbergtechnik erreicht werden. Hier wird ein sterilisiertes Samtstoffstück auf einen runden Holzblock mit einem Durchmesser von 8,5 cm gespannt. Der Samt (samtige Seite nach unten) wird auf die zu prüfende Wundstelle gedrückt und danach auf die Platten aufgetragen (Abb. 3.16). Aufgrund der unsicheren Korrelation zwischen Keimzahl und Infektion ist bei starker Besiedlung eine Absicherung der kulturellen Ergebnisse durch histologische Untersuchungen hilfreich [17], da sie die Gewebsinvasion belegen kann.

Chirurgische Wundinfektionen

Postoperative Wundinfektionen haben von den vorher dargestellten Infektionen aufgrund der Genese ein anderes Keimspektrum und stellen daher ein separat zu behandelndes Infektionsbild dar.

Um die Inzidenz von Wundinfektionen zu beurteilen, wurde vom American College of Surgeons [2] die Unterscheidung in reine Wunden, z. B. durch chirurgische Eingriffe nach Desinfektion der Haut, reine, kontaminierte Wunden, kontaminierte Wunden und verschmutzte Wunden, z. B. verschmutzte Wunde nach einem Motorradunfall, getroffen (Tabelle 3.90).

Naturgemäß nimmt mit dem Kontaminationsgrad die Gefahr einer Wundinfektion deutlich zu; die Inzidenz einer Infektion einer „reinen" Wunde liegt bei ca. 1,5–1,9% [18] und ist bei der verschmutzten Wunde mit 40% am höchsten. Die Infektionsrate für chirurgische Wunden wird durch eine Vielzahl von Faktoren bestimmt. Neben den patienteneigenen Risikofaktoren spielt die perioperative Antibiotikaprophylaxe, der präoperative Ernährungszustand, die Hautdesinfektion und möglicherweise die Verwendung von Einmalabdeckmaterial eine Rolle [20]. Ein sehr wichtiger Faktor ist die Dauer und Art des Eingriffes (Tabelle 3.91). Mit Dauer und Umfang (vermehrte Gewebetraumatisierung) nimmt die Wahrscheinlichkeit einer Infektion zu (Tabelle 3.92). In verschiedenen Ansätzen wurde versucht, einen Index für wundinfektionsgefährdete Patienten und zur Prognose der Infektion zu ermitteln [9].

Pathogenese

Der auslösende Faktor einer chirurgischen Wundinfektion ist das Einschleppen von Mikroorganismen, die zum überwiegenden Anteil der endogenen

Tabelle 3.90. Wundinfektionsrate bezogen auf den Typ der Wunde (nach [5])

Wundklassifikation	Inzidenz
Reine Wunde	1,5–1,9
Reine, kontaminierte Wunde	7,7
Kontaminierte Wunde	15,2
Verschmutzte Wunde	40,0

Tabelle 3.92. Infektionsinzidenz einer reinen Wunde in Abhängigkeit von der Operationsdauer (nach [18])

Zeitdauer (Std.)	Infektionsinzidenz einer reinen Wunde
<1	<0,1
1–2	0,8
2–3	1,7
3–4	3,0
>4	2,4

Tabelle 3.91. Infektionsrisiko (in %) bezogen auf Operationstyp (nach [20])

Diagnostische Laparotomien	5	5
Gefäßoperationen	0,47	0,47
Operationen peripherer Gefäße	6,17	6,17
Thyreoektomien	2,33	2,33
Biopsien	2,08	2,08
Abdominelle Hernienoperationen	7,4	7,4
Inguinale Hernienoperationen	1,39	1,39
Brustoperationen	5,66	5,66
Operationen des Gallenwegstraktes	6,0	6,0
Operationen des Dünndarms	8,33	8,33
Operationen des Colons	7,5	7,5
Amputationen	11,26	11,26

Tabelle 3.93. Standortflora der Haut

Acinetobacter calcoaceticus	Peptostreptokokken
Bacillus spp.	*Pityrosporum ovale*
Candida spp.	*Propionibacterium acnes*
Corynebacterium spp.	*Staphylococcus aureus*
Micrococcus spp.	*Staphylococcus epidermidis*
Mycobacterium spp.	Viridansstreptokokken
Peptokokken	

Nach Painter BG (1977) Indigenous microbiota. In: von Graevenitz A (ed) Clinical microbiology, vol. I. Handbook Series in Clinical Laboratory Science. Seligson D. CRC Press, Cleveland

Tabelle 3.94. Standortflora der Fußhaut

Candida spp.
Trichophyton spp.
Epidermophyton floccosum

(Fußnote wie in Tabelle 3.93)

Flora entstammen. Nicht jedes Bakterium führt jedoch zu einer Infektion. Geringe Abwehrkraft des Patienten, lokale Gewebshypoxie, devitalisiertes Gewebe und Haut-/Schleimhautdefekte erleichtern das Angehen einer Infektion.

Bei normaler Abwehrlage bedarf es ca. 10^6/ml Staphylokokken, um bei Gesunden eine Eiterung hervorzurufen [6]. Hierbei spielt die Virulenz der Infektionserreger eine wichtige Rolle. Untersuchungen an Brandwunden haben gezeigt, daß diese oft besiedelt sind, ohne daß es zu einer Gewebsinvasion kommt [17]. Bei chirurgischen Wunden scheint die Infektionsdosis bei ca. 5×10^5 KBE/cm^2 aerober und anaerober Keime zu liegen [26]; gleichzeitig steigt mit dieser Dosis die Wahrscheinlichkeit einer Wundsepsis. Bei Keimzahlen unter 10^2 KBE/cm^2 ist die Wahrscheinlichkeit einer Infektion gering. Mit der Hospitalisation und deren Dauer verändert sich sowohl das Keimspektrum als auch die Quantität der autochthonen Haut- und Schleimhautflora (Tabelle 3.93, 3.94) [15]. Insbesondere die Staphylokokkengruppe, hier nicht nur *Staphylococcus aureus*, sondern auch Koagulase-negative Staphylokokken, zeigen eine deutliche Zunahme (Tabelle 3.95).

Tabelle 3.95. Besiedlung der Nase und Axilla bei gesunden Patienten (in %) (nach [15])

	Nase		Achselhöhle	
	Patient	Kontrolle	Patient	Kontrolle
Staphylococcus aureus	34	23,2	2,7	0
Koagulase-negative Staphylokokken	65,8	37,3	53,1	66,5
Corynebakterien JK Gruppe	11,6	–	41,2	–
Gramnegative Stäbchenbakterien	27,0	17,7	26	23,3
Hefen	101	0,01	33,7	0,4

Keimspektren

Wund-, Haut- und Weichteilinfektionen

Die quantitative Erfassung der Keimspektren zeigt, daß bei den Haut- und Weichteilinfektionen überwiegend grampositive Keime, z. T. als Mischinfektion mit gramnegativen aeroben und anaeroben Keimen, zu erwarten sind. Leitkeime sind *Staphylococcus aureus*, weniger *Staphylococcus epidermidis* und hämolysierende Streptokokken (Tabellen 3.96–3.103). Eine Ausnahme stellen das Dekubitalulcus (Tabelle 3.101), das „venöse Fußulcus“ (Tabelle 3.100) und die Brandwundeninfektion (Tabelle 3.103) dar. Hier nimmt die Bedeutung gramnegativer Keime, der Enterobakterien und insbesondere der Pseudomonasarten (z. B. 32% beim Dekubitusgeschwür) zu. Beim venösen und dem Dekubitalulcus erhöht sich auch der Anteil anaerober Keime von durchschnittlich 10–20% auf über 50%. Abgesehen von der Clostridienmyonekrose und -fascitis sowie dem trophischen Ulcus sind Staphylokokken und Streptokokken Leitkeime (Tabellen 3.96–3.103) der Haut- und Weichteil- und ambulant erworbenen Wundinfektionen. Besonderheiten stellen die Pseudomonasfollikulitis dar, die z. B. durch die Whirlpool-Benutzung auftritt, und Wundinfektionen nach Kontakt mit kontaminiertem Salzwasser (Tabelle 3.104).

Bei chirurgischen Infektionen kommt neben den Staphylokokken (35%) den Enterobakterien eine erhebliche Rolle (ca. 25%) zu (Tabelle 3.105). Bei

Tabelle 3.96. Prozentuale Keimverteilung bei oberflächlichen Wunden der Haut (nach [14])

Staphylococcus aureus	51,8
Streptococcus pyogenes (A-Streptokokken)	27,4
Enterokokken	9,2
Escherichia coli	4,4
Pseudomonas spp.	3,8
Anaerobe Stäbchenbakterien	7,0
Anaerobe Kokken	8,8

Tabelle 3.97. Prozentuale Keimverteilung bei Paronychia (nach [14])

Staphylococcus aureus	68,6
Streptococcus pyogenes (A-Streptokokken)	25,7
Enterokokken	3,8
Escherichia coli	1,0
Pseudomonas spp.	2,9
Anaerobe Stäbchenbakterien	11,4
Anaerobe Kokken	13,3

Tabelle 3.98. Prozentuale Keimverteilung bei Wunden (nach [14])

Staphylococcus aureus	54,2
Streptococcus pyogenes (A-Streptokokken)	32,1
Enterococcus faecalis	6,3
Escherichia coli	5,5
Pseudomonas spp.	5,5
Anaerobe Stäbchenbakterien	8,1
Anaerobe Kokken	6,3

Tabelle 3.99. Prozentuale Keimverteilung bei Abszessen (nach [14])

Staphylococcus aureus	32,1
Streptococcus pyogenes (A-Streptokokken)	12,2
Enterococcus faecalis	4,8
Escherichia coli	12,2
Pseudomonas spp.	2,6
Anaerobe Stäbchenbakterien	25,0
Anaerobe Kokken	29,2

Tabelle 3.100. Prozentuale Keimverteilung bei venösen Fußulcera (nach [14])

Staphylococcus aureus	43,0
Streptococcus pyogenes (A-Streptokokken)	19,7
Enterokokken	19,7
Escherichia coli	6,1
Pseudomonas spp.	28,9
Anaerobe Stäbchenbakterien	10,1
Anaerobe Kokken	7,5

Tabelle 3.101. Prozentuale Keimverteilung bei Dekubitalgeschwüren (nach [14])

Staphylococcus aureus	33,3
Streptococcus pyogenes (A-Streptokokken)	13,8
Enterokokken	38,0
Escherichia coli	19,5
Pseudomonas spp.	32,2
Anaerobe Stäbchenbakterien	43,7
Anaerobe Kokken	10,3

Tabelle 3.102. Prozentuale Keimverteilung bei Gangrän (nach [14])

Staphylococcus aureus	42,1
Streptococcus pyogenes (A-Streptokokken)	5,3
Enterokokken	23,7
Escherichia coli	7,9
Pseudomonas spp.	36,8
Anaerobe Stäbchenbakterien	15,8
Anaerobe Kokken	26,3

Tabelle 3.103. Prozentuale Keimverteilung bei Brandwunden (nach [17])

Pseudomonas aeruginosa	71
Pseudomonas spp.	<3
Klebsiella pneumoniae	12
Providencia, Proteus	<3
Serratia, Enterobacter	<3
Staphylococcus aureus	6

abdominellen Operationen und Operationen am weiblichen Genitaltrakt muß insbesondere die Beteiligung der *Bacteroides*gruppe bei Infektionen berücksichtigt werden. Neben den häufigen Keimen können im Einzelfall seltene Keime wie *Capnocytophaga* oder *Rhodococcus equi* auftreten (Tabelle 3.106). Die Wunddiphtherie durch *Corynebacterium diphtheriae* und *ulcerans* ist ebenfalls eine Rarität, muß jedoch bei der entsprechenden Genese mit in die diagnostischen Überlegungen einbezogen werden.

Tabelle 3.104. Durch Wasser übertragene seltene Erreger von Wundinfektionen

Vibrio damsela	*Enterobacter sakazakii*
Vibrio vulnificus	*Enterobacter taylorae*
Vibrio alginolyticus	*Edwardsiella tarda*
Aeromonas hydrophila	*Klebsiella oxytoca*
Plesiomonas shigelloides	*Kluyvera ascorbata*
Chromobacterium violaceum	*Rahnella aquatilis*
Franciscella helarensis	*Serratia rubidaea*
Franciscella novicida	*Serratia fonticola*
Legionella	*Yersinia intermedia*
Mycobacterium spp.	*Yersinia frederiksenii*
Enterobacter cloacae	

Nach Pitlik S, Berger SA, Huminer D (1987) Nonenteric infections acquired through contact with water. Rev Infect Dis 9:54–63

Tabelle 3.105. Prozentuale Keimverteilung der Erreger von im Krankenhaus erworbenen Infektionen der Haut, der Unterhaut und des Fettgewebes

Staphylococcus aureus	30
Staphylococcus epidermidis	<5
Streptokokken Serovar A, B, Pneumokokken	<3
Enterococcus faecalis	<7
Escherichia coli	10
Enterobacter – Serratia spp.	<5
Proteus – Providencia spp.	<5
Pseudomonas aeruginosa	<5
Bacteroides fragilis	1
Canadida spp.	3

Nach Daschner F (1983) Infektionskrankheiten. Springer, Berlin Heidelberg New York

Tabelle 3.106.

Seltene Erreger von Wundinfektionen	
Rhodococcus equi	Müller et al. [22]
Yersinia enterocolitica	Kahu et al. [12]
Mucor	Vainrub et al. [32]
Seltene Infektionserreger einer Zellulitis/Weichteilgewebeinfektion	
Pneumokokken	Mujais et al. [21]
Mycobacterium fortuitum	Subbarao et al. [29]
G-Streptokokken	Baddour et al. [3]
C-Streptokokken	Baddour et al. [3]
Eikenella corrodens	Trallero et al. [31]
Aeromonas	Isaacs et al. [11]
Seltene Infektionserreger von postoperativen Wundinfektionen	
Capnocytophaga	Paerregaard et al. [24]
Eikenella corrodens	Trallero et al. [31]

Brandwunden

Die frühe Brandwundeninfektion wird primär durch Streptokokken und Staphylokokken verursacht.

Leitkeim der späten Brandwundeninfektion (Tabelle 3.103) ist *Pseudomonas*, aber auch Enterobakterien wie *Enterobacter, Serratia* und *Proteus*-Arten können Infektionen bewirken. Mit zunehmender Dauer offener Wundareale muß auch an Pilze wie *Aspergillus, Fusarium* u. ä. gedacht werden [17], ebenso an anaerobe Keime wie Clostridien, *Bacteroides* u. ä. [23].

Bißwunden

Aufgrund der Zusammensetzung der Mundflora mit Überwiegen der anaeroben Keime ist eine Bißverletzung durch Tiere in 40% und durch Menschen in 50% eine aerob/anaerobe Mischinfektion [8] (Tabellen 3.107–3.109). Daher muß auch bei Tierbissen an in der Humanmedizin außergewöhnliche Keime wie z. B. *Pasteurella damsela* oder *Pasteurella dagmatis* [34] gedacht werden. Hierbei haben die anaeroben Keime, insbesondere die Fusobakterien, eine erhebliche Bedeutung bei der Ausbildung der Bißwundeninfektion. Ein ähnliches Keimspektrum haben die Paronychia bei Kleinkindern, die durch „Nukkeln" am Finger entstehen. In über 73% dieser Infektionen sind Anaerobier beteiligt.

Tabelle 3.107. Keimverteilung bei Hundebißwundinfektionen (nach [8])

Staphylokokken	5/10	*Actinobacillus actinomycetemcomitans*	3/10
Staphylococcus aureus	2/10	*Pseudomonas fluorescens*	2/10
Viridansstreptokokken	6/10	*Proteus mirabilis*	1/10
β-hämolysierende Streptokokken	1/10	*Achromobacterium*	1/10
Corynebakterien	5/10	*Propionibacterium*	4/10
Haemophilus aphrophilus	2/10	Fusobakterien	5/10
Pasteurella multocida	5/10	*Bacteroides*	8/10
Pasteurella	1/10	Anaerobe Kokken	5/10
Moraxella	6/10	*Eubacterium*	2/10

Tabelle 3.108. Keimverteilung bei Katzenbißwundinfektionen (nach [8])

Staphylokokken	3/5
Viridansstreptokokken	2/5
Corynebakterien	1/5
Pasteurella multocida	2/5
Acinetobacter calcoaceticus	1/5
Fusobakterien	2/5
Bacteroides	1/5
Propionibakterien	3/5

Tabelle 3.109. Keimverteilung bei Menschenbißwundinfektionen (nach [8])

Staphylococcus aureus	3/9
Staphylokokken	3/9
Viridansstreptokokken	7/9
Neisseria	4/9
Haemophilus influenzae	3/9
Haemophilus parainfluenzae	
Corynebakterien	2/9
Nocardien	1/9
Fusobakterien	2/9
Bacteroides	18/9
Anaerobe Kokken	2/9
Veilonella	7/9

Diagnostik (Abb. 3.17, Tabelle 3.110)

Brandwunden

Eine Besonderheit der kulturellen Diagnostik von Brandwundeninfektionen liegt darin, daß in hohem Prozentsatz mit durch Desinfektionsmittel geschädigten Keimen gerechnet werden muß. Die Proben (z. B. Abstrichtupfer oder Biopsie) sollten vor dem Anlegen zur Inaktivierung des Jodbestandteils im Desinfektionsmittel mit 0,5% Thiosulfat in physiologischer Kochsalzlösung vorbehandelt werden [4].

Die kulturelle Verarbeitung muß in erster Linie das Erfassen der Staphylokokken- und Streptokokkenarten gewährleisten. Neben einem Optimal-Agar (Columbia-, Casman-, Eugon-Agar o. a. mit 7–10% Tierblut) empfiehlt sich der Einsatz eines „grampositiven“ Selektiv-Agars (ein Optimal-Blut-Agar mit Colistin und Oxolinsäure). Alternativ können parallel ein Streptokokken-Selektiv-Agar (vgl. S. 63) und ein Staphylokokken-Selektiv-Agar (vgl. S. 193) eingesetzt werden. Durch Mitführen von Laktose-Indikator-Medien werden die aeroben gramnegativen Bakterien berücksichtigt. Zur Erfassung anaerober Keime muß zumindest eine anaerobe Primärplatte sowie ein „Anaerobier“-Anreicherungsmedium (vgl. S. 255) mitgeführt werden.

Bißwunden

Aufgrund des zu erwartenden Keimspektrums mit überwiegendem Anteil hämophiler und anaerober Keime ist ein kulturelles Vorgehen ähnlich dem bei Infektionen der oberen Atemwege durchzuführen. Neben einem Blut-Agar auf Columbia-, Eugon-Agar-Basis o. ä. sollte ein CO_2-Agar mitgeführt werden. Zur Erfassung der Anaerobier empfiehlt sich der Einsatz von mit Vitamin K_3 supplementiertem Schädler-, Wilkins-Chalgren-, Brucella- oder Gifu-Anaerobier-Agar mit 5–10% Blut. Zusätzlich können noch mit z. B. Kanamycin-Vancomycin supplementierte Anaerobier-Selektiv-Medien eingesetzt werden. Als Anreicherung empfehlen sich Hirn-Herz-Infus-Bouillon, Eugon-Bouillon o. a., sowie zur Anaerobier-Anzucht Thioglykolat- (+ Vitamin K_1 und Hämin) oder Schädler-Bouillon. Während die aeroben Kulturen wie üblich nach 24, 48 und ggf. auch nach 62 Stunden durchgemustert werden, sollten die anaeroben Kulturen nach 2, 4 und 6 Tagen überprüft werden.

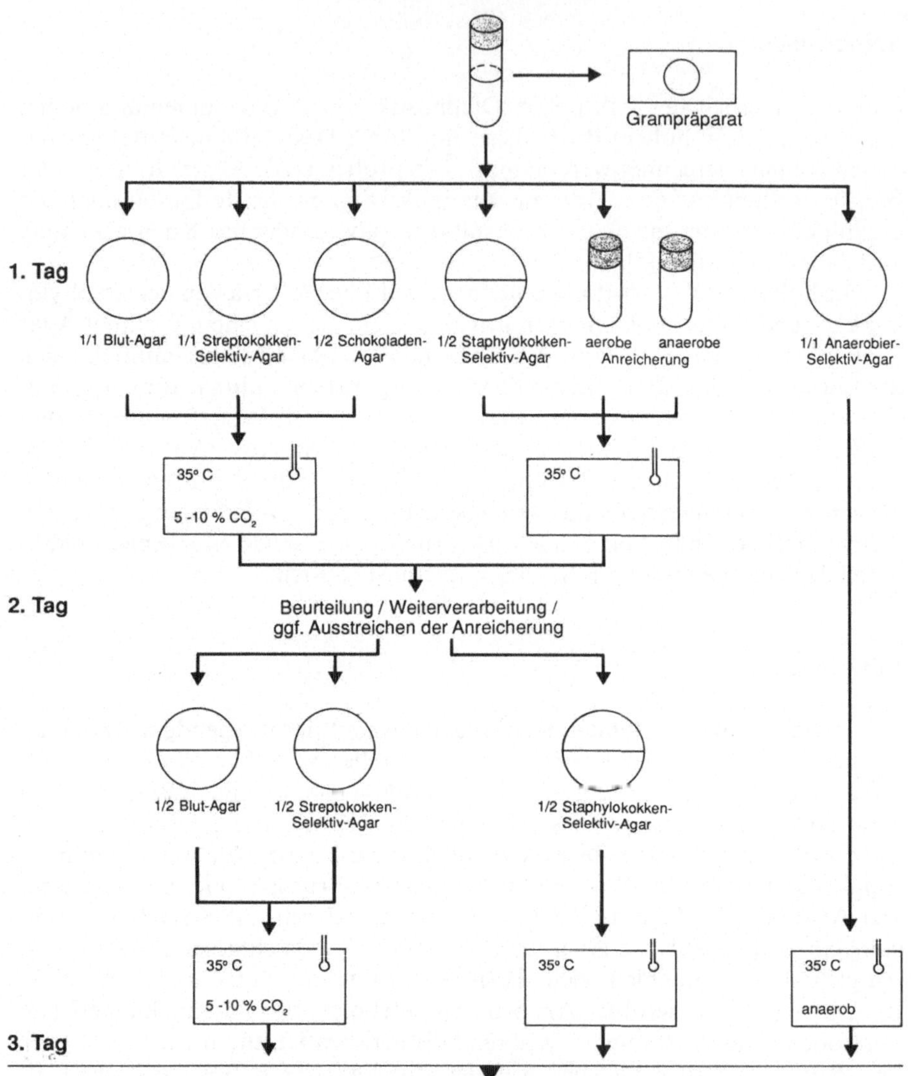

Abb. 3.17. Kulturelle Verarbeitung von Wundabstrichen bzw. Eiter

Tabelle 3.110. Anlegeschema zur kuturellen Diagnostik

	1	2	3	4	5	6	7	8	9	10	11	12
Hautinfektionen	+		+	+	+		+		+	+	+	+
Nekrotisierende Infektionen	+		+	+	+		+		+	+	+	+
Brandwundeninfektionen	+		+	+	+		+		+	+	+	+
Postoperative Wundinfektionen	+		+	+	+	+	+	+	+	+	+	+
Infektionen nach Abdominal-operationen, gynäkologischen Operationen	+	+	+	+	+	+	+	+	+	+	+	+
Bißwunden	+		+		+	+		+	+	+	+	+

1 Grampräparat, *2 Bacteroides fragilis*-Immunfluoreszenz, *3* Blut-Agar, *4* grampositiver Selektiv-Agar, *5* Streptokokken-Selektiv-Agar, *6* CO_2-Agar, *7* Laktose-Indikator-Agar, *8* McConkey-Agar + Methylumbelliferylglucuronid, *9* Blut-Agar anaerob, *10* Anaerobier Selektiv-Agar, *11* aerobe Anreicherung, *12* anaerobe Anreicherung

Literatur

1. Ahrenholz DH (1988) Necrotizing soft-tissue infections. Surg Clin North Am 68:199–214
2. Altemeier WA, Burke JF, Pruitt BA (1976) Manual on the control of infection in surgical patients. Lippincott, Philadelphia
3. Baddour LM, Bisno AL (1985) Non-group A beta-hemolytic streptococcal cellulitis. Am J Med 79:155–159
4. Buchanan K, Heimbach DM, Minshew BH, Coyle MB (1986) Comparison of quantitative and semiquantitative culture techniques for burn biopsy. J Clin Microbiol 23:258–261
5. Cruse PJE, Ford R (1973) A five-year prospective study of 23649 surgical wounds. Arch Surg 107:206–210
6. Elek SD, Conen PE (1957) The virulence of Staphylococcus pyogenes for man: a study of the problem of wound infection. Br J Exp Pathol 38:573–586
7. Freischlag JA, Ajalat G, Busuttil RW (1985) Treatment of necrotizing soft tissue infections: the need for a new approach. Am J Surg 149:751
8. Goldstein EJC, Citron DM, Finegold SM (1984) Role of anaerobic bacteria in bite-wound infections. Rev Infect Dis 6:177–183
9. Haley RW, Culver DH, Morgan WM, White JW, Emori TG, Hooton TM (1985) Identifying patients at high risk of surgical wound infection. Am J Epidemiol 121:206–215
10. Hartford (1987) Diskussionsbeitrag zu McManus. Arch Surg 122:76
11. Isaacs RD, Paviour SD, Bunker DE, Lang SDR (1988) Wound infection with aerogenic Aeromonas strains: a review of twenty-seven cases. Eur J Clin Microbiol Infect Dis 7:355–360
12. Kahu FW, Glasser JE, Agger WA (1984) Psoas muscle abscess due to Yersinia enterocolitica. Am J Med 76:947
13. Kloos WE, Musselwhite MS (1975) Distribution and persistence of Staphylococcus and Micrococcus species and other aerobic bacteria on human skin. Appl Microbiol 30:381–395
14. Kontiainen S, Rinne E (1987) Bacteria isolated from skin and soft tissue lesions. Eur J Clin Microbiol 6:420–422

15. Larson EL, McGinley KJ, Foglia AR, Talbot GH, Leyden JJ (1986) Composition and antimicrobic resistance of skin flora in hospitalized and healthy adults. J Clin Microbiol 23:604–608
16. Lee P-C, Turnidge J, McDonald PJ (1985) Fine-needle aspiration biopsy in diagnosis of soft tissue infections. J Clin Microbiol 22:80–83
17. McManus AT, Kim SH, McManus WF, Mason AD, Pruitt BA (1987) Comparison of quantitative microbiology and hispathology in divided burn-wound biopsy specimens. Arch Surg 122:74–76
18. Mead PB, Pories SE, Hall P, Vacek PM, Davis JH, Gamelli RL (1986) Decreasing the incidence of surgical wound infections. Arch Surg 121:458–461
19. Mitchell RG, Alder VG, Rosendal K (1974) The classification of coagulase-negative micrococcaceae from human and animal sources. J Med Microbiol 7:131–135
20. Moylan JA, Fitzpatrick KT, Davenport KE (1987) Reducing wound infections. Arch Surg 122:152–157
21. Mujais S, Uwaydah M (1983) Pneumococcal cellulitis. Infection 11:173–174
22. Müller F, Schaal KP, von Graevenitz A, von Moos L, Woolcock JB, Wüst J, Yassin AF (1988) Characterization of Rhodococcus equi-like bacterium isolated from a wound infection in a noncompromised host. J Clin Microbiol 26:618–620
23. Murray PM, Finegold SM (1984) Anaerobes in burn-wound infections. Reviews of Infectious Diseases 6:184–186
24. Paerregaard A, Gutschik E (1987) Capnocytophaga bacteremia complicating premature delivery by cesarean section. Eur J Clin Microbiol 6:580–581
25. Pollock AV, Evans M (1987) Microbiologic prediction of abdominal surgical wound infection. Arch Surg 122:33–36
26. Raahave D, Friis-Moller A, Bjerre-Jepsen K, Thiis-Knudsen J, Rasmussen LB (1986) The infective dose of aerobic and anaerobic bacteria in postoperative wound sepsis. Arch Surg 121:924–929
27. Schultz RC, McMaster WC (1972) The treatment of dog bite injuries, especially those of the face. Plast Reconstr Surg 49:494–500
28. Stone HH, Martin JD (1972) Synergistic necrotizing cellulitis. Ann Surg 175:702
29. Subbarao EK, Tarpay MM, Marks MI (1987) Soft-tissue infections caused by Mycobacterium fortuitum complex following penetrating injury. Am J Dis Child 141:1018–1020
30. Thomas PR, Buntine A (1987) Man's best friend?: a review of the Austin Hospital's experience with dog bites. Med J Aust 147:536–540
31. Trallero EP, Arenzana JMG, Eguiluz GC, de Toro Rios P (1988) Extraoral origin of Eikenella corrodens infection. Lancet I:298–299
32. Vainrub B, Macareno A, Mandel S, Musher DM (1988) Wound zygomycosis (mucormycosis) in otherwise healthy adults. Am J Med 84:546–548
33. Woolfrey BF (1987) Diskussionsbeitrag zu McManus. Arch Surg 122:77
34. Zbinden R, Sommerhalder P, von Wartburg U (1988) Co-isolation of Pasteurella dagmatis and Pasteurella multocida from cat-bite wounds. Eur J Clin Microbiol Infect Dis 7:203–204

Bursitis

Material: Bursapunktat

Die eitrige Bursitis ist ein relativ häufiges, meist traumatisch erworbenes Krankheitsbild [1]. Betroffen sind die Bursa praepatellaris und die Bursa im Bereich des Olecranon. Dieses Krankheitsbild wird meist ambulant therapiert, daher sind keine genauen Zahlen erhältlich. Über 77% der Fälle sind auf ein Trauma zurückzuführen, wobei die Bursa praepatellaris doppelt so häufig wie die Bursa olecranon betroffen wird; lediglich 1 Krankenhauspatient von 1000 wird einer schwedischen Studie [4] zufolge wegen einer Bursitis behandelt. Beim Patientengut handelt es sich meist um junge Männer und solche im mittleren Lebensalter. Kinder werden seltener betroffen. Ebenfalls erkranken Patienten mit Diabetes mellitus oder rheumatoider Arthritis, immunsupprimierte Patienten oder solche mit Psoriasis häufiger an einer eitrigen Bursitis [4].

Keimspektrum

Leitkeime dieses Infektionsgeschehens sind Staphylokokken und hier insbesondere *Staphylococcus aureus* mit 63% (Tabelle 3.111). Einen erheblichen Anteil nehmen β-hämolysierende Streptokokken, insbesondere A-Streptokokken, ein. Gramnegative Keime wie Enterobakterien und „nicht-fermentierende" Stäbchenbakterien sind prozentual unbedeutend.

Eine Pilzinfektion stellt ebenso wie eine Anaerobierinfektion eine Rarität dar (Tabelle 3.112).

Tabelle 3.111. Prozentuale Keimverteilung der eitrigen Bursitis (nach [4])

Staphylococcus aureus	63
Streptococcus pyogenes (Serogruppe A)	15
C-Streptokokken	3
G-Streptokokken	9
Viridansstreptokokken	3

Tabelle 3.112. Seltene Infektionserreger der eitrigen Bursitis

Haemophilus influenzae	Goldenberg et al. [1]
Mycobacterium marinum	Winter und Runyin [5]
Anaerobier	Goldenberg et al. [1]
Candida tropicalis	Murray et al. [2]
Cryptococcus neoformans	Sepkowitz et al. [3]
Salmonellen	Goldenberg et al. [1]

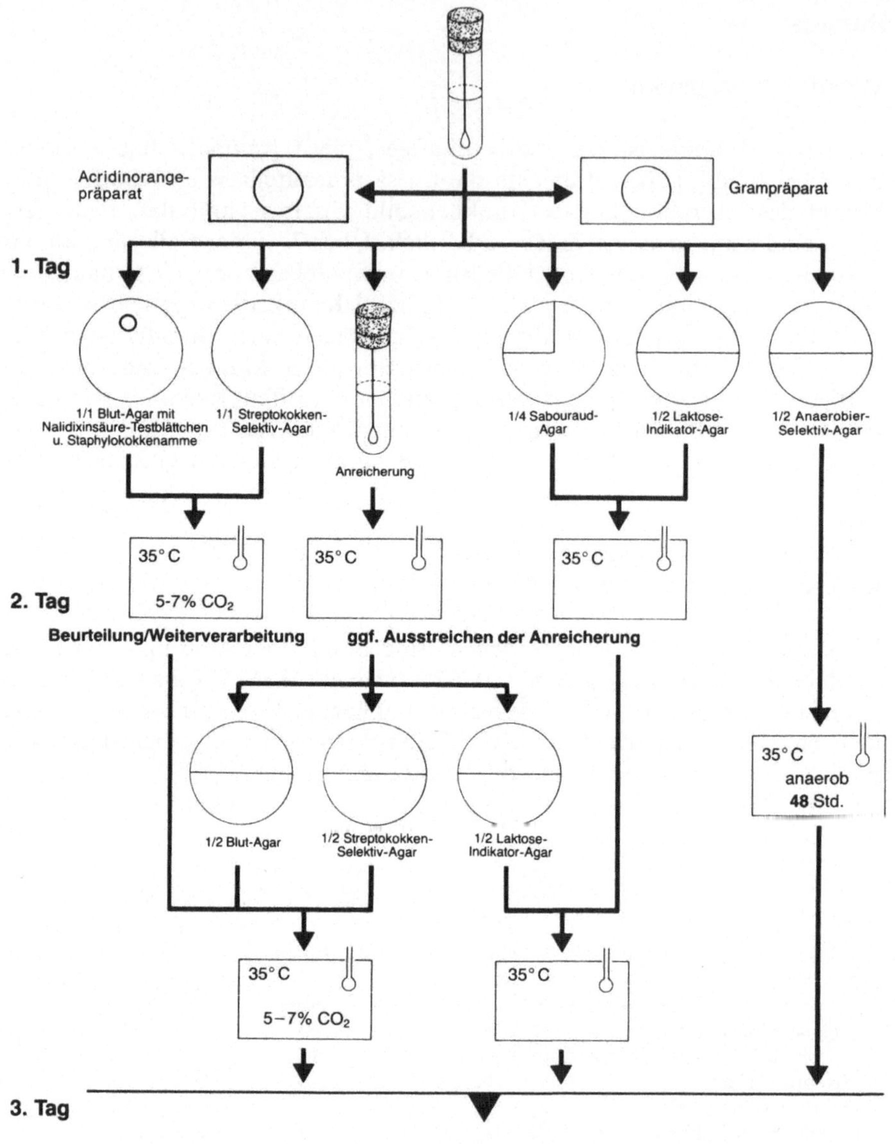

Abb. 3.18. Kulturelles Vorgehen bei Bursapunktat

Tabelle 3.113. Anlegeschema zur kulturellen Diagnostik

	1	2	3	4	5	6	7	8	9
Bursitis	+	+	+	+	+	+	+	+	+

1 Grampräparat, *2* Acridinorangepräparat, *3* Ziehl-Neelsen- oder Auraminpräparat, *4* Blut-Agar, *5* Streptokokken-Selektiv-Agar, *6* CO_2-Agar, *7* Anaerobier-Selektiv-Agar, *8* anaerobe Anreicherung, *9* aerobe Anreicherung

Diagnostik (Abb. 3.18, Tabelle 3.113)

Dem Keimspektrum entsprechend berücksichtigt das kulturelle Vorgehen die Staphylokokken und β-hämolysierenden Streptokokken; neben einem Blut-Agar sollte daher ein Streptokokken-Selektiv-Agar eingesetzt werden. Soll auf den CO_2-Agar zur Isolierung von Haemophilusarten verzichtet werden, so ist entweder ein Pferdeblut-Agar oder ein Schafsblut-Agar mit einer Staphylokokkenamme einzusetzen. Zu Sichtungszwecken sollte, insbesondere bei abwehrgeschwächten Patienten, ein Sabouraud-Agar zur Erfassung von Sproßpilzen mitgeführt werden.

Da durch lokale Injektion von Cortisonpräparaten eine Streuung der Infektion induziert werden kann, muß vor einer solchen Behandlung auch eine Anaerobierinfektion bzw. mykobakterielle Infektion sicher ausgeschlossen werden. Daraus ergibt sich, daß das Mitführen von einem Anaerobier-Selektiv-Agars, z. B. Wilkins-Chalgren-Agar mit Blut und einer Anaerobier-Anreicherung, wie z. B. mit Vitamin K_3 und Hämin supplementierter Thioglycolat-Bouillon, erforderlich ist.

Zur Erfassung der Mykobakterien [5] sollte zumindest ein Methylenblaupräparat bzw. ein Acridinorange- oder Auraminfluoreszenzpräparat angefertigt werden.

Literatur

1. Goldenberg DL, Reed JI (1985) Bacterial arthritis. N Engl J Med 12:764–771
2. Murray HW, Fialk MA, Roberts RB (1976) Candida arthritis: a manifestation of disseminated candidiasis. Am J Med 60:587–595
3. Sepkowitz D, Maslow M, Farber M, Seleznick M, Walker R (1988) Cryptococcal bursitis. Ann Intern Med 108:154
4. Söderquist B, Hedström Ä (1986) Predisposing factors, bacteriology and antibiotic therapy in 35 cases of septic bursitis. Scand J Infect Dis 18:305–311
5. Winter FE, Runyin EH (1965) Prepatellar bursitis caused by Mycobacterium marinum: case report and review of the literature. J Bone Joint Surg [Am] 47:375–379

Eitrige Arthritis

Material: Punktate, operativ gewonnene Proben

Trotz moderner Antibiotikatherapie ist die Arthritis ein Krankheitsgeschehen, bei dem in 10–25% der Fälle Komplikationen wie z.B. chronische Arthritis und Pyarthros auftreten [6]. Darüber hinaus ist mit einer gleichzeitig vorliegenden Osteomyelitis zu rechnen. Gelenkdefekte sind in 30% der Fälle zu erwarten, bei einigen Gelenken, wie z.B. bei den Hüftgelenken, ist sogar mit 50% Defektheilungen zu rechnen [6].

Pathogenese

Die eitrige Arthritis ist eine bakterielle, selten eine mykologische Infektion der Gelenke. Gelegentlich kann eine Begleitarthritis klinisch wie eine eitrige Arthritis erscheinen [9, 12, 19]. Im wesentlichen kann zwischen einer hämatogenen und einer traumatischen Entstehung unterschieden werden. Bei der hämatogenen Arthritis finden sich als Patienten hauptsächlich Kinder, insbesondere kleine Kinder, aber auch Rauschgiftsüchtige. Mit zunehmendem Alter wird bei Kindern eine traumatische Arthritis wahrscheinlicher und überwiegt bei Kindern über 5 Jahren. Nach Peltola und Vahvanen wird die Inzidenz einer hämatogenen Arthritis für Kinder mit 2 auf 100000 pro Jahr angegeben [15].

Bei Abwehrgeschwächten, hier insbesondere bei Rauschgiftsüchtigen, ist die Inzidenz höher zu veranschlagen. In einer Studie mit ca. 1600 hospitalisierten Suchtpatienten wiesen 9% eine eitrige Arthritis auf [4]. Bei diesen Patienten ist überwiegend von einer hämatogenen Arthritis auszugehen, die z.B. durch die Verwendung nicht steriler Injektionsnadeln ausgelöst wird.

Keimspektren

Bei der hämatogenen Arthritis kommt dem Alter (Tabelle 3.114) und ggf. Risikofaktoren eine erhebliche Bedeutung zu, da sich Lokalisation und typischerweise Keimspektrum entsprechend verändern (Tabellen 3.115, 3.116).

Leitkeim der Arthritis bei Säuglingen unter 30 Tagen ist *Staphylococcus aureus* (60%), gefolgt von A-Streptokokken (20%) und *Escherichia coli* (20%). Ab 6 Monaten nimmt die Bedeutung von *Staphylococcus aureus* (23%) zugunsten von *Haemophilus* (46%) ab. Während A-Streptokokken (3%) und auch Pneumokokken (3%) noch einen Teil der Arthritiden (6%) ausmachen, hat *Escherichia coli* kaum noch eine Bedeutung. Bei Jugendlichen und Erwachsenen machen *Staphylococcus aureus* und A-Streptokokken den Hauptanteil der Infektion aus. Bei Rauschgiftsüchtigen finden sich in hohem Anteil *Pseudomonas aeruginosa* (15%), *Serratia* (3%) und β-hämolysierende Streptokokken der Serogruppen C und G [4]. Neben diesen prozentual häufigen Keimen können gelegentlich eine Vielzahl von Erregern isoliert werden (Tabelle 3.117).

Tabelle 3.114. Prozentuale Keimverteilung der hämatogenen Arthritis (nach [1])

	Alter			
	<30 Tage	6–24 Mo.	1–5 J.	6–14 J.
Haemophilus influenzae		46	37	
Staphylococcus aureus	60	23	31	68
Pneumokokken		3	12	
A-Streptokokken	20	3	12	35
Escherichia coli	20			

Tabelle 3.115. Lokalisation der Arthritis in Abhängigkeit vom Alter (nach [1])

Lokalisation	Alter/Häufigkeit des Befalls			
	<30 Tage	0–4 Jahre	5–14 Jahre	>14 Jahre
Kniegelenk	30–40%	+++	76%	
Hüfte	60–70%	++	16%	
Sprunggelenk	Selten	+	+	
Andere Gelenke	Selten	Selten	Selten	+

Tabelle 3.116. Keimspektrum der eitrigen Arthritis bei rauschgiftsüchtigen Patienten (nach [4])

Staphylococcus aureus	48
A-Streptokokken	21
G-Streptokokken	9
D-Streptokokken	3
Pseudomonas aeruginosa	15
Serratia marcescens	3

Tabelle 3.117. Seltene Infektionserreger einer Arthritis

Candida zeylanoides	Bisbe et al. [3]
Brucella	Porat et al. [17]
B-Streptokokken	Small et al. [24], Laster und Michels [13], Pischel et al. [16]
G-Streptokokken	Imman et al. [11], Vartian et al. [25]
Streptococcus suis	Cheng et al. [5]
Mykobakterien	Pouchot et al. [18], Beckman et al. [2]
Mycobacterium terrae	Dijkmans et al. [8]
Moraxella	Dijkmans et al. [8]
Klebsiella	Sheftel et al. [23]
Morganella morganii	Schonwetter et al. [22]
Salmonella	Samra et al. [20]
Arizona	Samra et al. [20]
Yersinia	Leirisola-Repo [14]
Aeromonas	Samra et al. [20]
Staphylococcus simulans	
Neisseria meningitidis	Schaad et al. [21]
Capnocytophaga ochracea	Winn et al. [26]

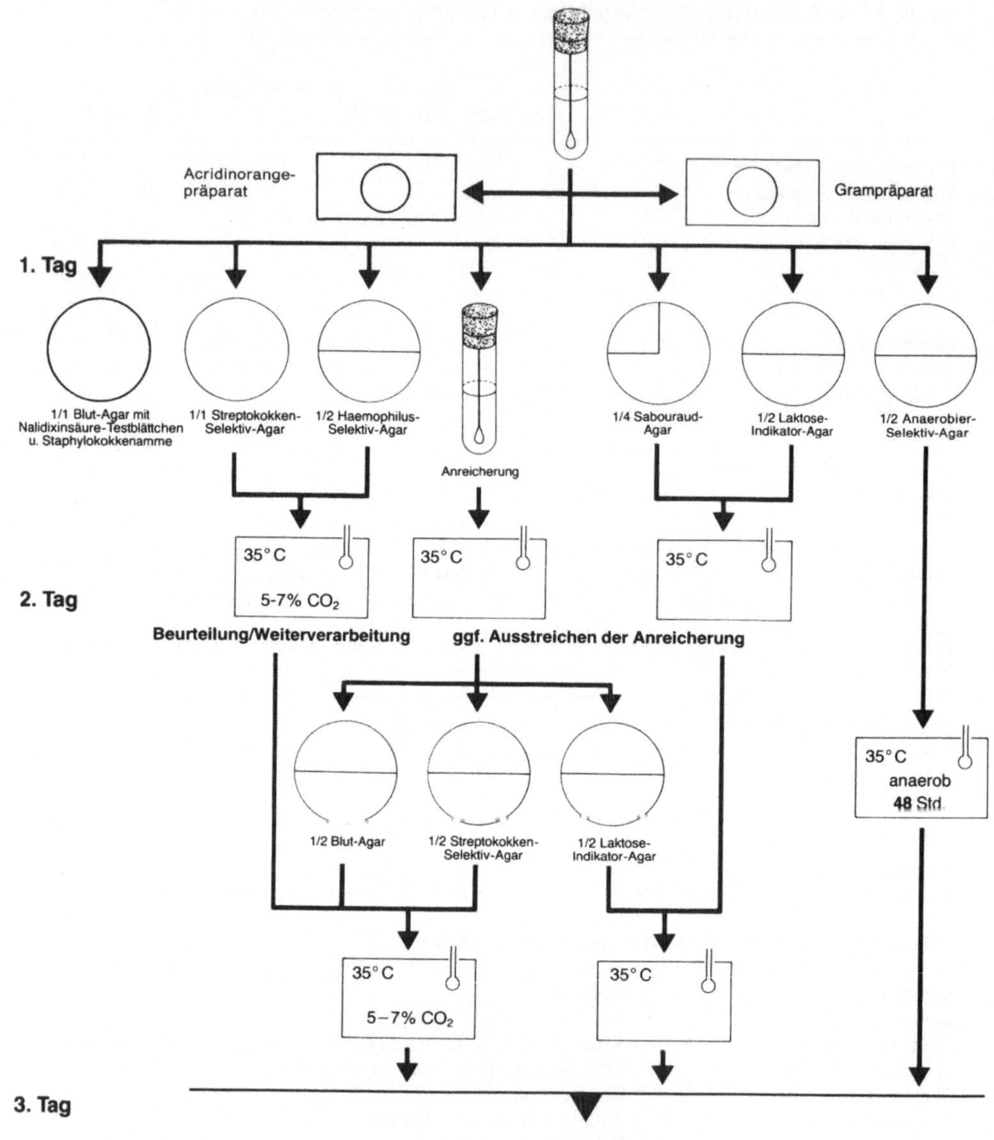

Abb. 3.19. Kulturelles Vorgehen bei Gelenkpunktat

Tabelle 3.118. Anlegeschema zur kulturellen Diagnostik

	1	2	3	4	5	6	7	8	9	10	11	12	13	14
Alter														
<30 Tage	+	+	+	+	+	+	+	−	+	+	+	+	+	+
6–24 Monate	+	+	+	+	+	+	+	−	+	−	+	+	+	+
1–5 Jahre	+	+	+	+	+	+	+	−	+	−	+	+	+	+
>6 Jahre	+	+	+	+	+	+	−	−	+	−	+	+	+	+
Rauschgiftsüchtige	+	+	+	+	+	+	−	+	+	+	+	+	+	+

1 Grampräparat, *2* Acridinorangepräparat, *3* Antigennachweis, z. B. Latexagglutination, *4* Blut-Agar, *5* CO_2-Agar, *6* Streptokokken-Selektiv-Agar, *7* Haemophilus-Selektiv-Agar, *8* Pseudomonas-Selektiv-Agar, z. B. Cetrimid-Agar, *9* Laktose-Indikator-Agar, *10* McConkey-Agar + MUG, *11* Anaerobier-Selektiv-Agar, *12* Sproßpilz-Selektiv-Agar, z. B. Sabouraud-Agar, *13* anaerobe Anreicherung, *14* aerobe Anreicherung

Diagnostik (Abb. 3.19, Tabelle 3.118)

Der Nachweis von mehr als 20 Leukozyten/ml und Bakterien in der Synovialflüssigkeit ist hier mit der verläßlichste Parameter; allerdings können insbesondere bei Gonokokkeninfektionen weniger Leukozyten/ml auftreten [10].

Überraschend enttäuschend ist die Aussagekraft der kulturellen Diagnostik. Auch bei eingreifender Probengewinnung (z. B. operativ oder durch Feinnadelaspiration) sind lediglich bei 36–67% der eitrigen Arthritiden positive kulturelle Ergebnisse erzielbar [1, 10, 15]. Zusammen mit den üblichen Probenmaterialien sollte eine Blutkultur angelegt werden, insbesondere bei Verdacht auf hämatogene Entstehung, da hier die Blutkulturen in 14–17% der Fälle positiv sind und somit das Ergebnis der kulturellen Absicherung auf 40% verbessern [15].

Aufgrund dieser z. T. unbefriedigenden Aussagekraft kultureller Methoden sollten daher nicht-kulturelle Verfahren mit in die Diagnostik einbezogen werden, wie der Antigennachweis (*Haemophilus influenzae*, *Neisseria gonorrhoeae*, *Neisseria meningitidis*, A- und B-Streptokokken, Pneumokokken) in der Synovialflüssigkeit. Hier bieten sich kommerziell erhältliche Agglutinationstests oder auch die Gegenstromelektrophorese an, es sollten aber auch empfindlichere mikroskopische Methoden wie die Acridinorangefluoreszenzfärbung eingesetzt werden (Tabelle 3.118).

Bei dem kulturellen Vorgehen sollten aufgrund des oben Angeführten das Alter sowie die Frage nach Risikofaktoren berücksichtigt werden; so sollten wegen der Häufung von *Haemophilus influenzae* in der Altersklasse 6 Monate bis 5–6 Jahre hier ein Haemophilus-Selektiv-Agar und/oder CO_2-Agar mit Vitamin-Supplementen (evtl. mit Tomatensaftzusatz (7%) eingesetzt werden. Um die Haemophilusdiagnostik noch besser abzusichern, sind Optimalblutplatten, z. B. auf der Basis Columbia- oder Casman-Agar mit Pferdeblut anstelle des Schafsblutes, geeignet. Bei Kindern über 10 Jahren und Erwachsenen ist ein zusätzlicher Haemophilus-Selektiv-Agar unbedingt erforderlich, auch sollte auf einen CO_2-Agar nicht verzichtet werden, um Neisserien zu erfassen. Insbesondere bei jungen Patienten ohne Risikofaktoren muß an eine Gonokokkenarthritis gedacht werden.

Ein Streptokokken-Selektiv-Agar unterstützt die Streptokokkendiagnostik, ein Laktose-Indikator-Agar, z. B. McConkey- oder Chinablau-Laktose-Agar, den Nachweis von Enterobakterien.

Die Sproßpilze, die nach den Angaben von Dan [7] besonders in der neonatalen Gruppe wichtig sind, werden durch einen Sproßpilz-Agar wie Sabouraud-Agar, supplementiert mit 10 mg/l Gentamicin, sowie durch eine Sabouraud-Anreicherungsbouillon erfaßt.

Zur Anzucht der Anaerobier wie Peptokokken oder *Bacteroides* empfiehlt sich ein nicht-selektiver Anaerobier-Agar wie z. B. Wilkins-Chalgren- oder Gifu-Agar mit Blut.

Ein besonderes Augenmerk ist auf die Anreicherungen zu richten. Hier sollten mindestens 2 aerobe Anreicherungen, z. B. Hirn-Herz-Infus, TSB- oder Eugon-Bouillon, und eine anaerobe Anreicherung, z. B. Wilkins-Chalgren- oder Thioglykolat-Bouillon supplementiert mit Vitamin K_1 und Hämin Thioglykolat-Bouillon, eingesetzt werden, um Kontamination besser von einem positiven Befund abtrennen zu können (Abb. 3.19). So ist bei einer bewachsenen von zwei Anreicherungen der Verdacht auf eine Kontamination gegeben.

Literatur

1. Barton LL, Dunkle LM, Habib FH (1987) Septic arthritis in childhood. Am J Dis Child 141:898–900
2. Beckman EN, Pankey GA, McFarland GB (1985) The histopathology of mycobacterium-marinum synovitis. Am J Clin Pathol 83:457–464
3. Bisbe J, Vilardell J, Valls M, Moreno A, Brancos M, Andreu J (1987) Transient fungemia and Candida arthritis due to Candida zeylanoides. Case Report 6:668–669
4. Chandrasekar PH, Narula AP (1986) Bone and joint infections in intravenous drug abusers. Rev Infect Dis 8:904–911
5. Cheng AF, Khin-Thi-Oo, Li EK, French GL (1987) Septic arthritis caused by Streptococcus suis serotype 2. J Infect 14:237–241
6. Cooper C, Cawley MID (1986) Bacterial arthritis in an English health district: a 10 year review. Ann Rheum Dis 45:458–463
7. Dan M (1984) Septic arthritis in young infants: clinical and microbiologic correlations and therapeutic implications. Rev Infect Dis 6:147–155
8. Dijkmans BAC, Mouton RP, Macfarlane JD, Reynvaan-Groendijk A, Rozing P, van den Broek PJ, van der Meer JWM (1981) Bacterial arthritis caused by Mycobacterium terrae. Infection 9:204–207
9. Ebrigth JR, Ryan LM (1984) Acute erosive reactive arthritis associated with Campylobacter jejuni-induced colitis. Am J Med 76:321–367
10. Editorial (1986) Bacterial arthritis. Lancet I
11. Imman RD, Gallegos KV, Brause BD, Redecha PB, Lam K, Bayer AS (1983) Serious infections due to group G streptococci. Am J Med 75:561–570
12. Johnston YE, Duray PH, Steere AC, Kashgarian M, Buza J, Malawista SE, Askenase PW (1985) Lyme arthritis: spirochetes fauna in synovial microangiopathic lesions. Am J Pathol 118:26

13. Laster AJ, Michels ML (1984) Group B streptococcal arthritis in adults. Am J Med 76:910–915
14. Leirisola-Repo M (1987) Yersinia arthritis. Contrib Microbiol Immunol 9:145–154
15. Peltola H, Vahvanen V (1984) A comparative study of osteomyelitis and purulent arthritis with special reference to aetiology and recovery. Infection 12:75–79
16. Pischel KD, Weisman MH, Cone RO (1985) Unique features of group B streptococcal arthritis in adults. Arch Int Med 145:97–102
17. Porat S, Shapiro M (1984) Brucella arthritis of the sacro-iliac joint. Infection 12:205
18. Pouchot J, Vinceneux P, Barge J, Boussougant Y, Grossin M, Pierre J, Carbon C, Kahn KF, Esdaile JM (1988) Tuberculosis of the sacroiliac joint: clinical features, outcome, and evaluation of closed needle biopsy in 11 consecutive cases. Am J Med 84:622–628
19. Repo H, Meri S, Leirisalo-Repo M (1987) Inflammation in Yersinia arthritis. Contrib Microbiol Immunol 9:141–144
20. Samra Y, Shaked Y, Maier MK (1986) Nontyphoid salmonellosis in patients with total hip replacement: report of four cases and review of the literature. Rev Infect Dis 8:978
21. Schaad UB, Nelson JD, McCracken GH (1981) Primary meningococcal arthritis. Infection 9:170–173
22. Schonwetter RS, Orson FM (1988) Chronic Morganella morganii arthritis in an elderly patient. J Clin Microbiol 26:1414–1415
23. Sheftel TG, Cierny G, Lefrock JL, Mader JT (1984) Cefmenoxime therapy in bacterial osteomyelitis. Am J Med 77:17–20
24. Small CB, Later LN, Lowy FD, Small RD, Salvati EA, Casey JI (1984) Group B streptococcal arthritis in adults. Am J Med 76:367–375
25. Vartian C, Lerner PhI, Shlaes DM, Gopalakrishna KV (1985) Infections due to Lancefield group G streptococci. Medicine 64:75–88
26. Winn RE, Chase WF, Lauderdale PW, McCleskey FK (1984) Septic arthritis involving Capnocytophaga ochracea. J Clin Microbiol 19:538–540

Osteomyelitis

Material: Knochensubstanz, intraoperativ gewonnene Proben, Aspirate

Osteomyelitisformen

Die Osteomyelitis ist eine schwerwiegende, oft schwer therapierbare Infektion. Alter, Risikofaktoren, Lokalisation und Entstehung der Infektion entscheiden über die Inzidenz, das Keimspektrum und die Prognose. Charakteristische Osteomyelitisformen sind die hämatogene Osteomyelitis, die sekundäre, von einem Infektionsherd fortgeleitete Osteomyelitis und die Osteomyelitis aufgrund einer vaskulären Insuffizienz (Tabelle 3.119). Der Verlauf aller Osteomyelitisformen kann sich chronifizieren und ist dann durch langwährenden Verlauf oder Rückfall, Knochensequester- und/oder Fistelbildung gekennzeichnet. Eine Sonderform stellt die Ostemyelitis nach Implantatinfektionen dar.

Hämatogene Osteomyelitis

Die akute, hämatogene Osteomyelitis betrifft im wesentlichen Kinder und Jugendliche mit einer jährlichen Inzidenz von 4,5 Patienten auf 100000 [25]. Ausgehend von einer Bakteriämie werden bei Kindern hauptsächlich die Metaphysen der langen Knochen, also Femur, Tibia und Humerus, betroffen (Tabelle 3.120). Eine seltene aber fast ausschließliche Form der hämatogenen Osteomyelitis ist die zervikale Osteomyelitis [35]. Nur in wenigen Fällen wird diese Form fortgeleitet durch einen Hirnabszeß bewirkt.

Tabelle 3.119. Merkmale der Osteomyelitisformen

	Hämatogene Osteomyelitis	Sekundäre, fortgeleitete Osteomyelitis	Osteomyelitis bei vaskulärer Insuffizienz
Altersverteilung	1 – 20 Jahre >50 Jahre	>50 Jahre	>50 Jahre
Lokalisation	Lange Knochen Wirbelsäule	Lange Knochen Schädelknochen Kiefer	Füße, Zehen
Ursachen	Sepsis	Chirurgische Eingriffe Traumata Zellulitis	Diabetes mellitus periphere Gefäßverschluß-erkrankungen

Nach Norden CW (1985) Osteomyelitis. In: Mandell et al. (eds) Principles and practice of infectious diseases. Wiley Medical, New York, pp 704–711

Tabelle 3.120. Lokalisationshäufigkeit der Osteomyelitis

	Hämatogen	„Anaerobe" Osteomyelitis
Schädelknochen, Mandibula		26,5
Wirbelsäule		
Cervikal	1–2	1,9
Brustwirbelsäule	0,03–0,24	
Lendenwirbelsäule		
Beckengürtel		
Obere Extremitäten		
Hand		4,9
Untere Extremitäten		7,8
Femur	41	
Tibia	14	
Calcaneum	14	
Fuß		9,3

(Kumulierte Daten nach [21, 25, 27, 36])

Bei Kindern stellt die Metaphyse der langen Knochen einen „locus minoris resistentiae" dar, da hier die versorgenden Gefäße enge Kurven und damit eine geringe Strömungsgeschwindigkeit aufweisen. Darüber hinaus fehlen in diesem Bereich Zellen mit der Fähigkeit zur Phagozytose. Die Infektion kann sich über die Lymphgefäße zu dem Periost ausbreiten und hier durch Abheben des Periosts einen subperiostealen Abszeß, den Brodie-Abszeß, verursachen. Eine weitere Infektionsreaktion ist die septische Thrombophlebitis der Knochengefäße mit Erhöhung des Druckes im Markraum und sich anschließender ischämischer Nekrose des Knochens. Kompliziert wird die akute Osteomyelitis in ca. 14% durch eine purulente Arthritis [25]. Betroffen von dieser Komplikation werden hauptsächlich Kinder unter 1 Jahr, da bei älteren Kindern die Epiphyse meist eine Weiterleitung verhindert. Eine Ausnahme stellt das kindliche Hüft- und Schultergelenk dar; hier treten auch bei älteren Kindern Gefäße durch die Wachstumszone und können so die Synovia erreichen [5].

Bei Erwachsenen muß man beim Auftreten einer hämatogenen Osteomyelitis an Risikofaktoren wie Rauschgiftsucht, Sichelzellanämie oder granulomatöse bzw. leukämische Erkrankungen denken [3, 20].

Die akute Osteomyelitis kann ihren Ausgang von zentralvenösen Kathetern nehmen [2], jedoch sind die Ausgangspunkte hauptsächlich eine Infektion der Haut, des Respirationstraktes und der ableitenden Harnwege [37]. Bei zervikalen Osteomyelitiden kann auch eine Tonsillektomie, Trachealintubation oder Periodontitis der Infektionsherd sein [33, 35, 40]. Bei Osteomyelitiden, die durch Anaerobier bedingt sind, muß an chirurgische, z. B. bauchchirurgische Eingriffe, Bauchinfektionen oder Dekubitalulzera als Herd gedacht werden [27].

Klinische Zeichen der hämatogenen Osteomyelitis sind Fieber, örtlich umschriebene Schwellung, Spannung und Bewegungseinschränkung. Charakteristisch ist das plötzlich auftretende hohe Fieber.

Osteomyelitis bei vaskulärer Insuffizienz

Die Form der Osteomyelitis bei vaskulärer Insuffizienz findet sich bei Diabetikern (ca. 60%) [27] oder Patienten mit Arteriosklerose; fast ausschließlich sind die Patienten älter als 50 Jahre. Im Rahmen der Ischämie kommt es erst zu Ausbildung trophischer Hautschäden und Bildung von Ulcera. Eine Infektion der Ulcera verschlimmert die Ischämie, auch der tieferliegenden Organe, und führt im Sinne einer fortgeleiteten Infektion zur Osteomyelitis.

Chronische Osteomyelitis

Ausgehend von einer der akuten Formen der Osteomyelitis kann die Erkrankung in ein chronisches Stadium übergehen [15]. Typisch ist hierbei unter verschleierter Symptomatik die Ausbildung von Fisteln und Knochensequestern. Eine klinisch ähnliche Symptomatik tritt bei chronischen Osteomyelitis-ähnlichen Erkrankungen wie bei der rezidivierenden multifokalen Osteomyelitis [24] auf; allerdings handelt es sich um eine abakterielle Erkrankung.

Bei der chronischen Osteomyelitis ist, abweichend von der hämatogenen Osteomyelitis, ein erheblicher Anteil anaerober Keime beteiligt. Je nach Lokalisation liegt der prozentuale Anteil zwischen 1–50% (Tabelle 3.120) [25, 27, 36].

Neben diesen Hauptformen der Osteomylitis treten bei gewissen Grunderkrankungen besondere Krankheitserreger auf. Diese Osteomyelitisformen finden sich bei Patienten mit Sichelzellanämie [34] oder Rauschgiftsucht. Hier treten seltene Krankheitserreger wie *Actinomyces*, *Histoplasma capsulatum*, *Echinococcus*, Mykobakterien oder Pilze gehäuft auf.

Eine weitere Sonderform ist die Madurafußmykose in den tropischen und subtropischen Ländern. Bei einer Verletzung kommt es zu einer Weichteilinfektion durch Pilze mit Beteiligung der Knochen.

Fortgeleitete Osteomyelitis

Bei der Osteomyelitis aufgrund einer fortgeleiteten Infektion handelt es sich in der Mehrzahl um eine posttraumatische Erkrankung. Hierbei sind sowohl operative Behandlungen von Brüchen, neurochirurgische oder mund- und kieferchirurgische [1] als auch thoraxchirurgische Eingriffe [38] einzubeziehen. Tierbiß- [12] oder Schußwunden können ebenso eine Osteomyelitis hervorrufen [27]. Wichtige Faktoren für das Angehen einer Infektion sind Ausdehnung der Gewebeschädigung, Ischämie und reduzierte Migration von Phagozyten.

Aufgrund der Genese ist diese Form der Osteomyelitis ein polymikrobielles Geschehen. Leitkeime sind *Staphylococcus aureus* und *epidermidis* (Tabelle 3.122). Über Fibronectin können Staphylokokken sich an die zelluläre Matrix des Knochens binden und Mikrokolonien bilden, die das Infektionsgeschehen unterhalten [9, 29].

Klinische Symptome wie Fieber, Schwellung und Erythem finden sich im Anfangsstadium bei 50% der Patienten. Bei längerem Verlauf im Sinne von Rückfällen und Chronifizierung treten Fistelbildung mit Fisteleiter auf.

Subakute Osteomyelitis, Brodie-Abszeß

Weitere, relativ seltene Osteomyelitisformen stellen Krankheitsformen wie die subakute Osteomyelitis und der Brodie-Abszeß dar. Beim Brodie-Abszeß handelt es sich um eine lokalisierte Erkrankung. Unter Abhebung des Periosts bildet sich ein Abszeß. Meist werden die Metaphysen langer Röhrenknochen betroffen. Die Patienten sind i. allg. unter 40 Jahre alt, mit einer Erkrankungshäufigkeit zwischen dem 10. und 20. Lebensjahr [30]. Fast ausschließlich wird der Brodie-Abszeß durch *Staphylococcus aureus* bewirkt; allerdings sind gelegentlich auch A-Streptokokken, andere Streptokokken und auch *Pseudomonas aeruginosa* beteiligt.

Materialien für die Diagnostik

Als diagnostische Maßnahmen bieten sich die kulturelle Untersuchung eines Aspirates, einer Knochenbiopsie oder intraoperativ gewonnener Abstriche an. Dennoch werden nur bis zu 73% z. B. der akuten hämatogenen Osteomyelitiden bakteriologisch verifiziert. Bei der hämatogenen Osteomyelitis ist die Blutkultur als zusätzliche Maßnahme vielversprechend, da ca. 41% der Patienten eine Bakteriämie haben [25]. Eine eingeschränkte Wertigkeit hat die kulturelle Untersuchung von Fistelabstrichen bzw. Fisteleiter aufgrund der Kontaminationsmöglichkeit durch Hautkeime; so findet sich hier bei chronischen Osteomyelitiden in 0–22% ein polymikrobielles Geschehen [19] mit einem z. T. erheblichen Anteil an Anaerobiern.

Keimspektren der Osteomyelitisformen

Die hämatogene Osteomyelitis ist ein monomikrobielles Geschehen, lediglich 5% sind polymikrobiell [5]. Leitkeim ist *Staphylococcus aureus*, darüber hinaus kann bei Kleinkindern unter 1 Jahr *Escherichia coli* eine bedeutende Rolle spielen, nach einem Jahr nimmt an gramnegativen Keimen *Haemophilus influenzae* einen wichtigen Anteil ein. Wichtige Keime bei Erwachsenen sind neben *Staphylococcus epidermidis* mit ca. 10–20% Enterobakterien mit bis zu 20% nach *Staphylococcus aureus* mit 40–60% (Tabelle 3.121). Bei sexuell aktiven Erwachsenen muß auch an *Neisseria gonorrhoeae* als Infektionserreger gedacht werden.

Das Infektionsgeschehen der fortgeleiteten Osteomyelitis und der bei vaskulärer Insuffizienz ist häufig polymikrobiell (Tabelle 3.122). Leitkeime sind auch hier Staphylokokken und in geringer Häufigkeit Streptokokken, gramnegative Stäbchenbakterien und Anaerobier (Tabelle 3.123). Sproßpilzarten werden nur selten als Infektionserreger isoliert (Tabelle 3.124).

Tabelle 3.121. Prozentuale Keimverteilung der hämatogenen Osteomyelitits

Bei Kleinkindern unter 1 Jahr	
Staphylococcus aureus	40–60
B-Streptokokken	<5
Escherichia coli	20–40
Bei Kindern zwischen 1 und 16 Jahren	
Staphylococcus aureus	50–80
Streptococcus pyogenes (A-Streptokokken)	5–20
Pneumokokken	2
Haemophilus influenzae	5
Bei Jugendlichen und Erwachsenen	
Staphylococcus aureus	60–80
Staphylococcus epidermidis	10–20
gramnegative Stäbchenbakterien	bis 20
– *Pseudomonas aeruginosa*	
– Enterobakterien	

Nach Knothe H, Dette GA (1984) Antibiotika in der Klinik, 2. Aufl. Aesopus Verlag, Zug

Tabelle 3.122. Prozentuale Keimverteilung der fortgeleiteten Osteomyelitis und Osteomyelitis bei vaskulärer Insuffizienz (orientierend)

Staphylococcus aureus	60–70
β-hämolysierende Streptokokken	bis 25
Viridansstreptokokken	35
Enterokokken	bis 20
Enterobakterien (*Proteus, Klebsiella, Enterobacter, Escherichia coli*)	5–30
Pseudomonas	5–25

Tabelle 3.123. Prozentuale Häufigkeit von Bakterienspezies am anaeroben Keimspektrum der Osteomyelitis (nach [27, 21, 36])

Bacteroides spp.	40
Bacteroides fragilis	9–24
Fusobakterien	15
Peptokokken	7
Peptostreptokokken	6
Clostridien	7–8

Tabelle 3.124. Seltene Infektionserreger einer Osteomyelitis

Salmonella tennessee	Kiess et al. [16]
Candida albicans	Dijkmans et al. [6]
Moraxella osloensis	Sugarman and Clarridge [32]
Staphylococcus warneri	Bryan et al. [2]
Haemophilus aphrophilus	Ho et al. [11]
	Kraut et al. [17]
	Petty et al. [26]
Haemophilus parainfluenzae	Olk et al. [23]
Haemophilus influenzae	Holzgang et al. [13]
B-Streptokokken	Stevens et al. [31]
	Laster und Michels [18]
Neisseria sicca	Doern et al. [8]
Plesiomonas shigelloides	Ingram et al. [14]
Propionibacterium acnes	Noble and Overmann [22]
Aspergillus	Richards and Priaulx [28]
Klingella kingae	Woolfrey et al. [39]
Mycobacterium terrae	Dijkmans et al. [7]
Streptococcus sanguis	Demers et al. [4]

Diagnostik (Abb. 3.20, Tabelle 3.125)

Dem Keimspektrum entsprechend wird das kulturelle Vorgehen auf einem Blut-Agar auf Basis eines Optimal-Agars wie Columbia, Eugon o. ä. aufgebaut. Insbesondere bei der chronischen, der fortgeleiteten und der Osteomyelitis bei vaskulärer Insuffizienz wird die Isolierung von Staphylokokken durch Unterdrücken der Begleitkeime auf Staphylokokken-Selektiv-Agar, z. B. Vogel-Johnson-Agar oder Blut-Agar mit 6% Kochsalz, und einer entsprechenden Anreicherung erleichtert (wichtige Isolierungshilfe). Ebenfalls kann ein „grampositiver" Selektiv-Agar das Erfassen und Isolieren der grampositiven Keime erleichtern (Tabelle 3.125).

Bei Kleinkindern unter 1 Jahr empfiehlt sich wegen des hohen Anteils von *Escherichia coli* zusätzlich ein McConkey-Agar mit α-Methylumbelliferylglucuronid zur raschen Erfassung von *Escherichia coli.* Bei Kindern mit einer hämatogenen Osteomyelitis sollte prinzipiell ein CO_2-Agar zur Erfassung von Neisserien, *Haemophilus* und anderen anspruchsvollen Keimem mitgeführt werden, ebenso bei sexuell aktiven Erwachsenen, da bei diesen *Neisseria gonorrhoeae*-Infektionen auftreten können. Bei der chronischen und der fortgeleiteten Osteomyelitis sowie bei der vaskulären Insuffizienz ist ein Anaerobier-Selektiv-Agar und eine entsprechende Anreicherung mitzuführen.

In der Altersgruppe 1–16 Jahren erleichtert ein Streptokokken-Selektiv-Agar mit den diagnostischen Testblättchen Optochin und Bacitracin in der ersten Fraktion das rasche Erfassen von A-Streptokokken und Pneumokokken. Insbesondere empfiehlt sich der Einsatz auch bei der Osteomyelitis bei vaskulärer Insuffizienz, die häufig als Mischinfektion vorliegt.

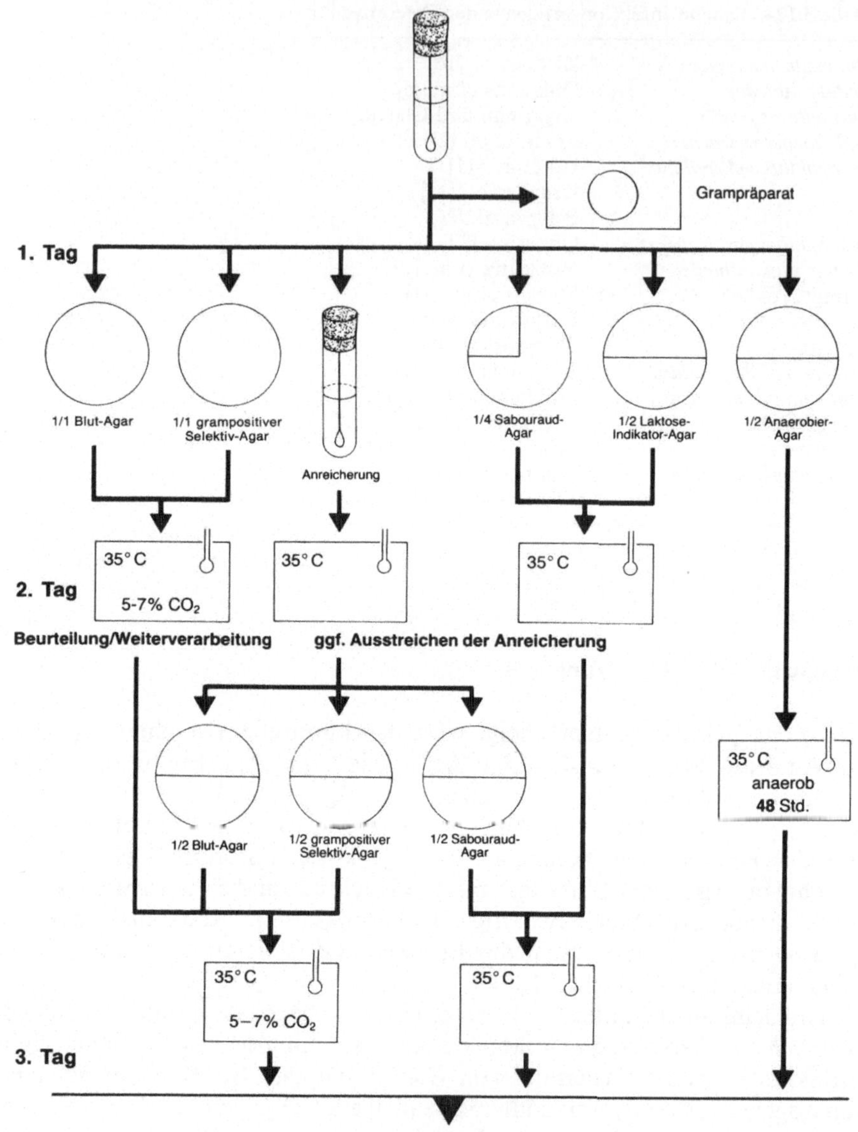

Abb. 3.20. Kulturelles Vorgehen bei Knochengewebe

Tabelle 3.125. Anlegeschema zur kulturellen Diagnostik

	1	2	3	4	5	6	7	8	9	10	11	12
Bis 1 Jahr	+	+	+	+	−	+	+	+	+	+	−	−
Kinder	+	+	+	+	−	+	+	+	+	+	−	−
Junge Erwachsene	+	+	+	+	−	+	+	+	+	+	−	−
Erwachsene	+	+	+	−		+	+	+	+	+	−	−
Fortgeleitete Osteomyelitis	+	+	+	−	+	+	+	+	+	+	+	−
Osteomyelitis des Kiefers	+	+	+	−	+	+	+	+	+	+		(+)

1 Grampräparat, *2* Blut-Agar, *3* Streptokokken-Selektiv-Agar, *4* Schokoladen-Agar, *5* Staphylokokken-Selektiv-Agar, *6* Laktose-Indikator-Agar, *7* Anaerobier-Selektiv-Agar, *8* Sproßpilz-Selektiv-Agar z. B. Sabouraud-Agar, *9* aerobe Anreicherung, *10* anaerobe Anreicherung, *11* Staphylokokken-Selektiv-Anreicherung, *12* Hirn-Herz-Infus-Agar anaerob

Der Laktose-Indikator-Agar unterstützt die vorläufige Differenzierung gramnegativer Keime aus der Enterobakterien- und „Nicht-Fermenter"-Gruppe.

Literatur

1. Adekeye EO, Cornah J (1985) Osteomyelitis of the jaws: a review of 141 cases. Br J Oral Surg 23:24–35
2. Bryan CS, Parisi JT, Strike DG (1987) Vertebral osteomyelitis due to Staphylococcus warneri attributed to a Hickman catheter. Diagn Microbiol Infect Dis 8:57–59
3. Cierny G, Mader JT (1987) Approach to adult osteomyelitis. Orthop Rev 16:259–270
4. Demers C, Tremblay M, Lacourciere Y (1988) Acute vertebral osteomyelitis complicating Streptococcus sanguis endocarditis. Ann Rheum Dis 47:333–336
5. Dickie AS (1986) Current concepts in the management of infections in bones and joints. Drugs 32:458–475
6. Dijkmans BAC, Kooten MI, Mouton RP, Falke THM, van den Broek PJ, van der Meer JWM (1982) Hematogenous candida vertebral osteomyelitis treated with ketoconazole. Infection 10:36–38
7. Dijkmans BAC, Mouton RP, MacFarlene JD, Reynvaan-Groendijk A, Rozing P, van den Broek PJ, van der Meer JWM (1981) Bacterial arthritis caused by Mycobacterium terrae. Infection 9:204
8. Doern GV, Blacklow NR, Gantz NM, Aucoin P, Fischer RA, Parker DS (1982) Neisseria sicca osteomyelitis. J Clin Microbiol 16:595–597
9. Gristina AG, Oga M, Webb LY, Hobgood CD (1985) Adherent bacterial colonization in the pathogenesis of osteomyelitis. Science 228:990–993
10. Jahna H (1982) Häufigkeit des Knocheninfektes in Abhängigkeit von Verletzungsgrad und Therapie bei Schaftbrüchen. Unfallheilk 157:80–86
11. Ho JH, Soukiasian S, Oh WH, Snydman DR (1984) Haemophilus aphrophilus osteomyelitis. Am J Med 76:159
12. Holms W, Ali MA (1987) Acute osteomyelitis of index finger caused by dog bite. J Hand Surg [Am] 12:137–139
13. Holzgang J, Wehrli R, von Graevenitz A, Santanam P (1984) Adult vertebral osteomyelitis caused by Haemophilus influenzae. Eur J Clin Microbiol 3:261–262

14. Ingram CW, Morrison AJ, Levitz RE (1987) Gastroenteritis, sepsis, and osteomyelitis caused by Plesiomonas shigelloides in an immunocompetent host: case report and review of the literature. J Clin Microbiol 25:1791–1793
15. Kelley PJ, Wilkowske CJ, Washington JA (1975) Chronic osteomyelitis in the adult. Curr Pract Orthop Surg 6:120–132
16. Kiess W, Haas R, Marget W (1984) Chloramphenicol-resistant Salmonella tennessee osteomyelitis. Infection 12:359
17. Kraut MS, Atteberg HR, Finegold SM, Sutter VL (1972) Detection of Haemophilus aphrophilus in the human oral flora with a selective media. J Infect Dis 126:189–192
18. Laster AJ, Michels ML (1984) Group B streptococcal arthritis in adults. Am J Med 76:910
19. Mackowiak DA, Smith JW (1983) Polymicrobial infections in osteomyelitis. Rev Infect Dis 5:167–168
20. Morrison IS (1983) Osteomyelitis in adults. Med J Aust 1:255
21. Nakata MM, Lewis RP (1984) Anaerobic bacteria in bone and joint infections. Rev Infect Dis 6:165–170
22. Noble RC, Overman SB (1987) Propionibacterium acnes osteomyelitis: case report and review of the literature. J Clin Microbiol 25:251–254
23. Olk DG, Hamill RJ, Proctor RA (1987) Haemophilus parainfluenzae vertebral osteomyelitis. Am J Med Sci 294:114–116
24. Pelkonen P, Ryöppy S, Jääskeläinen J, Rapola J, Repo H, Kaitila I (1988) Chronic osteomyelitis like disease with negative bacterial cultures. Am J Dis Child 142:1167–1173
25. Peltola H, Vahvanen V (1984) A comparative study of osteomyelitis and purulent arthritis with special reference to aetiology and recovery. Infection 12:75–79
26. Petty BG, Burrow CR, Robinson RA, Bulkley GB (1985) Haemophilus aphrophilus meningitis followed by vertebral osteomyelitis and suppurative psoas abscess. Am J Med 78:159
27. Raff MJ, Melo JC (1978) Anaerobic osteomyelitis. Medicine (Baltimore) 57:83–103
28. Richards RH, Priaulx LR (1988) A case of aspergillus osteomyelitis complicating an open fracture of the tibia. Injury 19:129–130
29. Ryden C, Maxe I, Franzen A, Ljungh A, Heinegard D, Rubin K (1987) Selective binding of bone matrix sialoprotein to Staphylococcus aureus in osteomyelitis. Lancet II:515
30. Stephens MM, MacAuley P (1988) Brodie's abscess. A long-term review. Clin Orthop Res 234:211–216
31. Stevens DL, Haburchak DR, McNitt TR, Everett ED (1978) Group B streptococcal osteomyelitis in adults. South Med J 71:1450–1451
32. Sugarman B, Clarridge J (1982) Osteomyelitis caused by Moraxella osloensis. J Clin Microbiol 15:1148–1149
33. Sutton MJ (1984) Pyogenic osteomyelitis of the vertebral body. J Am Osteopath Assoc 83:724–728
34. Syrogiannopoulos GA, McCracken GH, Nelson JD (1986) Osteoarticular infections in children with sickle cell disease. Pediatrics 78:1090–1096
35. Tami TA, Burkus JK, Strom G (1987) Cervical osteomyelitis. Arch Otolaryngol 113:992–994
36. Templeton WC, Wawrukiewicz A, Melo JC, Schiller MG, Raff MJ (1983) Anaerobic osteomyelitis of long bones. Rev Infect Dis 5:692–712
37. Wald ER (1985) Risk factors for osteomyelitis. Am J Med 78:206–212
38. Wessel A, Simon C, Regensburger D (1987) Bacterial and fungal infections after cardiac surgery in children. Eur J Pediatr 146:31–33
39. Woolfrey BF, Lally RT, Faville RJ (1986) Intervertebral diskitis caused by Kingella kingae. Am J Clin Pathol 85:745
40. Zigler JE, Bohlman HH, Robinson RA, Riley LH, Dodge LD (1987) Pyogenic osteomyelitis of the occiput, the atlas, and the axis. J Bone Joint Surg 69A:1069–1073

Implantat- oder „foreign body"-Infektion

Material: Operative Wundabstriche, Blutkultur, Implantatmaterial

Unter dem Begriff „foreign body"-Infektion verbirgt sich eine Vielzahl verschiedener Infektionen. Prinzipiell bezeichnet man jedes Implantat, sei es nun ein Kunststoffgelenkersatz, eine Weichlinse, ein Katheter oder eine künstliche Herzklappe als „foreign body". Diese Implantate bzw. das sie umgebende Gewebe sind Infektionen gegenüber hoch empfindlich.

Mit der Weiterentwicklung der Medizin und der Medizintechnik hat die Zahl und Art der Implantate, seien sie nun permanent oder für einen überschaubaren Zeitraum, um ein Vielfaches zugenommen. Infektionen dieser Implantate stellen eine gefürchtete und bedrohliche Komplikation dar, deren Häufigkeit von der Art und Lokalisation des Implantates abhängt (Tabelle 3.126).

Tabelle 3.126. Infektionsinzidenz

Herzklappenersatz	2–7,1%
Kunstgelenkimplantate	1–4%
Arterienersatz	1–6%
Liquorshuntimplantate	2–30%
Herzschrittmacherimplantate	1–5%
Linsenimplantate	1–5%
Herzschrittmacher	0,13–4,0–19,9%

Während noch vor 10 Jahren die Infektionsraten bei 10% und mehr lagen, sind sie heute prozentual deutlich seltener, stellen jedoch aufgrund der absoluten Zunahme der Implantate ein häufiges Problem dar. So werden bundesweit jährlich ca. 50000–55000 künstliche Hüftgelenke und 10000 bis 14000 Kniegelenke implantiert. Die Zahl für andere Gelenkersätze ist ca. 500–2000. In den USA liegen die Vergleichszahlen bei 200000 und 100000 und weltweit bei ca. 750000 künstlichen Gelenken. Gründe für den prozentualen Rückgang der Infektionen sind die Weiterentwicklung der atraumatischen Operationstechniken, Verbesserung der Hygiene, Operation unter Reinluftbedingungen [18], verbesserte Operationsanzüge, die perioperative Antibiotikaprophylaxe und Vertrautheit des Pflegepersonals mit den Problemen der Implantate.

Pathogenese

Die Komplikationen der Implantatinfektionen sind typisch für Art und Beschaffenheit des jeweiligen Implantates, da je nach Art des Implantates verschiedene Faktoren zugrundeliegen [20]. Bei Gelenksprothesen wird das Implantat mit einem Acrylzement fixiert. Da dieser Zement in einer exothermen Reaktion mit Temperaturen über 100 °C polymerisiert, kann es zu Nekrosen des umgebenden Gewebes kommen. Diese bilden zusammen mit Hämatomen und Seromen ein optimales Substrat für das Angehen einer Infektion; zudem können der Zement und die Metallionen des Implantates zytotoxische Effekte auf die Leukozyten ausüben.

Auch bei anderen Implantaten beeinflußt die Traumatisierung durch operative Verfahren das Angehen von Infektionen [8, 23].

Eine erhebliche Herabsetzung der lokalen Abwehrkraft geht von der Freisetzung von Metallionen aus, wie Eisen, Magnesium, Calcium, Chrom und Kobalt, die bei der Korrosion von Metallimplantaten entstehen. Während Eisen z. B. die Funktion von Makrophagen beeinträchtigt, stabilisieren die divalenten Magnesium- und Calcium-Ionen den Biopolymermantel, der das Implantat bei Infektionen bedeckt [4].

Kunststoffimplantate sind ebenfalls durch eine Schleimkapsel bedeckt. Der Biopolymermantel besteht im wesentlichen aus bakteriellen Exopolysacchariden, Fibronectin, Osteonectin, Fibrinogen, Kollagen u. a. Eingebettet in diese Matrix bilden Bakterien Mikrokolonien. Das Polysaccharid, als einer der wichtigsten pathogenetischen Faktoren der Implantatinfektionen, fördert aufgrund seiner Ionenaustauschereigenschaft die Versorgung mit Nährsubstraten, andererseits bietet es einen Schutz durch Bindung von Antibiotika und

Tabelle 3.127. Prozentualer Anteil von *Staphylococcus aureus* und *Staphylococcus epidermidis* an Implantatinfektionen (nach [9])

Kunststoff	*Staphylococcus epidermidis*	*Staphylococcus aureus*
ZNS-Shunt	75	25
Peritonealer Shunt	40	10
Gefäßprothese	20–60	8,3
Kunststoffherzklappen	23,4	14,3
Metallimplantate Endoprothese, Schrauben, Platten	15	85
Perkutane Nägel	20	80

Tabelle 3.128. Assoziation von Staphylokokkenart zu Materialtyp des Implantates/Fremdkörpers (nach [9])

Material	Hauptsächlicher Infektionserreger
Metallfixationen	*Staphylococcus aureus*
Hüftgelenkersatz aus Metall	*Staphylococcus aureus*
Gefäßprothesen	*Staphylococcus epidermidis*
Herzklappen	*Staphylococcus epidermidis*
Transkutane Implantate wie Katheter, CAPD-Katheter etc.	*Staphylococcus epidermidis*
Weiche Kontaktlinsen	*Pseudomonas aeruginosa* *Staphylococcus epidermidis*
Knochentransplantate	*Staphylococcus epidermidis*

Hemmung der Einwanderung von Makrophagen und der Phagozytose [4]. Während Metalle durch Korrosion angreifbar werden, scheint, durch divalente Ionen bedingt, eine Bindung der Infektionserreger an das Kunststoffpolymer zustandezukommen. Interessanterweise hat *Staphylococcus epidermidis* eine bessere Hafteigenschaft an Polymeroberflächen als *Staphylococcus aureus* (Tabelle 3.127). Daher findet sich bei Polymerinfektionen prozentual ein größerer Anteil von *Staphylococcus epidermidis* als bei Metalloberflächen, wo *Staphylococcus aureus* dominiert (Tabelle 3.128) [9]. Allerdings entspricht nicht jede Kolonisation einer Infektion [6].

Gelenkprotheseninfektionen

Zunehmend werden insbesondere bei älteren Patienten Kunstgelenke implantiert. Der häufigste Eingriff ist hierbei der Ersatz des Hüftgelenkes.

Endoprotheseninfektionen finden sich bei 1–4% der Patienten (Tabelle 3.126) [11]. Mit einer deutlich höheren Infektionsrate, nämlich zwischen 6–32%, sind Endoprothesen nach operativer Revision behaftet. Aufgrund des zeitlichen Auftretens der Infektion wird in Früh- und Spätinfektionen unterschieden (Tabelle 3.129). Die Frühinfektionen (bis zu 12 Monate nach dem operativen Eingriff) treten zu 50% in den ersten drei Monaten post operationem auf. Hierbei handelt es sich in der Mehrzahl um während der Operation oder der Wundheilung eingebrachte Keime. Bei der Spätinfektion hingegen finden sich in der überwiegenden Anzahl Infektionen, die via hämatogener Aussaat von extraartikulären Foci, in der Mehrheit Hautinfektionen und Dekubitalgeschwüren (46%), vom Urogenitaltrakt (15%), Bakteriämie nach Zahnbehandlung (15%) o. a. ausgehen. Einige Autoren [15] teilen das zeitliche Auftreten der Komplikation in 3 Stadien auf: Stadium I bis 3 Monate postoperativ, Stadium II zwischen 4 und 26 Monaten postoperativ und Stadium III zwischen 23 und 50 Monaten postoperativ. In Stadium II treten Komplikationen meist als eine verzögerte Sepsis auf [7], während in Stadium III meist eine hämatogene Infektion vorliegt. Die klinischen Zeichen einer Infektion (Gelenk als auch Endoprothese) können in ihrer Ausprägung deutlich variieren und auch unterschiedliche Komplikationen mit sich bringen (Tabelle 3.130).

Tabelle 3.129. Zeitliche Klassifikation von Gelenkimplantatinfektionen

Stadium I	
Akute Infektion	Bis 90 Tage postoperativ
Stadium II	
Verzögerte Sepsis	4–24 Monate postoperativ
Stadium III	
Spätinfektion[a]	25–50 Monate postoperativ

[a] Meist aufgrund einer Bakteriämie

Tabelle 3.130. Komplikationen bei Implantatinfektionen

Implantat	Komplikation	Mortalität
Herzklappenimplantat		
Aortenklappenersatz	Klappenringabszeß	40–70%
	Myokardabszeß	40%
	Sepsis	
	Endokarditis	
	Spätinfektion	58%
	Frühinfektion	42%
Gelenksimplantate	Lockerung des Implantates	
	Reoperation	
	Implantatentfernung	
	Sepsis	
Liquorshunt	Hirndruck	
	Meningitis	
	Peritonealabszeß (ventriculoperitonealer Shunt)	
	Myokardabszeß (ventriculoatrialer Shunt)	
Herzschrittmacher	Implantattascheninfektion	
	Sepsis	

Keimspektrum

Leitkeim der Früh- und Spätinfektion ist *Staphylococcus epidermidis* mit 36 bzw. 42% (Tabelle 3.131). Weiterhin nehmen bei der Frühinfektion die Streptokokken mit 36%, insbesondere die D-Streptokokken (23%) und die B-Streptokokken (10%), einen bedeutenden Teil ein. Enterobakterien (9%), hier insbesondere *Escherichia coli* (3%) und *Pseudomonas* (3%), haben eine untergeordnete prozentuale Bedeutung. An anaeroben Keimen werden ca. 3% Pep-

Tabelle 3.131. Prozentuale Keimverteilung bei Endoprotheseninfektionen (nach [11])

Keim	Frühinfektion	Spätinfektion
Staphylococcus epidermidis	36	42
Staphylococcus aureus	13	24
Enterococcus faecalis	23	3
B-Streptokokken	10	
A-Streptokokken	3	
Corynebakterien	3	6
Escherichia coli	3	6
Pseudomonas aeruginosa	3	3
Enterobakterien wie	6	
Serratia		
Enterobacter	selten	3
Bacteroides fragilis		
Peptokokken	3	6

Tabelle 3.132. Seltene Infektionserreger einer Endoprotheseninfektion

Salmonellen	Samra et al. [19]

tokokken bei der Früh- und *Bacteroides* (3%) und Peptokokken (6%) bei der Spätinfektion isoliert. Infektionen z. B. mit Salmonellen sind selten (Tabelle 3.132).

Diagnostik (Abb. 3.19, Tabelle 3.118)

Die Verarbeitungsrichtlinien entsprechen dem Vorgehen bei der mikrobiologischen Diagnostik der Arthritis (vgl. S. 184–186).

Infektionen von Gefäßprothesen

Bei Infektionen von Gefäßprothesen liegen ähnliche pathogenetische Faktoren wie bei anderen Implantaten vor. Einerseits leidet die überwiegende Anzahl der Patienten bereits unter abwehrschwächenden Faktoren wie höherem Alter, Diabetes und seinen Folgeerkrankungen wie Ulcera nach länger bestehenden Gefäßerkrankungen, andererseits können sich auf den Kunststoffprothesen, z. B. aus Dacron, Mikrokolonien von Bakterien, umgeben von einem Glykokalix, bilden. Ursächlich hierfür dürfte eine Intimaschädigung sein. Kaebnick et al. [12] vermuten, daß in diesen Mikrokolonien die Bakterien lange Zeit ruhen können, um z. B. bei einer Änderung der Immunitätslage in die Blutbahn auszustreuen.

Die Inzidenz der Gefäßprotheseninfektionen liegt bei den Frühinfektionen (bis zum 60. postoperativen Tag) bei 10%, hingegen bei Spätinfektionen bei 4%. Die Infektionsinzidenz für die verschiedenen Plastiken unterscheidet sich erheblich. So wird eine aortofemorale Prothese eher infiziert als eine femoropopliteale Prothese [14]. Nicht selten ist eine Sepsis Ausgang für eine Protheseninfektion [22].

Ebenso ist die Art der Komplikationen typisch für die Lokalisation der Prothese, wie z. B. Hodeninfektion/Hoden-Gefäß-Fisteln, die typischerweise nach ileocökalen Gefäßoperationen auftreten (Tabelle 3.133). Nach Liekweg

Tabelle 3.133. Komplikationen einer Gefäßimplantatinfektion (orientierend)

Wundheilungsstörungen	Fistelbildung zu den Hoden
Prothesenabstoßung	Thrombosierung
Anastomosen	Sepsis
Aneurysmen	Gastrointestinale Blutungen
Gefäß-Darm-Fisteln	Retroperitoneale Hämatome

und Greenfield [14] beeinflußt auch die Lokalisation die Mortalität der Protheseninfektion. Diese liegt bei 9,9% für die femoropopliteale und bei 47,9% für die aortoiliofemorale Prothese.

Die Symptome der Protheseninfektionen können sowohl verschleiert als auch deutlich mit Fieber, eitrigem Wundsekret, Fistelbildung usw. auftreten. Die Infektionen gehen von infizierten Wunden, insbesondere des Fußes, aus. Weiterhin können Krankheitserreger durch während der Operation geschädigte Lymphgefäße in das Implantatgebiet transportiert werden oder ruhende Bakterien aus mit Mikrokolonien besiedelten Implantaten freigesetzt werden.

Keimspektrum

Leitkeim der frühen Protheseninfektion ist *Staphylococcus aureus*, während bei der Spätinfektion, die sich durchschnittlich erst nach 42 Monaten manifestiert, *Staphylococcus epidermidis* Leitkeim ist. Wichtigste gramnegative Keime sind *Escherichia coli* und *Pseudomonas aeruginosa* (Tabellen 3.134, 3.135).

Diagnostik (Abb. 3.21, Tabelle 3.141)

Der Erfolg der kulturellen Diagnostik wird durch die übliche peri- und postoperative Antibiotikaprophylaxe sowie durch die Einbettung der Erreger in Fibrin und Schleimnester eingeschränkt. Als aussagekräftige Probengewinnungsmethoden bieten sich sowohl die Blutkultur als auch die Kultur der

Tabelle 3.134. Prozentuale Keimverteilung bei Gefäßprotheseninfektionen (nach [12])

Staphylococcus aureus	50
Staphylococcus epidermidis	4,8
Streptococcus spp.	8,5
Enterokokken	1,8
Pseudomonas	6,1
Escherichia coli	13,4
Klebsiella	6,1
Proteus	4,8

Tabelle 3.135. Seltene Erreger einer Gefäßprotheseninfektion oder Herzklappeninfektion

Micrococcus tetra	Liekweg und Greenfield [14]
Salmonella	Alvarez-Elccro et al. [1]
Corynebakterien	Alvarez-Elccro et al. [1]
Bacteroides	Alvarez-Elccro et al. [1]

explantierten Prothese an. Bei der Blutkultur sind ähnliche Probleme wie bei Herzklappeninfektionen zu berücksichtigen (vgl. S. 225–232). Die explantierte Prothese sollte entweder mit Pankreatin oder schonender Beschallung behandelt werden, um die Isolierungsrate zu erhöhen. Kaebnick et al. [12] konnten zeigen, daß durch Beschallung die Isolierungsrate verdoppelt werden konnte. Das kulturelle Vorgehen entspricht dem bei Katheterinfektionen (vgl. S. 210–212).

Infektionen nach Herzklappenersatz

Postoperative infektiöse Komplikationen beim Herzklappenersatz werden zwischen 2 und 7% angegeben (Tabelle 3.126). Als Komplikationen können u. a. eine Sepsis, ein Klappenringabszeß und eine Endokarditis [16] auftreten. Die prozentual wichtigsten Komplikationen sind nach Wessel et al. [21] die Sepsis (1,2%), die Pneumonie (1,6%) und die Endokarditis (0,8%) (Tabelle 3.130). Die Infektionen sind i. allg. mit einer hohen Mortalität behaftet, so z. B. liegt sie beim Herzklappenringabszeß bei 40–70%. Typischerweise treten bei Patienten mit infektiösen Komplikationen Fieber, Anämie, Hämolyse u. a. auf (Tabelle 3.136).

Tabelle 3.136. Häufige Symptome einer Infektion einer künstlichen Herzklappe (nach [16, 21, 23])

Fieber
Anämie
Hämolyse
Positiver kultureller Nachweis von Bakterien oder Pilzen in der Blutkultursystem
Veränderte Herzklappengeräusche (z. B. bei Vegetationen) (in 50%)
EKG-Veränderungen (bei Abszeß)
Nachweis von Herzklappenvegetationen durch Echokardiographie

Diagnostik (Abb. 3.21, Tabelle 3.141)

Die kulturelle Diagnostik wird mittels Blutkultur durchgeführt (vgl. S. 225–232). Die Rate positiver Kulturen ist jedoch relativ gering [5, 10]. Ein Grund hierfür ist der perioperative Antibiotikaeinsatz. 75% der kulturell scheinbar negativen Fälle werden durch Koagulase-negative Staphylokokken bedingt [13], insbesondere bei den Frühinfektionen (Tabelle 3.137), also den Infektionen, die innerhalb der ersten 60 postoperativen Tage auftreten. Bei den Frühinfektionen sind Staphylokokken mit 45% die Leitkeime, gefolgt von gramnegativen Stäbchenbakterien (Tabelle 3.137). Bei den Spätinfektionen, die nach dem 60sten postoperativen Tag beobachtet werden, sind prozentual die Viridansstreptokokken mit 37% die wichtigsten Keime (Tabelle 3.138), gefolgt von der Staphylokokkengruppe mit 35%.

Tabelle 3.137. Prozentuale Keimverteilung der Frühinfektion bei Herzklappenersatz

Staphylococcus epidermidis	28
Staphylococcus aureus	17
Gramnegative Stäbchenbakterien	20
Streptokokken	10
Corynebakterien	10
Pilze	10

Tabelle 3.138. Prozentuale Keimverteilung der Spätinfektion bei Herzklappenersatz

Staphylococcus epidermidis	25
Staphylococcus aureus	10
Viridansstreptokokken	37
Gramnegative Stäbchenbakterien	10
Pilze	5

Infektionen von Herzschrittmachern

Die Pathogenese von Herzschrittmachern unterscheidet sich nicht von der anderer Metallimplantate. Auch hier wird, wie zuvor berichtet, die Metalloberfläche korrodiert und so haftbar für einen sogenannten Biofilm gemacht [9]. Die Inzidenz einer Infektion liegt bei 0,13–7,5%, wobei 0,3–2% der Patienten eine Sepsis entwickeln [3, 17]. Eine häufigere Infektion ist die der Schrittmachertasche. Von hier ausgehend kann die Infektion fortgeleitet das venöse System und das Endokard erreichen. Üblicherweise tritt die Tascheninfektion früh auf, d. h. durchschnittlich nach 2–5 Wochen. Typische Symptome sind eitriges Exsudat, Überwärmung, Rötung, Schmerzen und Schwellungen im Bereich der Schrittmachertasche.

Keimspektrum

Die Leitkeime dieser Infektion sind Staphylokokken, insbesondere *Staphylococcus epidermidis*, die zusammen ca. 75% der Infektionen bewirken (Tabelle

Tabelle 3.139. Prozentuale Keimverteilung bei Herzschrittmacherinfektionen (nach [3])

Grampositive Bakterien	
Staphylococcus aureus	56
Staphylococcus epidermidis	88
Viridansstreptokokken	1
Corynebacterium spp.	8
Micrococcus	1
Clostridium welchii	1
Gramnegative Bakterien	
Klebsiella	1
Pseudomonas aeruginosa	1
Proteus spp.	4
Enterobacter cloacae	2
Escherichia coli	9
Verschiedene	
Candida spp.	1

Tabelle 3.140. Prozentuale Keimverteilung der Sepsis, ausgehend von einer Herzschrittmacherinfektion (nach [3])

Staphylococcus aureus	58,7
Staphylococcus epidermidis	17,4
Klebsiella	6,5
Pseudomonas aeruginosa	2,2
Enterobakterien	11
Candida	4,3

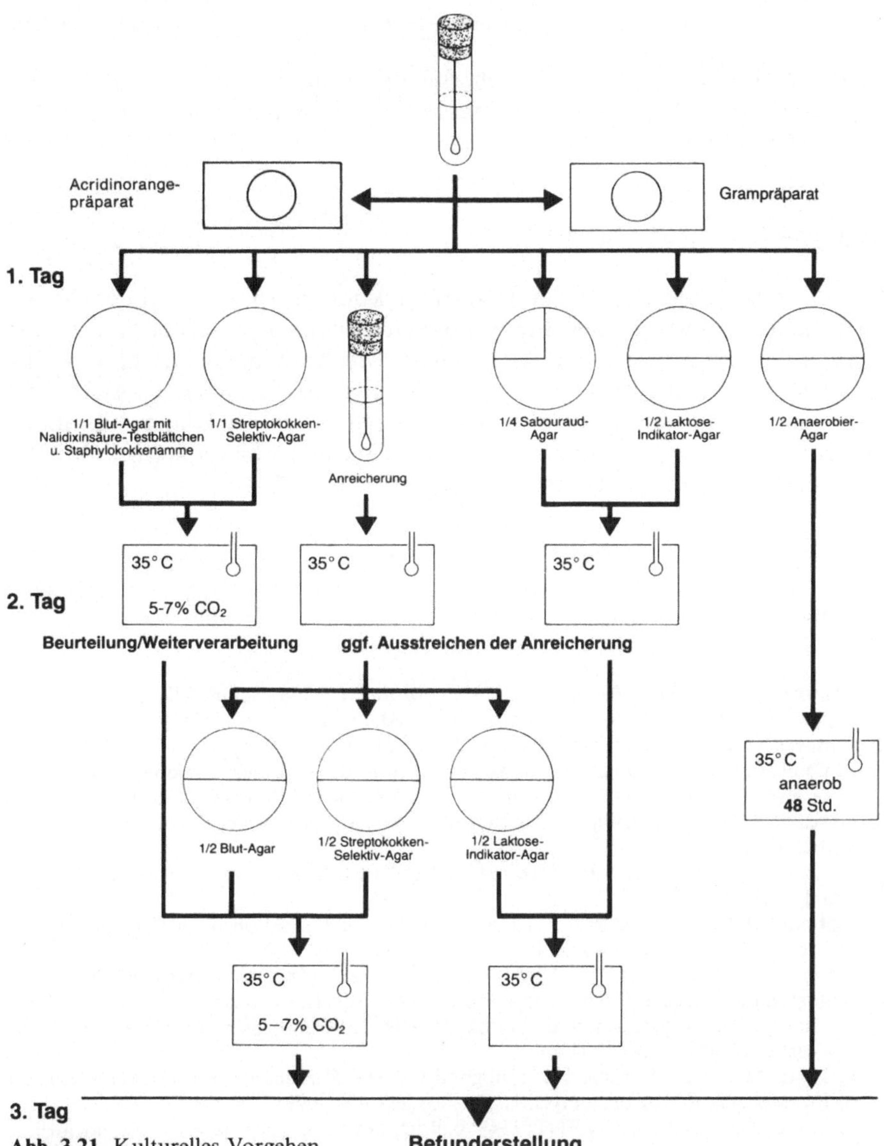

Abb. 3.21. Kulturelles Vorgehen bei Implantaten

Tabelle 3.141. Anlegeschema zur kulturellen Diagnostik

	1	2	3	4	5	6	7	8	9	10	11	12
Gefäßprothesenstück		+	(+)	+	+	+	+	+	+	+	−	+
Wundabstrich bei Herzschrittmacherinfektionen		−	−	+	+	+	+	+	+	+	−	+
Sepsis nach Herzschrittmacherinfektion bzw. Herzklappenimplantation	+	−	−	−	−	−	−	−	−	−	+	−

1 Acridinorangepräparat, *2* Ultraschallbehandlung, *3* Pankreatinbehandlung, *4* Grampräparat, *5* Blut-Agar, *6* Staphylokokken-Selektiv-Agar, *7* Laktose-Indikator-Agar, *8* Anaerobier-Selektiv-Agar, *9* aerobe Anreicherung, *10* anaerobe Anreicherung, *11* Blutkultur aerob/

3.139). Die sich aus einer Schrittmacherinfektion entwickelnde Sepsis weist ein ähnliches Keimspektrum auf, allerdings ist hier *Staphyloccus aureus* mit 58,7% der Leitkeim (Tabelle 3.140).

Diagnostik (Abb. 3.21, Tabelle 3.141)

Das kulturelle Vorgehen bei der Tascheninfektion entspricht dem der Wundinfektionen. Ein zusätzlicher Streptokokken-Selektiv-Agar erübrigt sich aufgrund des minimalen Streptokokkenanteils. Die Aufnahme eines grampositiven selektiven Blut-Agars oder eines Staphylokokken-Selektiv-Agars wie Vogel-Jonson-Agar oder Kochsalz-Mannit-Agar kann die Diagnostik unterstützen. Für die Herzschrittmacher-bedingte Sepsis sei hier auf das kulturelle Vorgehen bei Blutkulturen verwiesen (vgl. S. 225–232).

Literatur

1. Alvarez-Elcóro S, Soto-Ramirez L, Mateos-Mora M (1984) Salmonella bacteremica in patients with prosthetic heart valves. Am J Med 77:61
2. Editorial (1986) Bacterial arthritis. Lancet II:721
3. Bluhm G (1985) Pacemaker infections. A clinical study with special reference to prophylactic use of some isoxazolyl penicillins. Acta Med Scand [Suppl] 218:699
4. Christian ChL (1984) Clinical and microbial features of prosthetic joint infection. Am J Med 77:47–53
5. Cowgill LD, Addonizio VP, Hopeman AR (1986) Prosthetic valve endocarditis. Curr Probl Cardiol 11:617
6. Dobbins JJ, Seligson D, Raff MJ (1988) Bacterial colonization of orthopedic fixation devices in the absence of clinical infection. J Infect Dis 1:203–205
7. Fitzgerald RH Jr, Jones DR (1985) Hip implant infection. Am J Med 79:225
8. Goldstone J, Malone JM, McIntyre KE (1983) Infections associated with prosthetic arterial grafts. In: Sugarman B, Young EJ (eds) Infections associated with prosthetic devices. CRC Press, Boca Raton
9. Gristina AG, Oga M, Webb LX, Hobgood CD (1985) Adherent bacterial colonization in the pathogenesis of osteomyelitis. Science 228:990–993
10. Hilton E, Lerner CW, Lowy FD (1984) "Culture negative" prosthetic valve endocarditis: hazards of postoperative steroid therapy for unexplained fever. Arch Int Med 144:2083
11. Imman RD, Gallegos KV, Brause BD, Redecha PB, Christian CL (1984) Clinical and microbiological features of prosthetic joint infection. Am J Med 77:47–53
12. Kaebnick HW, Bandyk DF, Bergamini TW, Towne JB (1987) The microbiology of explanted vascular protheses. Surgery 102:756–762
13. Karchmer WA, Archer GL, Dismukes WE (1983) Staphylococcus epidermidis causing prosthetic valve endocarditis: microbiologic and clinical observations as guides to therapy. Ann Int Med 98:447
14. Liekweg WG, Greenfield LJ (1977) Vascular prosthetic infections: collected experience and results of treatment. Surgery 81:335–342
15. Maderazo EG, Judson S, Pasternak H (1988) Late infections of total joint protheses. Clinical Orthopaedics 229:131–142
16. Masur H, Johnson WD Jr (1980) Prosthetic valve endocarditis. J Thorac Cardiovasc Surg 80:31

17. Morgan L, Ginks W, Siddons H (1979) Septicemia in patients with an endocardial pacemaker. Am J Cardiol 44:221
18. Nelson JP, Glassburn AR, Talbott RD (1980) The effect of previous surgery, operating room environment and preventive antibiotics on post-operative infection following total hip arthroplasty. Clin Orthop 147:167
19. Samra Y, Shaked Y, Maier MK (1986) Nontyphoid salmonellosis in patients with total hip replacement: report of four cases and review of the literature. Rev Infect Dis 8:978
20. Sugarman B (1986) Infections and prosthetic devices. Am J Med [Suppl 1A] 81:78
21. Wessel A, Simon C, Regensburger D (1987) Bacterial and fungal infections after cardiac surgery in children. Eur J Pediatr 146:31–33
22. White JV, Freda J, Kozar R, Serfass D, Cundy K, Comerota AJ, Ritchie WP (1987) Does bacteremia pose a direct threat to synthetic vascular grafts? Surgery 102:402–408
23. Young EJ, Sugarman B (1988) Infections in prosthetic devices. Surg Clin North Am 68:167–180

Katheterinfektionen bei hospitalisierten Patienten

Material: Katheter (zentralvenös, arteriell, Wunddrainagen, Liquorshunts u.ä.)

Inzidenz

Bei hospitalisierten Patienten sind Kunststoffkatheter oft Ausgang von lokalen aber auch von allgemeinen Infektionen. Infektionen zentralvenöser Katheter treten mit einer Häufigkeit von 2,7–21,7% auf. Hierbei bestimmen Art und Typ des Katheters und Liegedauer die Infektionshäufigkeit [6], die mit 1 bis 4 Infektionen auf 1000 Katheterliegetage angegeben wird [9, 13]. Deutlich höher als bei zentralvenösen Kathetern ist die Infektionsinzidenz mit 11,2–12,0% bei den Liquorshunts, sowohl bei ventriculoatrialen als auch bei ventriculoperitonealen Shunts [5]. Bei hohem Infektionsrisiko liegt die Mortalitätsrate bei 6%.

Überwiegend treten die Infektionen innerhalb der ersten 30 postoperativen Tage auf, während Spätinfektionen ca. 30% ausmachen.

Gefahren der Shuntkatheterinfektion liegen in der Ausbildung von peritonealen bzw. ventrikulären Abszessen, Wundinfektionen und subduralen Empyemen. Eine Minderung des Infektionsrisikos stellt primär die sorgfältige, atraumatische Operationstechnik dar, hingegen hat das verwendete Kunststoffmaterial oder die Führung des Shunts keinen signifikanten Einfluß auf die Infektionsrate [5].

Pathogenese

Verschiedene Pathomechanismen können Ursache für eine Katheterbesiedlung mit pathogenen Keimen sein. So konnte nachgewiesen werden, daß eine Infektion durch kontaminierte Infusionslösungen [12] oder auch über kontaminierte Katheterendstücke [10] hervorgerufen werden kann. Eine ebenfalls häufige Infektionsursache dürfte die Aszension von Hautkeimen über den Kathetertunnel (sogenannte „Tunnelinfektionen") sein. Unterstützt wird diese Hypothese durch das Tiermodell von Cooper et al. [2]. Die Besiedlung des Katheters erfolgt aufgrund von Kapillarkräften sehr rasch; so waren innerhalb von 1 Stunde die Katheterspitzen besiedelt. In diesem Zusammenhang spielt auch die Abdeckung der Insertionsstelle des Katheters in die Haut eine Rolle.

Eine Abdeckung mit dichter, nicht-atmungsaktiver Polyurethanfolie, unter der sich rasch ein Flüssigkeitsfilm bildet, führt zu signifikant mehr Katheterinfektionen als die Abdeckung mit flüssigkeitsaufsaugendem, sterilem Verbandmull [8].

Die häufigste Ursache für Katheterinfektionen dürfte jedoch mangelnde Hygiene bei Manipulationen am Katheter sein. Weightman et al. [15] konnten nachweisen, daß die Inzidenz der Katheterinfektion deutlich reduziert (um

56,5%) werden kann, wenn bei der Handhabung langliegender Katheter sorgfältige, aspetische Maßnahmen ergriffen werden und die übliche Heparinspülung des Katheters unterlassen wird.

Ein weiterer wichtiger Gesichtspunkt der Pathomechanik von Katheterinfektionen sind die verschiedenen Pathogenitätsmerkmale der Infektionserreger. So können u. a. aufgrund von van der Waalschen hydrophoben Kräften verschiedene Keime an Unregelmäßigkeiten des Katheters haften; dies sind insbesondere Koagulase-negative Staphylokokken. Sie bilden Mikrokolonien, die immer wieder Keime in den Blutkreis streuen [11]. Ähnliches konnte auch für *Candida* spp. nachgewiesen werden [14, 16].

Keimspektrum

Bei den Katheterinfektionen handelt es sich zu einem großen Anteil (37%) um Mischinfektionen. Am häufigsten wird *Staphylococcus epidermidis* isoliert (Tabelle 3.142–3.143), aber auch andere grampositive Keime wie *Staphylococcus aureus*, *Staphylococcus hominis*, *Enterococcus faecalis* und/oder Corynebakterien [6].

Ein diagnostisch schwieriges Problem stellt die Unterscheidung zwischen Katheterinfektion und -kolonisation dar. Dieses trifft insbesondere zu, wenn grampositive Keime isoliert werden. So ist *Propionibacterium acnes* der häufigste Besiedler, hingegen verursachen gramnegative Keime in der Mehrzahl

Tabelle 3.142. Keimverteilung bei Kindern mit Katheterinfektionen (nach [9]). N=33 Katheterinfektionen

Staphylococcus epidermidis	13
Staphylococcus haemolyticus	2
Staphylococcus simulans	2
Staphylococcus hominis	2
Staphylococcus aureus	1
Streptococcus pneumoniae	2
Enterococcus faecalis	1
Pseudomonas aeruginosa	4
Klebsiella spp.	1
Acinetobacter spp.	2
Serratia liquefaciens	1
Corynebacterium spp.	1
Bacillus spp.	1

Tabelle 3.143. Prozentuale Keimverteilung bei zentralvenösen Kathetern (nach [6])

Staphylococcus epidermidis	28
Staphylococcus hominis	6,5
Staphylococcus aureus	5
Staphylococcus warneri	3
Staphylococcus haemolyticus	3
Viridansstreptokokken	3
Streptococcus mitis	1
Corynebacterium spp.	3
Micrococcus spp.	1
Enterococcus faecalis	13
Acinetobacter calcoaceticus	5
Enterobacter aerogenes	4
Enterobacter cloacae	3
Klebsiella pneumoniae	3
Serratia marcescens	1
Pseudomonas aeruginosa	6,5
Propionibacterium acnes	4
Propionibacterium granulosum	1
Eubacterium lentum	1
Clostridium spp.	1
Aspergillus fumigatus	1
Candida tropicalis	3

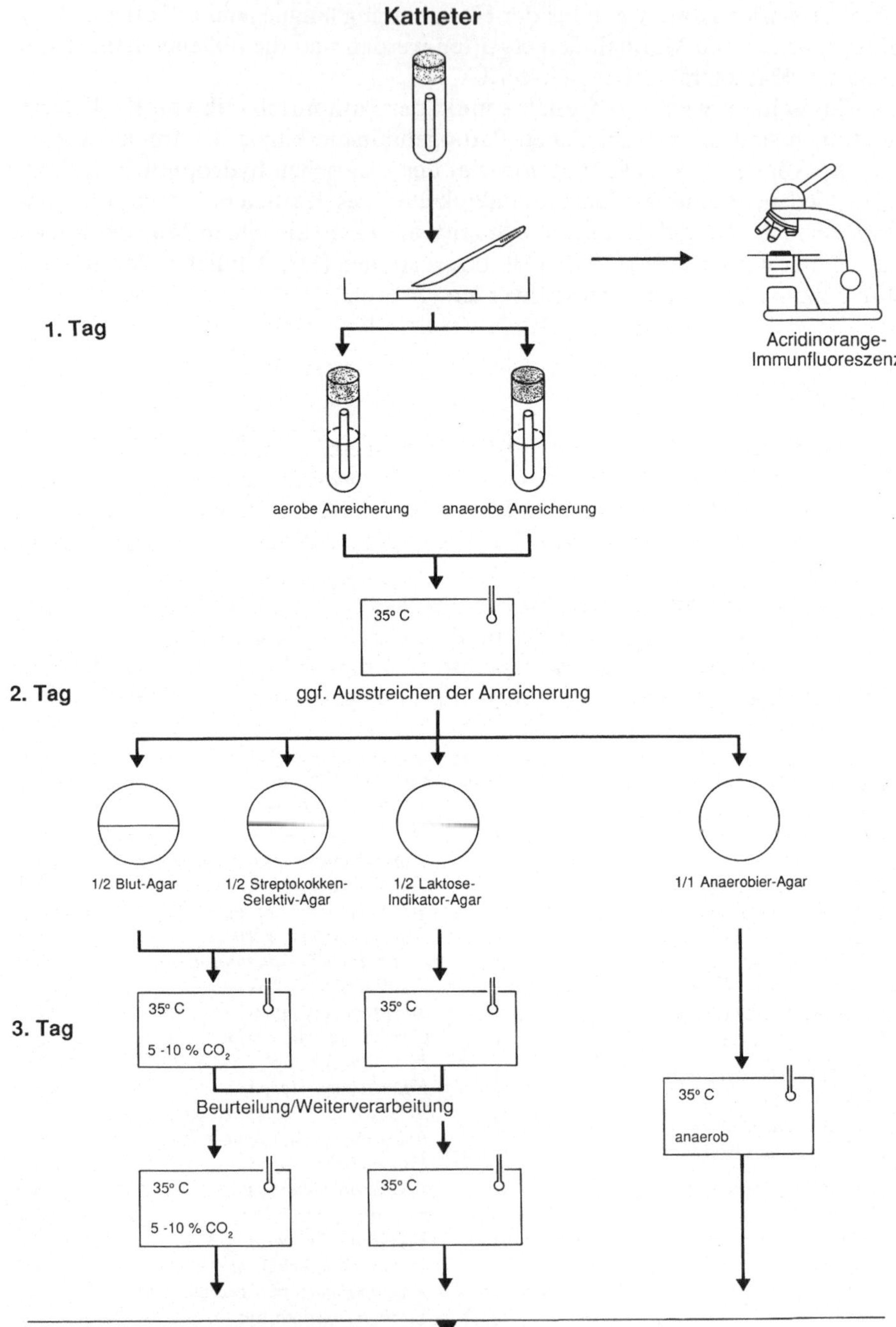

Abb. 3.22. Kulturelles Vorgehen bei Katheterspitzen

Tabelle 3.144. Prozentuale Keimverteilung der Liquorshunt-Katheterinfektionen (nach [5])

	Frühinfektion	Spätinfektion
Staphylococcus aureus	18,4	22,2
Staphylococcus spp.	41,3	38,9
Streptokokken	9,2	5,6
Enterobakterien	20,7	16,7

Tabelle 3.145. Seltene Erreger bei Katheterinfektionen

Candida utilis	Alsina et al. [1]
Leuconostoc	Isenberg et al. [7]
Mycobacterium neoaurum	Davison et al. [3]

systemische Infektionen. Klinisch weisen Fieber über 38 °C, Leukozytose über 15 000 Leukozyten/mm^3, Rötung, Überwärmung oder Spannung im Infektionsbereich auf eine Infektion hin.

Das Keimspektrum der Liquorshunts entspricht im wesentlichen dem von Katheterinfektionen. Auch hier sind Staphylokokken die prozentual wichtigsten Keime, gefolgt von der Gruppe der Enterobakterien (Tabelle 3.144). Tabelle 3.145 ist eine Aufstellung seltener Erreger von Katheterinfektionen.

Diagnostik (Abb. 3.22, Tabelle 3.146)

Als rasche Sichtungsuntersuchung mit guter Sensitivität (84%) eignet sich die direkte Anfärbung der Katheterspitze mit Acridinorange und mikroskopische Untersuchung bei 100facher Vergrößerung (Tabelle 3.146). Sie zeigt mit hoher Spezifität (99%) adhärierende Keime an [17]. Die diagnostischen Kulturen der distalen Katheterspitze bzw. die Blutkultur ergeben die repräsentativsten Ergebnisse. Allerdings sollte die Blutkulturentnahme nicht durch den Katheter erfolgen, da auch bei Kolonisation höhere Keimzahlen ermittelt werden, dies kann dann zu falsch positiven Ergebnissen führen. Zur Abtrennung der nicht Katheter-bedingten Bakteriämie/Sepsis muß der Katheter oder eine parallel durch den Katheter entnommene Blutkultur mit untersucht werden [4].

Tabelle 3.146. Anlegeschema zur kulturellen Diagnostik

	1	2	3	4	5
Katheterspitze					
Proximal	+	(+)	+	+	+
Distal	+	(+)	+	+	+

1 Acridinorangepräparat, *2* Pankreatinbehandlung, *3* Blut-Agar, *4* aerobe Anreicherung, *5* anaerobe Anreicherung

Zur Untersuchung des Katheters (Abb. 3.22) bietet sich u. a. folgende Methode an. Eine semiquantative Methode ist das Abrollen des Katheters auf dem Medium; jedoch wird eine signifikante Anzahl von Infektionserregern erst in der Anreicherungsbouillon erfaßt. Zur Abtrennung von Kolonisationen empfiehlt sich auch die Kultur des proximalen Katheterendes; ist diese Kultur positiv, so kann mit hoher Wahrscheinlichkeit eine Kolonisation angenommen werden.

Literatur

1. Alsina A, Mason M, Uphoff RA, Riggsby S, Becker JM, Murphy D (1988) Catheter-associated Candida utilis fungemia in a patient with acquired immunodeficiency syndrome: species verification with a molecular probe. J Clin Microbiol 26:621–624
2. Cooper GL, Schiller AL, Hopkins CC (1988) Possible role of capillary action in pathogenesis of experimental catheter-associated dermal tunnel infections. J Clin Microbiol 26:8–12
3. Davison MH, Crimmins FB (1988) Bacteremia caused by Mycobacterium neoaurum. J Clin Microbiol 26:762–764
4. Flynn PM, Shenep JL, Barrett FF (1988) Differential quantitation with a commercial blood culture tube for diagnosis of catheter-related infection. J Clin Microbiol 26:1045–1046
5. George R, Leibrock L, Epstein M (1979) Long-term analysis of cerebrospinal fluid shunt infections. J Neurosurg 51:804–811
6. Haslett TM, Isenberg HD, Hilton E, Tucci V, Kay BG, Vellozzi EM (1988) Microbiology of indwelling central intravascular catheters. J Clin Microbiol 26:696–701
7. Isenberg HD, Vellozzi EM, Shapiro J, Rubin LG (1988) Clinical laboratory challenges in the recognition of Leuconostoc spp. J Clin Microbiol 26:479–483
8. Katich M, Band J (1985) Local infection of the intravenous-cannulae wound associated with transparent dressings. J Infect Dis 151:971–972
9. Kumar A, Brar SS, Murray DL, Leader I, Gera R, Kulkarni R (1988) Central venous catheter infections in pediatric patients – in a community hospital. Infection 16:86–90
10. Liñares J, Sitges-Serra A, Garau J, Pérez L, Martin R (1985) Pathogenesis of catheter sepsis: prespective study with quantitative and semiquantitative cultures of catheter hub and segments. J Clin Microbiol 21:357–360
11. Locci R, Peters G, Pulverer G (1981) Microbial colonization of prosthetic devices. III. Adhesion of staphylococci to lumina of intravenous catheters perfused with bacterial suspensions. Zentralbl Bakteriol Hyg [B] 173:300
12. Maki DG, Goldmann DA, Rhame FS (1973) Infection control in intravenous therapy. Annals of Internal Medicine 79:867–887
13. Tenney JH, Moody MR, Newman KA, Schimpff SC, Wade JC, Costerton JW, Reed WP (1986) Adherent microorganisms on luminal surfaces of long-term intravenous catheters. Importance of Staphylococcus epidermidis in patients with cancer. Arch Intern Med 146:1949–1954
14. Tronchin G, Bouchara JP, Robert R, Senet JM (1988) Adherence of Candida albicans germ tubes to plastic: ultrastructural and molecular studies of fibrillar adhesions. Infect Immun 56:1987–1993
15. Weightman NC, Simpson EM, Speller DCE, Mott MG, Oakhill A (1988) Bacteraemia related to indwelling central venous catheters: prevention, diagnosis and treatment. Eur J Clin Microbiol Infect Dis 7:125–129
16. Werk R, Schneider L (1983) Rasterelektronenmikroskopische Studie eines mit Candida glabrata infizierten Venenkatheters. Dtsch Med Wochenschr 168:197–198
17. Zufferey J, Rime B, Francioli P, Bille J (1988) Simple method for rapid diagnosis of catheter-associated infection by direct acridine orange staining of catheter tips. J Clin Microbiol 26:175–177

Peritonitis, Peritonitis bei chronisch ambulanter Peritonealdialyse (CAPD), Peritonitis bei intrakavaler Zytostatikatherapie

Material: Peritonealspülflüssigkeit, intraoperative Abstriche

Hinter dem Begriff Peritonitis verbirgt sich eine Vielzahl von Infektionen unterschiedlichster Genese. Neben der seltenen Durchwanderungsperitonitis beim Nierenabszeß oder der primären Pneumokokkenperitonitis [3, 5, 14] nach Perforation eines infizierten Intrauterinpessars [10, 12] oder einer Appendizitis [14, 40] findet sich die Peritonitis als häufige Komplikation der *c*hronisch *a*mbulanten *P*eritoneal*d*ialyse (CAPD) (1–4 Infektionen je Patientenjahr) [25]. Risikofaktoren wie alkoholische Leberzirrhose, Alter und Vorerkrankungen beeinflussen sowohl die Pathogenese als auch die Mortalität (Tabelle 3.147). So ist die Mortalität der spontanen Peritonitis bei Patienten mit Leberzirrhose mit bis zu 90% sehr hoch [22]. Demgegenüber ist die Mortalität der CAPD-Peritonitis gering [28].

Spontane Peritonitis

Die akute spontane Peritonitis ist ein seltenes Krankheitsbild. Außer bei Kindern tritt es überwiegend bei Patienten mit alkoholischen Lebererkrankungen auf. Die Mortalität liegt zwischen 40–57–95% [22]. Pathogenetisch fällt auf, daß bei zirrhotischen Patienten der Ascites eine geringe Immunglobulinkonzentration und damit eine geringe bakterizide Wirksamkeit aufweist, d. h. die Selbstreinigung des Makroorganismus von Bakterien ist herabgesetzt. Durch die zugrunde liegenden Erkrankungen ist die klinische Symptomatik oft un-

Tabelle 3.147. Pathogenese der Peritonitis

Akute spontane Peritonitis	Kinder Patienten mit – Lebererkrankungen – nephrotischem Syndrom – Lupus erythematodes – Steroidtherapie – Fanconi-Anämie – Appendicitis acuta – Immunsuppression – Splenektomie Mesenterialinfarkt Intrauterinpessare
Fäkale Peritonitis	Iatrogene oder spontane Perforation des Darmes
Durchwanderungsperitonitis	z. B. Nierenabszeß
Peritonitis, sonstige Formen	Chronisch ambulante Peritonealdialyse Intrakavale Zytostatikatherapie

klar. Peritonealreizungszeichen wie Schmerzen, Spannung des Abdomens und Fieber sind nicht immer vorhanden oder deutlich [17].

Peritonitis bei chronisch ambulanter Peritonealdialyse (CAPD-Peritonitis)

Die Genese der CAPD-Peritonitis ist nicht einheitlich; u. a. können kontaminierte Spülflüssigkeit und Tunnelinfektionen über den Dialysekatheter Infektionswege sein. Obwohl die genaue Ursache nur in 46% ermittelt werden kann, dürfte die häufigste Ursache ungenügende Hygiene beim Wechseln der Dialysebeutel sein; ebenso sind Kontaminationen der Dialyseflüssigkeit recht häufig (bis zu 25%) (Tabelle 3.148) [9, 17, 24].

Die klinischen Symptome der CAPD-Peritonitis sind typischerweise das trübe Dialysat, leichte abdominelle Beschwerden bis hin zu hohem Fieber, heftige Schmerzen und paralytischer Ileus.

Peritonitis bei intraabdominaler Zytostatikaanwendung

Eine der CAPD-Peritonitis vergleichbare Erkrankung stellt die Peritonitis nach intraperitonealer Zytostatikaanwendung dar. Die Inzidenz der Peritonitis variiert zwischen einer Infektion je 2,7 Patientenmonate und einer je 30,7 Patientenmonate. Die Häufigkeit hängt deutlich von dem jeweiligen Therapieschema ab. So tritt bei der Zytarabintherapie, bei der über 5 Tage eine Kombinationstherapie durchgeführt wird, häufiger eine Peritonitis auf als bei einer, bei der einmal im Monat die Zytostatika für 4 Stunden intraperitoneal belassen werden. Katheterart und aseptische Handhabung beeinflussen ebenfalls die Inzidenz [16].

Keimspektren

Die spontane Peritonitis ist nur zu ⅓ eine Mischinfektion. Leitkeime sind *Escherichia coli* und *Streptococcus pneumoniae* (Tabelle 3.149). Anaerobe Keime, hier inbesondere *Bacteroides* und *Clostridium difficile*, die auch Monoinfektionen bewirken können, werden in 10% isoliert [31].

Krankheitserreger bei der CAPD-Peritonitis sind überwiegend (85%) grampositive Keime (Tabelle 3.150). Hierbei sind die Staphylokokken, insbesondere die Koagulase-negativen Spezies, am häufigsten vertreten. Wichtig sind auch Streptokokken wie *Enterococcus faecalis*. Gelegentlich finden sich auch hämolysierende Streptokokken der Mundhöhle, die als ein Zeichen mangelnder Hygiene beim Wechseln der Beutel gelten.

Bei den gramnegativen Erregern kommen sowohl *Enterobactericaceae* als auch „nicht-fermentierende“ Stäbchenbakterien, hier insbesondere *Pseudomonas aeruginosa*, aber auch *Acinetobacter calcoaceticus* in Frage. Anaerobier wie z. B. *Bacteroides* sind seltener am Krankheitsgeschehen beteiligt; ihre Häu-

Tabelle 3.148. Häufigste (in %) der möglichen Infektionswege bei der CAPD-Peritonitis (nach [9])

Ungeklärte Ursache	54
Defektes „equipment"	10
Darmperforation	7
Durch Patienten zugegebene Fehler	5,5
Durch Katheterwechsel	3
Durch Schlauchsystemwechsel	4,7
Tunnelinfektion	2,3
Undichter Katheter	1,5

Tabelle 3.149. Prozentuale Keimverteilung bei der spontanen Peritonitis bei Erwachsenen (nach [22])

Streptococcus pneumoniae	15
D-Streptokokken	13
Viridansstreptokokken	13
Staphylococcus aureus	8
Lactobazillen	3
Escherichia coli	45
Klebsiella pneumoniae	15
Klebsiella oxytoca	3
Serratia marcescens	13
Pseudomonas aeruginosa	10
Proteus mirabilis	3
Clostridium perfringens	3
Bacteroides fragilis	3

Tabelle 3.150. Prozentuale Keimverteilung bei der CAPD-Peritonitis (modifiziert nach [9])

Staphylokokken	57,5
Staphylococcus aureus	8,5
Viridansstreptokokken	7
Corynebakterien	1,5
Escherichia coli	3,1
Citrobacter freundii	1,5
Pseudomonas aeruginosa	1,5
Anaerobier	1–5,5
Candida	1,5
Andere Pilze	3,5

Tabelle 3.151. Prozentuale Keimverteilung bei Peritonitis nach intraperitonealer Zytostatikatherapie (Tenckhoff-Katheter) (nach [16])

Staphylococcus epidermidis	56
Staphylococcus aureus	20
Viridansstreptokokken	12
Streptococcus sanguis	4
Streptococcus bovis	4
Clostridium perfringens	4

Tabelle 3.152. Seltene Infektionserreger einer Peritonitis

Achromobacter (*Alcaligenes*)	Ingra-Siegman et al. [13]
Xyloseoxidans subsp. *xyloseoxidans*	Reverdy et al. [30]
Pasteurella ureae	Noble et al. [27]
Neisseria meningitidis	Finkelstein et al. [7]
Seltene Infektionserreger bei CAPD-Peritonitis	
Rhodotorula rubra	Wong et al. [42]
	Eisenberg et al. [6]
Clostridium butyricum	Denis et al. [4]
Stomatococcus mucilaginosus	Lanzendörfer et al. [21]

Tabelle 3.153. Diagnostische Kriterien für eine Peritonitis (nach [9])

Leukozytenzahl im Aszites	$>200/mm^3$
Granulozyten überwiegen	
Aszites/Serum-LDH-Quotient	$>0,4$
Aszites/Serum-Glukose-Quotient	$<1,0$

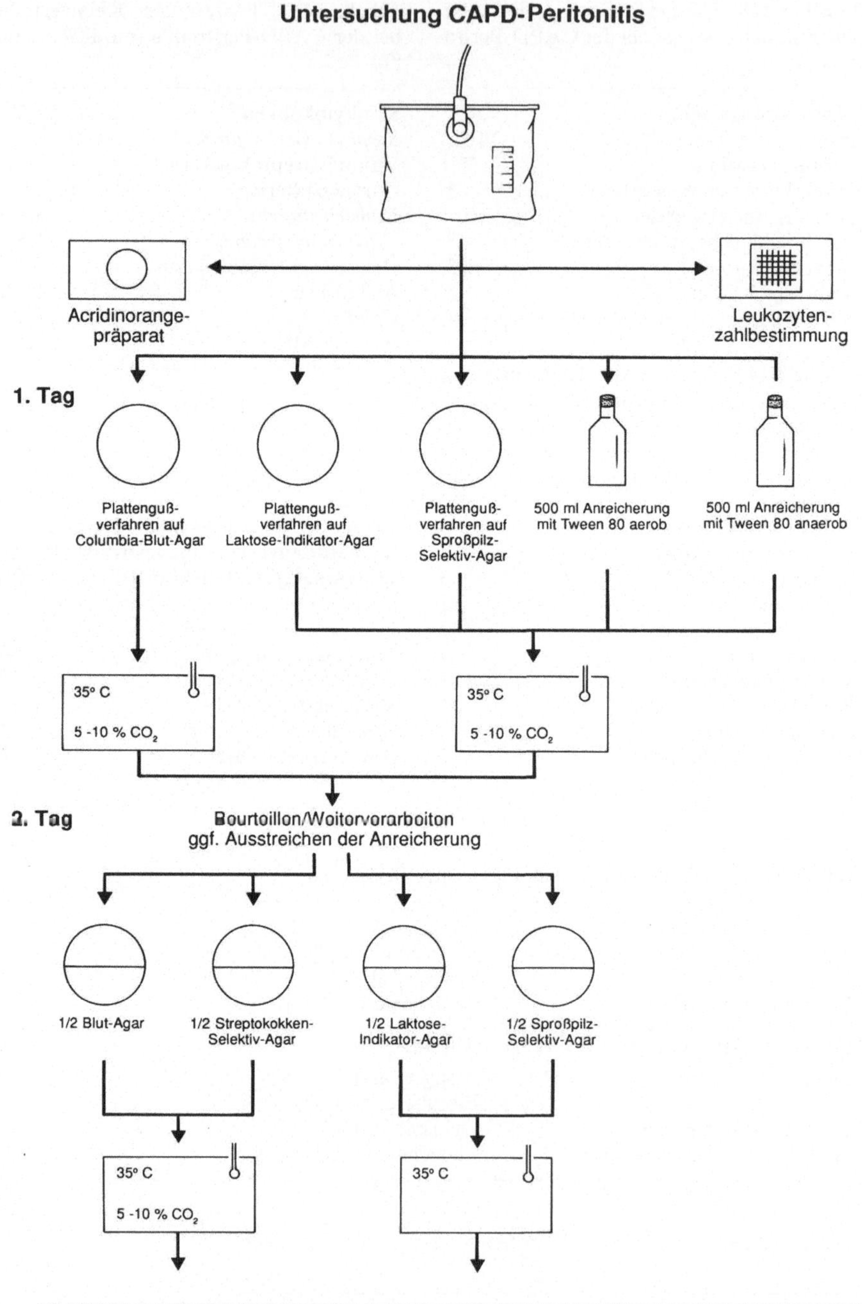

Abb. 3.23. Kulturelles Vorgehen bei Peritonitis

Tabelle 3.154. Anlegeschema zur kulturellen Diagnostik der Peritonitis

1	2	3	4	5	6	7	8	9	10
+	+	+	+	+	+	+	+	+	+

1 Leukozytenzahlbestimmung, *2* Acridinorangepräparat, *3* Plattengußverfahren auf Columbia-Blut-Agar, *4* auf Optimal-Differential-Agar, z. B. Chinablau-Laktose-Agar, *5* auf Sproßpilz-Selektiv-Agar, z. B. Sabouraud-Agar, *6* Blut-Agar, *7* Streptokokken-Selektiv-Agar, *8* 500 ml Anreicherung mit Tween 80 aerob, *9* anaerob, *10* auf Sproßpilze

figkeit wird zwischen 1 und 5,5% angegeben. In Fallberichten wird einmal die Beteiligung von *Clostridium butyricum* [9] (Tabelle 3.152) und einmal von *Clostridium butyricum* mit *Bacteroides distasonis* [4] beschrieben. Leitkeime der Peritonitis nach intraperitonealer Zytostatikatherapie sind mit 76% Staphylokokken, gefolgt von 20% Streptokokken. Darüber hinaus finden sich je nach Katheter unterschiedliche Keimspektren. Das subcutan implantierte Kathetersystem geht mit einer höheren Staphylokokkeninfektionsrate als der Tenckhoff-Katheter einher [16] (Tabelle 3.151).

Diagnostik (Abb. 3.23, Tabelle 3.154)

Da ebenso wie bei der spontanen Peritonitis gelegentlich bei der CAPD-Peritonitis die klinische Symptomatik verschleiert sein kann und das Grampräparat nur in 23% ein positives Ergebnis aufweist [22], sind zusätzliche nicht-kulturelle diagnostische Schritte wie die Leukozytenzahlbestimmung und Granulozytenzahl hilfreich (Tabelle 3.153). Bei der spontanen Peritonitis haben der Aszites-Serum-LDH und Glukose-Quotient eine hohe Spezifität und Sensitivität (>75%) [22]. Beim kulturellen Vorgehen (Tabelle 3.154, Abb. 3.23) stellt insbesondere die CAPD-Peritonitis ein Problem dar, da der/die Infektionserreger aus einem großen Flüssigkeitsvolumen angezüchtet werden muß/müssen. Dieses erklärt auch, daß in der Literatur [1, 19, 20, 29] die Häufigkeit der negativen Kulturergebnisse zwischen 4 und 37% angegeben wird. Ein Grund für negative kulturelle Ergebnisse kann die z. T. schlechte Überlebensrate grampositiver Keime, insbesondere Koagulase-negativer Staphylokokken, im Dialysat sein [23, 35, 36, 41]. Ein weiterer Gesichtspunkt ist die gehäufte intrazelluläre Lokalisation der Krankheitserreger [37]. Daher wurden verschiedene kulturelle Ansätze wie Konzentration durch Zentrifugation [32] oder Filtration [38], Einsatz des „antibiotic removing device", das Gußplattenverfahren [35] und die Bactec-Blutkultur [34, 39] vorgeschlagen. Zusätzliche Behandlung mit Saponin oder Beschallung erhöht die Zahl der iolierten Keime signifikant [37]. Durch den Einsatz von Tween 80-Medien kann die Isolierungsrate ebenfalls deutlich erhöht werden [8]. Somit kann eine optimierte Isolierungsrate nur bei kombiniertem Einsatz der verschiedenen Methoden erreicht werden. Die im folgenden beschriebene Methode ist eine Kombination des Plattengußverfahrens und einer modifizierten Gesamtvolumenanreicherung. Zur Bestimmung der Gesamtkeimzahl empfiehlt sich aufgrund des hohen Anteils an grampositiven Keimen ein mit Isovitalex supplementiertes Optimalmedium wie z. B. Columbia-, Eugon-, Casman- oder Brucella-Medium mit 5–10% Pferdeblut. Zusätzlich kann eine Laktose-Indikator-Platte, z. B. Chinablau-Laktose-Agar, die Diagnostik gramnegativer Keime erleichtern. Die Keimzahlbestimmung kann entweder als Oberflächenverfahren (Ausspateln von 1 ml Dialysat) oder besser im Plattengußverfahren (2 ml Dialysat werden in der Petrischale zu 18 ml noch nicht erstarrtem Agar gegeben) erfolgen. Der Vorteil der letzteren Methode ist, daß es auch bei größerem Einsaatvolumen zur Ausbildung von Einzelkolonien und nicht wie beim Oberflächenverfahren zum Bakterienrasen kommt. Nachteilig ist allerdings der größere Arbeitsaufwand und daß das Verfahren nur mit Medien ohne Blutansatz durchgeführt werden kann. Neben einem Optimalmedium mit Blut und ggf. mit Tween 80 nach Gould et al. [8] sollte auch der erhebliche Anteil (bis zu 15%) von Pilzen, hier auch Schimmelpilzen, mit einem Pilz-Selektiv-Medium, z. B. Sabouraud-Agar oder Bierwürz-Agar, erfaßt werden. 1 ml des Dialysates wird dazu im Oberflächenverfahren ausgespatelt und 1 Platte bei 35 °C und eine weitere zur Schimmelpilz-Anzucht bei 22 °C inkubiert. Letztere sollte bis zu 14 Tage beobachtet werden.

Die Gesamtvolumenanreicherung wurde von Dawson et al. [2] ursprünglich mit Blutkulturbeuteln vorgeschlagen. Da diese jedoch insbesondere bei größerem Aufkommen schlecht lagerbar sind, können als Ersatz 500 ml Meplats-Schraubflaschen, wie sie in der naturwissenschaftlichen Mikrobiologie routinemäßig verwendet werden, eingesetzt werden. Als Medien können für die Anaerobieranzucht mit Vitamin K_3 und Hämin 5× konzentrierte Thioglykolat-Bouillon (100 ml), alternativ Brucella- oder Schädler-Bouillon, für aerobe Keime 5× konzentrierte Hirn-Herz-Infus, Columbia- oder Eugon-Bouillon und zur Pilzanzucht 4× konzentrierte Sabouraud-Bouillon mit 10 mg/l Norfloxacin oder Aminoglykoside 3 mg/l verwendet werden.

Unter streng sterilen Vorsichtsmaßnahmen, ggf. im „Laminar Flow", wird das Dialysat z. B. mittels Blutkulturentnahmebesteck in die Flaschen abgefüllt. Bei der aeroben Anreicherung und der für Sproßpilze sollte vorher eine 400 ml-Markierung mit einem wasserfesten Stift gemacht werden. Aufgefüllt wird mit Dialysat bis zur Marke bzw. bei der anaeroben Bouillon fast randvoll. Um in Fibrinnestern gebundene Bakterien freizusetzen, kann sterile Pankreatinlösung bis zu einer Endkonzentration von 0,1% zugesetzt werden. Der Zusatz von 0,05% Saponin fördert die Freisetzung von Bakterien aus den Leukozyten [2]. Die Anreicherungen werden über 7 Tage beobachtet. Bei Auftreten einer Trübung wird mit einer sterilen Kanüle eine Probe entnommen und diese auf entsprechende Medien – anaerobe Anreicherung auf Schädler-, Brucella- oder Gifu-Anaerobier-Agar mit 5–10% Blut und Vitamin K_3, aerobe Anreicherung auf Columbia-Blut-, Streptokokken-Selektiv-Agar und/oder Laktose-Indikator-Medien, Pilze auf Sabouraud- oder Bierwürz-Agar – ausgestrichen. Parallel dazu werden die Gußplatten täglich bis zu 7 Tagen lang, die Schimmelpilzkulturen bis zu 14 Tagen lang, durchgemustert.

Literatur

1. Broquet PE, Spertini F, Wauters JP, Sakellarides E (1983) Clinical and microbiology aspects in patients on CAPD. Schweiz Med Wochenschr 113:1327–1330
2. Dawson MS, Harford AM, Garner BK, Sica DA, Landwehr DM, Dalton HP (1985) Total volume culture technique for the isolation of microorganisms from continuous ambulatory peritoneal dialysis patients with peritonitis. J Clin Microbiol 22:391–394
3. Denis F, Mounier M, Descottes B, Cubertafond P, Catanzano G (1984) Abdominal infections caused by Streptococcus pneumoniae. Eur J Clin Microbiol 3:443
4. Denis M, Tommasi L, Teyssier G, Aubert G, Dorche G (1986) Péritonite à Clostridium butyricum et Bacteroides distasonis chez un enfant traité par dialyse péritonéale. Presse Med 15:2168
5. Dimond M, Proctor HJ (1976) Concomitant pneumococcal appendicitis, peritonitis and meningitis. Arch Surg 111:888–889
6. Eisenberg ES, Alpert BE, Weiss RA, Mittman N, Soeiro R (1983) Rhodotorula rubra peritonitis in patients undergoing continuous ambulatory peritoneal dialysis. Am J Med 75:349–352
7. Finkelstein R, Hashman N, Klein L, Merzbach D (1986) Primary peritonitis due to Neisseria meningitidis serogroup W135. J Infect Dis 154:543
8. Gould IM, Reeves I, Chauhan N (1988) Novel plate culture method to improve the microbiological diagnosis of peritonitis in patients on continuous ambulatory peritoneal dialysis. J Clin Microbiol 26:1687–1690
9. Grefberg N, Danielson BG, Nilsson P (1984) Peritonitis in patients on continuous ambulatory peritoneal dialysis. Scand J Infect Dis 16:187–195
10. Gruer LD, Collingham KE, Edwards CW (1984) Pneumococcal peritonitis associated with an IUCD. Lancet II:677
11. Heltberg O, Korner B, Schouenborg P (1984) Six cases of acute appendicitis with secondary peritonitis caused by Streptococcus pneumoniae. Eur J Clin Microbiol 3:141–143
12. Herbert TJ, Mortimer PP (1974) Recurrent pneumococcal peritonitis associated with an intra-uterine contraceptive device. Br J Surg 61:901–902
13. Ingra-Siegman Y, Chmel H, Cobbs C (1980) Clinical and laboratory characteristics of Achromobacter xyloseoxidans infection. J Clin Microbiol 11:141–145
14. Jensen LS (1984) Primary pneumococcal peritonitis. Ann Chir Gynaecol 73:95–96
15. Kahn AJ, Evans HE, Macabuhay MR, Lee YE, Werner R (1975) Primary peritonitis due to group G Streptococcus: a case report. Pediatrics 56:1078–1079
16. Kaplan RA, Markman M, Lucas WE, Pfeifle C, Howell SB (1985) Infectious peritonitis in patients receiving intraperitoneal chemotherapy. Am J Med 78:49–53
17. Kirsch JJ (1984) Peritonitis und ambulante Peritoneal-Dialyse: Hygiene und mikrobiologische Aspekte. Dtsch Ärztebl 20:1631–1632
18. Krothapalli R, Duffy WB, Lacke C, Payne W, Patel H, Perez V, Senekjian HO (1982) Pseudomonas peritonitis and continuous ambulatory peritoneal dialysis. Arch Int Med 142:1862–1863
19. Krothapalli RK, Senekjian HO, Ayus JC (1983) Efficacy of intravenous vancomycin in the treatment of gram-positive peritonitis in long-term peritoneal dialysis. Am J Med 75:345–348
20. Kurtz SB, Johnson WJ (1984) A four-year comparison of continuous ambulatory peritoneal dialysis and home dialysis: a preliminary report. Mayo Clin Proc 59:659–662
21. Lanzendörfer H, Zaruba K, von Graevenitz A (1988) Stomatococcus mucilaginosus as an agent of CAPD peritonitis. Zentralbl Bakteriol Mikrobiol Hyg [A]270:326–328
22. Lee HH, Carlson RW, Bull DM (1987) Early diagnosis of spontaneous bacterial peritonitis: values of ascitic fluid variables. Infection 15:232–236
23. MacDonald WA, Watts J, Bowmer MI (1986) Factors affecting Staphylococcus epidermidis growth in peritoneal dialysis solutions. J Clin Microbiol 24:104–107

24. Mergeryan H (1983) Hygienisch mikrobiologische Aspekte der Peritonitis bei CAPD (Continuous Ambulatory Peritoneal Dialysis). Nieren- und Hochdruckkrankheiten 12:483–491
25. Mocan H, Murphy AV, Beattie TJ, McAllister TA (1988) Peritonitis in children on continuous ambulatory peritoneal dialysis. J Infect 16:243–251
26. Münch R, Steurer J, Kuhlmann U (1982) Diagnose der Peritonitis bei kontinuierlicher ambulanter Peritonealdialyse. Dtsch Med Wochenschr 107:826–828
27. Noble RC, Marek BJ, Overman SB (1987) Spontaneous bacterial peritonitis caused by Pasteurella ureae. J Clin Microbiol 25:442–444
28. Nolph KD, Lindblad AS, Novak JW (1988) Current concepts. Continuous ambulatory peritoneal dialysis. N Engl J Med 24:1595–1600
29. Poole-Warren LA, Taylor PC, Farrell PC (1986) Laboratory diagnosis of peritonitis in patients treated with continuous ambulatory peritoneal dialysis. Pathology 18:237–239
30. Reverdy ME, Freney J, Fleurette J, Coulet M, Surgot M, Marmet D, Ploton C (1984) Nosocomial colonization and infection by Achromobacter xyloseoxidans. J Clin Microbiol 19:140–143
31. Rimland D, Hand WL (1987) Spontaneous peritonitis: a reappraisal. Am J Med Sci 30:285–292
32. Rubin SJ (1984) Continuous ambulatory peritoneal dialysis: dialysate fluid cultures. Clin Microbiol Newsletter 6:3–5
33. Runyou BA (1986) Bacterial peritonitis secondary to a perinephric abscess. Case report and differentiation from spontaneous bacterial peritonitis. Am J Med 80:997
34. Ryan S, Fessia S (1987) Improved method for recovery of peritonitis-causing microorganisms from peritoneal dialysate. J Clin Microbiol 25:383–384
35. Sheth NK, Bartell CA, Roth DA (1986) In vitro study of bacterial growth in continuous ambulatory peritoneal dialysis fluids. J Clin Microbiol 23:1096–1098
36. Skau T, Nyström PO, Öhman L, Stendahl O (1986) The kinetics of peritoneal clearance of Escherichia coli and Bacteroides fragilis and participating defense mechanisms. Arch Surg 121:1033–1037
37. Taylor PC, Poole-Warren LA, Grundy RE (1987) Increased microbial yield from continuous ambulatory peritoneal dialysis peritonitis effluent after chemical or physical disruption of phagocytes. J Clin Microbiol 25:580–583
38. Vas SI (1983) Microbiological aspects of chronic ambulatory peritoneal dialysis. Kidney Int 23:83–92
39. Vas SI, Law L (1985) Microbiological diagnosis of peritonitis in patients on continuous ambulatory peritoneal dialysis. J Clin Microbiol 21:522–523
40. Villiger A, Fartab M (1986) Pneumokokkenperitonitis beim Erwachsenen. Schweiz Med Wochenschr 116:927–929
41. West TE, Walshe JJ, Krol CP, Amsterdam D (1986) Staphylococcal peritonitis in patients on continuous peritoneal dialysis. J Clin Microbiol 23:809–812
42. Wong V, Ross L, Opas L, Lieberman E (1988) Rhodotorula rubra peritonitis in a child undergoing intermittent cycling peritoneal dialysis. J Infect Dis 157:393–394

Sepsis

Material: Blutkultur

Mit der Übernahme der amerikanischen Terminologie bürgert sich auch im deutschen Sprachraum der unpräzise Begriff Bakteriämie ein, der auch ungerechtfertigt bei Sepsisfällen gebraucht wird. Während die Sepsis ein schweres, lebensbedrohendes Krankheitsbild ist, bezeichnet die Bakteriämie einen Zustand, bei dem vorübergehend Bakterien im Blut vorhanden sind, ohne daß damit ein schweres Krankheitsbild assoziiert ist; allerdings kann sich aus einer Bakteriämie eine Sepsis entwickeln.

Eine Sepsis ist gekennzeichnet durch Temperaturen von über 38 °C, Schüttelfrost, Tachykardie, Hypotonie, Leukozytose mit Linksverschiebung, Anämie, Thrombozytopenie, pathologische Serumelektrophorese sowie mindestens 2 positiven Blutkulturen [18]. Eine Bakteriämie, bei der zwar auch Blutkulturen z. T. reproduzierbar positiv sind, aber keine klinischen Zeichen einer Sepsis nachweisbar sind, kann bei minimalen Eingriffen wie Plaqueentfernung bzw. beim Zähneputzen entstehen [64] (Tabelle 3.155). Beim Gesunden kann der Körper die Infektionserreger abwehren, so daß es nicht zur Ausbildung einer Erkrankung kommt. Patienten jedoch, die keine (noch nicht bzw. nicht mehr) ausgebildete sichere Infektionsabwehr haben, sind durch solche Bakteriämien gefährdet; dieses sind insbesondere Neugeborene und Kinder unter 1 Jahr, bei denen das Immunsystem erst noch ausgebildet werden muß, aber auch ältere und greise Patienten, bei denen die Effizienz des Immunsystems allmählich abnimmt. Daneben sind abwehrgeschädigte Patienten, z. B. Alkoholiker, Patienten mit Zytostatika- oder immunsuppressiver Therapie gefährdet. Dementsprechend stellt sich auch die Altersverteilung der Sepsisfälle dar

Tabelle 3.155. Prozentuale Häufigkeit einer Bakteriämie nach medizinischen Eingriffen[a]

Endoskopie	
– des oberen Magen-Darmtraktes	4
– retrograde Cholangiographie	5
– Coloskopie	5
– starre Sigmoidoskopie	5
– flexible Sigmoidoskopie	<1
– Proktoskopie	2
– Hämorrhoidektomie	8
– Ösophagusdilatation	53
– Bariumbrei	10
Zahnbehandlungen	
– Extraktionen	89
– paradontale Eingriffe	67
– operative Entfernung teilretinierter Zähne	64
– Zahnsteinentfernung	36

[a] Kumulierte Daten nach [24, 64]

[76]. Die Sepsis ist ein relativ häufiges Ereignis; 1 bis 2% aller stationär aufgenommenen Patienten erleidet eine Sepsis, wobei relativ häufiger Männer betroffen werden.

In der Mehrzahl der Fälle wird die Sepsis im Krankenhaus erworben. Das Verhältnis nosokomialer Infektionen zu ambulant erworbenen ist 3:1 [61]. Signifikant häufiger erliegen Patienten im Krankenhaus einer Sepsis (6,7:1). Die Letalität der Sepsis hängt darüber hinaus nicht nur von Patienten-eigenen Risikofaktoren wie Alkoholismus, langer Krankenhausaufenthalt, großflächige Brandwunden [20, 56] usw. ab, sondern auch von dem jeweiligen Infektionserreger (Tabelle 3.156). Die niedrigste Letalität wird bei *Escherichia-coli*-Sepsisfällen (18%) beobachtet, die höchste bei *Pseudomonas* (42%). Naturgemäß ist die Letalität bei polymikrobiellen Sepsisfällen mit die höchste (>40%).

Tabelle 3.156. Letalitätsraten bezogen auf den Sepsiserreger

Staphylococcus epidermidis	34% [70]
Streptococcus pneumoniae	28,6% [30]
A-Streptokokken	20–25% [25]
Escherichia coli	18% [61]
Klebsiella	32% [61]
Pseudomonas	42% [61]

Wichtige Eintrittspforten bei Erwachsenen sind der Respirationstrakt, die Gallen- und die Harnwege (Tabelle 3.157). Bei Neugeborenen und Kindern unter 1 Jahr ist der wichtigste Ausgangspunkt einer Sepsis (Tabelle 3.158) die Meningitis, während eine Urosepsis im Vergleich zu Erwachsenen (16%) lediglich in 1% auftritt [79]. Nach einer Studie von Klein [51] liegt die Inzidenz einer neonatalen Sepsis zwischen 1 und 8,1 auf 1000 Fälle. Die Mortalität dieser Infektion ist trotz moderner Antibiotikatherapie mit 20–30% recht hoch.

Tabelle 3.157. Lokalisation der Primärinfektion als Ausgangspunkt für eine Sepsis (nach [61])

Harnwege	16%
Peritoneum	14%
Tiefe Atemwege	11%
Intravenöse Katheter	9%
Gallenwege	5%
Abszeß	1%
Dekubitus	1%
Unbekannt	26%

Tabelle 3.158. Lokalisation der Primärinfektion als Ausgangspunkt für eine Sepsis bei Kindern (nach [59])

Meningen	30,5%
Epiglottitis	10,5%
Lunge	9,5%
Weichteilgewebe	13,3%
Knochen und Gelenke	15,2%
Gastrointestinaltrakt	5,7%
Harnwege	21,0%
Peritoneum	1,9%
Unbekannt	12,4%

Risikofaktoren für eine neonatale Sepsis und Meningitis [50] sind

- Frühgeburt
- niedriges Geburtsgewicht
- früher Blasensprung
- peripartale Infektion
- Sepsis der Mutter
- fötale Hypoxie
- komplizierte Geburt

Als Besonderheit ist bei Kleinkindern die akute bakterielle (meist durch *Haemophilus* bedingte) Epiglottitis als Auslöser einer Sepsis zu erwähnen [51]. Auch bei Erwachsenen kann es in seltenen Einzelfällen zu einer Epiglottitis mit Sepsis kommen [35, 79a]. Dennoch bleibt für einen nicht unerheblichen Teil der Sepsisfälle der primäre Infektionsherd unbekannt.

Pathogenese

Die Sepsis ist als eine gravierende Invasion entweder der Lymph- oder der Blutgefäße durch Bakterien zu bezeichnen. Im Rahmen dieser Infektion werden eine Vielzahl in ihrer Ausprägung und Konstellation variierender Symptome beobachtet. Diese sind u. a. Fieber, Hypotonie, Schüttelfrost, aber auch Schocklunge, Schockniere, gastrointestinale Blutung etc. (Tabelle 3.159). Diese unterschiedlichen Symptome sind die klinischen Zeichen pathophysiologischer Vorgänge, die durch die Bakterien selbst oder ihre Produkte z. B. Endotoxine, Hämolysine oder bakterielle Pyrogene bewirkt werden [34, 42]. Hierbei scheint der durch die bakteriellen Toxine bedingten Freisetzung von Cathepsin, Interleukin IL-1, Leukotrien und 2-Interferon eine bedeutende Rolle zuzukommen [34, 57], (Abb. 3.24). Abbildung 4.24 stellt einen Versuch dar, verein-

Tabelle 3.159. Klinische Zeichen einer Sepsis (nach [34])

Häufig	Seltener
Fieber, Rigor	Hypothermie
Muskelschmerzen	Schock
Hypotonie	Laktatacidose
Tachykardie	Schocklunge
Tachypnoe	Azotämie
Hypoxämie	Leukopenie (z. B. Brucellose Typhus)
Proteinurie	Anämie
Leukozytose	Thrombozytopenie
(Linksverschiebung, toxische Granulierung),	Disseminierte, intravasale Gerinnung
Eosinopenie	Stupor, Koma
Erregbarkeit, Lethargie	Gastrointestinale Blutungen
Hyperglykämie bei Diabetikern	Hautsymptomatik (septische Metastasen)
	Hypoglykämie

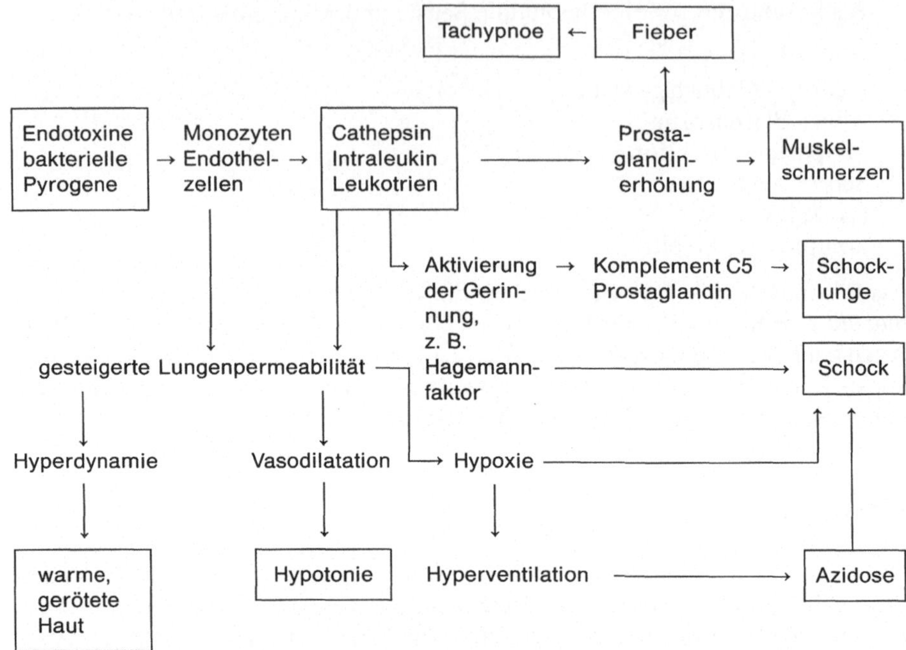

Abb. 3.24. Vereinfachte Darstellung der Zusammenhänge bei der Ausbildung eines septischen Schocks

Tabelle 3.160. Sepsiserreger, die ein Waterhouse-Friedrichsen-Syndrom oder eine disseminierte intravasculäre Koagulopathie hervorrufen können

Streptococcus pneumoniae	*Neisseria meningitidis*
Staphylococcus aureus	*Escherichia coli*
Haemophilus influenzae	*Plesiomonas shigelloides*

facht einige pathophysiologische Abläufe in Zusammenhang zu bringen. Das Ineinandergreifen der verschiedenen Abläufe mit Ausprägung der Schocksymptome wie Schocklunge, dissiminierte intravasale Gerinnung, Schockniere usw. bewirken letztendlich den fatalen Ausgang einer Sepsis (Tabelle 3.160).

Entscheidend für den Verlauf sind sowohl Patienten-eigene Faktoren als auch die Virulenz und Keimzahl des Sepsiserregers. Die Letalität einer Sepsis steigt bei grampositiven Keimen von 33% bei Keimzahlen von 10 KBE/ml auf 79% bei mehr als 50 KBE/ml. Auch bei gramnegativen Keimen steigt die Letalität von 40% bei 10 KBE/ml auf 58% bei 50 KBE/ml oder mehr [57]. Eine erhebliche Rolle für den Ausgang einer Sepsis spielen evtl. vorhandene Grunderkrankungen. So kann es bei Alkoholikern oder bei Patienten mit einer herabgesetzten Knochenmarkreserve an Leukozyten, z. B. bei zytostatisch oder immunsuppressiv behandelten Patienten, bei Neugeborenen und Kleinkindern oder Greisen zu einer fulminanten Sepsis kommen. Durch schwere

Verbrennung [20] können ebenfalls Substanzen produziert werden, die eine kompetente Reaktion des Immunsystems hemmen.

Auch akute Ereignisse, wie große Hämorrhagien oder Brandwunden, können die Abwehrkraft des Körpers durch z. B. vermehrte Freisetzung von Kortikosteroiden oder auch Substanzen, die durch Nekrosen entstehen, negativ beeinflussen und somit den Organismus für eine Sepsis empfänglicher machen [81].

Keimspektrum

Prinzipiell können zwar nahezu alle Mikroorganismen eine Bakteriämie/Sepsis hervorrufen (Tabelle 3.161 – 3.164), jedoch hängt die prozentuale Verteilung der häufigeren Keime (Tabelle 3.162) vom Alter, der Grunderkrankung, dem nosokomialen Keimspektrum der Klinik, dem primären Infektionsherd u. a. ab. Leitkeime der neonatalen Periode (Tabelle 3.163) z. B. sind *Escherichia coli* (ca. 20%) und Staphylokokken (35%). Auch finden sich Keime wie *Listeria monocytogenes* und B-Streptokokken, die zu einem späteren Zeitpunkt keine große Bedeutung haben bzw. eine Rarität darstellen. Im Alter von 2 Monaten bis 5 Jahren findet sich ein Gipfel an Pneumokokken- und Haemophilussepsisfällen. Prozentual haben auch Enteritis-Salmonelleninfektionen eine Bedeutung. Nach dem fünften Lebensjahr liegt eine deutlich reduzierte Pneumokokken- und Haemophilusisolierungsrate vor; Enteritis-Salmonellen werden nur noch selten isoliert.

Ein deutlicher Einfluß auf das Keimspektrum geht von dem primären Infektionsherd aus. Während bei einer Pneumonie hauptsächlich Pneumokokken, u. a. grampositive Keime (Tabelle 3.164), eine Sepsis verursachen, sind es z. B. bei der Urosepsis *Escherichia coli* und *Enterococcus faecalis*. Fast ausschließlich wird die Sepsis durch einen Keim (ca. 95%) verursacht und nur in 4,6% durch zwei und in 0,6% von 3 bis 5 Erregern [76]. Der höchste Anteil an Mischinfektionen findet sich in der Chirurgie (7,4%), bei Patienten mit Brandwunden (21,5%) und bei Patienten der Intensivstationen (8%). Meist liegt dann eine Mischkultur von Enterobakterien, D-Streptokokken und Staphylokokken vor. Ähnliche Daten wie die von Rosenthal berichten auch Autoren aus Australien [59], Holland [61] und den USA [87].

Diagnostik (Abb. 3.25)

Die Diagnostik einer Bakteriämie oder Sepsis ist nur mittels Blutkultur möglich. Hierbei kommt dem richtigen Zeitpunkt der Entnahme der Blutkultur eine erhebliche Bedeutung zu. Ca. 30 – 45 Minuten nach dem Eindringen der Bakterien in die Blutbahn kommt es zu den klassischen Sepsiszeichen wie Fieberanstieg oder Schüttelfrost. Die Abwehr des Gesunden wird bei einer vorübergehenden Bakteriämie innerhalb von 7 Minuten die Bakterien aus der Blutbahn entfernen [84], beim Erkrankten wird jedoch die bakterielle Clearance weitgehend von der Grundkrankheit beeinflußt. Das bedeutet für die

Tabelle 3.161 a. Seltene Infektionserreger einer Sepsis

A-Streptokokken	Barg et al. [9]
	Christie et al. [16]
Acinetobacter calcoaceticus	Raz et al. [73]
Actinobacillus actinomycetemcomitans	Kristinsson et al. [52]
Aerococcus	Kern et al. [47]
	Parker u. Ball [68]
Alcaligenes (Achromobacter) xyloseoxidans	Spear et al. [80]
Anaerobiospirillum succiniciproducens	McNeil et al. [60]
Bacillus cereus	Grosbois et al. [31]
Branhamella catarrhalis	Henny et al. [37]
C-Streptokokken	Armstrong et al. [6]
Campylobacter coli	Kist et al. [49]
Campylobacter fetus spp.	Dickgießer et al. [22]
Candida utilis	Alsina et al. [3]
Candida zeylanoides	Bisbe et al. [10]
Capnocytophaga ochracea	Paerregaard et al. [67]
CDC-Gruppe DF-2	Kalb et al. [44]
Clostridium septicum	Tikko et al. [83]
Corynebacterium (Arcanobacterium) haemolyticum	Chandrasekar u. Molinari [14]
Corynebacterium JK	Guarino et al. [32]
Edwardsiella tarda	Martinez [55]
Erysipelothrix rhusiopathiae	Oginbene et al. [66]
Escherichia fergusonii	Freney et al. [27]
Fusobacterium spp.	Hemy et al. [36]
G-Streptokokken	Ancona et al. [4]
	Appelbaum et al. [5]
	Baker [8]
	Brans [12]
Haemophilus aphrophilus	Maggiore et al. [54]
Haemophilus parainfluenzae	Nakamura et al. [63]
	Henry et al. [38]
Listeria monocytogenes	Read et al. [74]
Moraxella phenylpyruvica	Dickgießer et al. [21]
Moraxella urethralis	Bizet et al. [11]
Mycobacterium neoaurum	Davison et al. [19]
Pasteurella multocida	Rasaiah et al. [72]
Plesiomonas shigelloides	Curti et al. [17]
Pseudomonas luteola (CDC-Gruppe Ve-1)	Freney et al. [28]
Pseudomonas oryzihabitans (CDC-Gruppe Ve-2)	Freney et al. [28]
Rahnella aquatilis	Goubau et al. [29]
Selenomonas	Pomeroy et al. [69]
Serratia odorifera	Chmel [15]
Vibrio cholerae	McCleskey et al. [58]
Vibrio hollisae xyloseoxidans subsp.	Rank et al. [71]
Yersinia enterocolitica	Verhaegen et al. [86]

Diagnostik, daß im Fiebermaximum in vielen Fällen kaum noch Infektionserreger nachweisbar sind. Bei greisen Patienten, Neugeborenen oder abwehrgeschwächten Patienten kann die Symptomatik der Sepsis verschwommen oder nur schwach ausgeprägt sein, so daß der Verdacht nicht auf eine Sepsis gelenkt wird. Somit ist es schwierig, den optimalen Zeitpunkt für die Entnahme einer Blutkultur zu bestimmen; nur die wiederholte Abnahme erlaubt eine maximale

Tabelle 3.161 b. Prozentuale Keimverteilung der Erreger einer Septikämie (nach [76])

Staphylococcus aureus	19,9
Staphylococcus epidermidis	10,4
β-hämolysierende Streptokokken	2,6
Pneumokokken	2,5
Nicht-hämolysierende Streptokokken	5,5
Haemophilus influenzae	0,9
Neisseria meningitidis	0,3
Escherichia coli	22
Citrobacter	1
Klebsiella spp.	5,9
Serratia spp.	1,3
Proteus mirabilis	2,4
Indolpositive Proteusarten	1
Salmonella typhi und *paratyphi*	0,5
Enteritis-Salmonellen	1,1
Pseudomonas aeruginosa	4,8
Pseudomonas spp.	1,4
Acinetobacter	1,8
Andere „nicht-fermentierende" Stäbchenbakterien	0,6
Anaerobier	
Grampositive Erreger	1,3
Bacteroides spp.	1,2
Sproßpilze	1,9

Tabelle 3.162. Prozentuale Keimverteilung der ambulant erworbenen Sepsis (nach [61])

Staphylococcus aureus	12,7
Staphylococcus epidermidis	3,8
Nicht-hämolysierende Streptokokken	7,2
Pneumokokken	14,4
β-hämolysierende Streptokokken	4,1
Enterokokken	2,8
Escherichia coli	35,6
Klebsiellen	7,5
Proteus mirabilis	4,8
Pseudomonas	0,3
Enterobacter	1,4
Salmonellen	7,2
Proteusarten	1,4
Bacteroides	2
Candida	0,65

Isolierungsrate. Diese ist auch abhängig vom Blutkultursystem und wird mit bis zu 99% bei 2 unabhängigen Blutkulturen angegeben (Abb. 3.25). In der Mehrzahl wird es sich um ein käufliches System handeln, in das Blut direkt eingebracht und sowohl aerob als auch anaerob inkubiert wird. Die optimale Menge an Blut liegt bei Erwachsenen bei 20 ml [87]. Da z.T. mit Keimzahlen unter 10 KBE/ml gerechnet werden muß, ist dem Blutvolumen nach unten

Tabelle 3.163. Prozentuale Keimverteilung bei einer Sepsis bei Kindern bezogen auf das Alter (nach [76])

	0–4 Wochen	2–12 Monate	2–5 Jahre	6–10 Jahre
Staphylococcus aureus	1,5	12,5	16	19,5
Staphylococcus epidermidis	20	16	11	17
β-hämolysierende Streptokokken	14	22	3,4	7
Nicht-hämolysierende Streptokokken	2,9	11	6,3	7
Pneumokokken	<0,5	7	8	7
D-Streptokokken	5	2,8	4,6	6
Listeria monocytogenes	2,9			
Neisseria meningitidis	<0,1	2,8	3,4	3,7
Haemophilus influenzae	<0,5	8,5	22,4	4,9
Escherichia coli	19,0	8,5	5,2	8,5
Enterobakterien	12	11	10	6
Salmonellen		1,1	4,6	
Pseudomonas aeruginosa	2,1	3,4	2,9	3,7
„Nicht-fermentierende“ Stäbchenbakterien	2,1	4	2,9	6
Anaerobier	<0,5	0,5		1,2
Sproßpilze	<0,25	1,7	0,5	1,2

Tabelle 3.164. Prozentuale Keimverteilung der β-hämolysierenden Streptokokken (nach [7])

A-Streptokokken	34,6
B-Streptokokken	26,9
C-Streptokokken	4,6
D-Streptokokken	11,7
F-Streptokokken	2,0
G-Streptokokken	10,8
Nicht typisierbare Streptokokken	9,4

Tabelle 3.165. Keimzahl der Blutkultur in Abhängigkeit von dem eingesetzten Blutvolumen bei Neugeborenen (nach [23, 65])

50–1000 KBE/ml	5 von 30
5– 49 KBE/ml	11 von 30
0– 4 KBE/ml	8 von 30
0,2 ml Blut	Sensitivität 77%
0,02 ml Blut	Sensitivität 46%

eine Grenze gesetzt, um eine sichere Diagnostik zu gewährleisten. Ein technisch schwieriges Problem ist oft die Blutabnahme bei den Neugeborenen. Hier sollten zumindest 0,5 ml Blut eingesetzt werden, da bei geringeren Volumina mit erheblichen Sensibilitätseinbußen gerechnet werden muß (Tabelle 3.165).

Ein schwieriges Problem stellt die häufig bereits durchgeführte Antibiotikatherapie dar. In mehreren Studien konnte gezeigt werden, daß mit einem Ionenaustauscherharzsystem, dem „Antimicrobial Removing Device“ (ARD), signifikant mehr Blutkulturen, insbesondere auch bei solchen, bei denen Staphylokokken die pathogenen Keime sind, positiv sind [13]. So waren 37 von 151 Kulturen nur mittels des ARD-Systems positiv.

Weiterhin können bei bekannten Antibiotikaregimen Penicilline durch Zugabe von Penicillinasen, Cefalosporine durch Cefalosporinasen und Sulfonamide durch Folsäure zerstört bzw. in ihrer Aktivität gemindert werden.

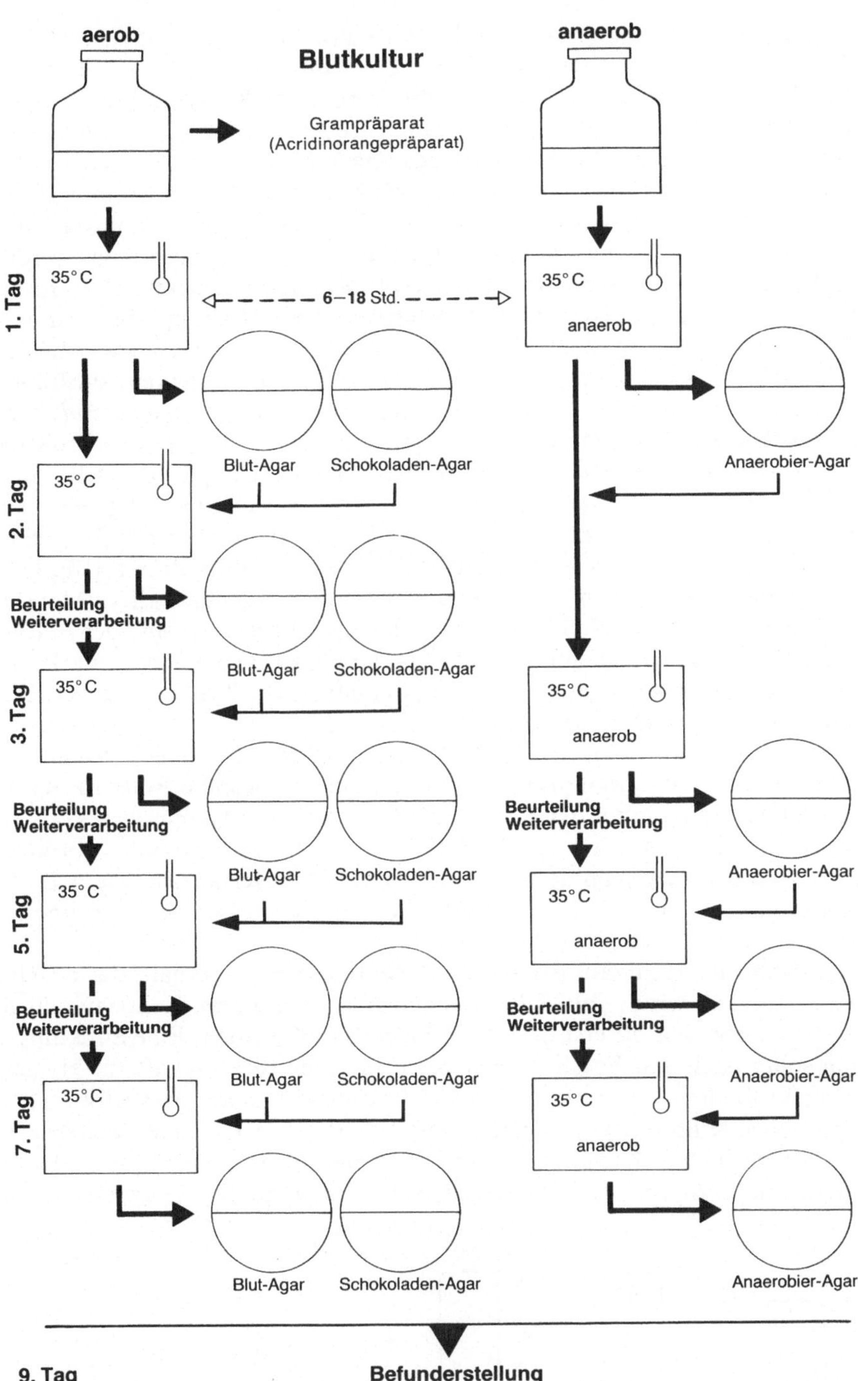

Abb. 3.25. Kulturelles Vorgehen bei Blutkulturen

Neben den klassischen Formen der Blutkultur wurde vor kurzem von der Arbeitsgruppe Keller [46] ein modifiziertes Verfahren vorgeschlagen. Entsprechend der Hämodialyse wird in einem extrakorporalen Kreislauf Blut (ca. 12 l) über beschichtete Aktivkohle geführt. Auf diese Art und Weise werden auf den Aktivkohleteilchen die Infektionserreger angereichert. Die Teilchen werden anschließend zur Kultivierung auf geeignete Medien wie z. B. Columbia-Blut-Agar ausgesät. Die Isolierungsrate ist um ca. 20% höher als bei konventionellen Blutkulturen und liegt durchschnittlich bei 44%. Darüber hinaus werden so Pilze und durch Antibiotika geschädigte Keime in höherem Prozentsatz isoliert. Schwierig ist jedoch die Entscheidung, ob ein Keim pathogen ist oder eine Kontamination darstellt. Hierbei sind einige Spezies als obligat pathogen zu betrachten, wie *Streptococcus pneumoniae*, A-Streptokokken, B-Streptokokken und *Haemophilus influenzae* ebenso wie *Neisseria meningitidis* und Salmonellen. Bei *Staphylococcus aureus* muß allerdings ein nicht unerheblicher Anteil (bis zu 30%) als Kontamination angesehen werden [59]; dies trifft auch für Enterobakterien in geringem Maße zu. Zur Absicherung empfiehlt sich daher sorgfältige Desinfektion der Abnahmestelle, Abnahme an zwei verschiedenen Körperstellen und wiederholte Abnahme von Blutkulturen [18]. Darüber hinaus muß die Klinik berücksichtigt werden. Als alternatives Material zur Diagnostik eines typhoiden Fiebers oder einer Brucellose sind der Blutkuchen [26] oder die Knochenmarkskultur [41] geeignet. Die Knochenmarkskultur ist dann besonders vielversprechend, wenn trotz des Typhusfieberverdachtes die Blutkultur am 3. Tag negativ ist.

Abweichend von den meisten bakteriologischen Materialien kommt bei der Blutkultur dem Grampräparat nur eine untergeordnete Rolle zu, da die Keimzahlen i. allg. unter der Ausschlußgrenze des mikroskopischen Präparates liegen, solange noch keine Vermehrung der Erreger in dem bebrüteten Medium stattfinden konnte. Empfindlichere Färbeverfahren, wie z. B. die Fluoreszenzfärbung mit Acridinorange, können eine bessere Aussage und höhere Sensitivität erreichen [62].

Obwohl die Mehrzahl der positiven Blutkulturen innerhalb der ersten 3 Tage festgestellt wird (Abb. 3.26), können geschädigte bzw. Keime mit längerer Generationszeit oft erst nach 5–7 Tagen erfaßt werden. Eine Subkultivierung sollte nach den Vorstellungen der Deutschen Gesellschaft für Hygiene und Mikrobiologie am 1., 2., 3., 5. und 7. Tag aerob und anaerob erfolgen [85]. Die aeroben Kulturen werden nach 24 und 48 Stunden, die anaeroben nach 48 Stunden abgelesen. Kiehn et al. [48] wiesen darauf hin, daß insbesondere in Krankenhäusern mit nosokomialen Sepsisfällen durch *Pseudomonas* und

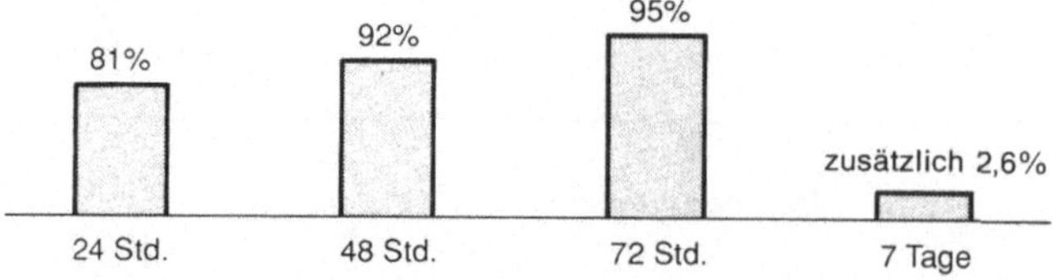

Abb. 3.26. Zeitlicher Ablauf des Keimnachweises aus Blutkulturen (nach [77])

Candidaarten der Subkultivierung nach 7 Tagen eine erhebliche Bedeutung zukommt. Oft sind hier die Blutkulturen auch noch nicht getrübt.

Bei diesen langen Inkubationszeiten ist die Gefahr von Kontaminationen hoch. Sie wird im allgemeinen mit 2–4% angegeben [75]. Aus diesem Grund sollten mindestens 2 Anreicherungen angelegt werden, um bei der Befunderstellung die Kontaminationsmöglichkeiten zu berücksichtigen. Gegebenenfalls ist die Weiterverarbeitung der Blutkulturen unter dem „Clean bench" anzustreben.

Die kulturellen Bedingungen (Abb. 3.25) sind möglichst weit zu fächern, d. h., neben der Berücksichtigung von „NVS"-Streptokokken, Mangelmutanten, *Haemophilus influenzae*, Neisserien und anderen empfindlichen gramnegativen Stäbchenbakterien durch Einsatz von CO_2-Inkubationsatmosphäre [87], muß anaeroben Keimen durch ein anaerobes Kulturverfahren (vgl. S. 255) und Sproßpilzen durch aerobes Milieu und Selektivmedien Rechnung getragen werden.

Eine wichtige Keimgruppe der Endokarditiserreger sind die Wachstumsvarianten von Streptokokken mit 5–6%. Diese Thiol- und Vitamin B-bedürftigen Varianten werden im englischen Sprachgebrauch als „NVS"-Stämme („nutrient variant strains") bezeichnet. Sie fallen durch das sogenannte Satellitphänomen ähnlich dem Ammenphänomen von *Haemophilus influenzae* auf [78]. „NVS"-Stämme treten aber auch u. a. bei *Escherichia coli* auf [82]. Sowohl bei der Kultivierung als auch bei der Resistenzbestimmung ist darauf zu achten, daß geeignete Medien, die diesen Wachstumsansprüchen genügen, verwandt werden. Dies sind CDC-Anaerobier-Agar, Schädler-Agar, Columbia-Agar, Brucella-Agar oder Hirn-Herz-Infus-Medium (BHI-Medium). Das Todd Hewitt-Medium sowie Tryptikase-Sojabohnen-Agar müssen mit Zystein und Vitamin B_6 supplementiert werden, um den „NVS"-Varianten das Wachstum zu ermöglichen. Als erfolgreich hat sich auch Pferdeblut-Agar, der mit 0,0005% Pyridoxalhydrochlorid supplementiert wurde, erwiesen [28 a].

Auf eine ausreichende Pufferkapazität des Mediums ist zu achten, da es bei längerer Bebrütungsdauer zur Ansäuerung des Mediums und damit zum Absterben empfindlicher Streptokokkenarten kommen kann [1].

Nach Henry und Washington [39] ist jedoch eine routinemäßige Subkultivierung der anaeroben Blutkulturen nur bei pädiatrischer Infektion mit Verdacht auf *Haemophilus influenzae* erforderlich [40]. Darüber hinaus sollte dies auch bei allen Sepsisfällen, die ihren Ausgang bei Infektionen mit wahrscheinlicher anaerober Beteiligung, z. B. bei einer fäkalen Peritonitis, Infektionen des Bauchraumes oder des Genitaltraktes haben, der Fall sein. Der Nachweis einer Pilzsepsis wird am besten in einer belüfteten Blutkulturflasche, einem biphasischen Nährmedium [88] oder mittels der Lysis-Zentrifugationsmethode [39] durchgeführt.

Nicht unbedingt erforderlich ist eine „gramnegative" Selektivplatte. Enterobakterien wachsen nicht nur, wie schon bereits aufgeführt, auf Blut-Agar, sondern auch auf CO_2-Agar und unter anaeroben Bedingungen [33]. Erforderlich ist hingegen der Einsatz optimaler Medien, z. B. Hirn-Herz-Infus-Agar,

Columbia-, Brucella-, Eugon- oder Casman-Agar, weiterhin mit Vitamin K_1 und Hämin-supplementierte Brucella oder Schädler-Agar.

In vielen Instituten hat sich das Mitführen eines Schüttel-Agars bzw. Hochschicht-Agars (z. B. Traubenzuckernährhochschicht-Agar), der im Stich beimpft wird, bewährt.

Ein relativ seltenes Sepsisbild ist in der BRD der Typhus oder eine Sepsis durch Enteritissalmonellen [2]. Neben der üblichen Blutkultur wird zusätzlich zur Diagnostik dieser Krankheitsbilder die Kultur des Blutkuchens mit eingesetzt [26]. Zur Beschleunigung wird der Blutkuchen in 0,5% Taurocholat in „Trypticase soy both“ (TSB-Bouillon) gegeben. Durch den Zusatz von Taurocholat wird die antibakterielle Eigenschaft des Serums gehemmt und die Krankheitserreger können im Vergleich zur Blutkultur durchschnittlich 2 bis 3 Tage früher, d. h. am 2. Tag, isoliert werden. Ebenfalls sehr sensitiv und schneller als die Blutkuchenkultur ist die Inkubation von Blut in TSB-Bouillon mit 10% Galle. Hier wird die Mehrzahl der Salmonellen schon nach 1 Tag isoliert.

Literatur

1. Abdou MAF (1981) Blutkulturen. Erregerspektrum und Wachstumsbedürfnisse. Med Laboratorium 9/10:232–239
2. Allerberger FJ, Guggenbichler JP, Fille M, Semenitz E (1986) Septische Krankheitsbilder bei Salmonella-Infektionen. Immunol Infektiologie 14:199–202
3. Alsina A, Mason M, Uphoff RA, Riggsby S, Becker JM, Murphy D (1988) Catheter-associated Candida utilis fungemia in a patient with acquired immunodeficiency syndrome: species verification with a molecular probe. J Clin Microbiol 26:621–624
4. Ancona RJ, Thompson TR, Ferrieri P (1979) Group G streptococcal pneumonia and sepsis in a newborn infant. J Clin Microbiol 10:758–759
5. Appelbaum PC, Friedman Z, Fairbrother PF, Hellmann J, Hallgren EJ (1980) Neonatal sepsis due to group G streptococci. Acta Paediatr Scand 69:559–562
6. Armstrong D, Blevins A, Louria DB, Henkel JS, Moody MD, Sukany M (1970) Groups B, C, and G streptococcal infections in a cancer hospital. Ann NY Acad Sci 174:511–522
7. Auckenthaler R, Hermans PE, Washington JA (1983) Group G streptococcal bacteremia: clinical study and review of the literature. Rev Infect Dis 5:196–203
8. Baker CJ (1974) Unusual occurrence of neonatal septicemia due to group G streptococcus. Pediatrics 53:568–570
9. Barg NL, Kish MA, Kauffman CA, Supena RB (1985) Group A streptococcal bacteremia in intravenous drug abusers. Am J Med 78:569–574
10. Bisbe J, Vilardell J, Valls M, Moreno A, Brancos M, Andreu J (1987) Transient fungemia and Candida arthritis due to Candida zeylanoides. Case Report 6:668–669
11. Bizet C, Buré A (1987) Recovery of Moraxella urethralis from clinical material. Case Report 6:692–693
12. Brans YW (1975) Group G streptococci sepsis (letter). Pediatrics 55:745
13. Carlson LG, Tenover FC, Plorde JJ (1985) Increased detection of staphylococcal bacteremia using an anti-microbial removal device. Am J Clin Pathol 84:509–512
14. Chandrasekar PH, Molinari JA (1987) Corynebacterium hemolyticum bacteremia with fatal neurologic complication in an intravenous drug addict. Am J Med 82:638–640
15. Chmel H (1988) Serratia odorifera biogroup 1 causing an invasive human infection. J Clin Microbiol 26:1244–1245
16. Christie CDC, Havens PL, Shapiro ED (1988) Bacteremia with group A Streptococci in childhood. Am J Dis Child 142:559–561
17. Curti AJ, Szabo K (1985) Overwhelming post-splenectomy infection with Plesiomonas

shigelloides in a patient cured of Hodgkin's disease. A case report. Am J Clin Pathol 83:522–524
18. Daschner FD, Langmaack H, Ahlborn B, Kümmel A (1983) Kontamination oder Sepsis? Münch Med Wochenschr 125:849–850
19. Davison MB, McCormack JG, Blacklock ZM, Dawson DJ, Tilse MH, Crimmins FB (1988) Bacteremia caused by Mycobacterium neoaurum. J Clin Microbiol 26:762–764
20. Deitch EA, McIntyre Bridges R, Dobke M, McDonald JC (1987) Burn wound sepsis may be promoted by a failure of local antibacterial host defenses. Ann Surg 206:340–348
21. Dickgießer N, Fritsche D (1984) Bakteriämie durch Moraxella phenylpyruvica. Infection 12:210
22. Dickgießer N, Kasper G, Kihni W (1983) Campylobacter fetus spp. fetus bacteraemia in a patient with liver cirrhosis. Infection 11:288
23. Dietzman DE, Fischer GW, Schoenknecht FD (1974) Neonatal Escherichia coli septicemia – bacterial counts in blood. J Pediatr 85:128–130
24. Durack DT (1985) Current issues in prevention of infective endocarditis. Am J Med 78:149–156
25. Enzensberger R, Helm EB, Stille W (1984) A-Streptokokken-Septikämien. Dtsch Med Wochenschr 23:899–902
26. Escamilla J, Florez-Ugarte H, Kilpatrick ME (1986) Evaluation of blood clot cultures for isolation of Salmonella typhi, Salmonella paratyphi-A and Brucella melitensis. J Clin Microbiol 24:388–390
27. Freney J, Gavini F, Ploton C, Leclerc H, Fleurette J (1987) Isolation of Escherichia fergusonii from a patient with septicemia in France. Eur J Clin Microbiol 6:78
28. Freney J, Hansen W, Etienne J, Vandenesch F, Fleurette J (1988) Postoperative infant septicemia caused by Pseudomonas luteola (CDC group Ve-1) and Pseudomonas oryzihabitans (CDC group Ve-2). J Clin Microbiol 26:1241–1243
28a Gill VJ, Williams D (1988) Usefulness of pyridoxal-containing blood agar as a primary plating medium to enhance recovery of nutritionally deficient streptococci. Diagn Microbiol Infect Dis 9:119–121
29. Goubau P, Van Aelst F, Verhaegen J, Boogaerts M (1988) Septicaemia caused by Rahnella aquatilis in an immunocompromised patient. Eur J Clin Microbiol Infect Dis 7:697–699
30. Gransden W, Eykyn SJ, Phillips I (1986) Pneumokokken-Bakteriämie. Schweiz Med Wochenschr 116:255
31. Grosbois B, Minet J, Le Toquart JP, Lauvin R, Bracq J (1987) Septicémie à Bacillus cereus au décours d'une chimiothérapie intraveineuse par chambre implantable. Presse Med 16:2029
32. Guarino MJ, Qazi R, Woll JE, Rubins J (1987) Septicemia, rash, and pulmonary infiltrates secondary to Corynebacterium group JK infection. Am J Med 82:132–134
33. Gunn BA (1984) Chocolate agar, a differential medium for gram-positive cocci. J Clin Microbiol 20:822–823
34. Harris RL, Musher DM, Bloom K, Gathe J, Rice L, Sugarman B, Williams TW, Young EJ (1987) Manifestations of sepsis. Arch Int Med 147:1895–1906
35. Hawkins DB, Stanley RB (1988) Acute epiglottitis in adults. A review of 48 cases. Ann Otol Rhinol Laryngol 97:527–529
36. Hemy S, De Maria A, McCabe WR (1988) Bacteremia due to Fusobacterium species. Am J Med 75:225
37. Henny FC, Mulder Ch JJ, Lampe AS, van der Meer JWM (1984) Branhamella catarrhalis septicaemia in a granulocytopenic patient. Infection 12:208
38. Henry NK, McLimans CA, Wright AJ, Thompson RL, Wilson WR, Washington JA (1983) Microbial and clinical evaluation of isolator lysis-centrifugation blood culture tube. J Clin Microbiol 17:864–869
39. Henry NK, Washington JA (1984) Initial detection of bacteremia by subculture of unvented tryptic soy broth culture bottles. Diagn Microbiol Infect Dis 2:107
40. Henry S, DeMaria A, McCabe WR (1983) Bacteremia due to Fusobacterium species. Am J Med 75:225–231

41. Hoffman SL, Punjabi NH, Rockhill RC, Sutomo A, Rivai AR, Pulungsih SP (1984) Duodenal string-capsule culture compared with bone-marrow, blood, and rectal swab cultures for diagnosing typhoid and paratyphoid fever. J Infect Dis 149:157–161
42. Johnson JR, Moseley SL, Roberts PL, Stamm WE (1988) Aerobactin and other virulence factor genes among strains of Escherichia coli causing urosepsis: association with patient characteristics. Infect Imm 56:405–412
43. Kahn AJ, Evans HE, Macabuhay MR, Lee YE, Werner R (1975) Primary peritonitis due to group G Streptococcus: a case report. Pediatrics 56:1078–1079
44. Kalb R, Kapian MH, Tenenbaum MJ, Joachim GR, Samuels S (1985) Cutaneous infection at dog bite wounds associated with fulminant DF-2 septicemia. Am J Med 78:687
45. Keith HM, Heilman FR (1943) Subacute bacterial endocarditis due to hemolytic streptococci of Lancefield group G. Am J Dis Child 65:77–80
46. Kühnen E, Schaal K-P, Keller F, Bartels F (1988) Clinical evaluation of diagnostic hemoperfusion for in vivo enrichment of bacteria and fungi in comparison with a conventional blood culture technique. J Clin Microbiol 26:1609–1613
47. Kern W, Vanek E (1987) Aerococcus bacteremia associated with granulocytopenia. Case Report 6:670–673
48. Kiehn TE, Wong B, Edwards FF, Armstrong D (1983) Routine aerobic terminal subculturing of blood cultures in a cancer hospital. J Clin Microbiol 18:885–889
49. Kist M, Keller KM, Niebling W, Kilching W (1984) Campylobacter coli septicaemia associated with septic abortion. Infection 12:88
50. Klein JO (1984) Recent advances in management of bacterial meningitis in neonates. Infection 12:44–48
51. Klein JO (1987) The febrile child and occult bacteremia. N Engl J Med 317:1219–1220
52. Kristinsson KG, Thorgeirsson G, Holbrook WP (1988) Actinobacillus actinomycetemcomitans and endocarditis. J Infect Dis 157:599
53. Mac Donald I (1939) Fatal and severe human infections with haemolytic streptococci group G (Lancefield). Med J Austr 2:471–474
54. Maggiore G, Scotta MS, De Giacomo C, Malfa S, Azzini M (1982) Bacteremia and meningitis associated with Haemophilus aphrophilus infection in a previously healthy child. Infection 10:375
55. Martinez LM (1987) Edwardsiella tarda bacteraemia. Eur J Clin Microbiol 6:599–600
56. Mason RD, McManus AT, Pruitt BA (1986) Association of burn mortality and bacteremia. Arch Surg 121:1027–1031
57. McCabe WR, Treadwell TL, De Maria A (1983) Pathophysiology of bacteremia. Am J Med 74:7–18
58. McCleskey FK, Hastings JR, Winn RE, Adams ED (1986) Non-01 Vibrio cholerae bacteremia – complication of a Le Veen shunt. Am J Clin Pathol 85:644–646
59. McIntyre PB, Tilse MH, O'Callaghan M, McCormack JG (1987) Blood cultures in hospitalized children. Med J Aust 147:485–489
60. McNeil MM, Martone WJ, Dowell VR (1987) Bacteremia with Anaerobiospirillum succiniproducens. Rev Infect Dis 9:737–742
61. Michel MF, Priem CC (1981) Positive blood cultures in a university hospital in the Netherlands. Infection 9:283–289
62. Mirrett S, Lauer BA, Miller GA, Reller LB (1982) Comparison of acridine orange, methylene blue, and gram stains for blood cultures. J Clin Microbiol 15:562–566
63. Nakamura KT, Beal DW, Koontz FP, Bell EF (1984) Fulminant neonatal septicemia due to Haemophilus parainfluenzae. Am J Clin Pathol 81:388–389
64. Naumann P, Seewald M (1987) Bakteriologie und Chemotherapie der infektiösen Endokarditis. Dtsch Med Wochenschr 112:1994–1999
65. Neal PR, Kleiman MB, Reynolds JK, Allen SD, Lemons JA, Yu Pao-Lo (1986) Volume of blood submitted for culture from neonates. J Clin Microbiol 24:353–356
66. Oginbene FP, Cunniou RE, Gill V, Ambrus J, Fauci AS, Parillo JE (1985) Erysipelothrix rhusiopathiae bacteremia presenting as septic shock. Am J Med 78:861

67. Paerregaard A, Gutschick E (1987) Capnocytophaga bacteremia complicating premature delivery by cesarean section. Eur J Clin Microbiol 6:580–581
68. Parker MT, Ball LC (1976) Streptococci and aerococci associated with systemic infection in man. J Med Microbiol 9:275–302
69. Pomeroy C, Shanholtzer CJ, Peterson LR (1987) Selenomonas bacteraemia – Case report and review of the literature. J Infect 15:237–242
70. Ponce de Leon S, Wenzel RP (1984) Hospital-acquired bloodstream infections with Staphylococcus epidermidis. Am J Med 77:639–644
71. Rank EL, Smith IB, Langer M (1988) Bacteremia caused by Vibrio hollisae. J Clin Microbiol 26:375–376
72. Rasaiah B, Otero JG, Russell IJ, Butler-Jones DA, Prescott JF, West MM, Maxwell BE, Beaver J (1986) Pasteurella multocida septicemia during pregnancy. Can Med Assoc 135:1369–1372
73. Raz R, Alroy G, Sobel JD (1982) Nosocomial bacteremia due to Acinetobacter calcoaceticus. Infection 10:168
74. Read EJ, Orenstein JM, Chorba TL, Schwarz AM, Suniou GL, Lewis JH, Schulot RS (1985) Listeria monocytogenes sepsis and small cell carcinoma of the rectum: a universal presentation of the acquired immunodeficiency syndrome. Am J Clin Pathol 83:385
75. Reller LB, Murray PR, McLowry JD (1982) Cumitech 1A: Blood cultures II. In: Washington JA (ed) II, Coordinating. Am Soc Microbiol Washington
76. Rosenthal EJK (1986) Septikämie-Erreger 1983–1985. Ergebnisse einer multizentrischen Studie. Dtsch Med Wochenschr 49:1–8
77. Sandven P, Hoiby A (1985) Effect of aerobic and anaerobic atmosphere on the detection of micro-organisms from blood cultures. Acta Pathol Microbiol Immunol Scand [B] 93: 233–236
78. Schiller NL, Roberts RB (1982) Vitamin B_6 requirements of nutritionally variant Streptococcus mitior. J Clin Microbiol 15:740–743
79. Seidenfeld SM, Luby JP (1983) Urosepsis. Extracta Urologica 6:403–418
79a Shih L, Hawkins DB, Stanley RB (1988) Acute epiglottitis in adults. Ann Otol Rhinol Laryngol 97:527–529
80. Spear JB, Fuhrer J, Kirby BD (1988) Achromobacter xyloseoxidans (Alcaligenes xyloseoxidans subsp. xyloseoxidans) bacteremia associated with a well-water source: case report and review of the literature. J Clin Microbiol 26:598–599
81. Stephan RN, Kupper TS, Geha AS, Baue AE, Chaudry IH (1987) Hemorrhage without tissue trauma produces immunosuppression and enhances susceptibility to sepsis. Arch Surg 122:62–68
82. Tapsall JW, McIver CJ (1986) Septicaemia caused by cysteine-requiring isolates of Escherichia coli. J Med Microbiol 22:379–382
83. Tikko SK, Distenfeld A, Davidson M (1985) Clostridium septicum septicaemia with identical metastatic myonecroses in a granulocytopenic patient. Infect Dis Emergency. Am J Med 79:256
84. Tilton RC (1982) The laboratory approach to the detection of bacteremia. Ann Rev Microbiol 36:467–493
85. Ullmann U, Abdou M, Dahn R, Lüttiken R, Herrero E (1983) Nachweis von Bakterien und Pilzen in Blutproben. In: Burkhardt F (Hrsg) DGHM-Verfahrensrichtlinien für die Mikrobiologische Diagnostik. Deutsche Gesellschaft für Hygiene und Mikrobiologie. Fischer, Stuttgart New York
86. Verhaegen J, van Renterghun Y, van de Pitte J (1981) Generalized Yersinia enterocolitica infection in a renal transplant patient. Infection 9:208
87. Washington JA (1985) Initial processing for cultures of specimens. In: Washington JA (ed), Laboratory Procedures in Clinical Microbiology. 2nd ed. Springer, New York Berlin Heidelberg Tokyo
88. Weinstein MP, Reller LB, Murphy JR, Lichtenstein KA (1983) The clinical significance of positive blood cultures: a comprehensive analysis of 500 episodes of bacteremia and fungemia in adults. I. Laboratory and epidemiological observations. Rev Infect Dis 5:35–53

Endokarditis

Material: Blutkultur

Altersverteilung, Mortalität, Risikofaktoren und Inzidenz der bakteriellen Endokarditis

Die bakterielle Endokarditis ist ein schweres Krankheitsbild mit einer hohen Mortalität. Hierbei beeinflussen Patienten-eigene Risikofaktoren wie Rauschgiftsucht, Alter oder vorgeschädigte Herzklappen den Krankheitsverlauf und die Prognose erheblich. Die bakterielle Endokarditis kann sowohl als akute Infektion, z. B. im Rahmen einer Sepsis, als auch als rezidivierende Endokarditis verlaufen. Hierbei versteht man unter einem Rezidiv das Auftreten einer Endokarditisepisode 6 Monate nach einer vorangegangenen [38]. Typischerweise sind hier 78% Rauschgiftsüchtige mit intravenöser Rauschgiftanwendung, 67% Patienten mit Herzklappenvorschädigung und 33% mit Peridontitis betroffen [38]. Trifft mehr als ein Risikofaktor zu, so nimmt sowohl die Wahrscheinlichkeit einer rekurrierenden Endokarditis auf über 72% als auch die Mortalität zu (33%) [39].

Im Verlaufe der letzten Jahrzehnte hat sich zunehmend die Altersverteilung zu Ungunsten der älteren Patienten verschoben [15, 32]; mehr als 55% der Endokarditispatienten sind älter als 60 Jahre [23]. In diesen Altersgruppen ist die Mortalität mit 45,3% besonders hoch (Tabelle 3.166). Nahezu in 70% der Erkrankungen lassen sich eine zugrundeliegende Erkrankung bzw. Risikofaktoren ermitteln [15]. In der Mehrzahl sind es Herzerkrankungen; nur 33% der über 65jährigen und 22% der Patienten unter 65 Jahren haben keine Herzerkrankung [25].

Eine Rarität mit meist tödlichem Ausgang ist die Endokarditis bei Neugeborenen. Risikofaktoren sind hier primär zentralvenöse Katheter (80% der Endokarditisfälle), Reanimation nach der Geburt und Intensivtherapie [22]. Bei Erwachsenen finden sich andere Risikofaktoren wie kongenitale Herzerkrankungen, Herzschrittmacherimplantation (Tabelle 3.167, 3.168) und Herzklappenersatz. So ist die Inzidenz einer Endokarditis nach Herzklappenersatz 0,75% durch den chirurgischen Eingriff selbst und nimmt bis zu 0,5% je postoperatives Jahr zu [8]. Ähnliche Daten, nämlich eine Endokarditisinzidenz

Tabelle 3.166. Mortalität der bakteriellen Endokarditis in Abhängigkeit vom Alter (nach [32])

Altersgruppe (Jahre)	Mortalität (%)
<40	9,1
40 – 60	32,6
>60	45,3

Tabelle 3.167. Beteiligung von Risikofaktoren an der Entstehung einer bakteriellen Endokarditis (nach [10, 15, 32])

Herzklappenersatz	12–33%
Kongenitale Herzerkrankungen	4–29%
Rheumatische Herzerkrankungen	21%
Mitralklappenprolaps	7–11–33%
Asymmetrische Septumhyperthrophie	
Arteriosklerose	bis 20%
Degenerative Herzerkrankung	bis 14%
Rauschgiftsucht	bis 15%
Alkoholismus	bis 6%
Seltene Risikofaktoren	
Marfan-Syndrom	
Syphilitische Herzerkrankung	

Tabelle 3.168. Relatives Risiko einer Endokarditis bei kardialen Erkrankungen (nach [10])

Hohes Risiko
Herzklappenersatz
Zyanotische, kongenitale Herzerkrankungen
Aortenklappenerkrankungen
Vorangegangene bakterielle Endokarditis
Mitralinsuffizienz
Offener Ductus arteriosus
Ventrikelseptumdefekt
Coarctation der Aorta
Marfan-Syndrom
Mäßiges Risiko
Mitralklappenersatz
Mitralstenose
Tricuspidalklappenerkrankung
Lungenarterienklappenerkrankung
Asymmetrische Septumhypertrophie
Kalzifizierende Aortensklerose
Katheterisierung des rechten Herzens bzw. der Lungenarterien
Intrakardiale Implantate außer Herzklappen

von 0,8%, werden für operative Herzeingriffe bei Kindern berichtet [40]. Auch Patienten, bei denen lediglich ein spätes systolisches Herzgeräusch nachweisbar ist, haben ein erhöhtes Infektionsrisiko (0,6 Infektionen je 100 Patientenjahre).

Aufgrund der relativen Häufigkeit des Mitralklappenprolapses (4–6%) findet sich in diesem Patientenkreis eine höhere Endokarditisinzidenz mit ca. 5 Fällen je 100000 [6]. Höher ist das Risiko für Patienten mit rheumatischer Herzerkrankung, die eine jährliche Endokarditisinzidenz von 0,4% aufweisen [9].

Zumindest in den USA ist eine der wichtigsten nicht-kardialen Ursachen eine Rauschgiftsucht, bei der intravenös Heroin u. ä. angewandt wird [7].

Pathogenese

Die Endokarditis bildet sich über die Schädigung der Herzklappen durch verschiedene Noxen, Adhärenz im Blut befindlicher Bakterien an die geschädigte Klappe und Überleben der Bakterien mit Ausbildung der endokardiellen Vegetation. Ein klassischer Mechanismus der Herzklappenendothelschädigung ist die mechanische Verletzung durch Katheterisierung, wie sie bei Neugeborenen eine der häufigsten Ursachen für die Entstehung einer Endokarditis ist [22]. Hierbei entsteht eine thrombotische nicht-bakterielle Endokarditis, die das Angehen einer bakteriellen Infektion ermöglicht. Vorzugsweise wird die Aorten- und die Mitralklappe betroffen. Endothelschäden können auch durch hämodynamische Besonderheiten wie Regurgitation des Blutstromes, hohem Druckgradienten und Behinderung durch enges Lumen der Herzklappenöffnung entstehen. Durch die hämodynamische Behinderung kommt es zu nichtlaminarem Blutstrom mit Turbulenzen, der das Endothel schädigt. Andere Schädigungsmöglichkeiten sind z. B. durch zirkulierende Immunkomplexe, die sich auf dem Endothel ablagern, die Komplementkaskade aktivieren und so das Endothel für die Anlagerung von Thrombozyten und Fibrin empfänglich machen, gegeben. Die fibrinösen Präzipitate stellen eine Haftmöglichkeit für pathogene Keime dar. Diese können über Dextrane und/oder Fibronectin an dem geschädigten Endothel haften (Abb. 3.27) [28].

Bei einer Bakteriämie, die durch verschiedenste Manipulationen ausgelöst sein kann (vgl. Tabelle 3.155, Sepsis, S. 221), z.B. Zahnextraktion und Ösophagusdilatation, können nunmehr Keime am vorgeschädigten Epithel haften. Typischerweise handelt es sich dabei um Keime, die eine hohe Serumresistenz aufweisen; d.h. diese Bakterien werden nicht oder nicht so rasch durch Opsonine und das Komplementsystem des Serums abgetötet [31]. Die bakterielle Vegetation stimuliert die Freisetzung des Gewebethromboplastins, das das Gerinnungssystem aktiviert und lokal zur Thrombusbildung mit bakteriellen

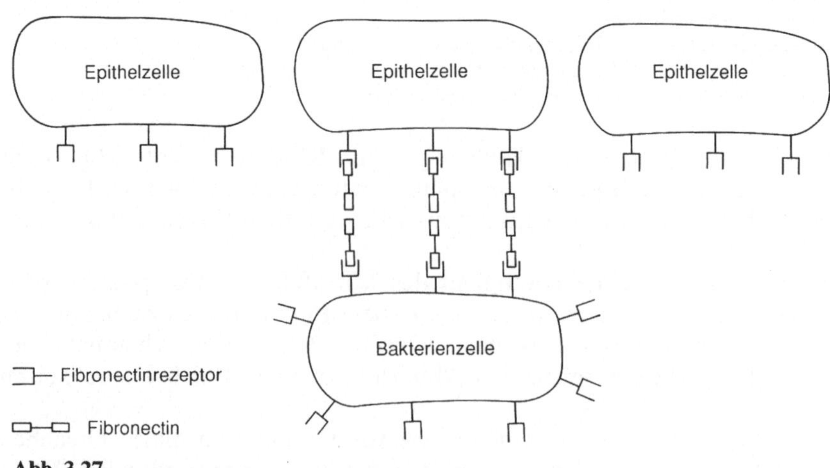

Abb. 3.27.

Mikrokolonien führt. Aus diesen Kolonien können nunmehr Bakterien in die Blutbahn einströmen und so eine Bakteriämie verursachen. Eine Ausnahme stellt die Pneumokokkenendokarditis dar, die häufig ihren Ausgang von einer Pneumonie oder Meningitis nimmt [26]. So tritt in 1–2% der Pneumokokkensepsen eine Endokarditis auf, die durch weitere metastatische Infektionen wie Arthritis kompliziert werden kann. Eine der Gründe für die hohe Infektionsrate dürfte damit zu erklären sein, daß Pneumokokken auch nicht vorgeschädigte Klappen infizieren können.

Klinik

Die häufigsten klassischen Symptome der Endokarditis sind Fieber, Schüttelfrost, Gewichtsabnahme, Dyspnoe, Brustschmerzen, Kopfschmerzen, Übelkeit und Athralgien. Bei der klinischen Untersuchung fallen insbesondere eine signifikante Tachykardie und neu aufgetretene bzw. veränderte Herzgeräusche auf. Die Ausprägung der Symptomatik nimmt mit zunehmendem Alter ab und kann bei greisen Patienten unspezifisch sein (Tabelle 3.169).

Keimspektrum

Das Gros der Infektionen wird durch Viridansstreptokokken (bis zu 61%) bewirkt. Weitere wichtige Keimgruppen sind Streptokokkenmangelmutanten (5–6%) und Enterokokken (27%) (Tabelle 3.170). Hierbei handelt es sich meist um *Enterococcus faecalis*-Stämme, bei Coloncarzinompatienten tritt jedoch *Streptococcus bovis* in den Vordergrund. Neben den Streptokokken finden sich in geringerem Umfang Staphylokokken, *Haemophilus influenzae*, *Escherichia coli* und *Pseudomonas*. Bei rauschgiftsüchtigen Patienten, insbe-

Tabelle 3.169. Häufigkeit klinischer Zeichen der Endokarditis (nach [32])

Symptome	Altersgruppe		
	<40	40–60	>60
Fieber	87,3	80,4	81,1
Tachykardie	52,7	32,6	9,4
Hypotonie	7,3	6,5	17,0
Hämorrhagien	10,9	4,3	11,3
Petechien der Haut oder der Konjunktiven	14,5	10,9	9,4
Osler-Janeway Teleangiektasien	14,5	6,5	11,3
Verwirrtheit	14,5	17,4	26,4
ZNS-Herdzeichen	18,2	13,0	13,2
Krämpfe	1,8	4,3	1,9
Herzgeräusche	52,7	50,0	36,4
Splenomegalie	14,5	21,7	17,0
Akute Arthritis	10,9	8,7	9,4

Tabelle 3.170. Prozentuale Keimverteilung der Endokarditis

Viridansstreptokokken	43–61
davon *Streptococcus mutans*	7
"NVS"-Viridansstreptokokken	5–6
Enterokokken	27
Andere Streptokokken	6
Staphylokokken	2
Pneumokokken	1–3
Haemophilus influenzae	1
Escherichia coli	21
Pseudomonas	21

Tabelle 3.171. Prozentuale Keimverteilung der Endokarditiserreger bei Patienten mit intravenöser Rauschgiftanwendung (nach [7])

Staphylococcus aureus	61
A-Streptokokken	6–7
G-Streptokokken	5
Streptokokken	4
Pseudomonas aeruginosa	13–14

sondere solchen mit i.v.-Anwendung, verschiebt sich jedoch das Keimspektrum zugunsten von Staphylokokken, *Pseudomonas* und hämolysierenden Streptokokken (Tabelle 3.171). Darüber hinaus kann gelegentlich eine Vielzahl seltener Keime eine Endokarditis bewirken (Tabelle 3.172).

Diagnostik (Abb. 3.25)

In der Mehrzahl der Fälle wird die Blutkultur zur Diagnostik der Endokarditis eingesetzt, die bei Neugeborenen sehr erfolgversprechend ist. Bereits die erste Blutkultur ist zwischen 77 und 96% positiv und mit 3 Blutkulturen liegt die Nachweisrate bei 100% [22]. Bei Erwachsenen sinkt die Nachweisquote deut-

Tabelle 3.172. Seltene Infektionserreger einer Endokarditis

Brucella	Abu Romeh et al. [1]
C-Streptokokken	Raizes et al. [27]
Capnocytophaga ochracea	Buu-Hoi et al. [5]
Corynebacterium diphtheriae	Trepeta et al. [35]
G-Streptokokken	McMeeking und Holzman [16]
Haemophilus segnis	Bangsborg et al. [4]
Hansenula anomala	Nohinek et al. [21]
Kingella indologenes	Jenny et al. [14]
Lactobacillus plantarum	Thangkiew und Gunstone [33]
	Struve et al. [30]
Legionella pneumophilia	Tompkins et al. [34]
Neisseria flavescens	Sinave und Ratzan [29]
Neisseria subflava	Pollack et al. [24]
	Guelpa et al. [13]
Pseudomonas alcaligenes	Valenstein et al. [37]
Pseudomonas maltophilia	Muder et al. [18]
Salmonella	Alvarez-Elcoro et al. [3]
Streptococcus bovis	Mittermayer et al. [17]
Torulopsis glabrata	Alaya et al. [2]
Yersinia enterocolitica	Urbano-Márquez et al. [36]

lich, und 3–41–64% der Kulturen bleiben ohne Erregernachweis [11, 19]. Eine häufige Ursache sind Mangelmutanten, z. B. Vitamin B_6-Streptococcus-Mangelmutanten [11], Antibiotika im Blut und diskontinuierliche Keimausstreuung von der bakteriellen Herzklappenvegetation. Darüber hinaus sind die Keimzahlen in Blut i. allg. deutlich unter 10^4 KBE/ml. Ein erfolgversprechendes Untersuchungsmaterial ist die im Einzelfall resezierte betroffene Herzklappe.

Die hohe Mortalität der Erkrankung, potentielle Komplikationen und das Keimspektrum der Endokarditis setzen ein optimiertes diagnostisches Vorgehen voraus. Da sich die Anzucht der verschiedenen Mangelmutanten, die hier relativ häufig die Krankheit hervorrufen, als schwierig erweist, sollten die Medien mit einer Vitaminpräparation supplementiert oder eine Staphylokokkenamme auf Blut-Agar ausgestrichen werden. Als besonders günstig hat sich Pferdeblut-Agar mit 0,0005% Pyridoxalhydrochlorid erwiesen [12]. Bizarre morphologische Strukturen im mikroskopischen Präparat sollten an „NVS"-Mangelmutanten denken lassen [11].

Literatur

1. Abu Romeh SH, Kozma GN, Johny KV, Sabha M (1987) Brucella endocarditis causing acute renal failure. Nephron 46:388–389
2. Alaya M, Ouerghemmi D, Blin D, Auffray JP (1988) Endocardite à Torulopsis glabrata après chirurgie cardiaque pour remplacement valvulaire. Presse Med 17:962–963
3. Alvarez-Elcoro S, Soto-Ramirez L, Mateos-Mora M (1984) Salmonella bacteremia in patients with prosthetic heart valves. Am J Med 77:61–63
4. Bangsborg JM, Tvede M, Skinhoj P (1988) Haemophilus segnis endocarditis. J Infect 16:81–85
5. Buu-Hoi AY, Joundy S, Acar JF (1988) Endocarditis caused by Capnocytophaga ochracea. J Clin Microbiol 26:1061–1062
6. Clemens JD, Ransohoff DF (1984) A quantitative assessment of predental antibiotic prophylaxis for patients with mitral valve prolapse. J Chronic Dis 37:531–544
7. Crane LR, Levine DP, Zervos MJ, Cummings G (1986) Bacteremia in narcotic addicts at the Detroit Medical Centre. I. microbiology, epidemiology, risk factors, and empiric therapy. Rev Infect Dis 8:364–373
8. Delgado DG, Cobbs CG (1979) Infections of prosthetic valves and intravascular devices. In: Mandell GL, Douglas RG, Bennett JE (eds) Principles and practice of infectious diseases. Wiley & Sons, New York
9. Doyle EF, Spagnuolo M, Taranta A, Kuttner AG, Markowitz M (1967) The risk of bacterial endocarditis during antirheumatic prophylaxis. J Am Med Assist 201:129–134
10. Durack DT (1985) Current issues in prevention of infective endocarditis. Am J Med 78:149–156
11. Dykstra MA, Polly SM, Sanders CC, Chastain DE, Sanders WE (1983) Vitamin B_6-dependent Streptococcus mimicking fungi in a patient with endocarditis. Am J Clin Pathol 80:107–110
12. Gill VJ, Williams D (1988) Usefulness of pyridoxal-containing blood agar as a primary plating medium to enhance recovery of nutritionally deficient streptococci. Diagn Microbiol Infect Dis 9:119–121
13. Guelpa G, Claivaz JR, Delafontaine P, Lew PD (1986) Endocardite aigue à Neisseria subflava. Schweiz Med Wochenschr 116:119–122

14. Jenny DB, Letendre PW, Iverson G (1987) Endocarditis caused by Kingella indologenes. Rev Infect Dis 9:787–789
15. Kaye MD (1985) Changing pattern of infective endocarditis. Am J Med 78:157–162
16. McMeeking AA, Holzman RS (1988) Group G streptococcal bacteremia and parenteral drug abusers. J Infect Dis 157:612
17. Mittermayer H, Nesser HJ, Öhlinger W (1983) Endocarditis due to an penicillin-tolerant Streptococcus bovis: microbiological findings and echocardiographic follow-up. Infection 11:302–306
18. Muder RR, Yu VL, Dummer JS, Vinson C, Lumish RM (1987) Infections caused by Pseudomonas maltophilia. Arch Intern Med 147:1672–1674
19. Naumann P, Seewald M (1987) Bakteriologie und Chemotherapie der infektiösen Endokarditis. Dtsch Med Wochenschr 112:1994–1999
20. Neugarten J, Baldwin DS (1984) Glomerulonephritis in bacterial endocarditis. Am J Med 77:297–304
21. Nohinek B, Zee-Cheng CS, Barnes WG, Dall L, Gibbs HR (1987) Infective endocarditis of a bicuspid aortic valve caused by Hansenula anomala. Am J Med 82:165–168
22. O'Callaghan C, McDougall P (1988) Infective endocarditis in neonates. Arch Dis Child 63:53–57
23. Pelletier LL, Petersdorf RG (1977) Infective endocarditis: a review of 125 cases from the University of Washington Hospitals. Medicine (Baltimore) 56:287–313
24. Pollack S, Mogtader A, Lange M (1984) Neisseria subflava endocarditis case report and review of the literature. Am J Med 76:752
25. Pomerance A (1981) Cardiac pathology in the elderly. Cardiovas Clin 12:9–54
26. Powderly WG, Stanley SL, Medoff G (1986) Pneumococcal endocarditis: report of a series and review of the literature. Rev Infect Dis 8:786–791
27. Raizes EG, Livingstone MB, Farrar WE (1987) Case report: fatal cardiac tamponade in a young man with group C streptococcal endocarditis. Am J Med Sci 30:353–356
28. Scheld WM, Keeley JM, Balian G, Calderone RA (1983) Microbial adhesion to fibronectin in the pathogenesis of infective endocarditis. Clin Res 31:542A
29. Sinave CP, Ratzan KR (1987) Infective endocarditis caused by Neisseria flavescens. Am J Med 82:163–164
30. Struve J, Weiland O, Nord CE (1988) Lactobacillus plantarum endocarditis in a patient with benign monoclonal gammopathy. J Infect 17:127–130
31. Sullam PM, Drake TA, Sande MA (1985) Pathogenesis of endocarditis. Am J Med 78:110–115
32. Terpenning MS, Buggy BP, Kauffman CA (1987) Infective endocarditis: clinical features in young and elderly patients. Am J Med 83:626–634
33. Thangkiew I, Gunstone RF (1988) Association of Lactobacillus plantarum with endocarditis. J Infect 16:304–305
34. Tompkins LS, Roessler BJ, Redd SC, Markowitz LE, Cohen ML (1988) Legionella prosthetic-valve endocarditis. N Engl J Med 318:530–535
35. Trepeta RW, Edberg SC (1984) Corynebacterium diphtheriae endocarditis: sustaines potential of a classical pathogen. Am J Clin Pathol 81:679–683
36. Urbano-Márquez A, Estruch R, Agustí A, Jiminez de Anta MT, Ribalta T, Grau JM, Rozman C (1983) Infectious endocarditis due to Yersinia enterocolitica. J Infect Dis 148:940
37. Valenstein P, Bardy GH, Cox CC, Zwadyk P (1983) Pseudomonas alcaligenes endocarditis. Am J Clin Pathol 79:245
38. Vose JM, Smith PW, Henry M, Colan D (1987) Recurrent Streptococcus mutans endocarditis. Am J Med 82:630–632
39. Welton DE, Young JB, Gentry WO (1979) Recurrent infective endocarditis: analysis of predisposing factors and clinical features. Am J Med 66:932–937
40. Wessel A, Simon C, Regensburger D (1987) Bacterial and fungal infections after cardiac surgery in children. Eur J Pediatr 146:31–33

Meningitis

Material: Liquorpunktat

Die Meningitis, eine Infektion des Zentralnervensystems, ist trotz moderner Antibiotikatherapie und fortgeschritterener diagnostischer Möglichkeiten eine lebensbedrohliche Erkrankung. Die Inzidenz der Meningitis wird weltweit zwischen 5 und ca. 8 Fällen je 100000 Einwohner angegeben [10]; in nicht entwickelten Ländern Afrikas und Lateinamerikas ist die Meningitisrate noch höher. Eine deutliche Häufung der Erkrankung ist in der Altersgruppe 0–12 Monate festzustellen. Ca. 70% aller Meningitisfälle treten in der Altersgruppe unter 5 Jahren auf (Tabelle 3.173). Neben der typischen Altersverteilung liegt auch eine Erkrankungshäufigkeit bei dem männlichen Geschlecht vor (1,3–1,7:1) [29]. Verknüpft ist die Meningitis mit einer hohen Sterblichkeit, die von dem verursachenden Infektionserreger abhängt; so liegt die fallbezogene Mortalität bei einer Haemophilusmeningitis bei ca. 7% und bei gramnegativen Keimen bei ca. 39% (Tabelle 3.174). Weiterhin ist auch zu berücksichtigen, daß in bis zu 20% schwere neurologische Defektzustände zurückbleiben wie z. B. Taubheit, Hydrozephalus und Epilepsie (Tabelle 3.175, 3.176). Als Komplikationen können ein Hirnabszeß oder bei Neugeborenen eine Sepsis, die Meningitis ist die häufigste Ursache einer Sepsis bei Neugeborenen (vgl. S. 222), entstehen.

Für die Erkrankung an einer Meningitis lassen sich bei Neugeborenen Risikofaktoren ermitteln wie vorzeitiger Blasensprung, infizierte Geburtswege und instrumentelle Eingriffe unter der Geburt (Tabelle 3.177). Auch bei Kindern und Erwachsenen sind eine Reihe von Risikofaktoren bekannt (Tabelle 3.178).

Tabelle 3.173. Häufigkeit der Meningitis bezogen auf das Alter

Lebendgeburten	0,3–1,0 Fälle je 1000
1–12 Monate	
5 Jahre	1 Fall je 1500

Tabelle 3.174. Fallbezogene Mortalität in Prozent (nach [29])

Haemophilus influenzae	7,1
Neisseria meningitidis	13,5
Pneumokokken	28,2
Gramnegative Stäbchenbakterien	38,6
Streptococcus agalactiae (B-Streptokokken)	22,4

Tabelle 3.175. Häufigkeit neurologischer Schäden (in %) (nach [10])

	Fallbezogene Mortalität	Taubheit	Schwere ZNS-Schäden
Haemophilus influenzae	4,8–7	2,7	9,0
Neisseria meningitidis	7,1–13,5	5,4	0,6
Pneumokokken	22–28,2	7,8	17,6

Tabelle 3.176. Neurologische Schäden nach Meningitis (nach [10])

	Häufigkeit in %
Geistige Retardierung	5–15
Lernschwächen	15–30
Schwerhörigkeit	2–6
Leichte Schwerhörigkeit	5–10
Epilepsie	4–6
Hydrozephalus	2–3

Tabelle 3.177. Risikofaktoren für den Erwerb einer Neugeborenenmeningitis

Geburtsgewicht unter 1500 g
Vorzeitiger Blasensprung
Langwierige Geburt
Infizierte Geburtswege
Instrumentelle Eingriffe unter der Geburt

Tabelle 3.178. Risikofaktoren für den Erwerb einer Meningitis (nach [29])

Alter	Neugeborene, Kinder bis zu 5 Jahre, Senioren (über 50 Jahre)
Geschlecht	Männlich: weiblich 1,3:1–1,7:1
Gesellschaftliche Faktoren	Kasernierung, beengte Wohnverhältnisse
Immunschwächen	Hypogammaglobulinämie Komplementmangel Leukopenie Asplenie Durch Immunsuppressiva defekte Zell-vermittelte Immunität
Chronische Erkrankungen	Alkoholismus Diabetes mellitus Leberzirrhose
Neoplasien	Karzinome Lymphome Leukämische Krankheitsbilder

Pathogenese

Im Gegensatz zu anderen Organen verfügt das Zentralnervensystem nicht über die üblichen immunologischen Abwehrmechanismen wie die Abwehr durch die Komplementkaskade, Leukozyten und Antikörper. Das Zentralnervensystem ist vom übrigen Makroorganismus durch die Blut-Hirn-Schranke abgetrennt. Erst bei Störungen dieser Barriere können Bestandteile des Blutes in das Zentralnervensystem, z. B. in den Liquor, gelangen. Ebenso können Infektionserreger nur durch diese Barriere in den Liquorraum eindringen und dort eine Infektion bewirken. Es ließ sich zeigen, daß durch Infektionen oder durch Bakterienprodukte wie z. B. das K_1-Antigen von *Escherichia coli* das zerebrale Mikrogefäßsystem, die Arachnoidealgefäße und der Plexus chorioideus verändert werden und die Blut-Hirn-Schranke gestört ist [29]. Hämatogen dissiminierte Pathogene können nunmehr die Blut-Hirn-Schranke passieren und eine Meningitis bewirken. Aus diesen Gründen ist es erklärlich, daß die überwiegende Anzahl der Meningitiden hämatogen entsteht und nur in Ausnahmefällen fortgeleitet z. B. durch einen Abszeß oder durch direktes Einbringen der Keime in den Liquor z. B. bei offenen Schädeltraumata nach Verkehrsunfällen.

Meist ist die Voraussetzung für eine hämatogene Meningitis eine Besiedlung der Schleimhäute (überwiegend Nasenschleimhäute) mit einem pathogenen Keim, gegen den keine Antikörper vorhanden sind. Hierdurch ist eine Invasion der Schleimhaut und eine Bakteriämie/Sepsis möglich. Diese ist wiederum Voraussetzung des Eindringens der Bakterien in den Liquor durch die veränderte Blut-Hirn-Schranke. Sekundär können bei der Meningitis Keime wieder in die Blutbahn ausstreuen und eine sekundäre Bakteriämie/Sepsis bewirken, die erneut eine Invasion des Zentralnervensystems mit den Keimen bewirken kann. In dem Liquor können sich die Keime sehr schnell vermehren. So wurde experimentell in Kaninchen die Generationszeit für Pneumokokken im Liquor mit 60–67 Minuten [7] gegenüber 25 Minuten in Hirn-Herz-Infus ermittelt. Diese fast ungehemmte Vermehrung führt zu Keimzahlen von bis zu 10^{9-10} KBE/ml. Lediglich die Komplement-bedingte zelluläre und humorale Abwehr, die mit durch die defekte Blut-Hirn-Schranke in den Liquorraum vordringen, können eine Reduktion des sonst rasch verlaufenden Krankheitsgeschehens bewirken. Prognostisch sind Leukozytenzahlen unter $100/mm^3$ günstig. Die Letalität von Pneumokokkeninfektionen liegt bei diesen Bedingungen bei 45% [12].

In die Pathogenese der Meningitis greifen auch Virulenzfaktoren der Keime ein. Eine wichtige Eigenschaft ist die Fähigkeit, an Schleimhäuten, z. B. über Pili, Fimbrien, Fibronectin oder Lektine, haften zu können (Tabelle 3.179). Weiterhin muß der Keim auch in der Lage sein, blockierende Antikörper auf der Schleimhaut vom IgA-Typ zu zerstören und in die Mukosa eindringen zu können. Somit kommt den Oberflächeneigenschaften von Bakterien, der Ausprägung einer IgA-Protease u. a. Pathogenitätsfaktoren eine erhebliche Bedeutung zu. Diese Bedeutung wird unterstrichen durch die Tatsache, daß nur 18 Serotypen 76–86% der Pneumokokkenisolate aus Meningitisfällen ausmachen [4]. Eine höhere Resistenz gegenüber Phagozytose und intrazellulärer Abtötung ist ein weiterer pathogenetischer Gesichtspunkt. 84% der neonatalen *Escherichia coli*-Meningitiden werden durch *Escherichia coli* K_1 bewirkt. Dieses Kapselantigen, das ebenfalls bei B-Meningokokken gefunden wird, hemmt die Phagozytose und die bakteriziden Eigenschaften der Komplementkaskade.

Tabelle 3.179. Pathogenetisch wichtige Merkmale von Meningitiserregern (orientierend)

Merkmal	Eigenschaft
Serovarianten Biotyp Ausprägung von Pili	Adhäsionsfähigkeit
IgA-Proteinasen	Invasionsfähigkeit
Lipopolysaccharide	Resistenz gegenüber intrazellulärer Abtötung

Tuberkulös bedingte Meningitis

Eine heute seltene Form der Meningitis ist die tuberkulöse, die sowohl in der akuten als auch in der subakuten und chronischen Form ein schwerwiegendes Krankheitsbild mit einer Mortalität von 15–29% ist [15]. Meist wird es durch *Mycobacterium tuberculosis*, selten durch atypische Mykobakterien wie *Mycobacterium gordonae* oder *Mycobacterium avium-intracellulare* hervorgerufen. Typischerweise findet sich bei dem Krankheitsbild eine Assoziation mit Risikofaktoren wie Gastrektomie und Diabetes mellitus (Tabelle 3.180).

Bei der Diagnostik der tuberkulösen Meningitis kommt der zellulären und chemischen Untersuchung des Liquors eine erhebliche Bedeutung zu. Die Leukozytenzahl ist auf 100–500/mm^3 erhöht mit z. T. deutlicher Lymphozytose. Chemisch bietet sich das Bild einer atypischen Meningitis mit erhöhten Protein- und niedrigen Glukosekonzentrationen. Die mikrobiologische Diagnostik ist z. T. sehr unbefriedigend, da im Kinyoun-Präparat auf säurefeste Stäbchenbakterien nur 19% bei Tuberkulose-verdächtigen Meningitiden positiv sind und bei Präparaten von Materialien bei positivem kulturellen Nachweis z. T. nur 10% der Präparate.

Pilz-Meningitis

Die durch Pilze bedingte Meningitis ist ebenso wie die tuberkulöse eine atypische und seltene Form. Häufig findet sich eine Assoziation zu Krankheitsbildern wie AIDS, Leukämie u. ä. Erreger können neben Sproßpilzen sowohl Schimmelpilze als auch die Algenart Prototheca sein, die eine Pilz-Meningitis vortäuscht (Tabelle 3.181). Klinisch treten bei der Pilz-Meningitis die gleichen

Tabelle 3.180. Risikofaktoren für den Erwerb einer tuberkulösen Meningitis (nach [15])

Immunsuppressive Therapie
Corticosteroid-Therapie
AIDS-Erkrankung
Gastrektomie
Schwangerschaft
Diabetes mellitus

Tabelle 3.181. Algen und Pilze als Meningitiserreger (nach [14])

Candida-Arten wie *Candida albicans*
Cryptococcus-Arten wie
Cryptococcus neoformans
Cryptococcus albidus
Aspergillus amstelodami
Aspergillus glavus
Aspergillus fumigatus
Acremonium
Coccidioides immitis
Histoplasma capsulatum
Paecilomyces variotii
Paracoccidioides brasiliensis
Pseudoallescheria boydii
Schizophylum species
Sporoturix schenkii
Prothoteca trispora (u.a. Algen)

Tabelle 3.182. Wiederfindungsraten von *Cryptococcus* im Liquor (nach [21])

Positiv (in %) in/im	Liquorpunktion I	Liquorpunktion I und II	Alle Liquorpunktionen
Latex-Agglutination	57,9	84,2	89,5
Kultur	63,1	89,4	100
Tuschepräparat	26,3	36,8	52,6

Symptome auf wie bei den anderen Meningitisformen. Die Letalität dieses Krankheitsbildes liegt derzeit zwischen 15 und 29%. Die wichtigste Komplikation ist der Hydrozephalus [21]. Wegweisend in der Diagnostik sind das kulturell negative Ergebnis bei bakteriologischen Kulturen sowie die Pleocytose, die häufig als Lymphocytose imponiert. Liquorchemisch fällt darüber hinaus die erhöhte Liquorproteinkonzentration sowie eine normale bis erniedrigte Glukosekonzentration auf. Als schwierig erweist sich die geringe Keimdichte, so daß zur kulturellen Untersuchung ein Liquorvolumen von über 5 ml erforderlich ist. Es werden in der Literatur Fälle berichtet, bei denen z. B. erst in 43 ml Liquor Keime nachweisbar wurden [21]. Häufig kann eine Diagnose erst nach einer Kontrollpunktion abgesichert werden (Tabelle 3.182).

Keimspektrum

Ebenso wie bei der Sepsis findet sich bei der Meningitis ein dem Alter entsprechendes typisches Keimspektrum (Tabelle 3.183). Zumindest bei Neugeborenen ist das Keimspektrum der Sepsis [6, 16] ein Spiegel des Meningitiserregerspektrums. Der dominierende Keim ist *Escherichia coli* (meist Kapsel Typ K_1) mit 40–90%. Bei Kindern zwischen 4 Wochen und 1 Jahr ist *Haemophilus influenzae* mit ca. 60% der Leitkeim. Seine Bedeutung nimmt mit zunehmendem Alter ab und spielt bei Jugendlichen und Erwachsenen eine untergeordnete Rolle, hingegen gewinnen Pneumokokken und Meningokokken zunehmend an Gewicht. Im Senium sind dann die Pneumokokken mit 65% die wichtigsten Meningitiserreger. Neben den häufigen Krankheitserregern kann eine Vielzahl von Keimen eine Meningitis verursachen (Tabelle 3.184, 3.185). Zu einem erheblichen Prozentsatz läßt sich bei den üblichen Laboruntersuchungen überhaupt kein bakterieller Infektionserreger ermitteln. Diese aseptische Meningitis kann u. a. durch Viren, Spirochäten, Mykoplasmen, Protozoen und Pilze hervorgerufen werden, aber auch nicht-infektiös bedingt sein (Tabelle 3.185) [14].

Bei einigen Krankheitserregern läßt sich eine deutliche Assoziation zu gewissen Krankheitsbildern feststellen. So erleiden Patienten mit einem Komplement C_6-, C_7- oder C_8-Mangel häufiger eine Meningokokken-Meningitis als das Vergleichskollektiv. Immunsupprimierte Patienten, z. B. nach Nierentransplantation, erkranken gehäuft an *Listeria monocytogenes*- oder *Cryptococcus neoformans*-Meningitiden und AIDS-Patienten eine *Toxoplasma gondii*-Infektion.

Tabelle 3.183. Prozentuale Keimverteilung der Erreger der bakteriellen Meningitis

Bei Früh- und Neugeborenen		Bei Erwachsenen	
Haemophilus influenzae	<1	*Haemophilus influenzae*	1–5
Neisseria meningitidis	<1	*Neisseria meningitidis*	5–30
Pneumokokken		Pneumokokken	18–40
Streptokokken Serovar B		*Escherichia coli*	4–6
Escherichia coli	40–50–90	*Klebsiella* spp.	1
Proteus spp.	<5	*Proteus* spp.	1
Klebsiella spp.	5–15	*Pseudomonas aeruginosa*	1
Pseudomonas aeruginosa	1–5	*Salmonella* spp.	3–5
Salmonella spp.	<2	Bei Patienten über 60 Jahre	
Bei Kindern ab 4 Wochen bis 1 Jahr		*Neisseria meningitidis*	10
Haemophilus influenzae	60	*Streptococcus pneumoniae*	65
Neisseria meningitidis	20	*Escherichia coli*	2
Pneumokokken	15	*Staphylococcus aureus*	4
Bei Kleinkindern		*Listeria monocytogenes*	<6
Haemophilus influenzae	<40		
Bei Schulkindern			
Neisseria meningitidis	30–40		
Pneumokokken	<20		

Kumulierte Daten nach [6, 16]

Tabelle 3.184. Seltene Erreger einer Meningitis

Bacteroides fragilis	Henry, Feder [11]
	Odugbemi et al. [24]
Brucella	Bouza et al. [3]
Pseudomonas maltophilia	Mender et al. [22]
Gardnerella vaginalis	Berardi-Grassias et al. [2]
Kingella kingae	Walterspiel [32]
Listeria monocytogenes	Howard et al. [13]
Haemophilus aphrophilus	Maggiore et al. [19]

Bei der traumatischen Meningitis (z. B. durch neurochirurgische Eingriffe oder Schädel-Hirn-Traumata) muß mit einem anderen Keimspektrum gerechnet werden, bei dem Keime wie *Pseudomonas aeruginosa* an Gewicht gewinnen [5].

Diagnostik (Abb. 3.28, Tabelle 3.186)

Die Diagnosestellung Meningitis beinhaltet einen dramatischen Aspekt für den Patienten. Während bei anderen Materialien die bakteriologische Diagnostik meist retrospektiv ist, wird in der Diagnostik der Meningitis eine rasche vorläufige Aussage wegen der lebensbedrohlichen Situation angestrebt [28]. Insbesondere muß versucht werden, durch rasche labordiagnostische Maß-

Tabelle 3.185. Infektiöse und nicht-infektiöse Ursachen einer aseptischen Meningitis (nach [14])

Infektiöse Ursachen
– Bakterien: anbehandelte Meningitis, *Mycobacterium tuberculosis*, parameningealer Herd (Hirnabszeß, Epiduralabszeß), akute oder subakute Endokarditis
– Viren: Enteroviren, Mumps-Virus, lymphozytisches Choriomeningitis-Virus, Epstein-Barr-Virus, Arboviren (Eastern equine, Western equine, St. Louis), Cytomegalie-Virus, *Varicella-zoster*-Virus, *Herpes simplex*-Virus, Human Immunodeficiency-Virus
– *Rickettsiae*
– *Spirochetes*: Syphilis, Leptospirosis, Lyme Krankheit
– *Mycoplasma*: *Mycoplasma pneumoniae*, *Mycoplasma hominis* (bei Neugeborenen)
– Pilze: *Candida albicans*, *Coccidioides immitis*, *Cryptococcus neoformans* u.a.
– *Protozoa*: *Toxoplasma gondii*, Malaria, Amöben, viscerale Larvae migrans (*Taenia catis* oder *Taenia canis*)
– Nematoden: Rattenlungenwurmlarven (eosinophile Meningitis)
– Cestoden: *Cysticercosis*
Nicht-infektiöse Ursachen
– Neubildungen: primäres Medulloblastom, metastatische Leukämie, Hodgkin-Krankheit
– Kollagen-vaskuläre Krankheit: Lupus erythematodes
– Trauma: Subarachnoidalblutung, neurochirurgische Eingriffe, Liquorpunktion
– Granulomatöse Erkrankungen: Sarcoidose
– Toxine: intrathecale Injektion von Kontrastmitteln, Spinalanästhesie Blei, Quecksilber
– Autoimmunerkrankungen: Guillain-Barré Syndrom
– unbekannt: Multiple Sklerose, Mollaret's Meningitis, Behçet Syndrom, Vogt-Koyanagi Syndrom, Harada Syndrom, Kawasaki-Krankheit

nahmen eine abakterielle Meningitis auszuschließen. Hier bieten sich verschiedene liquorchemische Untersuchungen wie Liquorzuckerkonzentration und der IgG Serum/Liquor-Quotient [25] und Quantifizierung und Differenzierung zellulärer Elemente [14, 26] an. Klassischerweise (Tabelle 3.186) versucht man dies mit der Gram- oder Methylenblaufärbung des Liquorsediments. Durch Einsatz der Fluoreszenzfärbung mit Acridinorange ist eine größere Empfindlichkeit (Ausschlußgrenze 10^3 Bakterienzellen/ml Liquor) möglich [23]. Somit kann schon innerhalb einer halben Stunde dem Kliniker ein gewisser Hinweis auf die Genese der Meningitis gegeben werden.

Neben diesen mikroskopischen Verfahren sind in den letzten Jahren immunologische Schnellmethoden entwickelt worden [28]. Dieses sind die Antigennachweise mit Latex- bzw. Co-Agglutination (käuflich erhältlich) [17, 31] sowie die Gegenstromelektrophorese des Liquors [27, 30] (Abb. 3.28). Als Anti-

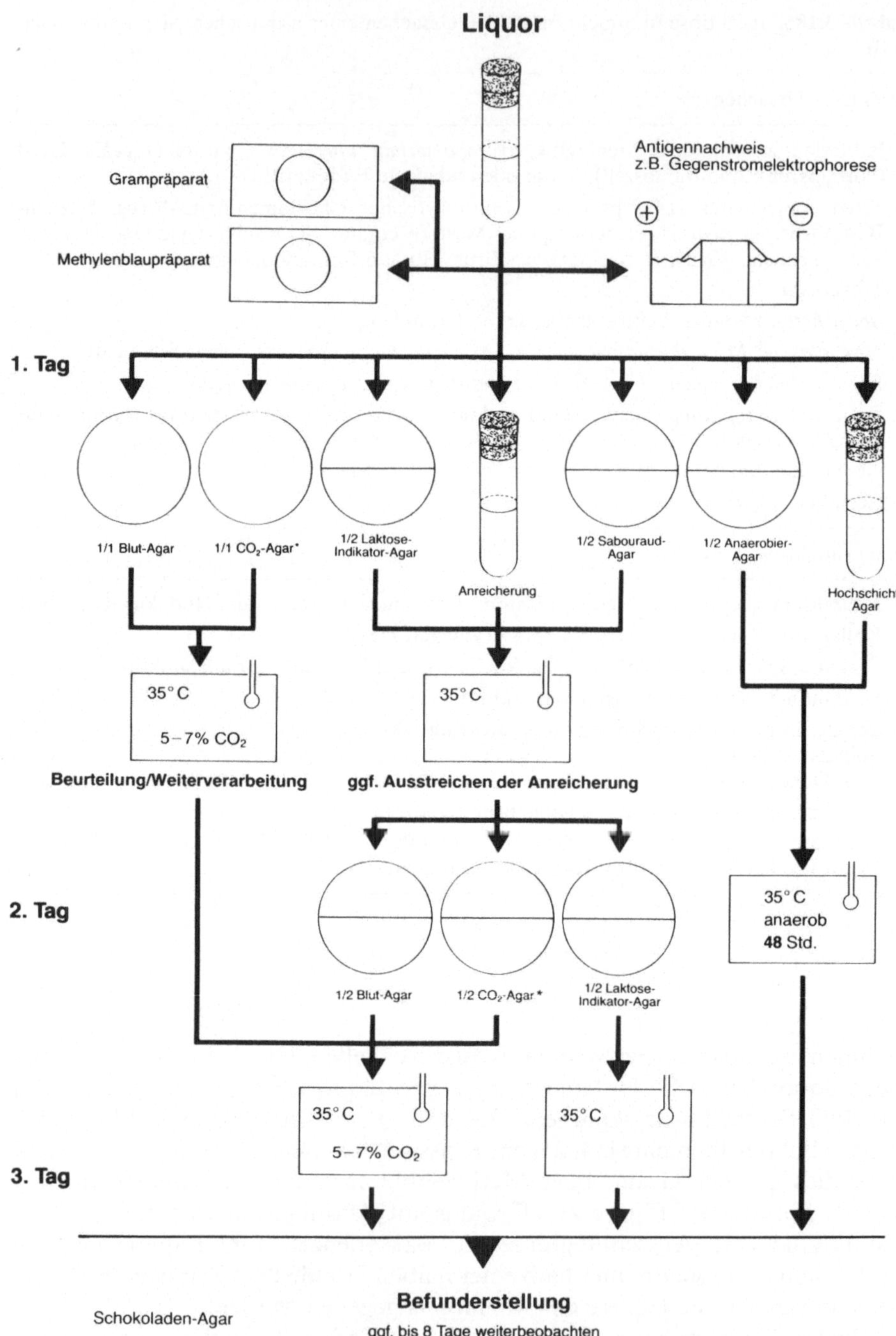

Abb. 3.28. Kulturelles Vorgehen bei Liquor

Tabelle 3.186. Anlegeschema zur kulturellen Diagnostik

	1	2	3	4	5	6	7	8	9	10	11	12	13	14
Neugeborenenmeningitis	+	+	+	+	+	+	+	–	–	+	–	+	+	–
Meningitis bei Jugendlichen und Erwachsenen	+	+	+	+	+	–	+	–	–	+	–	+	+	–
Traumatisch entstandene Meningitis	+	–	+	+	+	–	+	+	–	+	–	+	+	–
Tuberkulöse Meningitis	–	–	+	+	+	–	+	–	–	–	+	+	–	–
Pilz-Meningitis	+	+	+	+	+	–	+	+	+	–	–	+	–	+

1 Grampräparat, *2* Antigennachweis, *3* Acridinorangepräparat, *4* Methylenblaupräparat, *5* Blut-Agar, *6* CO_2-Agar, *7* MUG-McConkey-Agar, *8* Sproßpilz-Selektiv-Agar z. B. Sabouraud-Agar bei 37 °C, *9* Sproßpilz-Selektiv-Agar z. B. Sabouraud-Agar bei 22°, *10* Anaerobier-Selektiv-Agar, *11* Tbc-Medien, *12* aerobe Anreicherung, *13* anaerobe Anreicherung, *14* Pilz-Anreicherung

gene können z. Z. Polysaccharide der B-Streptokokken, Pneumokokken, *Haemophilus influenzae* und *Neisseria meningitidis* nachgewiesen werden. Wichtig ist in diesem Zusammenhang, daß parallel zum Liquor oft hohe Antigenkonzentrationen auch im Urin vorliegen und dieser nach Aufbereitung (Erhitzen und Sedimentieren) sich ebenfalls zum Antigennachweis eignet. Die hier erwähnten Methoden zeichnen sich durch eine recht hohe Zuverlässigkeit und Empfindlichkeit aus.

Das kulturelle Vorgehen (Abb. 3.28) bei der Meningitis entspricht dem bei der Blutkultur (S. 225–232). Zum Einsatz kommen Medien, die empfindlichen Keimen das Wachstum erlauben, wie Blut-Agar und Schokoladen-Agar, sowie Anreicherungsverfahren, wie sie unter dem Kapitel „Blutkultur“ beschrieben wurden. Neben diesen qualitativen Kulturverfahren werden seit kurzer Zeit auch Ansätze zur Quantifizierung der Liquorkeimzahlen mit möglichst erweiterter diagnostischer und prognostischer Aussage angestrebt [9, 18]. In über 85% der Fälle finden sich bei der Meningitis Keimzahlen über 10^3 KBE/ml und in 50% über 10^5 KBE/ml. Hohe Keimzahlen, die z. B. bis 10^7 KBE/ml gehen können, sind oft mit einer erhöhten Mortalität bzw. neurologischen Spätschäden verbunden.

Eine Besonderheit bietet die kulturelle Untersuchung bei den neonatalen Meningitiden. Insbesondere bei der Neugeborenenmeningitis ist in einem hohen Prozentsatz mit *Escherichia coli* zu rechnen, so daß eine gezielte, rasche *Escherichia coli*-Diagnostik gerechtfertigt ist. Hierzu bietet sich ein 4-Methylumbelliferyl-β-Glucuronid-Agar (MUG-Agar) an. Durch die β-Glucuronidase, die bei den Enterobakterien nur *Escherichia coli* bildet, wird das fluorogene Substrat gespalten und das fluoreszierende Umbelliferon wird durch UV-Licht nachweisbar. Fehlreaktionen sind vereinzelt bei Salmonellen und Shigellen möglich. Wiederholte negative kulturelle Ergebnisse sollten den Blick auf atypische Meningitiserreger wie Mykobakterien, Mykoplasmen, Pilze u. a. lenken (Tabelle 3.185).

Gegenstromelektrophorese

Die Darstellung der Gegenstromelektrophorese zum Nachweis bakterieller Antigene im Liquor lehnt sich an die Methode des Labors der Universitätsklinik München an. Sie basiert im wesentlichen auf käuflich erhältlichen Materialien, die allerdings durchaus selbst hergestellt werden können [1, 8]. An Materialien werden gebraucht: ein Spannungsverteiler (z. B. Rapidophor II, Immuno, Heidelberg), L. E. Stege® (Immuno, Heidelberg), Veronal-Acetat-Citrat-Puffer pH 8.2 (Immuno, Heidelberg), eine 10 ml Pipette und eine 10 µl Kolbenhubpipette. An Antiseren werden *Haemophilus influenzae* Serovar B (Difco, 2236-50, Biotest, Frankfurt), *Neisseria meningitidis* A–D (Difco, Biotest, Frankfurt), Streptokokken, Serovar B (Wellcome ZJ 02) und „Pneumokokken omni" (State Serum Institut, Kopenhagen) benötigt. Die Gegenstromelektrophorese wird nach folgendem Schema durchgeführt:

1. In Puffertröge jeweils ca. 10 ml Veronalpuffer geben
2. Abdeckungen von dem Gelträger entfernen
3. In die Lochreihe die Antiseren, ca. 10–15 µl, einfüllen und Vertiefungsnummer für jeweiliges Antiserum protokollieren
4. Liquor in die unbeschriftete Lochreihe sowie in eine Vertiefung Kontrollantigen zur positiven Kontrolle einfüllen
5. Gelträger in die Elektrophoresekammer setzen und 30 Minuten bei 90 mA und 70 V elektrophorieren

Die Auswertung erfolgt gegen eine Lichtquelle oder mittels Lichtlupe. Die positive Reaktion, d. h. Nachweis eines entsprechenden Antigens, zeigt sich durch eine Präzipitationslinie an. Allerdings kann es gelegentlich durch Antikörper oder Proteine im Liquor zu Präzipitationslinien um die Vertiefung kommen; daher empfiehlt sich zusätzlich zur Positivkontrolle das Mitführen einer Negativkontrolle. Die Empfindlichkeit der Methode liegt bei 10–50 mg Antigen/l.

Literatur

1. Anhalt JP (1985) Fluorescence antibody procedures and counter immunoelectrophoresis. In: Washington JA (ed) Laboratory procedures in Clinical Microbiology. 2nd ed. Springer, Berlin Heidelberg New York Tokyo
2. Berardi-Grassias L, Roy O, Berardi JC, Furioli J (1988) Neonatal meningitis due to Gardnerella vaginalis. Eur J Clin Microbiol Infect Dis 7:406–407
3. Bouza E, de la Torre MG, Parras F, Guerrero A, Rodríguez-Créixems M, Gobernado J (1987) Brucellar meningitis. Rev Infect Dis 9:810–822
4. Broome CV, Facklam RR, Allen JR, Fraser DW, Austrian R (1980) Epidemiology of pneumococcal serotypes in the United States. J Infect Dis 141:119–123
5. Brückner O, Collmann H, Trautmann M (1983) Cefsulodin in der Therapie der Pseudomonasmeningitis. Infection 11:264–268
6. Carvajal A, Frederiksen W (1987) Aetiology and treatment of bacterial meningitis. Eur J Clin Microbiol 6:498

7. Ernst JD, Decazes JM, Sande MA (1983) Experimental pneumococcal meningitis: role of leukocytes in pathogenesis. Infect Immun 41:275–279
8. Farmer SG, Tilton RC (1980) Immunserological detection of bacterial antigens and antibodies. In: Lenette EH, Balows A, Hausler WJ, Truant JP (eds) Manual of Clinical Microbiology (4th ed.). American Society for Microbiology, Washington
9. Feldman WE (1976) Concentrations of bacteria in cerebrospinal fluid of patients with bacterial meningitis. J Pediatr 88:549–552
10. Gold R (1983) Bacterial meningitis – 1982. Am J Med 73:98
11. Feder HM (1987) Bacteroides fragilis meningitis. Rev Infect Dis 9:783–786
12. Hodges RG, Perkins RL (1975) Acute bacterial meningitis: an analysis of factors influencing prognosis. Am J Med Sci 270:427–440
13. Howard AJ, Kennard C, Eykyn S, Higgs J (1981) Listerial infections of the central nervous system in the previously healthy adult. Infection 9:80
14. Klein JO, Feigin RD, McCracken GH (1986) Report of the task force on diagnosis and management of meningitis. Pediatrics 78:970–975
15. Klein NC, Damsker B, Hirschman SZ (1985) Mycobacterial meningitis. Retrospective analysis from 1970 to 1983. Am J Med 79:29–34
16. Knothe H, Dette GA (1984) Antibiotika in der Klinik, 2. Aufl., Aesopus Verlag Zug AG, Zug
17. Kurzynski TA, Kimball JL, Polyak MB, Cembrowski GS, Schell RF (1985) Evaluation of the phadebact and bactigen reagents for detection of Neisseria meningitidis in cerebrospinal fluid. J Clin Microbiol 21:989–990
18. La Scolea LJ, Dryja D (1984) Quantitation of bacteria in cerebrospinal fluid and blood of children with meningitis and its diagnostic significance. J Clin Microbiol 19:187–190
19. Maggiore G, Scotta MS, De Giacomo C, Malta S, Azzini M (1982) Bacteremia and meningitis associated with Haemophilus aphrophilus. Infection in a previously healthy child. Infection 10:375
20. Mandell GL (1984) Central nervous system infections. Am J Med 76:238
21. McGinnis MR (1983) Detection of fungi in cerebrospinal fluid. Am J Med 73:129–138
22. Mender et al. (1987) Pseudomonas maltophilia. Arch Intern Med 147:1672–1674
23. Mirrett S, Lauer BA, Miller GA, Reller LB (1982) Comparison of acridine orange, methylene blue, and gram stains for blood cultures. J Clin Microbiol 15:562–566
24. Odugbemi T, Jatto SA, Afolabi K (1985) Bacteroides fragilis meningitis. J Clin Microbiol 21:282–283
25. Pouka A, Ojala K, Teppo AM, Weber TH (1983) The differential diagnosis of bacterial and aseptic meningitis using cerebrospinal fluid laboratory tests. Infection 11:129
26. Powers WJ (1985) Cerebrospinal fluid lymphocytosis in acute bacterial meningitis. Am J Med 79:216
27. Roos R, Belohradsky BH (1981) Diagnostische Bedeutung der Gegenstromelektrophorese (GSE) bei der bakteriellen Meningitis im Kindesalter. Monatsschr Kinderheilkd 129:354–358
28. Rytel MW (1985) Rapid diagnosis in infectious disease. CRC Press, Inc., Boca Raton, Florida
29. Scheld WM (1984) Bacterial meningitis in the patient at risk: intrinsic risk factors and host defense mechanisms. Am J Med 75:193–215
30. Storm W (1984) Nachweis mikrobieller Antigene durch Gegenstromimmunelektrophorese. Laboratoriumsmedizin 8:174–177
31. Tiesler E, Recktenwald P (1979) Vergleichende Untersuchung zur serologischen Differenzierung von Streptokokken mit den Methoden der Präzipitation, der Co-Agglutination und dem Fluoreszenztest. Immunität und Infektion 7:65–67
32. Walterspiel JN (1983) Kingella kingae-meningitis with bilateral infarcts of the basal ganglia. Infection 11:307–309

Anaerobierinfektionen, Mischinfektionen mit Beteiligung anaerober Bakterien

Material: Diverses

Abhängig von Material und Krankheitsbild treten anaerobe Infektionserreger unterschiedlich häufig auf. Bei der Peritonitis sind bis zu 90% der Infektionen durch sogenannte Anaerobier bedingt [2, 4, 5, 7, 10]. Tabelle 3.187 zeigt eine Reihe von Materialien, aus denen mit hoher Wahrscheinlichkeit anaerob wachsende Bakterien angezüchtet werden können. Wegen der Häufigkeit dieser Infektionsbilder sei ein Abriß der Techniken gegeben. Detaillierte Methoden zu Kultivierungstechniken von Anaerobiern sind Standardwerken wie dem Wadsworth Anaerobic Manual [9] oder dem Handbuch des Virginia Polytechnical Institute [6] zu entnehmen.

Tabelle 3.187. Infektionen, die häufig durch Anaerobier bedingt sind (nach [4])

	Prozentuale Häufigkeit der Infektionen	
	Aerob/anaerob	Anaerob/anaerob
Sepsis	20	80
Hirnabszeß	89	50–60
Extradurales/subdurales Empyem	10	
Chronische Sinusitis	52	80
Chronische Otitis media	56	10
Wundinfektionen nach Kopf- und Halsoperationen	95	0
Dentale Infektionen	94	40
Bißwunden	47	<5
Aspirationspneumonie	62–93	50
Lungenabszeß	85–93	50
Bronchiektasien	75	35
Intraabdominelle Infektionen	81–90	10–35
Appendizitis mit Peritonitis	96	<1
Leberabszeß	52	35
Operation der Gallenwege	45	0
Abszeß des kleinen Beckens	88	50
Vulvovaginalabszeß	75	25
Septischer Abort	67	
Nicht-Clostridien-Zellulitis	75	50
Fußulzera bei Diabetikern	95	5
Weichteilabszeß	60	25
Hautabszeß	62	20
Decubitus	63	
Osteomyelitis	40	10

Diagnostik (Abb. 3.29)

Anaerob wachsende Keime sind im allgemeinen mit ihren Nährstoff- und Milieuanforderungen anspruchsvolle Spezies. Der Hämin- und Vitamin K (Menadion)-Bedürftigkeit, insbesondere bei *Bacteroides*arten, ist bei der Zusammensetzung der Medien Rechnung zu tragen [2, 3]. Als Basismedien haben sich zur Anzucht anaerober Bakterien u.a. Schädler-, Columbia-, Brucella-, CDC-, Wilkins-Chalgren-, Gifu-Anaerobic-, Hirn-Herz-Infus- und Trytikase-Cysteinmedium bewährt. Bei den Anreicherungsbouillons können Thioglykolat-, Cooked-Meat- oder Rosenow-Bouillon ihren Einsatz finden. Allerdings ist zu berücksichtigen, daß Thioglykolat für einige empfindliche Keime toxisch ist, so daß es bei der Einsaat niedriger Keimzahlen zum Absterben des Keimes kommen kann [1]. Besonders beeinträchtigend ist Thioglykolatbouillon mit hohem Glukosegehalt. Hier kommt es durch Abbau der Glukose zur Säurebildung und zur deutlichen pH-Wert-Verschiebung, die das Medium aufgrund seiner geringen Pufferkapazität nicht abfangen kann. Weiterhin muß vor Einsatz dieses Anreicherungsmediums durch vorsichtiges Erhitzen auf 50 °C der physikalisch gelöste Sauerstoff entfernt werden, alternativ durch Begasung mit Stickstoff.

Um Ausbeute und Selektivität zu erhöhen, bieten sich Selektivmedien mit dem Zusatz z.B. von Kanamycin und Vancomycin zur Unterdrückung der gramnegativen und grampositiven aeroben Mischinfektion an (Abb. 3.29). Dadurch kann die Isolierungsrate von 77% bei Einsatz nur eines Optimalnährmediums auf 94% durch Kombination eines Optimalmediums mit einem Selektivmedium erhöht werden. Bei den Selektivmedien muß jedoch berücksichtigt werden, daß die Antibiotikazusätze auch zum Teil anaerobe Keime am Wachstum hemmen, so daß die Sensitivität der Nachweismethoden abnimmt. Bekannt ist dieses Phänomen bei *Bacteroides melanogenicus*; einige Stämme dieser Spezies können durch Vancomycin gehemmt werden. Weitere selektive Supplemente sind u.a. β-Phenyläthylalkohol, der in der amerikanischen Literatur häufig zitiert wird. Falls jedoch aus dem einen oder anderen Grund auf Selektivmedien verzichtet wird, empfiehlt sich das Auflegen von z.B. Aminoglykosidtestblättchen. Diese werden in der 1. Fraktion so aufgelegt, daß sie ein gleichschenkeliges Dreieck mit einer Kantenlänge von 2 cm bilden. In diesem Dreiecksbereich liegen dann Selektivbedingungen mit der Unterdrückung aerober Keime vor.

Ein wichtiger Gesichtspunkt in der Anaerobierdiagnostik ist die primäre Inkubation über 48 Stunden. Damit wird die Isolierungsrate insbesondere bei Fusobakterien, *Bacteroides*, Veillonellen und nicht-sporenbildenden grampositiven anaeroben Stäbchenbakterien auf das 2–3fache erhöht. Aus diesem Grund wird von vielen Spezialisten eine primäre Inkubation von 2–3 Tagen gefordert. Die Inkubation geschieht in einer sauerstofffreien, Stickstoff-/CO_2-haltigen Atmosphäre. Hierbei ist ein gewisser CO_2-Gehalt, der insgesamt nicht über 10% liegen sollte, für eine Vielzahl von anaeroben Bakterien wachstumsstimulierend. Üblicherweise wird in medizinischen Routinelaboratorien in sogenannten Anaerobiertöpfen die Atmosphäre mittels kommerzieller Sy-

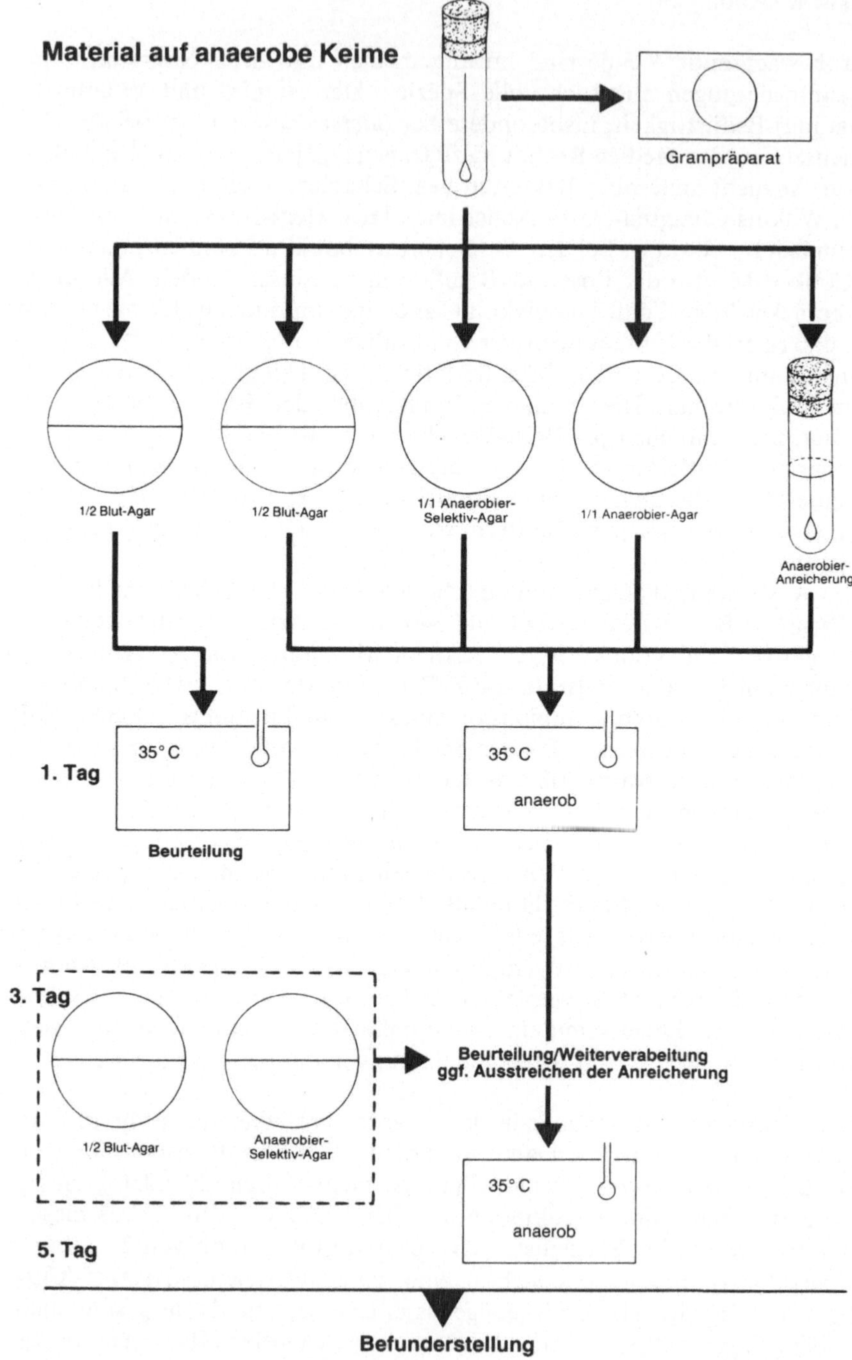

Abb. 3.29. Kulturelles Vorgehen bei Anaerobiern

steme erreicht. Allerdings kann auch mit Gasgemischen begast werden; der Vorteil ist hierbei, daß die anaerobe Atmosphäre wesentlich rascher als mit den kommerziellen Gasgeneratorbestecken erreicht werden kann.

Ein kontroverses Thema in der „Anaerobier"-Diagnostik ist die Forderung nach der Verarbeitung in der Anaerobierkammer. In mehreren Studien zeigte sich kein signifikanter Vorteil bei der Isolierung humanpathogener anaerober Bakterien in der Anaerobierkammer [8, 12] gegenüber der sogenannten „open bench" ohne anaerobe Milieubedingungen.

Literatur

1. Abdou MAF (1981) Blutkulturen: Erregerspektrum und Wachstumsbedürfnisse. Med Lab 34:232–239
2. Bartlett JG (1983) Recent developments in the management of anaerobic infections. Rev Infect Dis 5:235–245
3. Citron DM (1984) Specimen collection and transport, anaerobic culture techniques, and identification of anaerobes. Rev Infect Dis 6:51–58
4. Finegold SM (1979) Taxonomy, enzymes, and clinical relevance of anaerobic bacteria. Rev Infect Dis 1:248–252
5. Finegold SM (1980) Survey of human diseases due to anaerobes and isolation of anaerobes from clinical specimens. In: Gottschalk G (ed) Anaerobes and Anaerobic Infections. Fischer, Stuttgart New York
6. Holdemann LV, Cato EP, Moore WEC (1977) Anaerobic Laboratory Manual, 4th ed. V.P.I. Anaerobe Laboratory, Blacksborg
7. Jousimies-Sommer HR, Finegold SM (1984) Problems encountered in clinical anaerobic bacteriology. Rev Infect Dis 6:45–50
8. Morris JG (1980) Oxygen tolerance/intolerance of anaerobic bacteria. In: Gottschalk G (ed) Anaerobes and Anaerobic Infections. Fischer, Stuttgart New York
9. Sutter VL, Citron DM, Finegold SM (1980) Wadsworth Anaerobic Bacteriology Manual 3rd ed. C.V. Mosby Company, St. Louis, Toronto, London
10. Werner H (1975) Infektionen durch gramnegative Anaerobier. Med Klin 70:1899–1904
11. Werner H (1982) Klinische Anaerobier-Bakteriologie. Thieme, Stuttgart New York
12. Wren MWD (1977) The culture of clinical specimens for anaerobic bacteria: a comparison of three regimens. J Med Microbiol 10:195–201

Kapitel IV
In-vitro-Testung von Chemotherapeutika

Im allgemeinen bedürfen Infektionserkrankungen einer antibiotischen Therapie. Es gibt jedoch keine Universalantibiotika, die jeden Krankheitserreger in therapeutisch erreichbaren Konzentrationen erfassen.

Immer wieder kommt es aufgrund verschiedener molekularbiologischer Ereignisse zur Ausbildung resistenter Keimpopulationen, die auch neue, hochpotente Substanzklassen betreffen.

Zudem hat der häufige ungezielte Einsatz von Antibiotika zu einem starken Selektionsdruck geführt, so daß auch grampositive Keime in zunehmendem Maße in die infektiöse Ausbreitung von Resistenzeigenschaften einbezogen werden [20]. Daher ist es erforderlich, sich von dem jeweils isolierten Krankheitserreger ein Bild seiner aktuellen Resistenzsituation zu machen. Diese Information erhält man durch die In-vitro-Antibiotikatestung. Deren Ergebnisse sollen die antiinfektiöse Therapie durch Antibiotika rationalisieren und steuern. Im Einzelfall soll nach bereits begonnener Therapie die Testung Erklärungen für ihr Versagen sowie Alternativmöglichkeiten aufzeigen. Bei den In-vitro-Tests ist allerdings zu berücksichtigen, daß die Ergebnisse nicht ohne weiteres auf In-vivo-Verhältnisse übertragbar sind; der Zusammenhang ist hier vielschichtig und nur z. T. geklärt [37].

Ein wichtiger Gesichtspunkt in diesem Zusammenhang ist, daß die In-vivo-Population der Infektionserreger nicht in allen Fällen derjenigen der In-vitro kultivierten Keime entspricht. Virulenz- und Resistenzeigenschaften können durch kulturelle Anzucht verlorengehen; so sind bei der Testung aus dem Originalmaterial Keime z. T. deutlich resistenter als dieselben Keime nach mehrfacher Überimpfung. Methodische Probleme bestimmen auch sowohl bei dem Agardiffusionstest als auch bei den anderen Verfahren zur In-vitro-Aktivitätsmessung von Antibiotika, den Dilutionstests, ihre Aussagekraft.

Weiterhin sind bei der Aussagekraft der In-vitro-Testergebnisse Einflüsse von Faktoren wie Pharmakokinetik und enterale Resorption, Wirkstoffkonzentrationen am Infektionsort und Immunkompetenz des Körpers maßgeblich [90]. Durch intensive Forschung der letzten Jahrzehnte sind neue Gesichtspunkte hinzugekommen, die die Interaktion Antibiotikum – Infektionserreger im Makroorganismus noch komplexer erscheinen lassen. Hier sind u. a. der postantibiotische Effekt, die Serumbakterizidie, die Antibiotikaverstärkte Phagozytose oder intrazelluläre Abtötung, Einfluß subinhibitorischer Antibiotikakonzentrationen auf Pathogenitätsfaktoren wie Adhäsion, Produktion von Toxinen und/oder Freisetzung von Lipopolysacchariden zu berücksichtigen. Alle diese Faktoren können sich aufsummieren und die In-vivo-Empfindlichkeit des Infektionserregers beeinflussen [66]. Klinische Erfahrungen bei massiv abwehrgeschwächten Patienten bestätigen, daß die antimikrobielle Chemotherapie allein keine Heilung herbeiführt; unabdingbar ist eine minimale Funktionsfähigkeit der körpereigenen Abwehr.

In-vitro-Empfindlichkeitsbeurteilung

Die In-vitro-Antibiotikatestung soll eine Empfindlichkeitsbeurteilung des isolierten Krankheitserregers ermöglichen. Zum einen orientiert sich die Beurteilung an der Aktivität des Antibiotikums gegenüber den Testkeimen, zum anderen an den Gewebe-Serum-Konzentrationen des Antibiotikums, die erreicht werden können, ohne den Patienten zu schädigen [55]. Die In-vitro-Aktivität des Antibiotikums wird anhand der minimalen Hemmkonzentration (MHK) beurteilt, d. h. der Konzentration des Antibiotikums, bei der eine Wachstumshemmung des Keimes eintritt. Die MHK wird mit der im Serum klinisch erreichbaren Konzentration verglichen und in folgende Empfindlichkeitskategorien eingeordnet:

Empfindlich – Die MHK liegt in dem Bereich der Antibiotikakonzentration im Serum, die durch Standarddosierung erreichbar ist.

Mäßig empfindlich – Die MHK liegt in dem Bereich der Antibiotikakonzentration im Serum, die durch erhöhte Dosis noch erreichbar ist.

Resistent – Die MHK liegt in dem Bereich der Antibiotikakonzentration, die therapeutisch im Serum nicht mehr erreicht werden kann.

Bei der Übertragung in den klinischen Alltag bedeutet die Definition „Sensibel“ oder „Empfindlich“, daß die Infektion wahrscheinlich auf die entsprechende Antibiotikatherapie reagiert, während bei dem Ergebnis „Resistent“ ein Ansprechen unwahrscheinlich ist [7]. „Mäßig empfindlich“ läßt mäßigen, z. T. unbestimmten Erfolg erwarten.

„Breakpoints“ – Grenzwertkonzentrationen

Die Festlegung der „breakpoints“ erfolgt anhand mikrobiologischer, toxikologischer und pharmakologischer Parameter. Da jedoch die Zusammenhänge zwischen der so festgelegten Empfindlichkeit und dem klinischen Erfolg sehr komplex sind, bezeichnen viele Experten diese Grenzwertkonzentrationen als willkürlich und pragmatisch gewählt (Working Party B.S.A.C., 1988 [7]). Zur exakteren Definition der „breakpoints“ wurden verschiedene Modelle vorgeschlagen; hierbei steht in der BRD (DIN-Normen) das T ½-Konzept im Vordergrund [3]. Als Grundlage für die Grenzwertkonzentrationsfestlegung wird die Serumkonzentration eines Antibiotikums in der Mitte eines Dosierungsintervalls herangezogen. Schwierigkeiten treten bei Antibiotika mit komplexeren pharmakokinetischen Verhalten, wie Fluorchinolone, auf.

Bei dem T ½-Modell fehlt jedoch jegliche Korrelation mit dem klinischen Erfolg oder Mißerfolg einer Antibiotikatherapie. Dem Problem versucht die Arbeitsgruppe „Grenzwerte für die Empfindlichkeitsprüfung“ der Paul-Ehrlich Gesellschaft zu entsprechen. Ein Modell, das den komplexen Bedingungen Rechnung trägt, die eine Rolle bei der Wirksamkeit eines Antibiotikums spie-

Tabelle 4.1. Mikrobiologische und pharmakologische Daten, die die Grenzwertkonzentrationsfindung beeinflussen

I. Nicht-standardisierte Bestimmung von MHK-Werten
- Medien
- pH-Wert-Schwankungen durch Keimwachstum
- In-vitro- entspricht nicht dem In-vivo-Milieu
- Keimeinsaat
- Keimdichte und Wachstumsgeschwindigkeit In-vitro und In-vivo nicht vergleichbar
- Reproduzierbarkeit der Testung
- Endablesepunkt beeinflußt das Ergebnis bei rasch bakterizid wirkenden Antibiotika
- Ausprägung von Mutationen wie β-Laktamasebildung

II. Variation der MHK-Verteilung
- Auswahl der Testpopulation (z. B. geographische Besonderheiten)
- Verteilung der MHK-Werte in der Testpopulation
- Einfluß seltener, aber klinisch relevanter Keime
- Einfluß klinisch wichtiger, aber schwierig züchtbarer Keime

III. Nicht relevante pharmakokinetische Daten
- Pharmakokinetische Daten für Infektionsort nicht erhältlich
- Proteinbindung (nur das nicht gebundene Antibiotikum ist aktiv)
- Aktive und inaktive Metaboliten des Antibiotikums
- Änderungen der Pharmakokinetik in Abhängigkeit vom Patienten
- Standarddosierung ist geographisch unterschiedlich

len, wurde von einer Arbeitsgruppe der British Society for Antimicrobial Chemotherapy vorgeschlagen (Tabelle 4.1). Nach diesen Vorstellungen wird die Grenzwertkonzentration anhand der maximalen Antibiotikakonzentration unter Berücksichtigung der Proteinbindung, Halbwertszeit und der MHK-Wertverteilung [7] ermittelt.

Agardiffusionstest

Weltweit hat sich für die Routinetestung zur Beurteilung der In-vitro-Empfindlichkeitssituation von Krankheitserregern der Agardiffusionstest durchgesetzt. In der BRD erfolgt die Testung z. Z. im wesentlichen durch den Agardiffusionstest nach der Methodik der ICS-Studie [34] oder den DIN-Normen 58940 (Teil 1–6, 1981 [3]), in anderen Ländern, wie in der Schweiz [87] und in den USA, gemäß der von der National Committee for Clinical Laboratory Standards vorgelegten NCCLS-Methode [4] und der FDA-Methode [1]. Der Agardiffusionstest beruht auf einem Konkurrenzphänomen zwischen Bakterienwachstum einerseits und Diffusion des Antibiotikums von dem Antibiotikaträger ins Medium andererseits (Abb. 4.1). In der Praxis wird ein Nähragar mit dem Testkeim beimpft und ein antibiotikahaltiges Filterblättchen aufgelegt. Innerhalb weniger Stunden (6–8 Stunden) bildet sich ein Diffusionsgradient, d. h. mit der Entfernung vom Testblättchen nimmt die Konzentration des Antibiotikums ab.

Bakterien vermehren sich im Bereich des Antibiotikumgradienten nur dann, wenn die Konzentration des Antibiotikums nicht ausreicht, ihr Wachstum zu hemmen. Im Bereich von Konzentrationen, welche die Koloniebildung hemmen, d. h. das Wachstum von Bakterien, sieht man eine Zone (Hemmhof) ohne Bakterienwachstum. Diese ist ringförmig um das Testblättchen angeordnet. Der Durchmesser ist ein Maß für die Hemmwirkung des Antibiotikums gegenüber den getesteten Bakterienspezies. Für jede Bakterienspezies-Antibiotikum-Kombination entsteht unter Standardbedingungen um das Testblättchen ein Hemmhof mit charakteristischem Durchmesser. Die Hemmhofgröße ist abhängig von der Aktivität des Antibiotikums gegenüber dem Teststamm

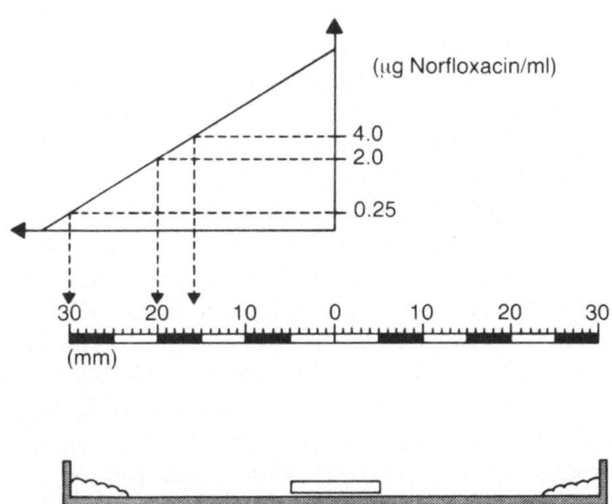

Abb. 4.1. Korrelation des Hemmhofdurchmessers im Agardiffusionstest mit der minimalen Hemmkonzentration

(Abb. 4.1). Somit erlaubt der Agardiffusionstest eine Routinetestung mit Einordnung in die Empfindlichkeitskategorien, jedoch ohne sichere Zuordnung zu MHK-Werten. Die Korrelation Antibiotika–Teststämme ergibt nur verläßliche Werte bei der Testung schnell wachsender aerober Keime unter Standardbedingungen. Ungeeignet bzw. mit hohen Fehlermöglichkeiten behaftet ist dieser Test bei der Empfindlichkeitsbestimmung von Pilzen, langsam wachsenden Keimen und anaerob wachsenden Bakterien.

Grundlagen

Eine Vielzahl von Einzelfaktoren beeinflußt die Korrelation zwischen Hemmhofdurchmesser und MHK. Sowohl die Eigenschaften des Testkeims als auch die physikalischen und mikrobiologischen Eigenschaften des Antibiotikums spielen hierbei eine wesentliche Rolle.

Die Steilheit des Diffusionsgradienten bestimmt die Größe des Hemmhofs. Als Einzelfaktoren bestimmen u. a. Temperatur, Diffusionseigenschaften des Antibiotikums, Diffusionszeit, Antibiotikakonzentration auf dem Testblättchen und Medienzusammensetzung diese Situation. Einfachen physikalisch-chemischen Gesetzen zufolge erfolgt die Ausbildung des Gradienten bei höheren Temperaturen wesentlich schneller als bei niedrigen Temperaturen. Ist jedoch die Agarkonzentration im Medium deutlich höher, so nimmt die Diffusionsgeschwindigkeit ab und der Hemmhof wird durch das konkurrierende Bakterienwachstum kleiner. Weiterhin beeinflußt auch die Schichtdicke des Testmediums (sie sollte nach den Vorstellungen des DIN-Normen-Ausschusses bei 3,5–4,5 mm liegen) die Hemmhofgröße [3]. Prinzipiell ist bei dünneren Agarschichten der Hemmhof größer.

Eine Erhöhung der Hemmhofgröße kann durch die Änderung der Antibiotikamenge auf den Testblättchen erreicht werden. Eine Verdoppelung der Konzentration auf dem Träger bewirkt durchschnittlich eine Hemmhofdurchmesserzunahme von 3–5 mm.

In die Diffusionseigenschaften des Antibiotikums gehen auch chemische Eigenschaften ein. Hydrophile Substanzen diffundieren im wäßrigen Milieu des Nähragars besser als hydrophobe. So sind Chemotherapeutika mit hohem lipophilen und hydrophoben Anteil wie Amphotericin B, Chloramphenicol, Erythromycin, Imidazole, Rifampicin, Polymyxin und Vancomycin im Agardiffusionstest schwer beurteilbar. Daneben verändern hohe Ionenkonzentrationen oder saurer oder alkalischer pH-Wert sowohl die elektrostatische Ladung der Moleküle und damit ebenfalls die Diffusionseigenschaft als auch die In-vitro-Aktivitätseigenschaften (antibiotische Wirksamkeit); u. a. sind Erythromycin, Aminoglykoside und neue Gyrasehemmer [75] im sauren Bereich weniger aktiv als im basischen, umgekehrt Tetrazykline und Methicillin aktiver. Einige Testkeime können durch Wachstum den pH-Wert im Testmedium verschieben. Die pH-Wert-Änderungen werden u. a. durch saure Stoffwechselprodukte bei glukosereichen Medien oder durch Begasung mit CO_2 bewirkt [45].

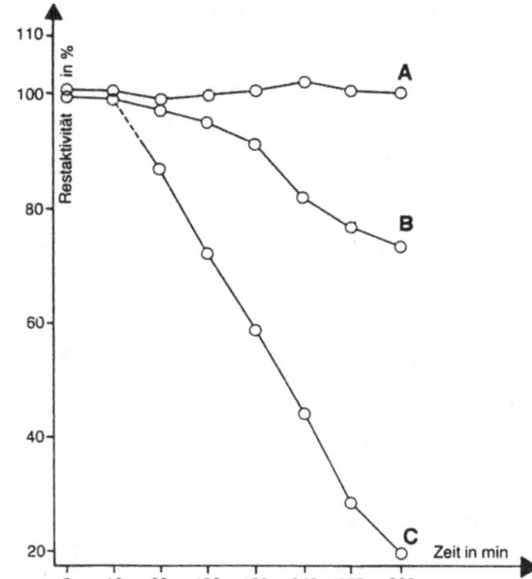

Abb. 4.2. Wirkungsverlust von Cefaclor im wäßrigen Milieu bei (*A*) 20 °C, (*B*) 30 °C, (*C*) 37 °C [53]

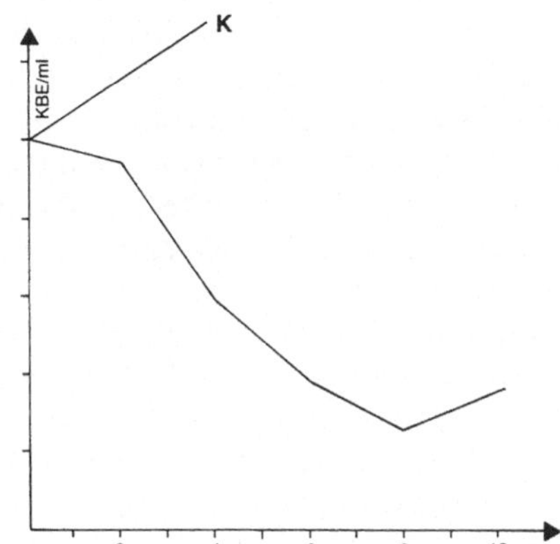

Abb. 4.3. Der bakterizide Effekt von Cefaclor auf *Klebsiella pneumoniae* (*K*)

Ein weiterer wichtiger Gesichtspunkt ist die Stabilität des Antibiotikums. Einige Antibiotika zeichnen sich durch einen raschen Zerfall der aktiven Substanz im wäßrigen Milieu aus. So sind insbesondere bei Cefaclor nach 6 Stunden bei 37 °C (Abb. 4.2) Inkubation nur noch 20% der Aktivität vorhanden [53].

Die Absterbekinetiken von Cefaclor zeigen, daß parallel zum Zerfall der Aktivität die Keime sich nach 8 Stunden wieder vermehren können (Abb. 4.3). Es ist leicht zu verstehen, daß so nach Überschreiten der Standardinkubationszeit die Testkeime in den ursprünglichen Hemmhof hineinwachsen. Aufgrund dieser Tatsache wird man zur Testung von Antibiotika mit schneller Inaktivierung wie Cefaclor, Rifampicin und Tetrazykline ein rasches Ablesen der Tests anstreben.

In den verschiedenen Normen wird die standardisierte Herstellung des Inokolums über eine Anzucht in einer Nährbouillon empfohlen.

Bei der NCCLS-Methode werden die Keime nach einer Inkubation von 4 Stunden bei 35 °C – sie befinden sich dann in der exponentiellen Phase – ausplattiert, während dies bei der ICS-Methode nach 16–18 Stunden, also wenn sich die Keime [94] in der stationären Phase befinden, durchgeführt wird. Dessenungeachtet hat sich in der Routinediagnostik die einfache Suspension von Kolonien in Wasser oder physiologischer Kochsalzlösung (Abb. 4.4) durchgesetzt. In einer Übersichtsarbeit haben Isenberg und d'Amato [40] die bisherigen Untersuchungen der Beeinflussung des Testergebnisses durch die Inokulumherstellung dargestellt. Weder die Herstellung eines konventionellen Inokulums mit der Dichte nach McFarland 1 noch die Herstellung einer Suspension von Bakterien nach McFarland 0,5 hatten einen signifikanten Einfluß auf das Testergebnis.

Wie eingangs angeführt, ist der Agardiffusionstest ein Konkurrenzphänomen. Verschiebung zuungunsten des einen Teils, z. B. Erhöhung der Antibiotikummenge, führt zur Änderung des Testergebnisses (größerer Hemmhof). Faktoren, welche die Wachstumsraten deutlich beschleunigen, führen auf der anderen Seite zur Verkleinerung der Hemmhöfe. Zum Rekapitulieren sei auf die Gesetzmäßigkeit des bakteriellen Wachstums verwiesen (vgl. S. 51). Als charakteristisches Merkmal für bakterielles Wachstum wird die Generationszeit bzw. Verdoppelungszeit aufgefaßt; d. h. die Zeit, in der sich eine Population verdoppelt hat. Unter Standardbedingungen stellt sie für jeden Bakterienstamm ein Charakteristikum dar. Enterobakterien haben unter Optimalbedingungen eine Generationszeit von 20–35 Minuten, Streptokokken von 25–40 Minuten. Umweltbedingungen wie Temperatur, Mediumzusammensetzung, Substratangebot oder pH-Wert beeinflussen die Generationszeit. Es ist bekannt, daß bei hohen Glukosekonzentrationen durch eine kurze Generationszeit die Hemmhöfe kleiner sind [45].

Optimale Temperaturbedingungen liegen für humanpathogene Keime im Bereich von 35 °C, in dem auch üblicherweise die Testung durchgeführt wird. Testungen über oder unter diesem Bereich gehen mit einer nicht sicher erfaßbaren Änderung der Generationszeit oder dem Absterben der Testkeime – z. B. *Neisseria meningitidis* stirbt bei Temperaturen über 37 °C ab – einher. Fällt der Brutschrank einmal aus, so kann bei tiefen Temperaturen durch langsames Wachstum des Teststammes ein großer Hemmhof eine scheinbare Empfindlichkeit vortäuschen, die dann zu einem klinischen Mißerfolg führen kann. Wie sich aus dem Vorangegangenen ergibt, kommt der Keimeinsaat oder Inokulumdichte beim Agardiffusionstest eine erhebliche Rolle zu [38]. Werden die Standardbedingungen nicht eingehalten und dadurch die Generationszeit entweder deutlich verkürzt oder verlängert, so befindet sich das Testsystem außerhalb der Standardbedingungen und die Hemmhofgrößen sind nicht mehr einzuordnen. Ein weiterer Gesichtspunkt der Keimeinsaat ist der Inokulumeffekt bei β-Laktamase-bildenden Keimen mit geringer β-Laktamaseproduktion; durch Erhöhung des Inokulums nimmt die Empfindlichkeit gegenüber β-Laktam-Antibiotika ab (Abb. 4.5) [55].

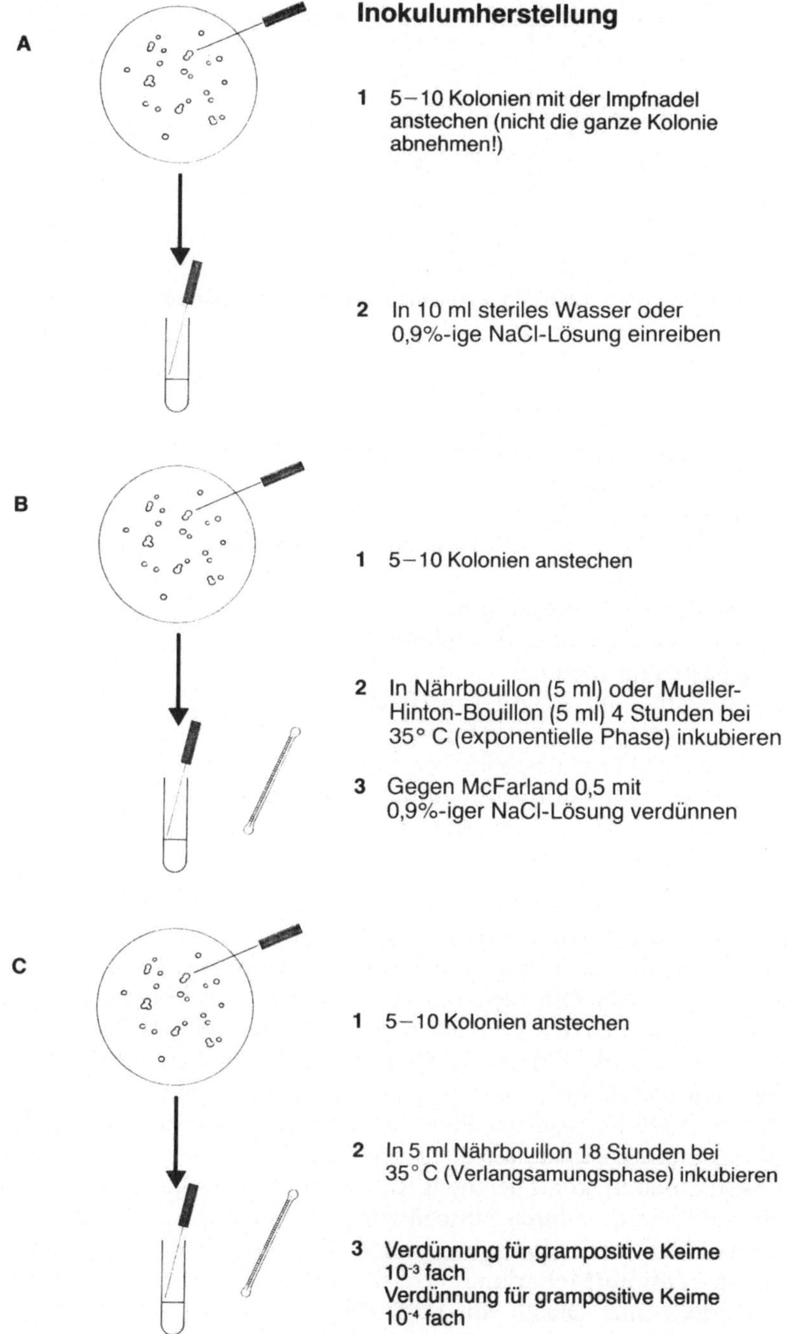

Abb. 4.4 A–C. Inokulumherstellung

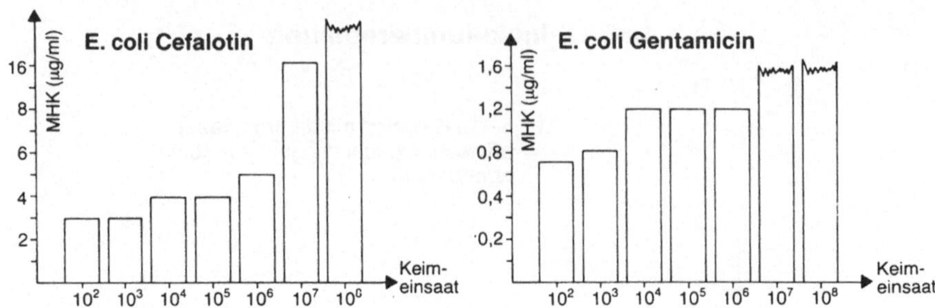

Abb. 4.5. Einfluß der Inokulumdichte auf die minimale Hemmkonzentration (*MHK*) bei *Escherichia coli*

Fehlerquellen im Agardiffusionstest
- zu dünne/dichte Keimeinsaat
- langsam wachsende Keime
- Nährstoffangebot entspricht nicht den Wachstumsbedürfnissen der Keime
- Schichtdicke
- pH-Wert des Mediums nicht neutral
- nicht nivelliert gegossene Agarplatten
- Antagonisten im Medium
- Flüssigkeitsfilm auf der Agaroberfläche
- ungenügende Verteilung des Inokulums
- verfallene Antibiotikatestblättchen
- durch Hitze inaktivierte Antibiotikatestblättchen
- Inkubationszeit und -temperatur nicht eingehalten
- Begasung mit CO_2

Auch bei bakteriostatischen Antibiotika wie Sulfonamiden und in der Kombination Sulfonamid + Trimethoprim ergeben hohe Keimeinsaaten nicht repräsentative Ergebnisse. Demgegenüber ist für Gyrasehemmer der neuen Generation (Norfloxacin, Ofloxacin o. ä.) dieser Effekt nicht beobachtet worden. Nach der u. a. in den USA üblichen NCCLS-Methode (Kirby-Bauer-Methode) [1, 4, 11] liegt die Keimeinsaat bei 10^6 KBE/ml höher als bei der Durchführung nach der ICS-Methode [34] der WHO und der dieser angepaßten DIN-Norm 58940 [3]. Auf der Platte erscheinen bei der Methode nach der DIN-Norm Einzelkolonien, die dicht nebeneinander stehen, während bei der NCCLS-Methode ein konfluierender Rasen auftritt. Die Standardisierung der Keimeinsaat kann u. a. durch Einschätzung der optischen Dichte bei 580 nm, durch Auszählen in der Zellzählkammer oder Vergleich mit Bariumsulfat-Standardsuspension (McFarland) erreicht werden (der McFarland 0,5-Standard entspricht einer Dichte von $1{,}5 \times 10^8$ Keimen/ml, McFarland 1,0 von 3×10^9 Keimen/ml). Es ist allerdings daran zu denken, daß es sich bei diesen Methoden um eine grobe Einschätzung handelt; nicht berücksichtigt wird hier u. a. die „efficiency of plating" (vgl. S. 146).

Bewertung

Die Bewertung der Agardiffusionstestergebnisse erfolgt in den bereits erwähnten Empfindlichkeitskategorien „empfindlich – mäßig empfindlich – resistent". Die Einteilung des jeweiligen Testkeim-Antibiotikumpaares erfolgt nach Ausmessung der Hemmhöfe mittels Lineal mit mm-Einteilung oder Schublehre. Die Hemmhofgrößen werden dann in die entsprechenden Normen, sei es nun die NCCLS-Methode [4, 11], die B.S.A.C.-Norm [7] oder die DIN-Norm [3], eingeordnet (Tabelle 4.2–4.4, 4.6). Zur Kontrolle der Agardiffusionstestergebnisse sind die Qualitätskontrollbereiche von Standardstämmen in Anlehnung an die NCCLS-Norm wiedergegeben. Es ist allerdings zu berücksichtigen, daß für einige Keime und Antibiotika Testprobleme bestehen (Tabelle 4.5). Sie sollen im Einzelfall durch Interpretation anhand von Standardresistenzen, Resistenzwahrscheinlichkeit und MHK-Bereichen erfolgen, bzw. muß eine Bestimmung der MHK durchgeführt werden. Folgendes Beispiel soll das Problem erläutern:

Im Test erscheint Oxacillin als unwirksam, die Cefalosporine aber als wirksam. Dieses Testergebnis ist wenig wahrscheinlich, da eine Resistenz gegenüber Oxacillin bei Staphylokokken mit großer Sicherheit durch eine β-Laktamase des Typs OXA 1 bewirkt wird. Dieser β-Laktamasetyp inaktiviert jedoch auch Cefalosporine. Somit ist davon auszugehen, daß das Oxacillinblättchen ohne Wirkstoff war und die Beurteilung dementsprechend „Oxacillin sensibel" und „Cefalosporine sensibel" sein sollte.

Der sprunghafte Anstieg an neuen Antibiotika macht es unmöglich, alle Substanzen (mehr als 200) zu testen. Das „class disc"-Verfahren [11] ordnet die Antibiotika in Gruppen mikrobiologisch ähnlich wirksamer Therapeutika ein. Das schwächste Antibiotikum wird aus der Gruppe ausgetestet und analog dazu die anderen Antibiotika beurteilt.

Wird das Ergebnis „resistent" in Zweifel gezogen, sollte für dieses Antibiotikum nicht der Diffusionstest wiederholt werden, sondern eher die MHK ermittelt werden, die aufgrund der Quantifizierung dann eine exaktere Aussage ermöglicht.

Für einige Keime ist jedoch die Einordnung nach diesen starren Regeln entweder nicht möglich oder mit großer Fehlerquote behaftet; die Fehlinterpretationen liegen bei bis ca. 30% [26]. Aus diesen Gründen wurde von Woolfrey und Mitarbeitern [97–100] für die Testung von Aminoglykosiden bei *Pseudomonas aeruginosa* ein neues Konzept vorgeschlagen. Bei diesem Konzept der variablen Empfindlichkeitskategorien oder „moving intermediate zone concept" erfolgt die Einordnung in die Bewertungskriterien anhand des täglichen Testergebnisses für den Teststamm *Pseudomonas aeruginosa*. Dieses Vorgehen stellt eine interne Standardisierung dar, bei der es zur Minimierung der Testfehler kommt. Gegenüber den festgelegten Hemmhofgrößen bei der *Pseudomonas fluorescens*-Gruppe mit 9,2% falsch empfindlichen und 18% falsch resistenten Ergebnissen finden sich bei der Beurteilung nach den variablen Empfindlichkeitskategorien nur 6,5% falsch sensible und 6,6% falsch resistente Testergebnisse.

Tabelle 4.2. Grenzwertkonzentrationen gemäß der British Society for Antimicrobial Chemotherapy

	Gruppe I Staphylokokken, Streptokokken, *Branhamella catarrhalis* und *Haemophilus influenzae*		Gruppe II *Enterobacteriaceae* und *Pseudomonas* spp.	
	Niedrig	Hoch	Niedrig	Hoch
Penicilline				
Benzylpenicillin	0,12			
Methicillin	4			
Ampicillin/Amoxycillin	1			
– mit oder ohne Clavulansäure			8	
Carbenicillin			32	128
Ticarcillin mit oder ohne Clavulansäure			16	64
Azlocillin			16	64
Piperacillin			16	64
Mezlocillin	2		16	64
Cefalosporine				
Cephalexin	2	8	2	8
Cefuroxim	4		4	16
Cefotaxim	1	8	1	
Ceftazidim	2	8	2	
Ceftizoxim	1	8	1	
Cefsulodin			8	
Monobactam				
Aztreonam			8	
Fluorchinolone				
Ciprofloxacin	1	4	1	4
Aminoglykoside				
Gentamicin	1	4	1	4
Tobramycin	1	4	1	4
Netilmicin	1	4	1	4
Amikacin	4	16	4	16
Erythromycin	0,5			
Clindamycin	0,5			
Vancomycin	4			
Chloramphenicol	8		8	
Tetrazykline	1		1	
Fusidinsäure	1			
Rifampicin	1			
Trimethoprim	0,5		0,5	2
Sulphamethoxazol			32	

Nach Working Party of the British Society for Antimicrobial Chemotherapy [7]

Tabelle 4.3. Auswertung der Hemmhofdurchmesser entsprechend der NCCLS-Methode

Chemotherapeutikum	Blättchenbeladung	Hemmzonendurchmesser NCCLS (Kirby-Bauer) (mm)			Grenzwertkonzentration (µg/ml)	
	µg	Resistent	Intermediär	Empfindlich	Resistent	Empfindlich
Penicillin G/V						
Staphylokokken	10 I.E.	20	21–28	29	0,2	0,1
andere Keime	10 I.E.	11	12–21	22	32	2
Neisseria gonorrhoeae	10 I.E.	19	–	20	0,1	–
Oxacillin	1	10	11–12	13	8	2
Pneumokokken	1	12	13–19	20	0,06	–
Ampicillin						
Gramnegative Keime + Enterokokken	10	11	12–13	14	32	8
Staphylokokken	10	20	21–28	29	32	0,25
Haemophilus	10	19	–	20	4	2
Azlocillin	75	14	15–17	18	128	64
Mezlocillin	75	12	13–15	16	256	64
Piperacillin	100	14	15–17	18	256	64
Temocillin	30	15	16–18	19	32	16
Ticarcillin	75	11	12–14	15	128	64
Ticarcillin + Clavulansäure	75/10	11	12–14	15	256	–
Carbenicillin						
Enterobakterien	100	17	18–22	23	32	16
Pseudomonas aeruginosa	100	13	14–16	17	512	128
Cefalotin	30	14	15–17	18	32	8
Cefadroxil	30	14	15–17	18		
Cefuroxim	30	14	15–17	18	32	8
Cefamandol	30	14	15–17	18	32	8
Cefoxitin	30	14	15–17	18	32	8
Cefmenoxim	30	16	17–18	19	32	16
Cefoperazon	75	15	16–20	21	64	16
Latamoxef	30	14	15–22	23	64	8
Cefonicid	30	14	15–17	18	16	8
Cefpiramid	75	15	16–18	19	128	32
Thienamycin	10	13	14–15	16	8	4
Cefotaxim	30	14	15–22	23	64	8
Ceftriaxon	30	12	13–15	16	64	16
Ceftazidim	30	14	15–17	18	64	8
Cefsulodin	30	14	15–17	18	64	16
Gentamicin	10	12	13–14	15	8	4
Tobramycin	10	12	13–14	15	8	4
Netilmicin	30	13	14–16	17	32	8
Amikacin	30	14	15–16	17	32	16
Neomycin	30	12	13–16	17	–	–
Trimethoprim-Sulfamethoxazol	1,25/23,75	10	11–15	16	8/152	2/38
Chloramphenicol	30	12	13–17	18	25	12,5
Tetrazyklin	30	14	15–18	19	16	4

Tabelle 4.3. (Fortsetzung)

Chemotherapeutikum	Blättchenbeladung	Hemmzonendurchmesser NCCLS (Kirby-Bauer) (mm)			Grenzwertkonzentration (µg/ml)	
	µg	Resistent	Intermediär	Empfindlich	Resistent	Empfindlich
Lincomycin/Clindamycin	2	14	15–16	17	2	1
Erythromycin	15	13	14–17	18	8	2
Fusidinsäure	10	19	–	20	3,2	0,4
Colistin	10	8	9–10	11	4	–
Polymyxin	300 I.E.	8	9–11	12	50	–
Vancomycin	30	9	10–11	12	–	5
Nitrofurantoin	300	14	15–16	17	100	25
Pipemidsäure						
Pseudomonas aeruginosa	20	10	11–13	14	16	–
andere Keime	20	13	–	14	16	–
Cinoxacin	100	12	13–18	19	–	–
Norfloxacin	10	12	13–16	17	32	16
Ofloxacin	5	12	13–15	16	8	2
Ciprofloxacin	5	15	16–20	21	2	1

Tabelle 4.4. Auswertung der Hemmhofdurchmesser entsprechend der DIN-Norm

Chemotherapeutikum	Blättchenbeladung	Hemmhofdurchmesser (mm)			Grenzwertkonzentration (µg/ml)	
	µg	Resistent	Intermediär	Empfindlich	Resistent	Empfindlich
Penicillinderivate						
Penicillin bei Staphylokokken	5	28		29	8	0,25
bei anderen Keimen	5	13	13–23	24		
Oxacillin	5	15		16	1	1
Aminopenicillin						
bei Staphylokokken		28		29	8	2
bei anderen Keimen		13	14–18	19	8	2
Amoxicillin + Clavulansäure						
bei Staphylokokken	20/10	28		29		
bei anderen	20/10	13	14–18	19	8	2
Azlocillin	30	13	14–18	19	64	16
Mezlocillin	30	13	14–18	19	16	4
Ticarcillin	100	16	17–20	21		
Carbenicillin	100	15		16	32	12,8
Ticarcillin + Clavulansäure	100	16	17–20	21		
Temocillin	30	13	14–15	16	64	16

Tabelle 4.4. (Fortsetzung)

Chemotherapeutikum	Blättchenbeladung	Hemmhofdurchmesser (mm)			Grenzwertkonzentration (µg/ml)	
	µg	Resistent	Intermediär	Empfindlich	Resistent	Empfindlich
Cefalosporine						
Cefalotin	30	19	20–26	27	8	2
Cefaclor	40	18		19		
Cefadroxil	30	18		19	≥16	16
Cefotiam	30	12	13–17	18	64	8
Cefazolin	30	15	16–24	25		
Cefamandol	30	15	16–24	25		
Cefuroxim	30	15	16–24	25		
Cefoxitin	30	15	16–22	25		
Cefmenoxim	30	21	22–28	29	16	1
Ceftriaxon	30	15	16–19	20	32	8
Cefotetan	30	15	16–19	19	32	8
Ceftizoxim	30	16	17–21	22	16	4
Cefotaxim	30	14	15–22	23	16	4
Ceftazidim	10	15	15–16	17	16	
Cefsulodin	30	11	12–20	21	64	8
Aminoglykoside						
Gentamicin	10	15	16–18	19	4	1
Tobramycin	10	15	16–18	19	4	1
Netilmicin	10	15	16–18			
Amikacin	10	18	19–22	23	16	4
Chloramphenicol	30	20		21	8	8
Colistin	10	8	9–10	11	2	0,5
Polymyxin	300	8	9–11	12	50 I.E.	
Vancomycin	30	9	10–11	12		
Rifampicin	30	24		25	4	1
Linkomycin	15	19	20–23	24	4	1
Clindamycin	2	14	15–16	17	4	1
Erythromycin	15	18	19–22	23	4	1
SMZ + Trimethoprim	25/1,25	11	12–16	17	4	1
Tetrazyklin	30	16	17–21	22	4	1
Minozyklin	30	16	17–21	22	4	1
Nitrofurantoin	100	10	11–15	16	256 (Urin)	64
Gyrasehemmer						
Oxolinsäure	2	10		11		
Nalidixinsäure	30	13		14	>16 (Urin)	16
Pipemidsäure	20	14		15	>16 (Urin)	
Cinoxacin	100	13	14–18	19	>16 (Urin)	
Norfloxacin	5	15	16–21	22	8	2
	10	12	13–16	16		
Ciprofloxacin	5	18	19–22	23	4	1
Ofloxacin	5	14	15–21	22	4	1
Pefloxacin	5	15	16–20	21	4	1
Enoxacin	5	14	15–22	23	4	1

Tabelle 4.5. Bestimmung der MHK. Stammspezifische Testprobleme beim Agardiffusionstest oder Testprobleme, die der Überprüfung bedürfen

Substanz	bei	scheinbares Testergebnis	bei Medien	wahrscheinliches Testergebnis/Maßnahme
Penicillin G	Streptokokken der Gruppen A, B, C, G, F	resistent		sensibel >99%
	Staphylococcus aureus	empfindlich		resistent >80%
		resistent und Ampicillin-empfindlich		resistent >80%
Oxacillin	Pneumokokken	mäßig resistent und Penicillin G-empfindlich	Blut-Agar	Penicillin G-mäßig empfindlich
	Enterococcus faecium *Enterococcus faecalis*	empfindlich	Mueller-Hinton mit Blut	resistent
	Staphylococcus aureus	resistent und Cefalosporine-empfindlich		Cefalosporine resistent, β-Laktamasenachweis
Ampicillin	*Pseudomonas aeruginosa*	empfindlich	IST/DST-Agar	100% resistent
	Staphylokokken	empfindlich		resistent >80% β-Laktamasenachweis
	Enterobacter serratia *Yersinia* Proteus-Indol positive Stämme	empfindlich	IST/DST-Agar	>95% resistent
	Salmonella	empfindlich und Cefalotin-resistent		<5% resistent
	Haemophilus influenzae *Branhamella catarrhalis* *Neisseria gonorrhoeae*	mäßig empfindlich		Bestimmung der MHK
Ticarcillin	*Enterococcus faecalis*	empfindlich	Testmedien mit Blut	>99% resistent
Temocillin	*Enterococcus faecium* *Enterococcus faecalis*			resistent

Tabelle 4.5. (Fortsetzung)

Substanz	bei	scheinbares Testergebnis	bei Medien	wahrscheinliches Testergebnis/Maßnahme
Fluorchinolone	Streptokokken	jedes		Bestimmung der MHK
	Staphylokokken	resistent		resistent <5% Bestimmung der MHK
	Pseudomonas o. Enterobakterien einschl. Salmonellen			resistent <3% Bestimmung der MHK
	Campylobacter Yersinia Gardnerella	jedes		Bestimmung der MHK
	Neisserien	resistent		empfindlich Bestimmung der MHK
Aminoglykoside	Streptokokken	empfindlich	Testmedien mit Blut	resistent >95% Bestimmung der MHK ggf. Abtrennung von Listerien
	Enterobakterien	Gentamicin/Tobramycin empfindlich und Aminkacin-resistent		Bestimmung der MHK
Tetrazykline	Proteusarten (außer *Morganella morganii*)	empfindlich	IST-/DST-Agar	>95% resistent
	Enterokokken	empfindlich		>95% resistent
	Pseudomonas aeruginosa	empfindlich		resistent
Clindamycin	*Haemophilus influenzae Branhamella catarrhalis*	empfindlich		>95% resistent
	Staphylococcus aureus	resistent und Erythromycin-empfindlich		<3% resistent
	Enterococcus faecalis	empfindlich		Kontrolle der MHK
	Eikenella corrodens	empfindlich		resistent Kontrolle der MHK

Tabelle 4.5. (Fortsetzung)

Substanz	bei	scheinbares Testergebnis	bei Medien	wahrscheinliches Testergebnis/Maßnahme
Erythromycin	*Haemophilus influenzae* B-Streptokokken Enterokokken	empfindlich		Kontrolle der MHK
	Staphylococcus aureus	resistent		<6% resistent Kontrolle der MHK
	Campylobacter jejuni	resistent		empfindlich
Trimethoprim	*Campylobacter jejuni* *Neisseria gonorrhoeae* *Pseudomonas aeruginosa*	empfindlich		resistent
	Haemophilus influenzae *Staphylococcus aureus*	resistent	auf Antagonisten-haltigen Testmedien	Medium überprüfen Primärhemmhof beachten
Colistin	*Serratia* spp. *Proteus* spp.	empfindlich		resistent
Vancomycin	*Staphylococcus aureus*	resistent		empfindlich Bestimmung der MHK Überprüfen des Testblättchens
	Campylobacter	empfindlich		resistent

Technische Durchführung (Abb. 4.6, 4.7)

An dieser Stelle soll auf die Probleme bei der technischen Handhabung des Agardiffusionstests eingegangen werden. In der auf der Agarplatte gewachsenen Bakterienpopulation finden sich verschiedene Bio- und Resistenztypen, die möglicherweise bei der Testung einer Einzelkolonie nicht erfaßt werden. Daher werden in den jeweiligen Normenvorschlägen mindestens 3, wenn nicht sogar 5–10 Kolonien in die Testung einbezogen. Allerdings sollte nicht die ganze Kolonie abgenommen werden; das Anstechen der Kolonien reicht aus, um genügend Bakterien für die Suspension aufzunehmen. Die an der Impföse oder Impfnadel befindlichen Bakterien werden erst über den Flüssigkeitsmeniskus an der Glaswand und dann nach und nach in die Bouillon bzw. ins

Tabelle 4.6. Qualitätskontrollbereiche von Standardstämmen in Anlehnung an die NCCLS-Normen

Chemotherapeutikum	Hemmhofdurchmesser in mm für:				
	Blättchenbeladung µg	*E. coli* ATCC 25922	*S. aureus* ATCC 25923	*P. aeruginosa* ATCC 27923	*P. aeruginosa* ATCC 27853
Penicillin G	5	–	26–37	–	–
Oxacillin	1	–	18–24	–	–
Methicillin	5	–	17–22	–	–
Nafcillin	1	–	16–22	–	–
Ampicillin	10	17–21	28–35	–	–
Azlocillin	75	–	–	25–29	–
Mezlocillin	75	23–29	–	–	19–25
Piperacillin	100	24–30	–	–	25–33
Carbenicillin	100	23–29	–	–	18–24
Ticarcillin	75	24–30	–	–	21–27
Cefalotin	30	17–21	29–37	–	–
Cefamandol	30	25–29	28–33	–	–
Cefoxitin	30	24–28	24–28	–	–
Cefoperazon	75	29–34	27–33	24–29	23–29
Cefpiramid	75	25–30	28–32	25–30	–
Latamoxef	30	28–35	18–24	17–25	17–25
Cefonicid	30	24–31	23–27	–	–
Cefotaxim	30	29–35	25–31	–	18–22
Ceftazidim	30	27–31	16–20	24–28	–
Thienamycin	10	24–36	32–52	–	32–53
Kanamycin	30	17–25	19–26	–	–
Streptomycin	10	12–20	14–22	–	–
Gentamicin	10	20–26	19–26	17–21	16–21
Tobramycin	10	18–26	19–29	20–24	19–25
Netilmicin	30	22–30	22–31	–	17–23
Amikacin	30	19–26	20–26	–	18–26
Neomycin	30	17–23	18–26	–	–
Sulfisoxazol	250–300	18–26	24–34	–	–
Trimethoprim	5	21–28	21–28	–	–
Trimethoprim-Sulfamethoxazol	23,75/1,25	24–32	24–32	–	–
Chloramphenicol	30	21–27	19–26	–	–
Tetrazyklin	30	19–24	21–27	–	–
Minozyklin	30	19–25	25–30	–	–
Doxyzyklin	30	18–24	23–29	–	–
Clindamycin	2	–	24–30	–	–
Erythromycin	15	–	22–29	–	–
Colistin	10	11–15	–	11–15	–
Polymyxin	300 I.E.	12–16	7–13	–	–
Vancomycin	30	–	15–19	–	–
Nitrofurantoin	300	21–25	21–23	–	–
Nalidixinsäure	30	22–28	–	–	–
Cinoxacin	100	21–27	19–26	–	–
Norfloxacin	5	28–39	22–29	30–33	–

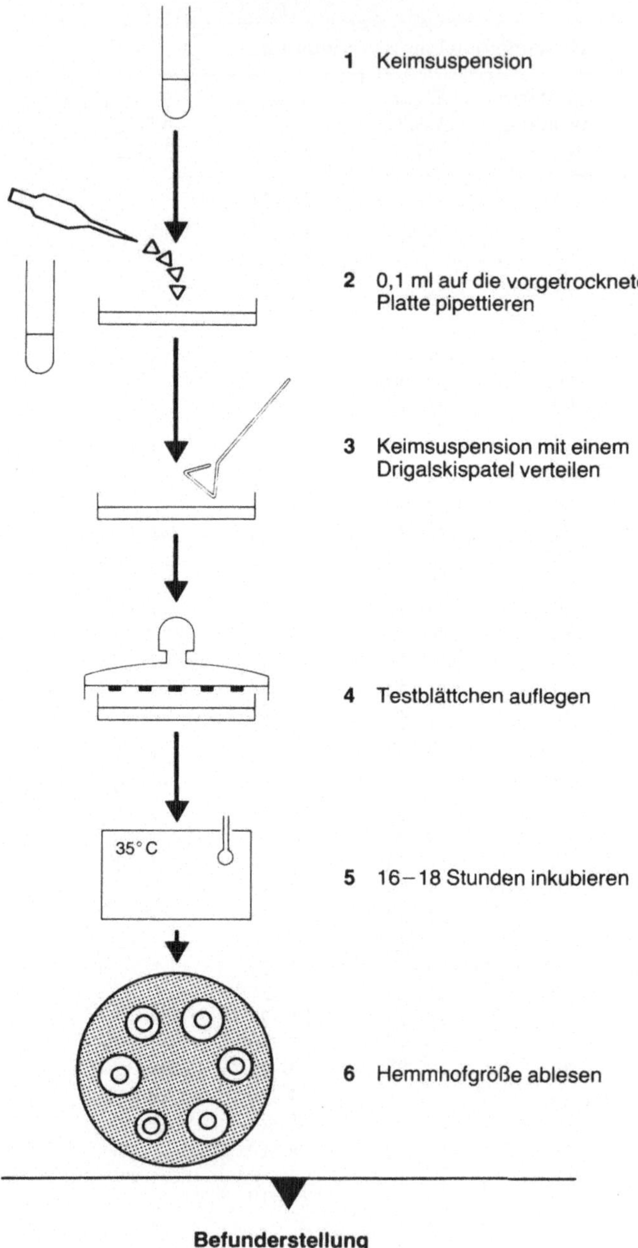

Abb. 4.6. Agardiffusionstest (DIN-Methode)

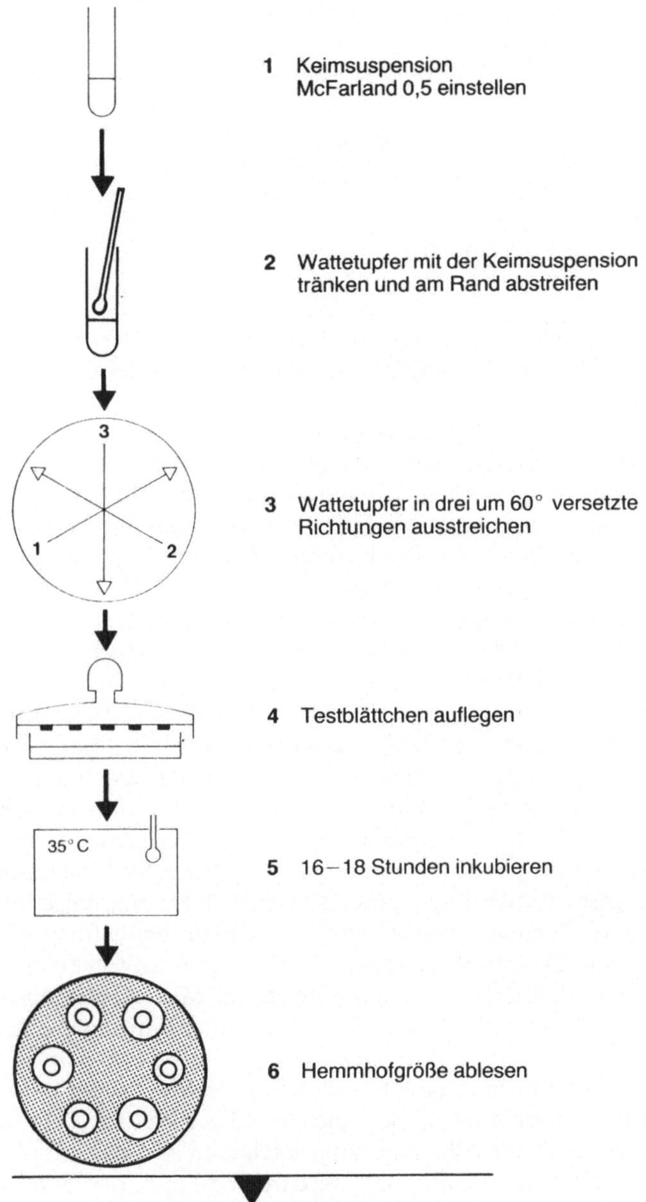

Abb. 4.7. Agardiffusionstest (NCCLS-Methode/Kirby-Bauer-Methode)

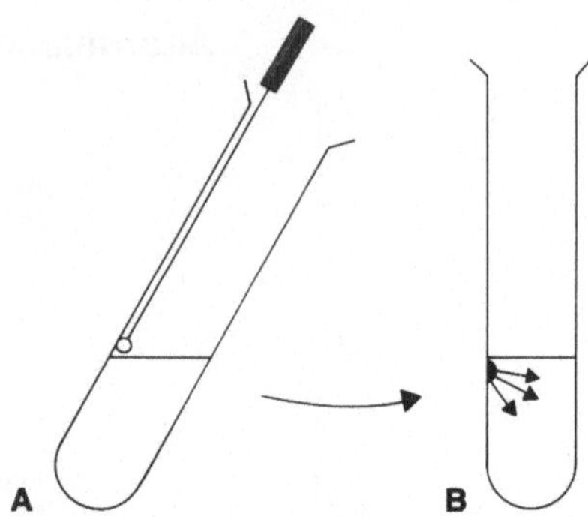

Abb. 4.8 A, B. Herstellung einer Bakteriensuspension

Wasser verteilt (Abb. 4.8). Eine Reihe von Bakterien, besonders Staphylokokken und Streptokokken, bilden Agglutinate, die immer wieder Probleme beim Suspendieren bieten.

Sehr leicht kommt es zur Agglutinatbildung, wenn die Bakterien unterhalb des Flüssigkeitsmeniskus eingerieben werden. Bakterienkolonien, die auf Blut-Agar gewachsen sind, lassen sich eher homogen suspendieren. Bei den Streptokokkenarten empfiehlt sich das Aufnehmen der Kolonien mit sterilen Wattetupfern, da sich Streptokokken z. T. sehr schlecht mit der Impföse aufnehmen lassen, weil sie vor der Impföse herrutschen.

Vor der Inokulation der Agarplatten für den Diffusionstest ist eine Vorinkubation bei 35 °C erforderlich. Feuchtigkeitsreste auf der Agarplatte verhindern, daß das Inokulum, besonders bei der Überflutungstechnik, rasch in das Agarmedium einzieht; es bildet sich ein Flüssigkeitsfilm auf der Agaroberfläche. Bewegliche Bakterien wie z. B. Proteus bewegen sich in dieser „Bouillon" und können so zur Ausbildung eines konfluierenden Bakterienrasens Anlaß geben. Hineinschwärmen in Hemmhöfe kann durch eine Überschichtungstechnik mit einer 50 °C warmen Agarkeimsuspension vermieden werden [10].

Als Standardmedium zur Testung hat sich weitgehend der Mueller-Hinton-Agar [63] durchgesetzt; allerdings handelt es sich dabei um ein komplexes, schwer definierbares Medium. Aus diesem Grunde wurden definierte Medien wie Isosensitest- und Diagnostic-Sensitest-Medium [19] entwickelt, auf denen allerdings z. T. wesentlich größere Hemmhöfe als auf Mueller-Hinton-Agar zu finden sind. Eine Vorinkubation nach der Inokulation ist im allgemeinen nicht erforderlich.

Das Auflegen der Antibiotikablättchen erfolgt nun entweder mittels Dispenser oder Auflegeautomaten, die ein gleichmäßiges Auflegen garantieren, oder mit der Pinzette. Diese sollte allerdings nach dem Abflammen abkühlen, da ansonsten die Antibiotika inaktiviert werden. Wird mit „der Hand" aufgelegt, so ist zu berücksichtigen, daß die Testblättchen genügend Abstand zum Rand (ca. 15 mm) haben sollten; auch sollten sich die Hemmhöfe nach Möglichkeit nicht überschneiden, da sie sonst teilweise schwierig abzulesen sind. Bei der Beschickung des Dispensers ist nach Möglichkeit darauf zu achten, daß nicht 2 Antibiotika mit guten Diffusionseigenschaften, also mit großen Hemmhöfen, nebeneinander angelegt werden [3].

Dilutionsmethoden

Zur Beurteilung und zum Vergleich von Chemotherapeutika in vitro müssen verläßliche Werte unter Standardkriterien ermittelbar sein. Hierzu haben sich über Jahrzehnte hinweg die Reihenverdünnungstests mit geometrisch abgestuften Antibiotikakonzentrationen durchgesetzt, mit deren Hilfe es möglich ist, die MHK zu ermitteln, die Konzentration also, bei der das bakterielle Wachstum gehemmt wird, (Abb. 4.9). Die minimale bakterizide Konzentration (MBK) ist die Konzentration [3], die darüber hinaus 99,9% der ursprünglich inokulierten Keime in ca. 12 Stunden abtötet. Sie ist in der Regel ein bis mehrere Titerstufen größer als die minimale Hemmkonzentration. Die minimale Hemmkonzentration selbst wird wie auch der Agardiffusionstest von Faktoren wie Spezies- und Stammspezifitäten, pH-Wert, Keimeinsaat, Inkubationsdauer etc. beeinflußt [45]. Der normale Schwankungsbereich liegt durchaus bei 1–2 geometrischen Verdünnungsstufen. Der Einsatzbereich der Reihenverdünnungstests liegt zum einen somit bei der Quantifizierung der In-vitro-Aktivität der Antibiotika zu wissenschaftlichen Zwecken, zum anderen sind sie für Sproßpilze [91, 92] und anaerob wachsende Bakterien [2] sowie Bakterien mit längerer Generationszeit die einzig verläßliche Methodik, um Empfindlichkeitsverhalten zu ermitteln. Im wesentlichen bieten sich z. Z. der Makrobouillonverdünnungstest [3, 89], der Agarverdünnungstest [83] und der Mikrobouillonverdünnungstest [35] an. Der Makrobouillonverdünnungstest wird als klassische Referenzmethodik mit einem Volumen von 1 ml Medium in großen Reagenzgläsern durchgeführt.

Der Mikrobouillonverdünnungstest stellt eine Miniaturisierung des Makrobouillonverdünnungstests dar. Mit der Einführung von Mikrotiterplatten für serologische Untersuchungen und für Zellkulturen war eine einfache Möglichkeit gegeben, den Bouillondilutionstest im Mikromaßstab durchzuführen. Damit war eine einfache, ökonomisch vertretbare Methode gefunden, um auch in der Routine genauere Empfindlichkeitsbestimmung durchführen zu können. Mittlerweile sind konfektionierte Testsysteme auf den Markt gebracht worden und haben so zu einer inzwischen erheblichen Verbreitung geführt.

Bei dem Agardilutionstest wird die Antibiotikaverdünnung mit Agarmedium hergestellt. Die Inokulation erfolgt mittels kalibrierter Impföse bzw. als „multipoint"-Beimpfung.

Einen Eingang in das Routinelabor haben die Dilutionsmethoden, wie der Agardilutionstest, Blättchenelutionstest und Mikrobouillonverdünnungstest [13], z. T. als automatisierte Methoden, gefunden [82]. Bei 1 – 2 – 3 Konzentrationen, sogenannten „breakpoint"- oder Grenzwertkonzentrationen, wird die Empfindlichkeit der Stämme ermittelt. Insbesondere die „breakpoint"-Methode im Agardilutionstest oder Mikrobouillonverdünnungstest wird zunehmend wegen der kostengünstigen, einfachen Durchführbarkeit und nicht zuletzt wegen nunmehr kommerziell erhältlicher, konfektionierter Testsysteme in der Routinediagnostik eingesetzt. Durchführung und Fehlerquellen unter-

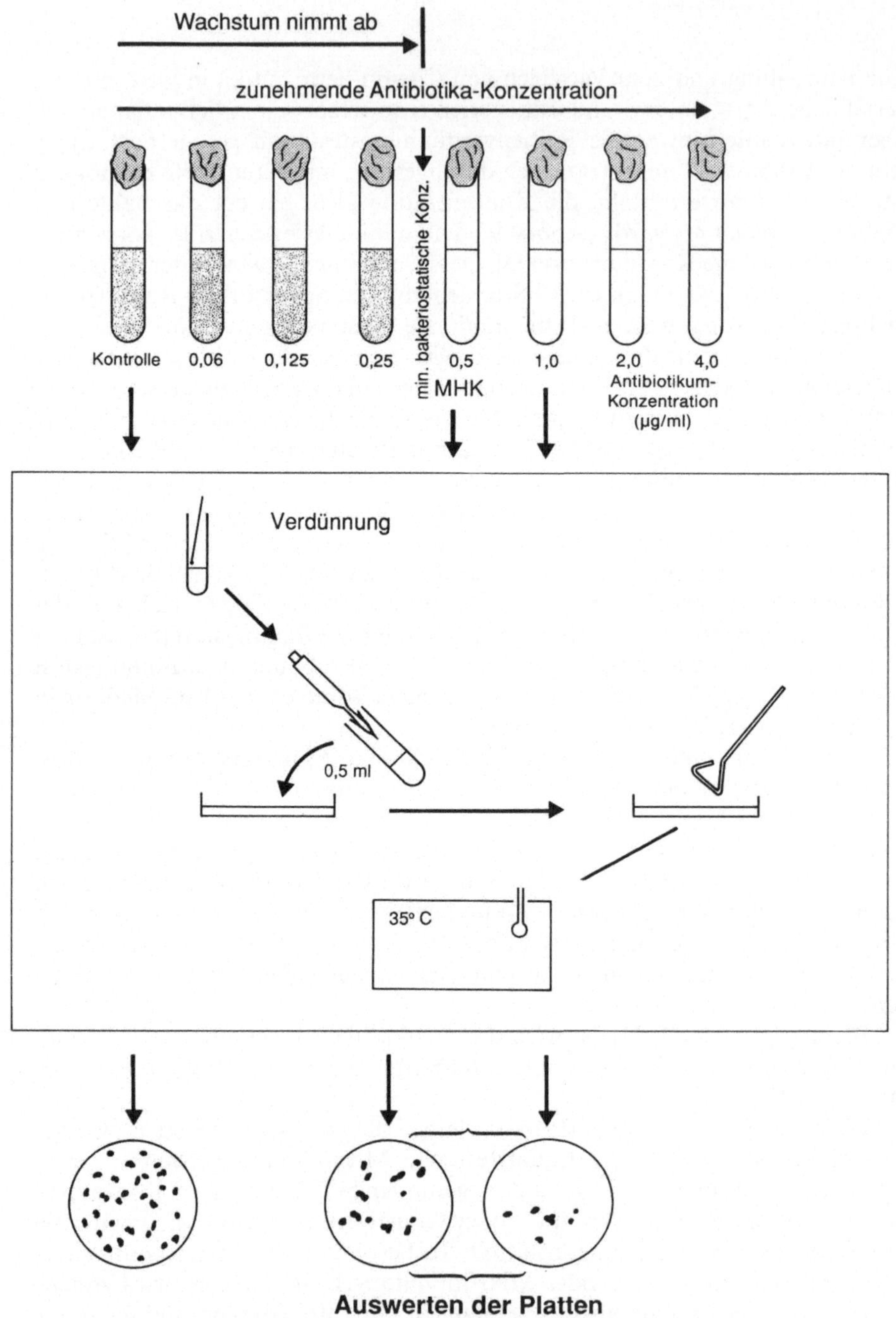

Abb. 4.9. Festlegung der MHK und der MBK (Keimreduktion um 99,9% des Inokulums in ca. 18 Std)

scheiden sich nicht wesentlich von den hier dargestellten wissenschaftlichen Methoden: allerdings sei vor einem scheinbaren Gewinn an Testgenauigkeit gewarnt. Auch diese Tests unterliegen den bereits angeführten technischen Problemen und Fehlerquellen (vgl. S. 287). Es ist ebenfalls in Zweifel zu ziehen, ob mit scheinbar genauen MHK-Werten auch ein therapeutischer Gewinn verbunden ist [37].

Technische Probleme

Der Makrobouillonverdünnungstest wird weltweit als Referenzmethode der In-vitro-Aktivität, der MHK, der MBK und der Serumbakterizidie eingesetzt. Wie bereits erläutert, unterliegt er wie auch die anderen Dilutionstests einer Reihe von Störfaktoren und technischen Problemen (Tabelle 4.7–4.9). Typisch für den Makrobouillonverdünnungstest ist die oft fehlende Trennschärfe am Titrationsende. Der Übergang vom vollständigen Wachstum bis zur kompletten Hemmung ist nicht in allen Fällen scharf, sondern erfolgt allmählich. Dieses „Verschmieren" ist von dem Teststamm-Antibiotikum-Paar, der Nährbodenzusammensetzung und der Einsaatgröße abhängig [45]. Sind die Änderungen der Konzentrationsschritte groß, so wird die Trennungsschärfe deutlicher als bei kleinen Konzentrationsschritten. Durch Zugabe von Indikatoren, Redoxindikatoren, Hämoglobin u. a. kann der Endpunkt klarer dargestellt werden [40, 43]. Bei der Testung insbesondere der β-Laktam-Antibiotika fällt gelegentlich das „skipped tube"-Phänomen auf. Bei mehreren Konzentrationsschritten vor der MHK ist bei einem das Wachstum vollständig gehemmt, um dann bis hin zum Endpunkt kontinuierlich abzunehmen. Möglicherweise ist hierfür eine induzierbare β-Laktamase verantwortlich.

Auch unter Berücksichtigung des bisher Dargestellten ergibt sich für die Verdünnungstests eine Genauigkeit des MHK-Wertes unter Standardbedingungen von ± 2 Titerstufen [45]. Aufgrund der Inokulumdichte (10^5 KBE/ml bei der DIN-Norm) sind die MHK-Werte u. a. im Makrobouillonverdünnungstest für eine Vielzahl von Teststamm-Antibiotikum-Paaren um 1 – 2 – 3 Titerstufen [90, 98, 99] höher als bei Agardilutionstests (Keimeinsaat 10^4 KBE/ml). Auch ist bei der Vielfachbeimpfung von Mikrotests durch Inokulatoren aus Kunststoff die Gefahr einer unterschiedlichen Inokulumdichte gegeben [13].

Das Mitführen eines Standardstammes (z. B. ATCC-Stämme) mit bekanntem MHK-Wert ermöglicht es, Fehler aufzudecken, die bei der Herstellung der Verdünnungsreihe entstanden sind. Konzentrationsfehler werden bei kleinen Konzentrationsschritten deutlicher als bei großen [45]. Um einen weiteren kumulativen Fehler zu vermeiden, sollte mit derselben Pipette die Verdünnungsreihe in aufsteigender Konzentration durchgeführt werden.

Zur Erstellung der Antibiotikareihen sollten Glasröhrchen mit einem Testansatz von 1 ml verwandt werden. Kleinere Volumina oder Verwendung von Plastikröhrchen führen zu einer Verschlechterung der Reproduzierbarkeit [80]. Zusätzlich können nicht-kompetitive Antagonisten im Medium Anlaß zu

Tabelle 4.7. Fehlerquellen im Makrobouillonverdünnungstest

- Kontamination
- Einsaat einer Mischkultur
- Fehlerhafte MHK-Bestimmung durch das „skipped tube"-Phänomen
- Fehlerhafte MHK-Bestimmung durch Verschmieren des Endpunktes
- Aktivitätsverlust des Antibiotikums
- pH-Wertveränderung durch bakterielle Stoffwechselprodukte
- Nicht ausreichendes Wachstum im Flüssigmedium
- Verdünnung
- Plastikröhrchen statt Glasröhrchen

Tabelle 4.8. Zusätzlich zu den Fehlerquellen im Makrobouillonverdünnungstest

- Geringe Keimeinsaat (wichtig bei Stämmen mit induzierbaren β-Laktamasen)
- Konzentrationsveränderungen durch Flüssigkeitsverlust
- Variation des Inokulums bei Verwendung von Plastikinokulatoren
- Haltbarkeit überschritten durch unsachgemäße Lagerung der beschickten Mikrotiterplatten

Tabelle 4.9. Fehlerquellen im Agardilutionstest

Fehler bei der Herstellung der Platten
- Zugabe des Antibiotikums zum zu heißen Medium
- Verdünnungsfehler
- Kontamination des Mediums
- Überlagerung der Agarplatten
- Unzureichende Vortrocknung der Agarplatten
- Überschwärmen durch Proteusarten
- Diffusible Penicillinase von Staphylokokken
- Verwechslung bei der Beimpfung, z. B. fehlende Markierung der Platten oder Beschickung der Spendernäpfchen
- Einimpfen einer Kontamination oder Mischkultur

noch größeren Verschiebungen der MHK-Werte geben. Ebenfalls einen gewichtigen Einfluß hat die Inkubationsdauer. Bei kurzen Inkubationszeiten, z. B. 6–8 Stunden, reagieren die Dilutionstests empfindlich auf Qualitätsänderungen des Mediums mit großen Abweichungen [40, 45]. Sollen Kurzinkubationen im Makrobouillonverdünnungstest durchgeführt werden, kann es durch unterschiedliche Glasdicke zu unterschiedlichem Temperaturausgleich und damit zu unterschiedlichem Wachstumsverhalten kommen: hier sollte eine Inkubation im Wasserbad erfolgen.

Ein weiteres Problem ist das Einhalten der Sterilität. Der Makrobouillonverdünnungstest ist aufgrund der hohen Keimeinsaat weniger kontaminationsanfällig als der Mikrobouillonverdünnungstest. Allerdings können u. a. Luftkeime eine Fehlinterpretation bewirken. Es ist daher erforderlich, aus dem letzten bewachsenen Röhrchen oder der letzten Vertiefung eine Reinheitskontrolle, vorzugsweise auf Blut-Agar, anzulegen. Kontaminationen im Agardilutionstest sind gegenüber den Flüssigkeitstests rasch erfaßbar, und eine Reinheitskontrolle des Inokulums ist nicht absolut erforderlich.

Bei dem Agardilutionstest (Tabelle 4.9) kommen einige spezifische Probleme hinzu. Wegen der Vielpunktbeimpfung zwischen 19 und 36 Auftragsstellen je Platte ist dieser Test anfällig gegenüber dem Überschwärmen durch Proteus spp. und gegenüber diffusiblen Staphylokokken-Penicillinasen. Da Staphylokokken bis zu ca. 80% extrazelluläre Penicillinasen bilden, können Penicilline im Medium zerstört werden und damit bei anderen Teststämmen eine Scheinresistenz hervorrufen. Fehlinterpretationen können auch durch Inaktivierung der Antibiotika durch zu hohe Mischtemperaturen bei Zugabe der Antibiotika zum Agar auftreten. Um grobe Schwankungen zu erfassen, ist eine sorgfältige Kontrolle dieser Tests erforderlich. Diese setzt sich zusammen aus

- Mitführen eines Standardteststammes mit bekannter MHK für das Testantibiotikum
- Mitführen einer Wachstumskontrolle
- Mitführen einer einsaatfreien Kontrolle (nur bei den Bouillontests)
- Reinheitskontrolle des Inokulums und/oder des letzten bewachsenen Röhrchens.

Vergleich der wichtigsten Methoden zur Empfindlichkeitsbestimmung

Derzeit werden weltweit nebeneinander der Agardiffusionstest, der Mikrobouillonverdünnungstest und in geringem Umfang der Agardilutionstest durchgeführt. Wie zuvor aufgeführt unterliegen alle Testmethoden einigen prinzipiellen, methodentypischen Problemen sowie technischen Vor- bzw. Nachteilen (Tabelle 4.10). Auch ist nicht jede Methode für die Testung jedes Keimes geeignet. Prinzipiell gilt die Feststellung, daß jede Methode bei technisch sauberer Durchführung und geeignetem Einsatz verläßliche, reproduzierbare Ergebnisse ergibt.

Nach wie vor ist für die Routine der Agardiffusionstest eine sehr gute Methode, da er ggf. auch von der Originalkultur, bei der nicht immer eine Mischkultur ausgeschlossen ist, durchgeführt werden kann und somit 24 Stunden Vorsprung vor den Dilutionsmethoden erlaubt, bei denen die Reinkultur eine „conditio sine qua non" ist. Allerdings sollte bei Mischkulturen oder Antibiotika-Keime-Paaren, bei denen Testprobleme bekannt sind, der Test ggf. durch eine Dilutionsmethode kontrolliert werden. Für wissenschaftliche Studien, auch für solche mit Schwerpunkt Klinik, sollte die Bestimmung der MHK guter Standard sein.

Tabelle 4.10. Gegenüberstellung der Vor- und Nachteile im Agardiffusionstest, Mikrobouillondilutionstest und Agardilutionstest

	Agardiffusionstest	Mikrobouillondilutionstest	Agardilutionstest
Gleichbleibende Qualität	befriedigend, hängt u.a. von der Ausführung und vom Medium ab	gut	gut
Handhabung	einfach	einfach	einfach
Geringer Zeitbedarf je Test	ja	ja	ja, bei >15 Tests
Geringer infektiöser Abfall	ja	mäßig	bei 1–35 Tests ca. 1,9 l
Reproduzierbarkeit	befriedigend bis gut	gut	gut
Flexibilität der Antibiotikaauswahl	sehr gut	mäßig	gut
Fallbezogene Flexibilität der Antibiotikaauswahl	sehr gut	mäßig bis schlecht	befriedigend
Erkennung von Kontaminationen oder Mischkulturen	sehr gut	nur durch Reinheitsplatten	
Automatisierbarkeit der Ablesung	nicht möglich	möglich	möglich
Investitionskosten	gering	mäßig	mäßig bis hoch
Lagerbedarf	mäßig	meist Tiefkühlkapazität erforderlich	relativ hoch
Integrierte Differenzierung	nicht möglich	möglich	möglich
Fehlbeurteilung durch diffusible Penicillinasen	nein	nein	ja
Fehlbeurteilungen durch induzierbare β-Laktamasen	möglich	möglich	möglich
Schwärmprobleme durch *Proteus*	nein	nein	ja
Testung geeignet für			
Haemophilus	mäßig	ja	ja
Anaerobier	nein	ja	ja
Campylobacter	mäßig	ja	ja
Legionella	nein	ja	ja
Mykoplasmen	nein	ja	ja

Makrobouillondilutionstest (Abb. 4.10)

Vor der Durchführung des Tests sollte ein Zeitplan verbindlich festgelegt sowie anhand der zu testenden Antibiotika und Stämme die Materialien bereitgestellt werden. Dabei ist zu beachten, daß einerseits das Inokulum über Nacht inkubiert werden muß und andererseits der Test erst nach 16–20 Stunden abgelesen werden kann; daher sollte die Anfangszeit für den Hauptversuch zwischen 13.00 und 15.00 Uhr gewählt werden.

Bei einer Standardverdünnungsreihe von 128 mg Antibiotikum/l bis 0,06 mg/l werden gebraucht:

a) 13 × n Antibiotikaröhrchen (in Röhrchen mit 16 × 1,6 cm lassen sich maximal 10 ml entsprechend 5 Ansätzen gut mischen; bei größeren Mengen sollten sterile 50 bzw. 100 ml Erlenmeyer-Kolben verwandt werden)
b) 13 × n Ansätze = Medium-Volumen
c) 13 × n Ansätze = Röhrchen für den Test
d) genügend 10 ml- und 1 ml-Pipetten

Die Durchführung erfolgt nach folgendem Schema:

1. Medium autoklavieren und abkühlen lassen (Herstellung möglichst am Verarbeitungstag).
2. Verdünnungsreihe für das Antibiotikum aufstellen und beschriften.
3. 12,8 mg Antibiotikum einwiegen (Aktivität und Löslichkeitsverhalten berücksichtigen (Tabelle 4.11)) und in 10 ml Lösungsmittel lösen.

Tabelle 4.11. Löslichkeit von Antibiotika

Penicilline	
Penicillin G	Wasser
Amoxicillin	0,1 M Phosphatpuffer pH 8,0
Mezlocillin	Wasser
Piperacillin	Wasser
Cefalosporine	
Cefaclor	Wasser
Cefoxitin	Wasser
Cefotaxim	Wasser
Thienamycin	
Imipenem	Wasser
Fluorchinolone	
Norfloxacin	0,1 N NaOH
Ciprofloxacin	0,1 N NaOH
Aminoglykoside	
Gentamicin	Wasser
Amikacin	Wasser
Tetrazyklin	Wasser
Sulfonamid	0,1 N NaOH
Erythromycin	Methanol
Clindamycin	Wasser
Vancomycin	Wasser

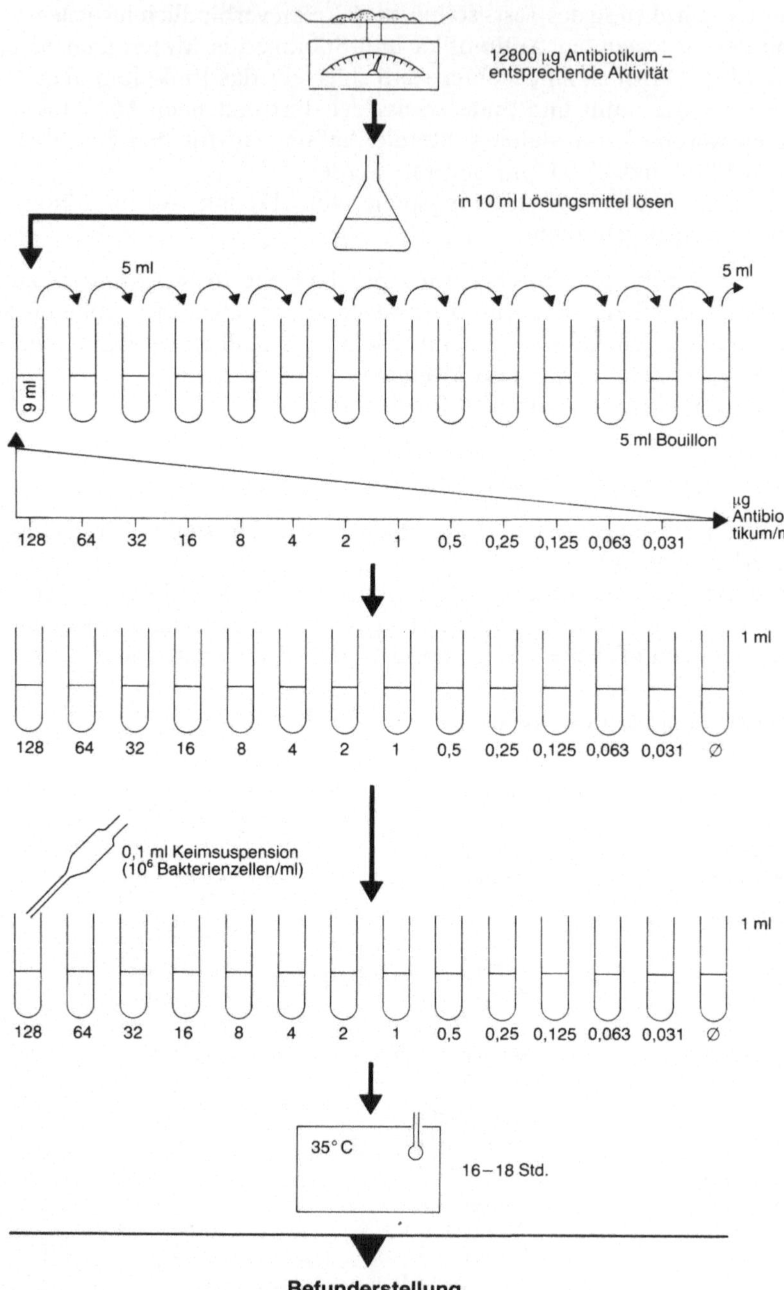

Abb. 4.10. Makrobouillondilutionstest

4. Stammkonzentration 1:10 verdünnen und nun in geometrischen Schritten mit der Testbouillon, z. B. Mueller-Hinton, verdünnen. Dabei ist eine Antibiotika-freie Kontrolle unbedingt zu berücksichtigen.
5. Jeweils Reihe um Reihe, anfangend von der geringsten Konzentration, 1 ml der antibiotikahaltigen Bouillon einpipettieren (es sollten immer schrittweise Reihe um Reihe die Röhrchen eingesteckt und beschickt werden, da es sonst leicht zu Verwechslungen kommt).
6. Als Inokulum eine Übernacht-Bouillon 1:2000 auf eine Keimzahl von 10^6/ml verdünnen und innerhalb von einer halben Stunde die Testreihe mit 0,1 ml des Inokulums beimpfen.
7. Von dem Inokulum eine Reinheitskontrolle anlegen.
8. Die Testansätze in der Horizontalen kräftig schütteln, mit Filterpapier abdecken und bei 35 °C 16–20 Stunden lang inkubieren.
9. Der MHK-Wert entspricht bei visueller Kontrolle der Konzentration des ersten unbewachsenen Röhrchens.

Agardilutionstest (Abb. 4.11)

Wie beim Bouillondilutionstest ist eine gründliche Planung mit Bereitstellung von Röhrchen (bzw. sterilen Kölbchen) für die Standardverdünnungsreihe sowie 2 ml-Pipetten und eines sterilen kleinen Meßzylinders mit einer Markierung bei 18 ml (oder einer sterilen 25 ml-Pipette mit entsprechender Markierung) nötig.

1. 12,8 mg Antibiotika entsprechend der Aktivität in 10 ml Wasser lösen.
2. Eine geometrische Verdünnungsreihe in Wasser herstellen.
3. Das Agarmedium im Wasserbad bei 45 °C abkühlen und evtl. Zusätze wie Blut zugeben.
4. In eine Petrischale 2 ml der entsprechenden Konzentration pipettieren und 18 ml Medium, mit dem Meßzylinder abgemessen, zufügen. Durch vorsichtiges Schwenken (nicht Schütteln, da sonst Luftblasen entstehen) das Antibiotikum mit dem Agar gut mischen.
   Evtl. vorhandene Luftblasen können durch Bestreichen mit der heißen Flamme zerstört und nivelliert werden. Platten mit instabilen Substanzen, z. B. Imipenem oder Cefaclor, müssen nach Möglichkeit am gleichen Tage verwendet werden.
5. Von einer Übernacht-Bouillon-Kultur (18 Stunden) eine 1:2000 Verdünnung mit Wasser herstellen. Die Verdünnung liegt bei Enterobakterien bei ca. 10^7 Keimen/ml, so daß bei einer Inokulation mit 1 µl die Keimeinsaat bei 10^4 pro Inokulation liegt.
6. Platten bei 35 °C eine halbe Stunde lang vortrocknen.
7. Petrischalen markieren (nicht erforderlich, wenn eine integrierte Markierung im Impfkopf vorhanden ist).
8. Bei „multipoint“-Inokulation die Spendernäpfchen entsprechend dem Versuchsprotokoll füllen.

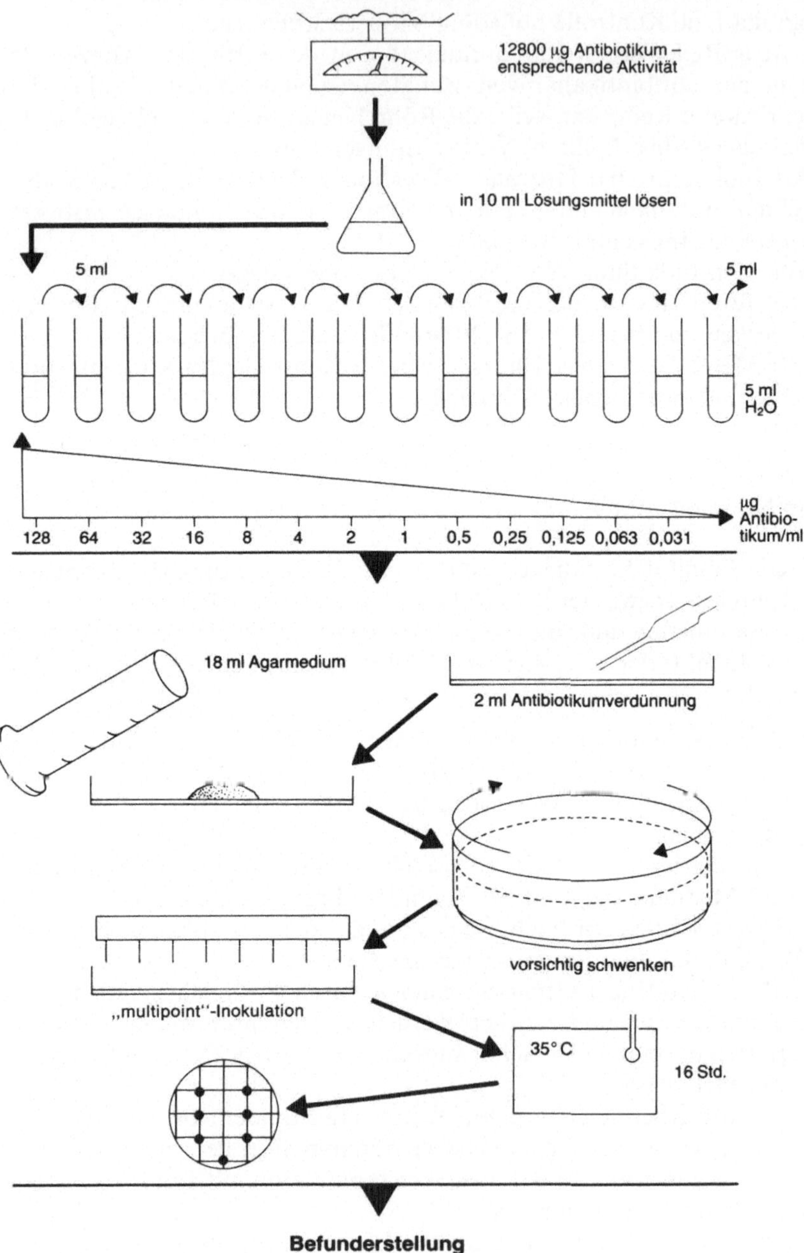

Abb. 4.11. Agardilutionstest

9. Auf einer Leerplatte oder einem Petrischalendeckel überprüfen, ob alle Inokulationsstifte einen Tropfen von 1–2 mm Durchmesser ergeben.
10. Die Inokulation erfolgt von der niedrigsten zur höchsten Konzentration. Die Antibiotika-freie Kontrolle zum Schluß der Serie beimpfen.
11. Nach Einziehen der Tröpfchen, was meistens nach einer viertel bis halben Stunde bei vorgetrockneten Platten der Fall ist, diese umgekehrt in dem Brutschrank bei 35 °C 16–20 Stunden inkubieren.
12. Aus den Inokula eine Reinheitskontrolle anlegen.
13. Einen Referenzstamm mit bekannter MHK mitführen.

Mikrobouillondilutionstest

Die derzeit gebräuchlichste Variation des Mikrobouillonverdünnungstests geht von einem Volumen von 0,1 ml Medium aus. Die Beschickung der Platten mit den verschiedenen Antibiotikakonzentrationen kann für kleine Ansätze mit der Kolbenhubpipette, Multipipette, oder bei größeren Mengen mit einem entsprechenden Gerät vorgenommen werden. Kommerziell sind sowohl tiefgefrorene oder auch gefriergetrocknete Systeme, die vor Gebrauch mit Medium rehydriert werden müssen, erhältlich. Nach Jones et al. [42] können die beschickten Platten in einem handelsüblichen Gefrierschrank bei −20 °C gelagert werden, ohne daß es innerhalb von 6 Wochen bei den meisten Antibiotika zu signifikanten Aktivitätsverlusten kommt. Die Platten sollten dazu vor Aufbewahrung in Haushaltsgefrierbeutel eingeschweißt werden. Vor dem Einsatz sollten die Platten zur Äquilibrierung bei 35 °C inkubiert werden (Abb. 4.12). Die Beimpfung erfolgt mit sogenannten Replikatorstempeln, die ca. 1–5 µl Inokulum transferieren. Da die Endkonzentration bei 10^5 KBE/ml gemäß der NCCLS-Normen liegt, muß das Inokulum eine Dichte von 10^8 KBE/ml, das entspricht McFarland-Standard 0,5, haben. Zur Beimpfung (Abb. 4.12) wird der Vielfachimpfkopf („multipoint-inoculator") nun mit den Spitzen erst in das Inokulum, das sich z. B. in einer autoklavierbaren Edelstahlwanne oder einer Plastikwanne befindet, und dann in die Näpfchen getaucht. Es empfiehlt sich hier der Einsatz eines Metallkopfes, da mit diesem die Inokulummenge weniger variiert als mit einem Kunststoffinokulator. Anschließend wird die Testplatte, um Verdunstung zu vermeiden, mit einer Kunststoffolie dicht abgedeckt. Die Ablesung erfolgt nach 18–24 Stunden Inkubation bei 35 °C entweder mit bloßem Auge, ggf. über einen Spiegel als Ablesehilfe, oder automatisch über ein geeignetes Fotometer.

Der Test eignet sich sowohl für aerobe Keime und Pilze (vgl. S. 287) als auch für anaerob wachsende Infektionserreger. Während für Anaerobier Mueller-Hinton-Bouillon (ggf. mit Magnesium und Kalzium supplementiert) oder auch Isosensitest-Bouillon geeignet sind, empfiehlt sich nach Rosenblatt [71] zur Testung von Aerobiern Schädler-Bouillon, supplementiert mit 5 µg/ml Hämin und 0,1 g/ml Vitamin K_1. Die Ablesung erfolgt nach 48 Stunden. Auch andere Medien wie Wilkins-Chalgren-Medium sind geeignet. Das Wachstum wird anhand der Ausbildung eines „Knopfes" auf dem Boden der Mikrotiter-

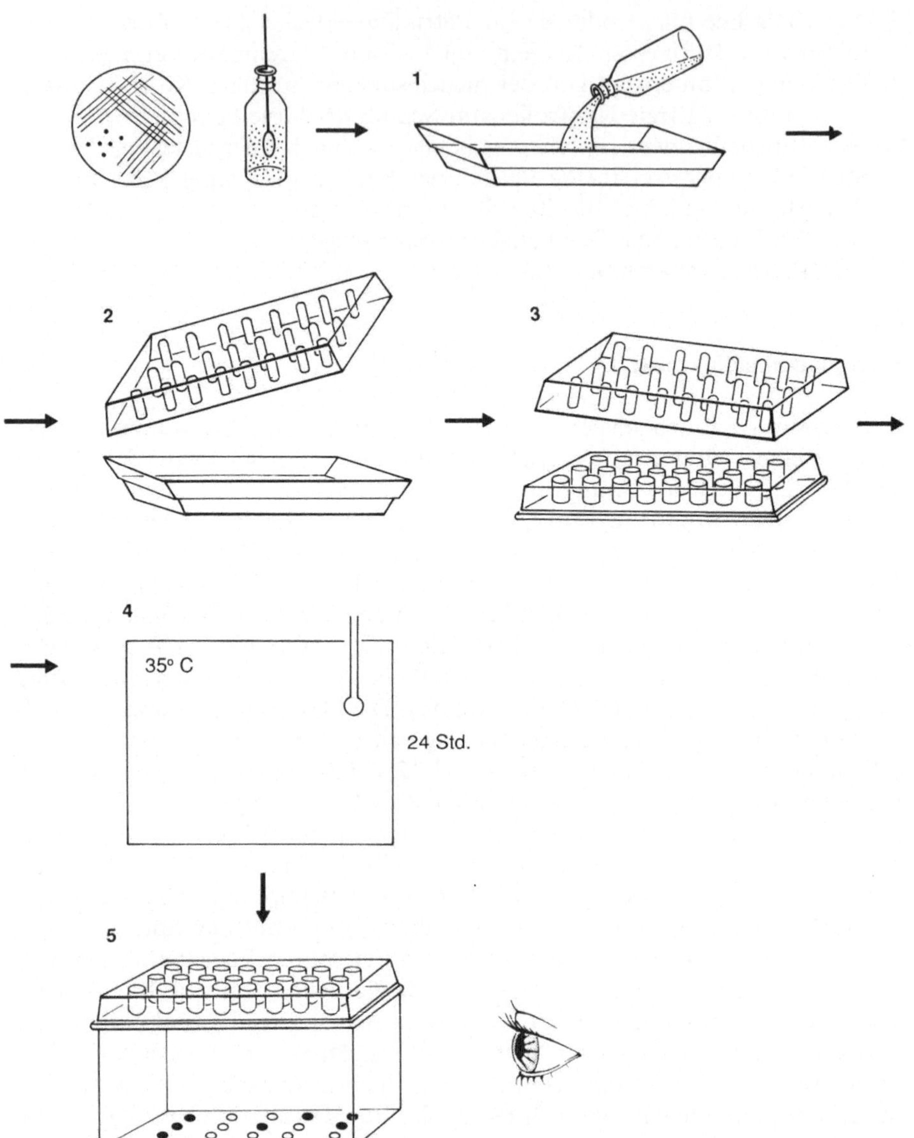

Abb. 4.12. Technische Durchführung des Mikrobouillondilutionstests

platte beurteilt. Durch kurzes Schwenken kann das Bakteriensediment aufgewirbelt und die Ablesung erleichtert werden. Immer sollte der Vergleich mit der Wachstumskontrolle durchgeführt werden. Zur Vermeidung von Fehlinterpretationen muß aus der Antibiotika-freien Wachstumskontrolle eine Reinheitsplatte angelegt werden. Nur so sind Kontaminationen erkennbar, die das Ergebnis verfälschen können.

Blättchenelutionstest

Bei diesem Test wird die gewünschte Antibiotikumkonzentration im Medium durch Zugabe von Antibiotikatestblättchen, von dem das Antibiotikum eluiert wird, zu einer definierten Menge eines Mediums erreicht. Ursprünglich wurde die Methode für Anaerobier entwickelt; sie fand jedoch auch in automatischen Testsystemen (z. B. Cobas) und für die Testung von Pilzen [92] Anwendung. Der Test, der in den USA besonders für die Testung von Anaerobiern in klinischen Laboratorien empfohlen wird [70, 71], zeichnet sich durch einfache Handhabung und gute Reproduzierbarkeit aus. Im folgenden wird die technische Durchführung der nach Wilkins [95] modifizierten Methode für Anaerobier beschrieben.

Technische Durchführung (Abb. 4.13)

Bei dem Bouillonelutionstest finden verschiedene Medien Einsatz. In der ursprünglichen Formulierung wurde mit Vitamin K_1 und Hämin supplementierte Thioglycolat-Bouillon eingesetzt, während in einer Folgepublikation PRAS-Hirn-Herz-Infus vorgeschlagen wird [95]. Eigenen Erfahrungen zufolge eignet sich allerdings auch Vitamin K_1 und Hämin supplementierte Schädler-Bouillon oder Wilkins-Chalgren-Bouillon für den Elutionstest. Als Volumen wird 5 ml des entsprechenden Mediums in Schraubverschlußröhrchen eingesetzt. Unter Sauerstoff-freiem Stickstoff- oder CO_2-Gasfluß wird die entsprechende Anzahl von Testblättchen (Tabelle 4.12) zum Medium gegeben. Innerhalb von 2 Stunden bei 35 °C ist das Antibiotikum von den Testblättchen ins Medium eluiert [56]. Inokuliert wird der Test mit 2 Tropfen einer anaerob kultivierten Fleisch-Glukose-Bouillon-Kultur. Nach 24 Stunden, ggf. bei langsam wachsenden Keimen auch nach 48 Stunden (längere Inkubationszeiten ergeben wegen des Aktivitätsverlustes unzuverlässige Ergebnisse), wird die Antibiotika-freie Wachstumskontrolle mit dem Antibiotika-haltigen Teströhrchen verglichen. Überschreitet die Trübung des Testansatzes 50% der Wachstumskontrolle, so wird dieser Stamm als resistent bezeichnet.

Tabelle 4.12. Einstellung von Antibiotikakonzentrationen im Bouillonblättchenelutionstest

	Blättchenbeladung (μg)	Anzahl der Testblättchen	Antibiotika-Konzentration (μg/ml)
Penicillin	6	1	1,2
Mezlocillin	30	1	6
Cefalotin	30	1	6
Imipenem	10	2	4
Clindamycin	2	8	3,2
Erythromycin	15	1	3
Tetrazyklin	30	1	6
Metronidazol	5	4	4

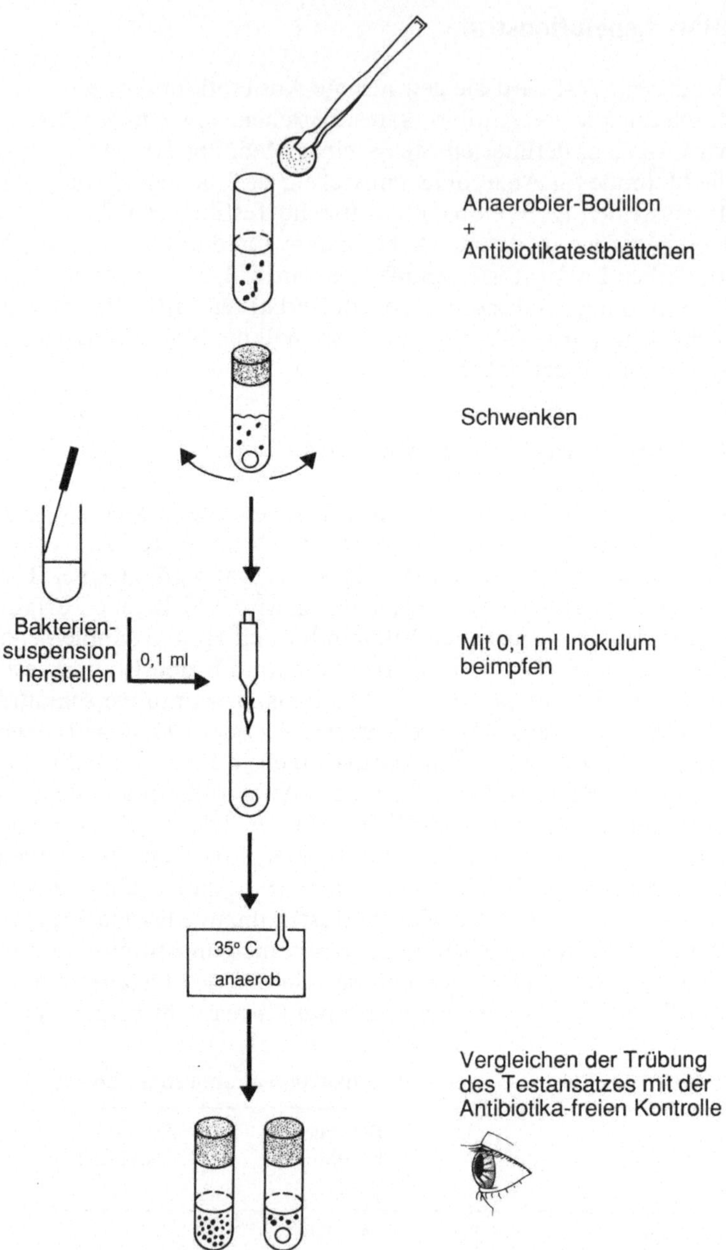

Abb. 4.13. Durchführung des Blättchenelutionstests für die Testung anaerob wachsender Keime

Testung von Sproßpilzen

In den letzten Jahrzehnten hat sich die moderne Intensivmedizin und die Behandlung von Patienten mit schweren iatrogenen oder erworbenen Abwehrschwächen rasant weiterentwickelt. Parallel dazu ist ein deutlicher Anstieg opportunistischer Pilzinfektionen zu beobachten. Zwar wurden neue wirksame Antimykotika wie z. B. die Imidazole entwickelt, jedoch ist die Korrelation der In-vitro-Empfindlichkeitsbestimmung für Antimykotika mit der In-vivo-Situation noch unzuverlässiger als die bei antibakteriellen Substanzen gegenüber Bakterien [56]. Einer der Gründe hierfür ist das Fehlen standardisierter Testmethoden. Derzeit ist lediglich eine Arbeitsgruppe der Société Française de Mycologie Medícale [33] mit fortgeschrittenen konkreten Vorschlägen an die Öffentlichkeit getreten. Wesentliche Anforderung an Routinetests in der Mykologie sind Standardisierbarkeit, Reproduzierbarkeit, die Anwendbarkeit für alle Sproßpilze, Schnelligkeit (Ergebnisse innerhalb von 24 Stunden), Praktikabilität und klinische Relevanz [91]. Im wesentlichen stehen derzeit der Agardilutionstest, der Mikrobouillonverdünnungstest, der Bouillonelutionstest und der Agardiffusionstest zur Verfügung [56].

Agardiffusionstest

Der Agardiffusionstest ist derzeit in der BRD der gebräuchlichste Antimykotikatest. Dieser Test ist allerdings nur als Sichtungsverfahren zu bewerten, da die Reproduzierbarkeit erheblichen Schwankungen unterworfen ist [61]. So enthalten Sabouraud-Agar, Hirn-Herz-Infus-Agar u. ä. [84] Pyrimidine, Purine und andere Nukleotide in variierenden Mengen. Durch diese „Antagonisten" wird die Testung von Imidazolen und 5-Fluorcytosin erheblich beeinflußt. Typisch dafür ist das rudimentäre Wachstum von Sproßpilzen im primären Hemmhof. Oft ist der Übergang so fließend, daß ein primärer Hemmhof nicht sicher beurteilbar ist. Aus diesem Grund wurden Antagonisten-freie Medien wie SAAMF-Medium (*s*ynthetic *a*mino *a*cid *m*edium-*f*ungal) oder Glucose-Asparagin-Yeast-Nitrogen-Base-Agar [22] oder das Casiton-Medium nach Drouhet [33] empfohlen. Darüber hinaus sollte das Medium gepuffert sein [39], da Polyene wie Amphotericin B stark sauer sind und im sauren Bereich

Tabelle 4.13. Bewertungskriterien für den Agardiffusionstest bei Sproßpilzen (nach [23, 25, 74])

	Testblättchen-beladung (µg)	Empfindlich (>mm) (<µg/ml)	Resistent (<mm) (>µg/ml)
5-Fluorocytosin	1	30 <4>	22 <16>
Ketoconazol	10	20 <1>	11 < 1>
Miconazol	10	20 <1>	11 < 4>
Amphotericin B	20	15 <1>	9 <14>

nur eine schwache Aktivität aufweisen, wodurch die äußerst schlechte Diffusionseigenschaft von Amphotericin B noch herabgesetzt wird. Ein weiterer einschränkender Faktor ist das Fehlen verläßlicher Regressionsgeraden, so daß derzeit die eher semiquantitativen Grenzwerte von Seeliger [74] zur Bewertung herangezogen werden müssen. Ein weiterer Gesichtspunkt ist der Einfluß des Mediums, von dem der Teststamm isoliert wird, auf das Testergebnis [9]. Allerdings konnten die Ergebnisse dieser Arbeitsgruppe nicht bestätigt werden [93].

Technische Hinweise

Um eine einigermaßen sichere Beurteilung zu erreichen, sollte die Keimeinsaat 10^4 KBE/ml nicht überschreiten, da ansonsten das Wachstum der Sproßpilze wesentlich schneller als die kritische Diffusion der Antibiotika vom Träger herunter ist. Weiterhin muß darauf geachtet werden, daß Amphotericin B nicht zu sehr direktem Licht ausgesetzt wird, damit die Autooxidation [54] und dadurch der Wirkungsverlust nicht zu gravierend wird. Die Bewertung des Testergebnisses ergibt sich nach den Kriterien von Seeliger [74] (Tabelle 4.13).

Mikrobouillondilutionstest

Auch der Mikrotitertest hat sich in der Routine durchgesetzt. Das Prinzip ist ein in Mikrotiterplatten miniaturisierter Bouillonverdünnungstest (vgl. S. 292–293). Ebenso wie beim Agardiffusionstest ist der Einfluß des Mediums von ausschlaggebender Bedeutung. Die Anforderung an ein Medium für die Pilztestung sind:

- Optimales Wachstum für alle Sproßpilzarten,
- stabiler pH-Wert durch Pufferung,
- keine Antagonisten, welche die Wirkung von Antimykotika hemmen.

Sabouraud-Bouillon und andere komplexe Medien enthalten – wie zuvor aufgeführt – in verschiedenem Maße Purine und Pyrimidine, die einen inhibitorischen Effekt ausüben können. Auch für das SAAMF-Medium konnten verschiedene Nachteile nachgewiesen werden. So kann der MOPS-Tris-Puffer, der in einigen Präparaten vorhanden ist, die Aktivität von Fluorocytosin beeinträchtigen [22]. Radetsky et al. [67] konnten nachweisen, daß dieses Medium zu dem Ergebnis „resistent" gegenüber 5-Fluorocytosin führte, obwohl die Stämme in Tierversuchen sich als empfindlich erwiesen. Hingegen ergab sich eine gute Korrelation von In-vivo- (klinischer Einsatz und Tierversuche) und In-vitro-Untersuchungen, wenn das Zellkulturmedium RPMI 1640 verwandt wurde. Bereits von anderen Autoren [14, 15] wurde über die Verläßlichkeit dieser Medien, z.B. MEM (*m*inimal *e*ssential *m*edium) berichtet, so daß, unter Berücksichtigung dieser Daten, im Mikrodilutionstest nur noch diese Medien verwandt werden sollten.

Bei Beachtung dieser Besonderheiten ist der Mikrodilutionstest eine verläßliche, gut standardisierbare Methode. Durch Vorbereiten und Einfrieren größerer Ansätze kann darüber hinaus eine gute Praktikabilität und Kostenersparnis erreicht werden.

Blättchenelutionstest

Als praktikable Alternative mit verläßlichen Ergebnissen wurde der Bouillonelutionstest vorgeschlagen [92]. Beim Elutionstest wird die erforderliche Antimykotika-Konzentration durch Elution eines mit einer entsprechenden Konzentration des zu untersuchenden beladenen Testblättchens in das Testmedium erreicht. Im wesentlichen handelt es sich um eine Anpassung des für Anaerobier entwickelten Blättchenelutionstests [56].

Ein wichtiger Schritt bei Elutionstests ist die ausreichende rasche Elution der Testsubstanz vom Papierträger herunter. Innerhalb von 4 Stunden sind 80% der 5-Fluorocytosin- und 50% der Imidazolkonzentration eluiert. Im Vergleich dazu werden beim Elutionstest für anaerobe Keime ausreichende Konzentrationen in weniger als 2 Stunden erreicht [56]. Diese deutlich längere Elutionszeit spielt jedoch keine signifikante Rolle, da bei einer Keimeinsaat von 10^4 KBE/ml die lag-Phase in MEM-Medium bei 4 Stunden liegt [93] und bereits in niedrigen Konzentrationen ein subinhibitorischer Effekt zu beobachten ist. Vergleiche des Blättchenelutionstests mit dem Agardilutionstest und Bouillonverdünnungstest ergaben vergleichbare Resultate [93]. Unter Verwendung der Grenzwertkonzentration, wie in der Tabelle 4.15 angegeben, fanden sich weder falsch-empfindliche noch falsch-resistente Ergebnisse. Der Bouillonelutionstest für Pilze ist ein in der Routinetestung praktikabler, wenig störanfälliger Test, der verläßliche reproduzierbare Ergebnisse ergibt.

Tabelle 4.14. Löslichkeit von Antimykotika

Amphotericin	Dimethylsulfoxid (DMSO)
5-Fluorocytosin	Wasser
Imidazole	
Miconazol	Dimethylsulfoxid (DMSO)
Ketoconazol	Dimethylsulfoxid (DMSO)

Tabelle 4.15. Grenzwertkonzentrationen für Antimykotika (nach [93])

	Empfindlich (µg/ml)	Resistent (µg/ml)
5-Fluorocytosin	<16,0	>16,0
Ketoconazol	< 4,0	> 4,0
Miconazol	< 4,0	> 4,0
Amphotericin B	< 1	> 1

Technische Durchführung

Durch Zugabe der Antimykotika-haltigen Testblättchen zu 2 ml supplementiertem MEM oder RPMI 1640 Medium stellt sich innerhalb kurzer Zeit die gewünschte Konzentration im Medium ein; diese kann im Testansatz durch die Anzahl der Blättchen, deren Beladung sowie durch das Volumen des Ansatzes verändert werden. Damit kann im Blättchenelutionstest eine Verdünnungsreihe zur MHK-Ermittlung erstellt werden. Die Schwankungen in der Beladung der Blättchen ist unerheblich. Nach Beimpfen mit 10^4 Keime wird 18 Stunden bei 35 °C inkubiert und dann die 50%ige Wachstumshemmung zur Antimykotika-freien Kontrolle ermittelt; im Zweifelsfall muß die optische Dichte (OD_{560}) herangezogen werden. Eine Vereinfachung des Tests besteht in der Feststellung des Resistenzverhaltens bei Grenzwertkonzentrationen (“breakpoint”), also bei Antimykotika-Konzentrationen, die im Serum oder im Liquor unter therapeutischen Bedingungen erreicht werden können. Hier wurden für 5-Fluorcytosin 16 mg/l und für die Imidazole 4,0 mg/l vorgeschlagen [93].

Resistenzsituation und Testproben einiger klinisch wichtiger Bakterien

Für einige Bakterien ist bekannt, daß Probleme bei der Interpretation des Agardiffusionstests auftreten [26, 42]. Hier erscheint es als sinnvoll, die Einteilung in die Empfindlichkeitskategorien anhand der MHK-Werte und typischen Resistenzen vorzunehmen. Allerdings müssen bei den MHK-Werten die zuvor beschriebenen Fehlerquellen (vgl. S. 274–277) berücksichtigt werden; zudem schwanken die Ergebnisse sowohl für den MHK-Bereich einzelner Spezies als auch die MHK 50, der Konzentration, bei der 50% der Stämme gehemmt werden, mit dem jeweils getesteten Stammkollektiv. Es finden sich in den verschiedenen Übersichten deutliche Unterschiede, die einerseits auf die Methodik, andererseits aber auch auf die Auswahl der Kollektive zurückzuführen sind. Da eine Vielzahl von Publikationen hier Eingang fanden, wurde aus Praktikabilitätsgründen auf eine ausführliche Literaturdarstellung verzichtet, insbesondere, da auch nicht die rechnerisch ermittelten MHK-Werte, sondern die tatsächlich meßbaren Konzentrationen in den für den deutschsprachigen Raum üblichen Stufen angegeben werden.

Daneben wurden für die Keime die prozentuale Resistenz, soweit vorhanden, sowie ihre typischen Resistenzen wiedergegeben. Auf zwei Punkte sei ausdrücklich hingewiesen: zum einen waren für einige Antibiotika zuverlässige Werte nicht erhältlich oder die Feindifferenzierung, z. B. in β-Laktamase-produzierende und β-Laktamase-negative Keime, erfolgte in den Publikationen nicht; zum anderen haben die hier angegebenen MHK-Werte nur als Orientierung eine Berechtigung.

***Streptococcus* spp.** (Tabelle 4.16–4.18)

Testmethode der Wahl zur Ermittlung der MHK ist der Agardilutionstest. Entsprechend der DIN-Norm wird dieser auf Mueller-Hinton-Agar mit 5% Schafblut durchgeführt. Für alle Streptokokkenarten, außer für die D-Streptokokken, ist der Zusatz von Blut zur Wachstumsförderung erforderlich.

Im Agardiffusionstest ergibt die Testung von Aminoglykosiden und Tetrazyklinen sowie Sulfonamid/Trimethoprim Probleme. Oft werden große Hemmhöfe auf Mueller-Hinton-Agar mit Blut vorgetäuscht, obwohl eine Resistenz vorliegt. Unwirksam sind die Aminoglykoside bei allen Streptokokken-Arten sowie die Cefalosporine bei den D-Streptokokken [73]. Nach Jenkins et al. [41] beruht diese scheinbare Empfindlichkeit auf einem Synergismus zwischen Hämin und den Aminoglykosiden. Auch Tetrazykline und Sulfonamid + Trimethoprim weisen eine hohe Resistenzquote auf. Im allgemeinen sind Penicilline hoch wirksam. Lediglich bei *Enterococcus faecalis* und *Enterococcus faecium* ist Penicillin G nur mäßig wirksam. Ampicillin hingegen ist wesentlich aktiver. Ein *Enterococcus faecalis*, der Ampicillin-resistent ist, ist gewöhnlich eine Verwechslung mit *Enterococcus faecium*. Hinzuweisen ist auch noch auf die Resistenz von Enterokokken gegenüber Carbenicillin, Ticarcillin und Temocillin [85].

Nach der Kirby-Bauer-Methode wird die herabgesetzte Penicillinempfindlichkeit von Pneumokokken mit Oxacillintestblättchen geprüft [27], da Penicillinblättchen nicht geeignet sind, eine herabgesetzte Empfindlichkeit der Pneumokokken gegenüber Penicillin G/V aufzudecken [46]. Aus diesem Grund sollte die Testung mit dem gegen Pneumokokken schwächer wirksamen Präparat Oxacillin durchgeführt werden. Aber auch mit Oxacillintestblättchen finden sich noch falsch-empfindliche Testergebnisse. Nach Svenson et al. [79] liegt die Häufigkeit für ein falsch empfindliches Ergebnis bei 0,3%.

Bei den Harnwegstherapeutika wirken lediglich Nitrofurantoin sowie die neueren Gyrasehemmer. Die Testung von Streptokokken im Agardiffusionstest gegenüber Gyrasehemmern der II. Generation zeigt auf Mueller-Hinton-Agar mit Blut variable Testergebnisse an, obwohl ein Großteil im als empfindlich zu beurteilenden MHK-Bereich liegt. Nach eigener Erfahrung ist die Überprüfung des Testergebnisses für Streptokokken der Gruppen A, C, B, G, F im Agardilutionstest erforderlich. Tabelle 4.16 zeigt die typischen Resistenzen bei Streptokokken.

Tabelle 4.16. *Streptococcus pyogenes*/A-Streptokokken

Wirkstoff	Res.	in %	MHK-Bereich	MHK 50	MHK 90
Penicillinderivate					
Penicillin G	S	<1	<0,06	0,06	0,06
Oxacillin	V		0,25–2	2	2
Aminopenicillin (Ampicillin)	S	<1	<0,06	<0,06	<0,06
Amoxicillin + Clavulansäure	S	<1	<0,06	<0,06	<0,06
Ampicillin + Sulbactam	S	<1	<0,06	<0,06	<0,06
Azlocillin	S	1	0,06–0,25	0,06	0,25
Mezlocillin	S	<1	0,06–0,125	<0,06	<0,06
Piperacillin	S	1	≤0,125	≤0,125	≤0,125
Ticarcillin	V	10	0,05–>128	2	>64
Ticarcillin + Clavulansäure	V	10	0,05–>128	16	>64
Temocillin	R	>95	>128	>64	>128
Cefalosporine, orale					
Cefalotin	S	1	0,06–0,125	0,06	0,125
Cefalexin	S	1	≤0,5	≤0,5	0,5
Cefaclor	S	1	≤0,125	≤0,125	≤0,125
Cefuroxim-axetil	S	1	≤0,125	≤0,125	≤0,125
Cefalosporine, parenterale 1. und 2. Generation					
Cefotiam	S	1	<0,125	<0,125	<0,125
Cefazolin	S	1	<0,06	<0,03	<0,03
Cefazedon	S	1	<0,06–1	0,125	0,5
Cefamandol	S	1	≤0,25	0,06	0,25
Cefuroxim	S	1	≤0,125	≤0,125	≤0,125
Cefoxitin	S	1	0,125–2	1	2

Tabelle 4.16. (Fortsetzung)

Wirkstoff	Res.	in %	MHK-Bereich	MHK 50	MHK 90
Cefalosporin, 3. Generation					
Cefotaxim	S	<1	<0,03	<0,03	<0,03
Cefmenoxim	S	1	≤0,06	<0,06	<0,06
Ceftriaxon	S	1	≤0,125	≤0,125	≤0,125
Cefotetan	S				
Ceftizoxim	S	1	≤0,06	<0,06	<0,06
Cefoperazon	S	<5	≤0,06	<0,06	<0,06
Latamoxef	S	<5	0,5–4	2	4
Ceftazidim	S	<5	0,06–4	1	4
Cefsulodin	S	10	1–4	2	4
Cefixim	S	<1	0,125–1	0,25	0,5
Carbapeneme					
Imipenem	S	<1	0,04–0,125	<0,06	<0,06
Monobactame					
Aztreonam	R	>50	4–>128	16	>128
Aminoglykoside					
Gentamicin	R	99	4–>128	16	>32
Tobramycin	R	99	4–>128	16	>32
Netilmicin	R	99	4–>128	16	>32
Amikacin	R	99	4–>128	>32	>64
Varia					
Chloramphenicol	S	<5	0,5–8	2	4
Colistin	R	>99	>128	>128	>128
Teicoplanin	S	<1	0,06–0,125	0,125	0,125
Vancomycin	S	1	1–4	2	2
Rifampicin	S	<5	0,125–8	0,125	0,5
Sulfonamid + Trimethoprim	V	75	0,25–8	0,5	4
Metronidazol	R	>99	>128	>128	>128
Makrolide u. ä.					
Clindamycin	S	<1	0,125–64	0,25	0,25
Lincomycin	S	<1	0,125–64	0,25	0,25
Erythromycin	S	<1	0,125–64	0,25	0,25
Roxithromycin	S	<1	0,125–64	0,25	0,5
Tetrazykline					
Tetrazyklin	R	75	0,125–128	4	16
Minozyklin	R	75	0,125–128	4	16
Chinolone					
Norfloxacin	R	>60	1–16	2	8
Enoxacin	R	>60	1–64	8	16
Ofloxacin	S	15	0,25–4	1	2
Ciprofloxacin	S	10	0,125–8	1	2
Pefloxacin	S		2–8	4	8
Fleroxacin	R	>75	2–8	4	8

S empfindlich, *R* resistent, *V* variable Empfindlichkeit

Tabelle 4.17. *Streptococcus pneumoniae*

Wirkstoff	Res.	in %	MHK-Bereich	MHK 50	MHK 90
Penicillinderivate					
Penicillin G	S	<1	0,015–0,06	0,06	0,06
Oxacillin	S	<1	<0,06	<0,06	<0,06
Aminopenicillin (Ampicillin)	S	<1	0,03–0,125	<0,06	≤0,06
Amoxicillin + Clavulansäure	S	<1	0,015–0,125	0,03	0,06
Ampicillin + Sulbactam	S	<1	0,03–0,125	0,03	0,06
Azlocillin	S	<1	<0,06	<0,06	<0,06
Mezlocillin	S	<1	0,03–0,25	0,06	0,125
Piperacillin	S	<1	0,06	<0,06	<0,06
Ticarcillin	V	40	0,06–>128	<0,06	>64
Ticarcillin + Clavulansäure	V	40	0,06–>128	2	>64
Temocillin	R	>90	>64	>64	>128
Cefalosporine, orale					
Cefalotin	S	1	0,5–4	0,5	2
Cefalexin	S	1	0,5–4	0,5	1
Cefaclor	S	1	0,125–2	0,5	1
Cefuroxim-axetil	S	<1	0,06–0,5	<0,06	<0,06
Cefalosporine, parenterale 1. und 2. Generation					
Cefotiam	S	1	0,06–32	<0,06	0,125
Cefazolin	S	1	0,25–4	0,25	1
Cefazedon	S	1	0,25–4	0,25	1
Cefamandol	S	1	0,125–4	0,125	1
Cefuroxim	S	<1	0,06–0,5	<0,06	<0,06
Cefoxitin	S	1	0,06–4	0,125	0,5
Cefalosporin, 3. Generation					
Cefotaxim	S	<1	≤0,06–0,125	0,06	0,125
Cefmenoxim	S	<1	<0,06	<0,06	<0,06
Ceftriaxon	S	<1	<0,06	<0,06	<0,06
Cefotetan					
Ceftizoxim	S	1	0,015–0,5	0,06	0,25
Cefoperazon	S	<5	0,125–2	1	1
Latamoxef	S	<3	0,125–2	1	1
Ceftazidim	S	<5	0,125–8	2	2
Cefsulodin	R	90	4–>64	16	>32
Cefixim	S	1	0,125–1	0,25	0,5
Carbapeneme					
Imipenem	S	<1	0,004–0,125	<0,03	0,06
Monobactame					
Aztreonam	R	>99	>128	>128	>128
Aminoglykoside					
Gentamicin	R	>99	4–>128	16	>32
Tobramycin	R	>99	4–>128	16	>32
Netilmicin	R	>99	4–>128	16	>32
Amikacin	R	>99	16–>128	>32	>64

Tabelle 4.17. (Fortsetzung)

Wirkstoff	Res.	in %	MHK-Bereich	MHK 50	MHK 90
Varia					
Chloramphenicol	S	10	1->16	4	4
Colistin	R	99	>128	>128	>128
Teicoplanin	S	<1	0,06-0,125	0,125	0,125
Vancomycin	S	1	0,25->1	0,25	1
Rifampicin	S	<1	0,06-4	0,06	0,5
Sulfonamid + Trimethoprim	S	2	0,06-1	0,25	0,5
Metronidazol	R	>99	>128	>128	>128
Makrolide					
Clindamycin	S	<1	<0,125	<0,125	<0,125
Lincomycin	S	<1	≤0,5	<0,125	≤0,5
Erythromycin	S	<5	0,06-64	0,125	0,5
Roxithromycin	S	<5	0,06-32	0,125	0,25
Tetrazykline					
Tetrazyklin	S	5-10	0,125-64	0,5	8
Minozyklin	S	5-10	0,125-64	0,5	8
Chinolone					
Norfloxacin	V		4-32	8	16
Enoxacin	V		1-64	8	16
Ofloxacin	S		1-8	1	2
Ciprofloxacin	S		0,5-8	1	2
Pefloxacin			4-8	4	8
Fleroxacin	V		4-16	4	8

S empfindlich, *R* resistent, *V* variable Empfindlichkeit

Tabelle 4.18. *Enterococcus faecalis* – Lancefieldgruppe D

Wirkstoff	Res.	in %	MHK-Bereich	MHK 50	MHK 90
Penicillinderivate					
Penicillin G	S	<1	0,5–128	1	1
Oxacillin	R	100	16–128	>64	>128
Aminopenicillin (Ampicillin)	S	<1	0,125–128	0,25	1
Amoxicillin + Clavulansäure	S	<1	0,5–8	0,5	2
Ampicillin + Sulbactam	S	<1	0,125–8	0,25	1
Azlocillin	S	1	0,5–8	1	2
Mezlocillin	S	1	0,5–8	0,5	1
Piperacillin	S	1	0,5–64	2	4
Ticarcillin	R	>99	16–>128	>128	>128
Ticarcillin + Clavulansäure	R	>99	>128	>128	>128
Temocillin	R	>99	>128	>128	>128
Cefalosporine, orale					
Cefalotin	R	>99	4–>128	32	>128
Cefalexin	R	>99	>64	>64	>128
Cefaclor	R	>99	>128	>128	>128
Cefuroxim-axetil	R	>99	16–>128	>64	>128
Cefalosporine, parenterale 1. und 2. Generation					
Cefotiam	R	>99	32–>128	>64	>128
Cefazolin	R	>90	8–>128	32	>128
Cefazedon	R	>90	8–>128	32	>64
Cefamandol	R	>99	16–>128	64	>128
Cefuroxim	R	>99	16–>128	>64	>128
Cefoxitin	R	>99	32–>128	64	>128
Cefalosporin, 3. Generation					
Cefotaxim	R	>99	8–>128	128	>128
Cefmenoxim	R	>99	4–128	64	128
Ceftriaxon	R	>99	8–>128	64	>128
Cefotetan	R	>99	>128	>128	>128
Ceftizoxim	V	40–60	8–>128	128	128
Cefoperazon	V	50	8–>128	64	>128
Latamoxef	R	>99	8–>128	128	>128
Ceftazidim	R	>99	32–>128	>128	>128
Cefsulodin	R	>99	>128	>128	>128
Cefixim	R	>99	>128	>128	>128
Carbapeneme					
Imipenem	S	<1	0,03–128	0,5	2
Monobactame					
Aztreonam	R	>99	32–>128	>128	>128
Aminoglykoside					
Gentamicin	R	>95	0,5–>128	8	64
Tobramycin	R	>95	0,5–>128	8	64
Netilmicin	R	>95	0,125–>128	8	32
Amikacin	R	>95	1–>128	64	>128

Tabelle 4.18. (Fortsetzung)

Wirkstoff	Res.	in %	MHK-Bereich	MHK 50	MHK 90
Varia					
Chloramphenicol	R	60	1->128	>64	>128
Colistin	R	>99	>128	>128	>128
Teicoplanin	S	<1	0,06–2	0,5	1
Vancomycin	S	<10	0,5–64	2	2
Rifampicin	S	10–30	0,125->128	1	4
Sulfonamid + Trimethoprim	R	>75	2->128	16	>128
Metronidazol	R	>99	>128	>128	>128
Makrolide					
Clindamycin	R	99	64->128	128	>128
Lincomycin	R	99	32–128	64	128
Erythromycin	V	30–50	0,125->128	4	>128
Roxithromycin	V	50	0,25->128	4	>128
Tetrazykline					
Tetrazyklin	R	>75	0,125->128	16	>128
Minozyklin	R	>75	2->128	>32	>128
Chinolone					
Norfloxacin	S	10	0,5–4	1	4
Enoxacin	S	<15	0,5–32	8	8
Ofloxacin	S	5	1–4	2	4
Ciprofloxacin	S	<5	0,25–8	1	2
Pefloxacin	S	15	0,06–4	2	4
Fleroxacin			1–16	4	8

S empfindlich, *R* resistent, *V* variable Empfindlichkeit

***Staphylococcus* spp.** (Tabelle 4.19)

Ein wesentliches Problem bei der Testung von Staphylokokken stellt die der Penicilline dar, insbesondere der semisynthetischen. Anders als bei den Enterobakterien, die eine membrangebundene β-Laktamase aufweisen, haben Staphylokokken im allgemeinen ein extrazelluläres, diffusibles Enzym. Ein Charakteristikum dieses Enzyms ist, daß es sämtliche Penicilline hydrolisiert, wobei z. B. Mezlocillin wegen seiner sterischen Konfiguration langsamer abgebaut wird. Eine Gegenüberstellung von β-Laktamasebildung und Hemmhofgröße hat ergeben, daß fast alle Stämme mit einem geringeren Hemmhofdurchmesser als 29 mm eine β-Laktamase bilden und somit Penicillin-resistent sind (Abb. 4.14). Daher ist es am günstigsten die Penicillinempfindlichkeit anhand von Penicillin G/V (nach NCCLS-Richtlinien 10 IU/Plättchen) als Gruppenblättchen zu beurteilen [50]. Bei der DIN-Norm muß darauf geachtet werden, daß die Inkubationszeit länger als 16 Stunden und der Hemmhof größer als 29 mm ist [16]. Diese diffusible Penicillinase kann auch das Testergebnis bei einer „multipoint"-Inokulation im Agardilutionsverfahren bei einem Ansatz über 20 Beimpfungsstellen stören.

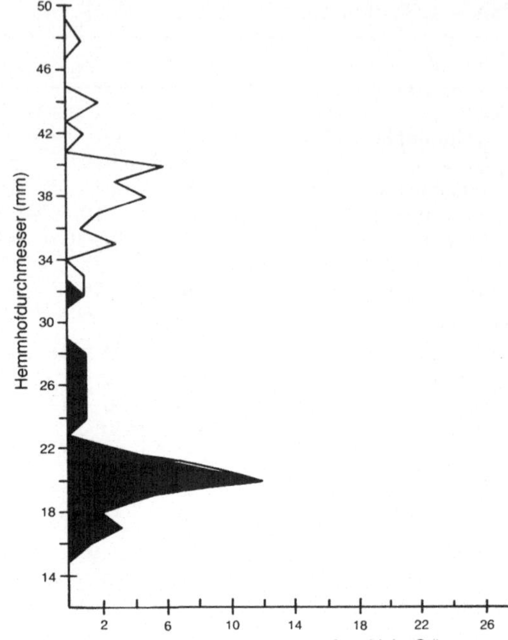

Abb. 4.14. Hemmhofgröße von Mezlocillin bei Penicillinase-bildenden und nicht Penicillinase-bildenden *Staphylococcus aureus*-Stämmen (nach [58 a])

Auch bei Testung mit β-Laktamase-Inhibitoren (z. B. Amoxicillin und Clavulansäure) ist dementsprechend der Grenzwert zu legen. Zur Absicherung der Penicillinwirksamkeit empfiehlt sich die Durchführung eines verläßlichen β-Laktamasetests [42, 58] (vgl. S. 321). Die Oxacillinresistenz wird durch eine β-Laktamase des Types OXA bewirkt. Dieser Enzymtyp erfaßt und hydrolysiert auch Cefalosporine, die somit als unwirksam aufgefaßt werden müssen. Zusätzlich geht die Bildung eines OXA-Enzymes mit einer niedrigeren Membranpermeabilität für Penicilline und Cefalosporine einher. Die Testung der Präparate wie Oxacillin, Nafcillin und Methicillin wird am besten mit Oxacillinblättchen durchgeführt; Cloxacillinblättchen eignen sich nicht, da die Substanz schnell zerfällt. Im Diffusionstest ist eine hinreichende Inkubationszeit von 16 Stunden zum Ausschluß der Oxacillinresistenz erforderlich.

Allerdings wurde unlängst eine Schnellmethode publiziert, bei der in einem Inkubationsmedium mit hohem Kochsalzgehalt der Nachweis der Oxacillinresistenz in 4–6 Stunden weitgehend sicher möglich ist [27].

Ein weiteres Testproblem bei Staphylokokken sind Cotrimoxazolpräparate. Aufgrund des Wirkungsmechanismus ist bei Vorliegen von Antagonisten im Testmedium neben der Ausbildung eines Primärhemmhofes mit einem feinen Wachstum in den Hemmhof hinein zu rechnen. Hier muß der Primärhemmhof beurteilt werden. Die Beurteilung des Sekundärhemmhofes führt zu einer unverhältnismäßig hohen Anzahl von Trimethoprim- und Sulfonamid-resistenten Staphylokokken. Staphylokokken stellen aufgrund der β-Laktamasebildung bei automatisierten Resistenzbestimmungen, wie z. B. beim MS 2

Tabelle 4.19. *Staphylococcus aureus*

Wirkstoff	Res.	in %	β-Laktamase-negativ			β-Laktamase-positiv		
			MHK-Bereich	MHK 50	MHK 90	MHK-Bereich	MHK 50	MHK 90
Penicillinderivate								
Penicillin G	R	>80	≤0,06	0,03	≤0,06	>128	>128	>128
Oxacillin	R	<3	0,015–0,25	≤0,03	0,06	0,125–>128	0,06	1
Aminopenicillin (Ampicillin)	R	>80	0,125–128	2	4	2–>128	32	>128
Amoxicillin + Clavulansäure	S	10	0,5–64	2	2	2–>128		>128
Ampicillin + Sulbactam	S	10	≤0,25–0,85	≤0,25	0,25	0,25–8	1	2
Azlocillin	R	>80	0,125–≥128	≤0,5	32	>128	>128	>128
Mezlocillin	R	>80	0,125–≥128	≤0,5	16	>128	>128	>128
Piperacillin	R	>80	0,125–≥128	≤0,5	32	>128	>128	>128
Ticarcillin	R	>80	0,125–≥128	1	8	>128	>128	>128
Ticarcillin + Clavulansäure	S	10	0,125–≥128	1	2	2–>128	32	>128
Temocillin	R	>95	≥128	>128	>128	>128	>128	>128
Cefalosporine, orale								
Cefalotin	S	<3	0,06–1	0,25	0,5	0,125–8	1	2
Cefalexin	S	<3	1–16	0,5	4	1–32	2	16
Cefaclor	S	<3	0,5–4	1	2	1–32	2	16
Cefuroxim-axetil	S	<3	0,25–1	0,5	1	0,125–128	1	2
Cefalosporine, parenterale 1. und 2. Generation								
Cefotiam	S	<3	0,125–2	0,5	0,5	0,25–64	1	2
Cefazolin	S	<3	0,25–2	0,5	1	0,25–64	1	1
Cefazedon	S	<3	0,25–2	0,5	1	0,25–64	1	1
Cefamandol	S	<3	0,25–4	0,5	0,5	0,25–32	1	2
Cefuroxim	S	<3	0,25–1	0,5	1	0,125–128	1	2
Cefoxitin	S	<3	2–8	2	4	2–128	4	8

Cefalosporine, 3. Generation								
Cefotaxim	S	<3	0,125–4	1	2	1–16	2	2
Cefmenoxim	S	<3	0,25–2	1	2	0,5–128	1	32
Ceftriaxon	S	<3	0,25–16	4	8	2–64	8	16
Cefotetan	S	10	4–32	4	16	1–128	8	16
Ceftizoxim	S	3	0.125–4	1	2	0,5–32	2	4
Cefoperazon	S	3	0,25–4	1	2	1–16	2	4
Latamoxef	S	3	1–16	4	8	2–64	8	16
Ceftazidim	S	3	1–16	4	16	2–64	8	32
Cefsulodin	S	10	4–16	4	8	4–128	8	64
Cefixim			2–128	32	64			
Carbapeneme								
Imipenem	S	<1	0,004–4	0,004	0,008	0,016–128		2
Monobactame								
Aztreonam	R	>99	>128	>128	>128	>128	>128	>128

(Tabelle 4.19. Fortsetzung auf S. 310)

Tabelle 4.19. (Fortsetzung)

Wirkstoff	Res.	in %	MHK-Bereich	MHK 50	MHK 90
Aminoglykoside					
Gentamicin	S	10–25	0,25–64	0,5	16
Tobramycin	S	10–25	0,25–64	0,5	16
Netilmicin	S	5–10	0,06–64	0,125	2
Amikacin	S	5	0,125–64	4	8
Varia					
Chloramphenicol	S	5	4–16	4	8
Colistin	R	>99	16–>128	1	2
Teicoplanin	S	1–5	0,25–8	1	2
Vancomycin	S	1–5	0,5–2	1	2
Rifampicin	S	5	≤0,06–16	0,06	0,06
Sulfonamid +Trimethoprim	V	25	0,25–>128	0,5	32
Metronidazol	R	>99	>128	>128	>128
Makrolide					
Clindamycin	S	3	<0,06–8	0,06	0,25
Lincomycin	S	3	0,25–8	0,5	1
Erythromycin	S	6–10	≤0,25–>8	<0,25	<0,25
Roxithromycin	S	<5	0,125–8	0,5	1
Tetrazykline					
Tetrazyklin	V	25–35	2–>128	2	>128
Minozyklin	V	<20	0,25–128	0,5	128
Chinolone					
Norfloxacin	S	3	0,25–4	1	2
Enoxacin	S	3	0,25–8	1	2
Ofloxacin	S	<2	0,125–1	0,25	0,5
Ciprofloxacin	S	<1	0,06–1	0,25	0,25
Pefloxacin	S	<1	0,125–1	0,25	0,5
Fleroxacin	S	1	0,125–1	0,5	0,5

S empfindlich, *R* resistent, *V* variable Empfindlichkeit

oder Autobac, ein deutliches Problem dar. Da die Testung der Penicilline von der Keimeinsaat und der Bebrütungsdauer abhängt, wird man bei diesen Geräten oft zu niedrigeren Resistenzquoten kommen, da mit kleineren Keimeinsaaten und kurzer Inkubationsdauer gearbeitet wird [69, 82]. Auch beim Mikrobouillondilutionsverfahren muß an ein derartiges Problem gedacht werden.

Haemophilus influenzae (Tabelle 4.20)

Haemophilus influenzae gehört zu den anspruchsvollen Keimen, die als Medium entweder Isosensitest-Agar oder Mueller-Hinton-Agar mit (lysiertem) Pferdeblut brauchen. Gelegentlich wird der Zusatz von NAD (0,1%) empfoh-

Tabelle 4.20. *Haemophilus influenzae*

Wirkstoff	Res.	in %	β-Laktamase-negativ			β-Laktamase-positiv		
			MHK-Bereich	MHK 50	MHK 90	MHK-Bereich	MHK 50	MHK 90
Penicillinderivate								
Penicillin G	M	5	0,125–1	0,25	1	>128	>128	>128
Oxacillin	R	99	>128	>128	>128	>128	>128	>128
Aminopenicillin (Ampicillin)	S	2	0,125–1	0,5	0,5	4–>128	32	>128
Amoxicillin + Clavulansäure	S	<2	0,125–1	0,5	0,5	0,5–8	1	2
Ampicillin + Sulbactam	S	<2	0,125–0,5	0,125	0,125	0,125–1	0,5	1
Azlocillin	S	<2	0,125–4	0,25	0,5	0,25–16	1	2
Mezlocillin	S	<2	0,06–4	0,25	0,5	0,06–4	0,5	2
Piperacillin	S	<2	0,06–4	0,25	0,5	0,06–4	0,5	1
Ticarcillin	S	<2	0,25–32	0,25	0,5	0,25–32	4	8
Ticarcillin + Clavulansäure	S	<1	0,25–32	0,25	0,5	≤0,125	0,125	0,125
Temocillin	S	<1	0,125–1	0,5	0,5	0,125–2	0,5	0,5
Cefalosporine, orale								
Cefalotin	M	<10	0,25–16	4	16	4–16	8	16
Cefalexin	R	>85	8–128	16	64	8–>128	>64	>128
Cefaclor	M	10	0,5–16	4	8	8–128	4	8
Cefuroxim-axetil	S	<2	0,125–4	0,5	1	0,25–2	2	4
Cefalosporine, parenterale 1. und 2. Generation								
Cefotiam	S	<5	0,06–8	1	2	0,125–8	2	4
Cefazolin	M	10	1–32	8	16	4–64	8	16
Cefazedon	M	5	1–32	2	4	4–32	8	8
Cefamandol	S	<2	0,06–4	0,5	2	1–16	2	8
Cefuroxim	S	<2	0,125–4	0,5	1	0,25–2	2	4
Cefoxitin	S	<2	0,25–16	2	4	0,5–16	4	4

Tabelle 4.20. (Fortsetzung)

Wirkstoff	Res.	in %	β-Laktamase-negativ			β-Laktamase-positiv		
			MHK-Bereich	MHK 50	MHK 90	MHK-Bereich	MHK 50	MHK 90
Cefalosporine, 3. Generation								
Cefotaxim	S	<1	≤0,06	0,06	0,06	≤0,06	0,06	0,06
Cefmenoxim	S	<1	≤0,06	≤0,06	0,06	0,06–8	0,06	0,06
Ceftriaxon	S	<1	≤0,06	≤0,06	≤0,06	≤0,06	≤0,06	≤0,06
Cefotetan								
Ceftizoxim	S	<1	≤0,06	≤0,06	≤0,06	≤0,06	≤0,06	≤0,06
Cefoperazon	S	<1	≤0,06	≤0,06	≤0,06	0,5–8	0,125	0,5
Latamoxef	S	<1	≤0,06	≤0,06	≤0,06	0,06–0,125	0,06	0,125
Ceftazidim	S	<1	≤0,015–0,06	<0,06	<0,06			
Cefsulodin	R	>90	8–128		128	4–128	64	128
Cefixim	S	<1	≤0,025–0,25	0,06	0,06	<0,06–0,25	0,06	0,125
Carbapeneme								
Imipenem	S	<5	0,015–16		2	0,125–8	2	8
Monobactame								
Aztreonam	S	<1	<0,06	<0,06	<0,6	<0,06	<0,06	<0,06

Tabelle 4.20. (Fortsetzung)

Wirkstoff	Res.	in %	MHK-Bereich	MHK 50	MHK 90
Aminoglykoside	S	10	0,125– >128	0,25	8
Gentamicin	S	10	0,125– >128	0,25	4
Tobramycin	S	7	0,125– >128	1	4
Netilmicin	S	<5	0,25– >128	1	4
Amikacin					
Varia					
Chloramphenicol	S	<5	0,25–16	1	16
Colistin	S	<1	0,06–1	0,25	0,5
Teicoplanin					
Vancomycin					
Rifampicin	S	1–5	≤0,06–16	0,25	0,5
Sulfonamid					
+Trimethoprim	S	1–5	0,125–64	0,5	1
Metronidazol	R	>99	>128	>128	>128
Makrolide					
Clindamycin	R	>95	0,125–64	>32	64
Lincomycin	R	>95	4–64	>32	64
Erythromycin	S	<10	0,125–32	4	16
Roxithromycin	S		0,5–16	2	4
Tetrazykline					
Tetrazyklin	S	5	0,25–16	0,5	1
Minozyklin	S	5	0,25–16	0,5	1
Chinolone					
Norfloxacin	S	<1	0,03–0,125	0,06	0,06
Enoxacin	S	<1	0,004–0,5	0,125	0,125
Ofloxacin	S	<1	0,015–0,06	0,03	0,03
Ciprofloxacin	S	<1	0,008–0,06	0,015	0,015
Pefloxacin	S	<1	0,03–0,06	0,03	0,06
Fleroxacin	S	<1	0,03–0,125	0,06	0,125

S empfindlich, *R* resistent, *V* variable Empfindlichkeit, *M* mäßige Empfindlichkeit

len [59]. Da allerdings für die Testung auf diesen Medien keine Regressionsgrade vorliegen, bzw. sich keine lineare Regression ermitteln läßt, hat der Agardiffusionstest nur bedingten Wert [68]. Hier empfiehlt sich daher der Einsatz des Agardilutions- bzw. Mikrobouillonverdünnungstests [17, 72]. Bei den Penicillinen wird die Resistenz durch vorwiegend plasmidgebundene β-Laktamasen, hauptsächlich TEM β-Laktamasen, die durch Clavulansäure hemmbar sind, bewirkt (Tabelle 4.20).

Die Verteilung β-Laktamase-bildender *Haemophilus*-Stämme ist regional unterschiedlich [59a]; in der BRD liegt die Häufigkeit bei 2% bzw. 1% bei Kindern/Jugendlichen unter 15 Jahren (Tabelle 4.21).

Dies steht im Gegensatz zu Ergebnissen in den USA [29]; aus diesem Grunde wird als Bestätigungstest für die Aminopenicillinempfindlichkeit der Ausschluß der β-Laktamaseproduktion gefordert. Insbesondere scheint dies für die Dilutionstests wichtig zu sein. Auch β-Laktamase-negative Stämme

Tabelle 4.21. Regionale Häufigkeit der β-Laktamase-bildenden *Haemophilus influenzae*-Stämme (nach [59a])

	Alter < 15 Jahre	> 15 Jahre
Belgien	40%	15%
BRD	1%	2%
Frankreich	10%	13%
Großbritannien	15%	9%
Niederlande	13%	0%
Spanien	40%	21%
Schweiz	9%	4%
Österreich	6%	5%

haben eine herabgesetzte Empfindlichkeit gegenüber Penicillin G- oder V-Präparaten. Aus der Cefalosporinreihe sind alle oralen Chemotherapeutika außer Cefaclor gegenüber *Haemophilus influenzae* unwirksam, jedoch die der 3. und 4. Generation der Cefalosprine hochwirksam [18]. Eine natürliche Resistenz weist *Haemophilus influenzae* gegenüber Clindamycin und Lincomycin auf, ebenso gegenüber Peptidantibiotika wie Bacitracin. Als schwierig erweist sich oft die Testung bei den Sulfonamid- und Trimethoprimpräparaten, deren Resistenz zwischen 0–52% angegeben wird [17, 59]. Diese Resistenzen sind zumindest teilweise auf Thymidin als Trimethoprimantagonist zurückzuführen. Aus diesem Grunde wird zur Testung die Verwendung von Thymidin-armen Medien empfohlen sowie zusätzlich die Verwendung von lysiertem Pferdeblut, das durch die Thymidin-Phosphorylase Thymidin abbaut und dessen Wirkung als Antagonist mindert. Für die Testung auf CO_2-Agar liegen aufgrund einer unsicheren Korrelation zwischen MHK und Hemmhofgröße keine verläßlichen Werte vor, so daß das Medium von einigen Autoren als Testmedium für *Haemophilus influenzae* abgelehnt wird.

Branhamella catarrhalis (Tabelle 4.22)

Zunehmend wird *Branhamella catarrhalis* als pathogener Keim bei Infektionen der oberen und unteren Luftwege erkannt und damit vermehrt getestet. Bei der Testung dieses Keimes liegen Testprobleme vor, die denen bei *Haemophilus influenzae* vergleichbar sind. In einigen Ländern, wie z. B. den USA, hat ein erheblicher Anteil der Isolate [28] eine konstitutive, an den Bakterienkörper gebundene β-Laktamase mit einem von den meisten anderen β-Laktamase-Typen abweichenden Substratprofil [30]. Aus diesem Grund kann die β-Laktamase von Branhamella nicht mit jedem β-Laktamase-Test überprüft werden [30]. Als geeignet hat sich der Nitrocefin-Test erwiesen, während der jodometrische Test oder Ansätze mit anderen chromogenen Cefalosporinen falsch negative Reaktionen ergeben können. Die Branhamella-β-Laktamase weicht nicht nur vom Substratprofil der klassischen β-Laktamasen wie TEM 1, OXA

1 u.ä. ab, sondern auch in ihrer Bedeutung für die In-vitro- und In-vivo-Resistenz [32]. Es konnten β-Laktamase-bildende Stämme isoliert werden, die gegenüber Ampicillin eine MHK von 0,06–<1,0 mg/l aufwiesen. Deshalb wurde von der NCCLS [5] vorgeschlagen, Stämme mit einer MHK von <0,06 mg/l als empfindlich, von 0,06 mg/l bis <1,0 mg/l als mäßig empfindlich und >1,0 mg/l als Ampicillin-resistent zu bezeichnen. Kürzlich wurde von Doern und Tubert [31] vorgeschlagen, Stämme (im Agardiffusionstest mit 10 µg Ampicillin Testblättchen) mit Hemmhöfen >38 mm als empfindlich, 20–37 mm als mäßig empfindlich und <20 mm als Ampicillin-resistent festzulegen.

Als Substrat zur Testung eignet sich Mueller-Hinton-Agar mit Tierblut. Wichtig ist, daß bei der Inkubation 35 °C eingehalten werden und das Temperaturmaximum nicht überschritten wird. Dieses sollte ebenfalls für die Agardilutionstests gelten.

Branhamella ist gegenüber Cefalosporinen, insbesondere auch der 4. Generation, Carbapeneme, Thienamycin, Fluorchinolone und Aminoglykoside empfindlich. Überwiegend wirksam sind Erythromycin, Tetrazykline, Trimethoprim und Sulfonamid. Fast ausschließlich unwirksam trotz eines „Scheinhemmhofes“ sind Clindamycin, Lincomycin, Vancomycin, Bacitracin und Trimethoprim.

Escherichia coli (Tabelle 4.23)

Typisch für *Escherichia coli* ist seine geringe prozentuale Resistenz. Ca. 40% aller *Escherichia coli*-Stämme tragen Resistenzplasmide, die u.a. bei β-Laktam-Antibiotika Resistenzen bewirken [86]. Für den überwiegenden Anteil der Resistenzen gegenüber β-Laktam-Antibiotika liegt die Erbinformation auf Plasmiden; so sind 75–80% der β-Laktamasen des Typs TEM 1 auf R-Plasmiden und 10% auf den Chromosomen kodiert. Typisch für dieses Enzym ist die niedrige Hydrolyserate der Cefalosporine der 1. Generation bei niedrigen Inokulumdichten sowohl bei Reihenverdünnungs- als auch bei Agardiffusionstests. Dichte Inokula lassen dann die MHK-Werte um mehrere Stufen ansteigen. Weitere 10% der Resistenzen werden durch OXA 1β-Laktamasen, die ebenfalls chromosomal kodiert sind, bewirkt. Dieser Typ hydrolisiert nicht nur Aminopenicilline, sondern auch Acylureidopenicilline wie Mezlocillin. Aus diesen Gründen wurde von Marre [60] vorgeschlagen, das Testergebnis von Ampicillin zur Bewertung von Mezlocillin und Piperacillin bei OXA 1-bildenden Stämmen hinzuzuziehen. Im Agardiffuionstest wird durch Bildung von „Scheinhemmhöfen“ aufgrund des sterisch bedingten langsameren Abbaus dieser Präparate eine Empfindlichkeit vorgetäuscht. Ein weiterer Gesichtspunkt, der das Resistenzverhalten bei *Escherichia coli*-, *Enterobacter*- und *Pseudomonas*-Stämmen beeinflußt, ist der intrazelluläre Aufbau von Wirkkonzentrationen des Antibiotikums. Die Therapeutika gelangen mittels Diffusion durch Porinkanäle in der äußeren Membrane in den periplasmatischen Raum. Molekülgrößen und Hydrophobizität der Antibiotika beeinflussen u.a. die

Tabelle 4.22. *Branhamella catarrhalis* (nach [29])

Wirkstoff	Res.	in %	β-Laktamase-negativ			β-Laktamase-positiv		
			MHK-Bereich	MHK 50	MHK 90	MHK-Bereich	MHK 50	MHK 90
Penicillinderivate								
Penicillin G			0,004–0,06	0,008	0,3	0,015–4	2	2
Aminopenicillin (Ampicillin)			0,004–0,125	0,008	0,06	0,03–4	2	2
Amoxicillin + Clavulansäure			0,004–0,125	0,015	0,06	0,06–0,25	0,06	0,25
Ampicillin + Sulbactam			0,004–0,125	0,015	0,06	0,008–0,25	0,03	0,25
Azlocillin			0,125–0,5	0,125	0,25	0,125–0,5	0,25	0,5
Mezlocillin			0,125–0,5	0,25	0,5	0,125–0,5	0,25	0,5
Piperacillin			0,125–0,5	0,125	0,5	0,125–1	0,25	0,5
Ticarcillin			0,125–0,5	0,125	0,5	0,5–4	2	4
Ticarcillin + Clavulansäure			0,125–0,5	0,125	0,5	0,125–1	0,25	0,5
Cefalosporine, orale								
Cefalotin			0,5–1	1	1	1–8	4	8
Cefalexin			2–4	2	4	1–4	4	4
Cefaclor			0,125–0,5	0,125	0,5	0,125–2	1	2
Cefuroxim-axetil			0,25–2	0,5	1	0.5–4	2	2
Cefalosporine, parenterale								
Cefamandol			0,5–2	1	1	0,5–8	4	8
Cefuroxim			0,25–2	0,5	1	0,5–4	2	2
Cefoxitin			0,125–0,25	0,125	0,25	0,125	0,25	0,5
Cefalosporine, 3. Generation								
Cefotaxim			0,03–1	0,06	1	0,06	0,5	1
Ceftriaxon			0,004–0,25	0,004	0,25	0,004–1	0,5	1
Ceftizoxim			0,004–0,25	0,03	0,25	0,008–0,5	0,25	0,5
Cefoperazon			0,125–1	0,125	1	0,125–2	0,5	2
Latamoxef			0,004–0,008	0,004	0,008	0,004–0,015	0,008	0,008
Ceftazidim			0,004–0,25	0,03	0,25	0,008	0,06	0,25
Cefixim			0,03–0,5	0,06	0,5	0,03–1	0,25	0,5

Carbapeneme								
Imipenem			0,03–1	0,125	0,25	0,03–1	0,125	0,25
Monobactame								
Aztreonam			0,125–4	0,25	2	0,125–16	1	2
Aminoglykoside								
Gentamicin	S		0,06–0,5	0,125	0,25	0,06–0,25	0,125	0,25
Tobramycin	S		0,125–0,5	0,125	0,25	0,06–0,25	0,125	0,25
Netilmicin	S		0,5	0,5	0,5	0,25–0,5	0,5	0,5
Amikacin	S		0,125–2	0,5	1	0,125–1	0,5	1
Varia								
Chloramphenicol	S		0,25–1	0,5	0,5	0,125–0,5	0,5	0,5
Colistin								
Teicoplanin								
Vancomycin								
Rifampicin	S		0,008–0,25	0,03	0,03	0,008–0,06	0,03	0,03
Sulfonamid + Trimethoprim	S		0,015–0,25	0,125	0,25	0,03–0,25	0,125	0,25
Metronidazol	R	> 99	> 128	> 128	> 128			
Makrolide								
Clindamycin	V	> 50	1– > 32	2	4			
Lincomycin	V	> 50	1– > 32	2	4			
Erythromycin	S	< 5	0,015–1	0,06	0,25	0,03–0,25	0,125	0,125
Roxithromycin	S	< 5	0,125–2	0,5	1			
Tetrazykline								
Tetrazyklin	S	< 5	0,125–1	0,25	0,5	0,25–0,5	0,25	0,5
Minozyklin								
Chinolone								
Norfloxacin	S	< 1	0,125–0,5	0,5	0,5			
Enoxacin	S	< 1	0,125–0,25	0,25	0,25			
Ofloxacin	S	< 1	0,06–1	0,125	0,25			
Ciprofloxacin	S	< 1	0,004–0,5	0,06	0,125	0,004–0,015	0,008	0,015
Pefloxacin	S	< 1	0,06–0,25	0,125	0,25	0,125–0,25	0,125	0,25
Fleroxacin	S	< 1	0,125	0,125	0,125			

S empfindlich, *R* resistent, *V* variable Empfindlichkeit

Tabelle 4.23. *Escherichia coli*

Wirkstoff	Res.	in %	β-Laktamase-negativ			β-Laktamase-positiv		
			MHK-Bereich	MHK 50	MHK 90	MHK-Bereich	MHK 50	MHK 90
Penicillinderivate								
Penicillin G	R	>99	>128	>128	>128	>128	>128	>128
Oxacillin	R	>99	>128	>128	>128	>128	>128	>128
Aminopenicillin (Ampicillin)	S	20	0,25–>128	2	>128	32–>128	>128	>128
Amoxicillin+Clavulansäure	S	<5	0,25–>128	2	32	4–>128	16	64
Ampicillin+Sulbactam	S	<5	1–>128	1	4			
Azlocillin	S	15	4–64	2	8	4–>128	32	>128
Mezlocillin	S	<10	0,5–>128	2	4	1–>128	16	>128
Piperacillin	S	5	0,25–>128	1	4	1–>128	8	>128
Ticarcillin	S	15	1–>128	2	8	16–>128	64	>128
Ticarcillin+Clavulansäure	S	5	2–>128	2	8	4–>128	16	64
Temocillin	S	1	0,5–32	2	4	0,5–32	4	8
Cefalosporine, orale								
Cefalotin	S	<10	2–16	8	8	8–>128	32	>64
Cefalexin	S	5	2–8	4	8	2–>128	>64	>128
Cefaclor	S	5	0,125–4	0,5	1	2–>128	32	128
Cefuroxim-axetil	S	3	0,5–8	2	4	2–64	8	16
Cefalosporine, parenterale 1. und 2. Generation								
Cefotiam	S	3	0,03–8	≤0,125	0,125	2–>128	8	16
Cefazolin	S	5	1–8	2	4	2–>128	8	64
Cefazedon	S	5	1–8	2	4	2–>128	8	64
Cefamandol	S	3	0,5–8	2	4	2–>128	16	128
Cefuroxim	S	3	0,5–8	2	4	2–64	8	16
Cefoxitin	S	3	1–8	2	4	2–128	8	32

Cefalosporine, 3. Generation								
Cefotaxim	S	<1	<0,06–0,125	0,06	0,125	<0,06–4	0,125	0,5
Cefmenoxim	S	<1	≤0,01–0,25	0,06	0,125	0,06–2	0,125	0,5
Ceftriaxon	S	<1	<0,06–0,125	≤0,06	0,125	0,06–8	0,125	0,5
Cefotetan	S	<1	<0,06–1	0,25	0,5	0,125–16	0,5	4
Ceftizoxim	S	<1	<0,06–0,125	0,06	0,125	<0,06–4	0,125	0,5
Cefoperazon	S	<1	0,06–0,5	0,125	0,5	0,25–128	8	32
Latamoxef	S	<1	<0,06–0,125	0,06	0,25	0,06–8	0,25	0,5
Ceftazidim	S	<1	0,06–0,25	0,125	0,25	0,125–8	0,25	0,5
Cefsulodin	R	>90	32–128	64	>128	64–>128	>64	>128
Cefixim	S	<5	0,06–128	0,5	4			
Carbapeneme								
Imipenem	S	<1	0,06–0,25	0,125	0,25	0,125–32	0,25	0,5
Monobactame								
Aztreonam	S	<1	≤0,06–8	0,06	0,125			

(Tabelle 4.23. Fortsetzung auf S. 320)

Tabelle 4.23. (Fortsetzung)

Wirkstoff	Res.	in %	MHK-Bereich	MHK 50	MHK 90
Aminoglykoside					
Gentamicin	S	1	0,06–16	0,5	1
Tobramycin	S	1	0,2–128	0,5	1
Netilmicin	S	<1	0,125–16	0,25	0,25
Amikacin	S	<1	0,125–8	1	4
Varia					
Chloramphenicol	S	17	2–64	4	32
Colistin	S	1	≤0,06–4	4	16
Teicoplanin	R	>99	>128	>128	>128
Vancomycin	R	>99	>128	>128	>128
Rifampicin					
Sulfonamid + Trimethoprim	S	20	0,25– >128	1	8
Metronidazol	R	>99	>128	>128	>128
Makrolide					
Clindamycin	R	>99	>128	>128	>128
Lincomycin	R	>99	>128	>128	>128
Erythromycin	R	>99	16– >128	32	>128
Roxithromycin	R	>99	>128	>128	>128
Tetrazykline					
Tetrazyklin	S	25	0,25– >64	2	32
Minozyklin	S	20	0,25–64	0,5	16
Chinolone					
Norfloxacin	S	<1	0,03–1	0,06	0,25
Enoxacin	S	<1	0,06–2	0,125	0,5
Ofloxacin	S	<1	0,015–1	0,06	0,25
Ciprofloxacin	S	<1	0,004–1	0,03	0,125
Pefloxacin	S	<1	0,06–2	0,125	0,5
Fleroxacin	S	<1	0,03–2	0,125	1

S empfindlich, *R* resistent

Diffusionsgeschwindigkeit durch die Membrane. So zeigt Cefalotin eine sehr niedrige Diffusionsrate, während z. B. Imipenem eine der höchsten Raten aufweist [64, 65, 101].

Rasch diffundierende Antibiotika finden sich innerhalb kurzer Zeit in hoher Konzentration im periplasmatischen Raum. Die vorhandenen β-Laktamasen werden abgesättigt, und ein Teil der Moleküle kann an seinen Wirkort gelangen, was nicht der Fall wäre, wenn die Hydrolyserate dem Zustrom neuer Antibiotikamoleküle entsprechen würde.

Zur Absicherung der Testergebnisse gegenüber Penicillinen und Cefalosporinen kann der Nachweis der β-Laktamase durchgeführt werden. In der Zwischenzeit ist eine Vielzahl von kommerziellen Tests, „kits", auf dem Markt; jedoch besteht die Möglichkeit, mittels einfacher Verfahren β-Laktamasen nachzuweisen. Der azidimetrische Test ist empfindlicher als der jodometrische Test, jedoch weniger zuverlässig als der β-Laktamasenachweis mit chromogenen Cefalosporinen [42]. Im folgenden ist der azidimetrische Test angegeben [8].

1. 2 ml einer 0,5%-igen Phenolrotlösung mit 16,6 ml Wasser verdünnen.
2. In dieser Lösung 20 × 10^6 I.E. Penicillin G lösen.
3. Mit 1 N NaOH auf pH 8,5 einstellen (die Lösung ist eingefroren 1 Woche haltbar).
4. Eine Kapillare zur Hälfte mit der Pencillin-Phenolrotlösung füllen.
5. Eine Testkolonie in die Kapillaren aufnehmen.
6. Eine Stunde bei Zimmertemperatur inkubieren.
7. Farbumschlag nach gelb als positiv beurteilen.

Klebsiella spp. (Tabelle 4.24)

Klebsiellen tragen in über 65% R-Plasmide, die Ampicillinresistenzen bewirken [12]. Diese Gene kodieren eine β-Laktamase, die als Substrat neben Aminopenicillin auch Ureidopenicilline, wie Mezlocillin und Piperacillin, allerdings sterisch bedingt, langsamer hydrolysiert [51]. Ebenso werden die Cefalosporine der 1. Generation angegriffen. Hier sollte die Bewertung auch bei scheinbar genügend großen Hemmhöfen als mäßig sensibel erfolgen (vgl. *Escherichia coli* S. 315, 321).

Aufgrund der starken Schleimbildung bei einigen Klebsiellen spp. kann die Keimeinsaat schwer standardisierbar sein, so daß das Inokulum z. T. höher und der Rasen dichter ist. Dies muß beim Ausmessen und Beurteilen der Hemmhofgrößen berücksichtigt werden.

Pseudomonas aeruginosa (Tabelle 4.25)

Pseudomonas aeruginosa stellt in der Klinik und im Testlabor ein erhebliches Problem dar. Zum einen ruft er oft schwerwiegende Erkrankungen hervor, zum anderen besteht gegen eine überwiegende Anzahl von Medikamenten eine

Tabelle 4.24. *Klebsiella pneumoniae*

Wirkstoff	Res.	in %	β-Laktamase-negativ			β-Laktamase-positiv		
			MHK-Bereich	MHK 50	MHK 90	MHK-Bereich	MHK 50	MHK 90
Penicillinderivate								
Penicillin G	R	>99	>128	>128	>128	>128	>128	>128
Oxacillin	R	>99	>128	>128	>128	>128	>128	>128
Aminopenicillin (Ampicillin)	R	95	1–64	4	8	16–>128	64	>128
Amoxicillin + Clavulansäure	S	2–10	1–32	4	8	2–64	4	16
Ampicillin + Sulbactam	S	<10	1–128	1	4			
Azlocillin	V	60–70	1–128	8	32	4–>128	>128	>128
Mezlocillin	V	50–60	2–128	4	8	2–>128	16	>128
Piperacillin	V	50–60	1–128	4	8	1–>128	16	>128
Ticarcillin	S	20	2–128	4	16	>128	>128	>128
Ticarcillin + Clavulansäure	S	5	0,5–32	2	8	1–>128	2	64
Temocillin	S	5	2–8	1	4	2–16	2	8
Cefalosporine, orale								
Cefalotin	M	10–15	1–128	16	128	2–>128	64	>128
Cefalexin	M	10–15	2–128	8	16	2–>128	>128	>128
Cefaclor	M	10	1–128	4	8	2–>128	>128	>128
Cefuroxim-axetil	S	<10	1–64	2	4	1–128	8	16
Cefalosporine, parenterale 1. und 2. Generation								
Cefotiam	M	<5	0,06–64	0,125	0,125	0,25–>128	16	>128
Cefazolin	M	10–15	0,5–128	8	64	0,5–>128	8	>128
Cefazedon	M	10–15	0,5–128	8	64	0,5–>128	8	>128
Cefamandol	S	10	1–128	8	128	1–>128	8	128
Cefuroxim	S	<10	1–64	2	4	1–>128	8	16
Cefoxitin	S	<10	1–128	8	32	2–>128	8	32

Cefalosporine, 3. Generation								
Cefotaxim								
Cefmenoxim	S	<1	0,06–2	0,06	0,25	0,06–2	0,06	0,5
Ceftriaxon	S	1	<0,06–4	0,125	0,5	0,06–8	0,125	1
Cefotetan	S	1	0,06–1	0,25	0,5			
Ceftizoxim	S	1	0,125–2	0,125	0,5	0,06–4	0,125	0,5
Cefoperazon	S	10–15	0,125–128	0,25	32	0,125–128	32	64
Latamoxef	S	<1	<0,06–4	0,125	1	0,125–4	0,125	1
Ceftazidim	S	<1	0,06–8	0,25	1	≤0,06–4	0,125	1
Cefsulodin	R	>95	64–128	128	128	64–>128	128	>128
Cefixim	S	<1	0,03–0,5	0,125	0,25			
Carbapeneme								
Imipenem	S	<1	≤0,06–1	0,06	0,5	0,125–16	0,5	1
Monobactame								
Aztreonam	S	<1	0,125–4	0,06	0,25	1–4	1	2

(Tabelle 4.24. Fortsetzung auf S. 324)

Tabelle 4.24. (Fortsetzung)

Wirkstoff	Res.	in %	MHK-Bereich	MHK 50	MHK 90
Aminoglykoside					
Gentamicin	S	5–20	0,125–128	0,5	32
Tobramycin	S	5–20	0,125–32	0,5	8
Netilmicin	S	<5	0,125–32	0,5	8
Amikacin	S	<1	0,25–16	1	2
Varia					
Chloramphenicol	S	20	1–64	8	64
Colistin	S	2	2–32	4	16
Teicoplanin	R	>99	>128	>128	>128
Vancomycin	R	>99	>128	>128	>128
Rifampicin	R	>99	8–>128	64	>128
Sulfonamid + Trimethoprim	S	15–30	0,25–>128	1	4
Metronidazol	R	>99	>128	>128	>128
Makrolide					
Clindamycin	R	>99	>128	>128	>128
Lincomycin	R	>99	>128	>128	>128
Erythromycin	R	>99	>128	>128	>128
Roxithromycin	R	>99	>128	>128	>128
Tetrazykline					
Tetrazyklin	S	15	1–>128	4	32
Minozyklin	S	15	1–>128	4	32
Chinolone					
Norfloxacin	S	<1	<0,125–8	0,125	0,5
Enoxacin	S	<1	0,125–32	0,125	0,5
Ofloxacin	S	<1	0,06–1	0,125	0,5
Ciprofloxacin	S	<1	0,008–4	0,03	0,25
Pefloxacin	S	<1	0,015–1	0,125	0,5
Fleroxacin	S	<1	0,06–2	0,125	1

S empfindlich, *R* resistent, *V* variable Empfindlichkeit, *M* mäßige Empfindlichkeit

Tabelle 4.25. *Pseudomonas aeruginosa*

Wirkstoff	Res.	in %	Carbenicillin-sensibel			Carbenicillin-resistent		
			MHK-Bereich	MHK 50	MHK 90	MHK-Bereich	MHK 50	MHK 90
Penicillinderivate								
Penicillin G	R	>99	>128	>128	>128	>128	>128	>128
Oxacillin	R	>99	>128	>128	>128	>128	>128	>128
Aminopenicillin (Ampicillin)	R	>99	64->128	>128	>128	>128	>128	>128
Amoxicillin + Clavulansäure	R	>99	64->128	>128	>128	>128	>128	>128
Ampicillin + Sulbactam	R	>99	64->128	>128	>128	>128	>128	>128
Azlocillin	S	15	1->128	8	64	16->128	64	>128
Mezlocillin	M	40	2->128	64	>128	16->128	64	>128
Piperacillin	S	5	0,5-64	4	16	16->128	64	>128
Ticarcillin	S	20	0,5->128	16	32	64->128	>128	>128
Ticarcillin + Clavulansäure	S	<5	0,5->128	16	32			
Temocillin	S	<5	64->128	16	>128	64->128	64	>128
Cefalosporine, orale								
Cefalotin	R	>99	>128	>128	>128	>128	>128	>128
Cefalexin	R	>99	>128	>128	>128	>128	>128	>128
Cefaclor	R	>99	>128	>128	>128	>128	>128	>128
Cefuroxim-axetil	R	>99	16->128	>128	>128	>128	>128	>128
Cefalosporine, parenterale 1. und 2. Generation								
Cefotiam	R	>99	>128	>128	>128	>128	>128	>128
Cefazolin	R	>99	>128	>128	>128	>128	>128	>128
Cefazedon	R	>99	>128	>128	>128	>128	>128	>128
Cefamandol	R	>99	16->128	>128	>128	>128	>128	>128
Cefuroxim	R	>99	16->128	>128	>128	>128	>128	>128
Cefoxitin	R	>99	16->128	>128	>128	>128	>128	>128

Tabelle 4.25. (Fortsetzung)

Wirkstoff	Res.	in %	MHK-Bereich	MHK 50	MHK 90			
Cefalosporine, 3. Generation								
Cefotaxim	M	10	4–>128	16	64	32–>128	128	>128
Cefmenoxim	V	50	2–>128	16	32	16–>128	32	>128
Ceftriaxon	V	50	2–>128	16	32			
Cefotetan						4–>128	>128	>128
Ceftizoxim	V	50	4–>128	32	32			
Cefoperazon	M	10	1–32	4	16	8–>128	32	128
Latamoxef	M	10	2–>128	16	64	16–>128	32	128
Ceftazidim	S	5	1–16	4	4	2–32	4	16
Cefsulodin	S	5	<0,5–8	2	8	2–64	8	16
Cefixim	R	>99	8–>128	>128	>128			
Carbapeneme								
Imipenem	S	5	0,25–16	1	2	0,25–128	2	4
Monobactame								
Aztreonam	M	5–20	0,25–>32	4	16			

Tabelle 4.25. (Fortsetzung)

Wirkstoff	Res.	in %	MHK-Bereich	MHK 50	MHK 90
Aminoglykoside					
Gentamicin	S	10	0,125 – > 128	0,25	16
Tobramycin	S	10	0,125 – > 128	0,5	4
Netilmicin	S	7	0,125 – > 128	1	4
Amikacin	S	< 5	0,25 – > 128	1	4
Varia					
Chloramphenicol	R	> 95	4 – > 128	> 64	> 128
Colistin	S	1	1 – 32	2	8
Teicoplanin	R	> 99	> 128	> 128	> 128
Vancomycin	R	> 99	> 128	> 128	> 128
Rifampicin	R	> 99	> 128	> 128	> 128
Sulfonamid + Trimethoprim	R	> 99	4 – > 128	> 128	> 128
Metronidazol	R	> 99	> 128	> 128	> 128
Makrolide					
Clindamycin	R	> 99	> 128	> 128	> 128
Lincomycin	R	> 99	> 128	> 128	> 128
Erythromycin	R	> 99	> 128	> 128	> 128
Roxithromycin	R	> 99	> 128	> 128	> 128
Tetrazykline					
Tetrazyklin	R	> 99	16 – > 128	64	> 128
Minozyklin	R	> 99	16 – > 128	64	> 128
Chinolone					
Norfloxacin	S	10	0,125 – 32	1	2
Enoxacin	S	10	0,25 – 64	1	4
Ofloxacin	S	< 10	0,25 – 8	1	4
Ciprofloxacin	S	< 5	0,03 – 2	0,25	0,5
Pefloxacin	S	< 10	1 – 16	2	8
Fleroxacin	S	< 5	1 – 8	2	4

S empfindlich, *R* resistent, *V* variable Empfindlichkeit, *M* mäßige Empfindlichkeit

natürliche Resistenz, z. B. gegen Penicilline und Cefalosporine (außer einigen der 3. Generation), sowie gegen Tetrazyklin, Trimethoprim und Harnwegstherapeutika (außer denen der 2. Generation der Gyrasehemmer). Daher ist ein sicheres Erfassen der Empfindlichkeitssituation der therapeutischen Antibiotika wesentlich.

Tetrazyklin und Pipemidsäure zeigen insbesondere auf Isosensitest- und Diagnostic-Sensitivity-Test-Agar gelegentlich Hemmhöfe, die nach Ermittlung der MHK-Werte als resistent zu beurteilen sind. Um Fehlinterpretationen zu vermeiden, empfiehlt es sich, Antibiotika mit schwacher Restaktivität, z. B. Tetrazyklin und Pipemidsäure, sowie unwirksame Antibiotika gegenüber *Pseudomonas aeruginosa* nicht zu testen, sondern sich auf Therapeutika mit bekannter Pseudomonasaktivität zu beschränken. Bei den Pseudomonas-aktiven Antibiotika treten bei den Aminoglykosiden, seltener aber bei den neuen Gyrasehemmern, Testprobleme auf. Nach wiederholter Gabe von Gyrasehemmern kann durch Selektion resistenter Mutanten in mehreren Schritten der MHK-Wert um ein bis mehrere Konzentrationsstufen ansteigen; die Resistenzentwicklung wird jedoch nicht durch ein Plasmid bedingt [77]. Die Empfindlichkeitsabnahme geht nicht in allen Fällen mit einer signifikanten Verkleinerung der Hemmhöfe im Agardiffusionstest einher.

Ein bekanntes und vielfach untersuchtes Problem stellt die Erfassung der Empfindlichkeit von *Pseudomonas aeruginosa* gegenüber Aminoglykosiden dar. Die Testergebnisse variieren nicht nur von Medium zu Medium, sondern auch von Charge zu Charge (Abb. 4.15, [90]). Als Grund hierfür wurde der Einfluß von Kalzium und Magnesium bzw. deren Phosphatverbindungen auf die Wirkung von Aminoglykosiden angesehen [88]. Deshalb wurden Medien konzipiert (Isosensitest- und Diagnostic-Sensitivity-Test-Agar) [19], in denen Kalzium und Magnesium auf humanphysiologische Konzentrationen angehoben werden. Diese Medien zeigen deutlich größere Hemmhöfe auf als die nicht supplementierten Mueller-Hinton-Medien. Diese einfache Vorstellung ist jedoch nicht mehr haltbar, da inzwischen Untersuchungen auf die Mitwirkung einer Vielzahl von Faktoren hinweisen, wie z. B. auf die Polysaccharidkapsel [36], Membranpermeabilitätseigenschaften [21] und Wachstumsverhalten. Ähnlich der Situation bei Enterobacter kommt der herabgesetzten Membranpermeabilität für Antibiotika im Resistenzverhalten von *Pseudomonas aeruginosa* eine deutliche Rolle zu [86]. Divalente Ionen wie Kalzium und Magnesium, aber auch Kobalt und Eisen beeinflussen durch die Bindung der Aminoglykoside an die Polysaccharidkapseln, die wie ein Ionenaustauscher wirken, die Permeation von Aminoglykosidmolekülen in die Zellen.

Da, wie bereits erläutert, die Testung von *Pseudomonas aeruginosa* gegenüber Aminoglykosiden deutlichen Fehlerquellen unterliegt, wurde von Woolfrey und Mitarbeitern das Konzept der variablen Empfindlichkeitskategorie vorgeschlagen [98, 100]. Das Testergebnis von Gentamicin ist allerdings nicht in allen Fällen auf die anderen Aminoglykoside zu übertragen. Es gibt hier im Einzelfall deutliche Unterschiede in der Aktivitätsreihe der Aminoglykoside; im Zweifelsfall muß jedes einzelne Aminoglykosid getestet werden.

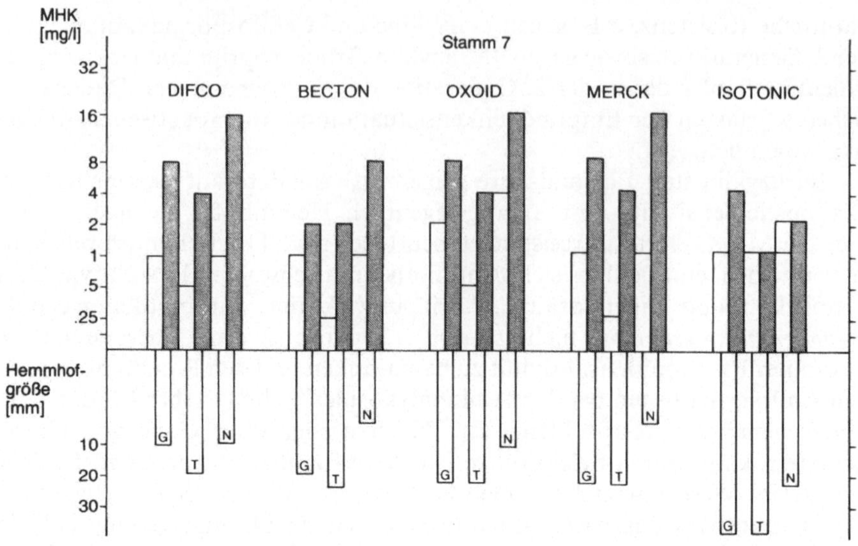

Abb. 4.15. Abhängigkeit der MHK von Methodik und Testmedien für *Pseudomonas aeruginosa* gegenüber Aminoglykosiden. Für einen *Pseudomonas*-Stamm wurden entsprechend der DIN-Norm 58940 MHK-Werte im Agardilutionstest und im Makrobouillondilutionstest sowie die Hemmhofdurchmesser im Agardilutionstest für Gentamicin *G*, Tobramycin *T* und Netilmicin *N* auf Mueller-Hinton-Agar der Hersteller Difco, Frankfurt; Becton und Dickinson, Heidelberg; Oxoid, Wesel; Merck, Darmstadt sowie Isotonic-Medium von Oxoid, Wesel, ermittelt. Die Graphik spiegelt die Abhängigkeit der Testergebnisse für *Pseudomonas aeruginosa* gegenüber Aminoglykosiden von Methodik und Testmedium wider [90]

Ebenso wie der Agardiffusionstest ist auch die Austestungs- und MHK-Wertermittlung in den Verdünnungstests mit erheblichen Problemen verbunden. So haben Aminoglykoside, aber auch andere Therapeutika, im Agardilutionstest und Mikrobouillonverdünnungstest um 1–2 Konzentrationsstufen niedrigere MHK-Werte als im Makrobouillonverdünnungstest. Der Agardilutionstest ist bei *Pseudomonas aeruginosa* zuverlässiger als der Mikrobouillonverdünnungstest. Kurzzeittests weisen eine zusätzliche Fehlerquelle auf [97].

***Proteus* spp., *Providencia* spp., *Rettgerella* spp. und *Morganella* spp.** (Tabelle 4.26, 4.27)

Providencia, *Rettgerella* und *Morganella* werden zusammen mit Proteusarten besprochen, da sie sich in ihrem Resistenzverhalten im wesentlichen gleichsinnig verhalten.

Aus dieser Gruppe fällt *Proteus mirabilis* deutlich heraus. Abgesehen von der natürlichen Resistenz dieser Gruppe gegenüber Tetrazyklin, Nitrofurantoin und Peptidantibiotika, wie Colistin und Polymyxin B, ist er ein sensibler Keim (Tabelle 4.27) [52]. Gelegentlich schwärmt *Proteus* auf feuchten Platten in den Hemmhof und erweckt so den Eindruck von Resistenzen. Hier muß unbedingt der primäre Hemmhof berücksichtigt werden. Anders verhält sich die Situation bei Tetrazyklin und Nitrofurantoin, bei denen gelegentlich Hemmhöfe, insbesondere auf Isosensitest-Agar, vorgefunden werden, obwohl Proteusarten eine natürliche Resistenz gegenüber diesen Präparaten aufweisen.

Bei den anderen Proteusarten (Tabelle 4.28) finden sich ähnlich wie bei *Providencia*, *Rettgerella* und *Morganella* zusätzlich bei den Penicillinen und Cefalosporinen lediglich Empfindlichkeiten in der 3. und 4. Generation.

***Enterobacter* spp., *Serratia* spp. und *Citrobacter* spp.** (Tabelle 4.28–4.30)

Stämme von *Citrobacter*, *Enterobacter* und *Serratia* weisen im wesentlichen ein gleichsinniges natürliches Resistenzmuster auf. Unterschiede der einzelnen Spezies untereinander sind nicht sehr bedeutsam; so ist *Enterobacter cloacae* etwas empfindlicher gegenüber älteren Penicillin- und Cefalosporinderivaten als *Enterobacter aerogenes* [48]. Bei den Präparaten der 3. und 4. Generation der Penicilline und Cefalosporine ist dieser Effekt nicht mehr nachweisbar; ähnliches gilt auch für die Serratiaarten. Ein Problem stellen die durch Cefalosporine, z. B. Cefoxitin, induzierbaren β-Laktamasen dar. Diese Enzyme sind chromosomal kodiert und treten in einer Häufigkeit von 10^{-5} auf [62, 78]. Die Enzyme sind in der Lage, Cefalosporine der 3. und 4. Generation, z. B. Cefotaxim, zu hydrolysieren. Im Agardiffusionstest weist ein deformierter Cefotaximhemmhof im Hemmhofschnittbereich zu Cefoxitin auf solche induzierbaren β-Laktamasen hin. Werden kurze Testzeiten oder niedrige Keimeinsaaten deutlich unter 10^5 KBE/ml eingesetzt, wie dies typisch bei einigen Automaten bzw. Mikrotests der Fall ist, so wird diese β-Laktamase übersehen. Deshalb ist es bei Enterobacterarten erforderlich, ausreichend lange, d. h. mindestens 10 Stunden, mit einem genügenden Inokulum (10^5 KBE/ml, evtl. auch höher) im Sinn der NCCLS-Methoden zu inkubieren. Eine weitere Möglichkeit ist der direkte Nachweis induzierbarer β-Laktamasen. Diese Eigenschaften können erklären, warum Stämme sowohl im Agardiffusions- als auch Agardilutionstest als empfindlich erscheinen, aber im Makrobouillonverdünnungstest MHK-Werte im Resistenzbereich aufweisen. Ein für Enterobacter charakteristisches Phänomen ist die z. T. erheblich erschwerte Diffusion von

Tabelle 4.26. *Proteus mirabilis*

Wirkstoff	Res.	in %	β-Laktamase-negativ			β-Laktamase-positiv		
			MHK-Bereich	MHK 50	MHK 90	MHK-Bereich	MHK 50	MHK 90
Penicillinderivate								
Penicillin G	R	>99	>128	>128	>128	>128	>128	>128
Oxacillin	R	>99	>128	>128	>128	>128	>128	>128
Aminopenicillin (Ampicillin)	S	5–10	0,5–8	1	2	16–>128	>128	>128
Amoxicillin + Clavulansäure	S	<5	0,5–8	1	2	1–16	8	16
Ampicillin + Sulbactam	S		≤0,5–32	1	1			
Azlocillin	S	<3	0,125–16	0,5	1			
Mezlocillin	S	<3	0,125–16	0,5	1			
Piperacillin	S	<3	0,125–8	0,5	1	2–>128		>128
Ticarcillin	S	<3	0,25–128	1	1	1–>128	>128	>128
Ticarcillin + Clavulansäure	S	<3	0,5–128	1	2	0,5–32	1	1
Temocillin	S	<1	1–4	1	2	0,5–4	1	4
Cefalosporine, orale								
Cefalotin	S	5–10	2–16	8	16	32–>128	64	>128
Cefalexin	S	5–10	1–16	4	8	32–>128	64	>128
Cefaclor	S	5	1–16	2	8	16–>128	64	>128
Cefuroxim-axetil	S	<5	0,5–16	2	8	8–64	64	64
Cefalosporine, parenterale 1. und 2. Generation								
Cefotiam	S	<5	0,06–16	0,125	0,25			
Cefazolin	S	5–10	1–32	8	32	32–>128	64	>128
Cefazedon	S	5–10	1–32	8	32	32–>128	64	>128
Cefamandol	S	<5	0,25–16	2	8	16–>128	64	>128
Cefuroxim	S	<5	0,5–16	2	8	8–64	64	64
Cefoxitin	S	<5	1–32	4	16	8–64	64	64

Tabelle 4.26 (Fortsetzung)

Wirkstoff	Res.	in %	β-Laktamase-negativ			β-Laktamase-positiv		
			MHK-Bereich	MHK 50	MHK 90	MHK-Bereich	MHK 50	MHK 90
Cefalosporine, 3. Generation								
Cefotaxim	S	<1	<0,06–0,125	<0,06	0,06	0,125–8	1	1
Cefmenoxim	S	<1	<0,06–0,5	<0,06	0,125	0,125–8	0,5	1
Ceftriaxon	S	<1	<0,06–0,5	0,125	0,125	0,125–8	0,5	1
Cefotetan	S	<1	0,125–1	0,25	0,5			
Ceftizoxim	S	<1	<0,06–0,25	0,06	0,06	0,125–8	0,5	1
Cefoperazon	S	<1	<0,06–1	0,125	0,5	0,125–>128	32	64
Latamoxef	S	<1	<0,06–0,5	0,25	0,5	0,125–16	1	2
Ceftazidim	S	<1	<0,06–0,5	0,125	0,125	0,25–16	1	2
Cefsulodin	S	>90	64–>128	64	>128	>128	>128	>128
Cefixim	S	<1	≤0,03–0,125	≤0,03	≤0,03			
Carbapeneme								
Imipenem	S	<1	0,03–64	2	4	0,25–64	4	8
Monobactame								
Aztreonam	S	<1	≤0,03–0,25	<0,06	<0,06			

Tabelle 4.26. (Fortsetzung)

Wirkstoff	Res.	in %	MHK-Bereich	MHK 50	MHK 90
Aminoglykoside					
Gentamicin	S	1–5	0,25–128	1	2
Tobramycin	S	1–5	0,5–128	1	2
Netilmicin	S	<1	0,125–32	1	2
Amikacin	S	<1	0,25–32	4	8
Varia					
Chloramphenicol	S	15	4–>128	8	>128
Colistin	R	90	>128	>128	>128
Teicoplanin	R	>99	>128	>128	>128
Vancomycin	R	>99	>128	>128	>128
Rifampicin	V	15–25	1–>128	4	>128
Sulfonamid +Trimethoprim	S	15–30	0,5–>128	1	4
Metronidazol	R	>99	>128	>128	>128
Makrolide					
Clindamycin	R	>99	>128	>128	>128
Lincomycin	R	>99	>128	>128	>128
Erythromycin	R	>99	>128	>128	>128
Roxithromycin	R	>99	>128	>128	>128
Tetrazykline					
Tetrazyklin	R	>95	64–>128	>128	>128
Minozyklin	R	>95	64–>128	>128	>128
Chinolone					
Norfloxacin	S	<1	0,008–2	0,06	0,25
Enoxacin	S	<1	0,06–2	0,25	0,5
Ofloxacin	S	<1	0,03–1	0,06	0,25
Ciprofloxacin	S	<1	0,008–1	0,03	0,125
Pefloxacin	S	<1	0,125–1	0,125	0,5
Fleroxacin	S	<1	0,06–1	0,125	0,5

S empfindlich, *R* resistent, *V* variable Empfindlichkeit

Antibiotika durch die Membrane, so daß von einer Eindringungsbarriere gesprochen werden kann. Dies betrifft insbesondere Cefalosporine der 3. und 4. Generation.

Gegenüber den neueren Gyrasehemmern besteht eine hohe, gleichsinnige Empfindlichkeit; allerdings ist insbesondere bei *Serratia* die Möglichkeit einer Abnahme der Empfindlichkeit unter therapeutischen Bedingungen auf nichtplasmidärem Wege möglich.

Ein weiteres Testproblem stellt die Testung von Tetrazyklin bei *Enterobacter* spp. dar, da innerhalb der Tetrazyklingruppe Aktivitätsunterschiede bestehen.

Tabelle 4.27. *Proteus vulgaris*

Wirkstoff	Res.	in %	MHK-Bereich	MHK 50	MHK 90
Penicillinderivate					
Penicillin G	R	>99	>128	>128	>128
Oxacillin	R	>99	>128	>128	>128
Aminopenicillin (Ampicillin)	R	>99	>128	>128	>128
Amoxicillin + Clavulansäure	S	10	2–16	4	8
Ampicillin + Sulbactam	S	10	2–16	4	8
Azlocillin	S	15	1–16	4	8
Mezlocillin	S	8	≤0,5–4	1	4
Piperacillin	S	5	0,25–4	2	2
Ticarcillin	S	15	0,5–64	4	32
Ticarcillin + Clavulansäure	S	2	0,5–16	0,5	1
Temocillin	S	1	0,5–8	1	2
Cefalosporine, orale					
Cefalotin	R	>85	32–>128	128	>128
Cefalexin	R	>85	16–>128	>128	>128
Cefaclor	R	>85	2–>128	>128	>128
Cefuroxim-axetil	R	60–80	4–>128	32	128
Cefalosporine, parenterale 1. und 2. Generation					
Cefotiam	S	30	0,25–>128	4	>128
Cefazolin	R	>85	16–>128	128	>128
Cefazedon	R	>85	16–>128	128	>128
Cefamandol	R	60–80	4–>128	32	128
Cefuroxim	R	60–80	4–>128	32	128
Cefoxitin	V	20–30	4–>128	16	64
Cefalosporine, 3. Generation					
Cefotaxim	S	1	≤0,06–4	0,125	1
Cefmenoxim	S	1	0,06–0,125	0,06	0,125
Ceftriaxon	S	1	≤0,06–8	0,125	1
Cefotetan	S	1	0,125–128	0,25	0,5
Ceftizoxim	S	1	0,06–4	0,125	1
Cefoperazon	S	1	0,5–128	2	16
Latamoxef	S	1	≤0,06–8	0,125	1
Ceftazidim	S	1	≤0,06–4	0,125	1
Cefsulodin	R	>90	16–>128	>128	>128
Cefixim	S	1	≤0,03–1	0,03	0,125
Carbapeneme					
Imipenem	S	1	≤0,25–32	2	4
Monobactame					
Aztreonam	S	<1	≤0,06–2	0,125	0,25
Aminoglykoside					
Gentamicin	S	2–5	0,25–4	0,5	2
Tobramycin	S	2–5	0,5–4	0,5	2
Netilmicin	S	1–3	0,06–8	0,5	2
Amikacin	S	1–3	0,25–8	1	4

Tabelle 4.27. (Fortsetzung)

Wirkstoff	Res.	in %	MHK-Bereich	MHK 50	MHK 90
Varia					
Chloramphenicol	S	20	1–16	2	>8
Colistin	R	>99	>128	>128	>128
Teicoplanin	R	>99	>128	>128	>128
Vancomycin	R	>99	>128	>128	>128
Rifampicin	R	>99	>128	>128	>128
Sulfonamid + Trimethoprim	S	<20	0,5– >128	2	4
Metronidazol	R	>99	>128	>128	>128
Makrolide					
Clindamycin	R	>99	>128	>128	>128
Lincomycin	R	>99	>128	>128	>128
Erythromycin	R	>99	>128	>128	>128
Roxithromycin	R	>99	>128	>128	>128
Tetrazykline					
Tetrazyklin	R	>95	1– >128	32	>128
Minozyklin	R	>95	1– >128	16	>128
Chinolone					
Norfloxacin	S	<1	0,03–0,5	0,06	0,125
Enoxacin	S	<1	0,06–2	0,125	0,25
Ofloxacin	S	<1	0,03–0,5	0,06	0,25
Ciprofloxacin	S	<1	0,004–0,5	0,03	0,125
Pefloxacin	S	<1	0,125–0,25	0,125	0,25
Fleroxacin	S	<1	0,06–0,25	0,06	0,25

S empfindlich, *R* resistent, *V* variable Empfindlichkeit

Tabelle 4.28. *Citrobacter* spp.

Wirkstoff	Res.	in %	MHK-Bereich	MHK 50	MHK 90
Penicillinderivate					
Penicillin G	R	>99	>128	>128	>128
Oxacillin	R	>99	>128	>128	>128
Aminopenicillin (Ampicillin)	V	65	4->128	32	128
Amoxicillin + Clavulansäure	S	15-20	4->128	16	128
Ampicillin + Sulbactam	S	<20	2-128	2	8
Azlocillin	V	30	1-128	4	64
Mezlocillin	S	20	1-128	4	64
Piperacillin	S	8	1-128	2	64
Ticarcillin	V	30	1-128	4	128
Ticarcillin + Clavulansäure	S	5-20	1-128	2	16
Temocillin	S	<5	2-64	4	16
Cefalosporine, orale					
Cefalotin	R	70	4->128	>128	>128
Cefalexin	R	70	4->128	32	>128
Cefaclor	R	70	4->128	32	>128
Cefuroxim-axetil	S	<20	4->64	8	32
Cefalosporine, parenterale 1. und 2. Generation					
Cefotiam	S	10	0,06->128	2	>128
Cefazolin	S	10-20	4->128	16	32
Cefazedon	S	10-20	4->128	16	32
Cefamandol	S	<20	2->128	16	128
Cefuroxim	S	<20	4->64	8	32
Cefoxitin	R	70	4->128	32	>128
Cefalosporine, 3. Generation					
Cefotaxim	S	<5	<0,06-32	0,25	2
Cefmenoxim	S	<5	≤0,06-128	0,5	16
Ceftriaxon	S	<5	0,125-64	0,25	2
Cefotetan	S	<5	0,125-32	2	16
Ceftizoxim	S	<5	0,06-16	0,25	1
Cefoperazon	S	<5	0,125-32	0,25	2
Latamoxef	S	<5	0,06-32	0,25	2
Ceftazidim	S	<5	0,125-8	0,5	1
Cefsulodin	R	>95	>128	>128	>128
Cefixim	V		0,25->128	4	>128
Carbapeneme					
Imipenem	S	<3	0,125-8	1	2
Monobactame					
Aztreonam	S	<5	0,06->32	0,25	0,5
Aminoglykoside					
Gentamicin	S	10	0,25-8	0,5	4
Tobramycin	S	5	0,25-8	0,5	4
Netilmicin	S	1	0,25-32	1	1
Amikacin	S	1	0,5-8	1	8

Tabelle 4.28. (Fortsetzung)

Wirkstoff	Res.	in %	MHK-Bereich	MHK 50	MHK 90
Varia					
Chloramphenicol	S	15	4–32	8	32
Colistin	S	5	1–32	4	16
Teicoplanin	R	>99	>128	>128	>128
Vancomycin	R	>99	>128	>128	>128
Rifampicin	R	>99	2–>128	32	>128
Sulfonamid + Trimethoprim	S	15	0,25–>128	0,5	1
Metronidazol	R	>99	>128	>128	>128
Makrolide					
Clindamycin	R	>99	>128	>128	>128
Lincomycin	R	>99	>128	>128	>128
Erythromycin	R	>99	>128	>128	>128
Roxithromycin	R	>99	>128	>128	>128
Tetrazykline					
Tetrazyklin	V	30	2–>128	4	8
Minozyklin	V	30–40	1–>128	1	4
Chinolone					
Norfloxacin	S	<1	0,015–1	0,06	0,25
Enoxacin	S	<1	0,015–4	0,06	0,5
Ofloxacin	S	<1	0,008–0,5	0,06	0,5
Ciprofloxacin	S	<1	0,004–1	0,03	0,125
Pefloxacin	S	<1	0,06–2	0,125	0,5
Fleroxacin	S	<1	0,03–0,25	0,06	0,5

S empfindlich, *R* resistent, *V* variable Empfindlichkeit

Tabelle 4.29. *Enterobacter cloacae*

Wirkstoff	Res.	in %	MHK-Bereich	MHK 50	MHK 90
Penicillinderivate					
Penicillin G	R	>99	>128	>128	>128
Oxacillin	R	>99	>128	>128	>128
Aminopenicillin (Ampicillin)	R	>85	8–>128	>128	>128
Amoxicillin + Clavulansäure	V	60	4–>128	64	>128
Ampicillin + Sulbactam	V	50	4–>128	8	16
Azlocillin	V	65	8–>128	32	>128
Mezlocillin	V	40–50	0,5–>128	4	>128
Piperacillin	V	30–40	0,5–>128	2	>128
Ticarcillin	V	30–50	1–>128	16	>128
Ticarcillin + Clavulansäure	S	10–20	1–>128	4	64
Temocillin	S	1	2–8	4	8
Cefalosporine, orale					
Cefalotin	R	>85	8–>128	>128	>128
Cefalexin	R	>85	8–>128	>128	>128
Cefaclor	R	>85	8–>128	>128	>128
Cefuroxim-axetil	V	40–60	8–>128	64	>128
Cefalosporine, parenterale 1. und 2. Generation					
Cefotiam	R	30	0,06–>128	1	>128
Cefazolin	R	>85	2–>128	>128	>128
Cefazedon	R	>85	2–>128	>128	>128
Cefamandol	V	40–60	16–>128	32	>128
Cefuroxim	V	40–60	8–>128	64	>128
Cefoxitin	R	85	32–>128	>128	>128
Cefalosporine, 3. Generation					
Cefotaxim	S	5–10	0,25–128	0,5	4
Cefmenoxim	S	5	0,03–128	0,125	32
Ceftriaxon	S	5	0,06–128	1	8
Cefotetan	S	5–20	0,25–>128	4	64
Ceftizoxim	S	5	0,06–>128	1	4
Cefoperazon	S	10–15	0,06–128	1	64
Latamoxef	S	5–10	0,06–128	0,25	4
Ceftazidim	S	5	0,06–128	1	8
Cefsulodin	R	>85	16–>128	128	>128
Cefixim	V	<70	0,125–>128	8	>128
Carbapeneme					
Imipenem	S	<1	0,125–16	0,5	1
Monobactame					
Aztreonam	S	5–20	0,03–>32	0,25	32
Aminoglykoside					
Gentamicin	S	6	0,5–>32	2	4
Tobramycin	S	10	0,5–64	2	4
Netilmicin	S	<5	0,125–16	0,5	16
Amikacin	S	<5	0,5–4	1	2

Tabelle 4.29. (Fortsetzung)

Wirkstoff	Res.	in %	MHK-Bereich	MHK 50	MHK 90
Varia					
Chloramphenicol	S	20	1–128	4	64
Colistin	S	10	0,125–8		
Teicoplanin	R	>95	16–>128	>64	>128
Vancomycin	R	>95	>128	>128	>128
Rifampicin	R	>95	>128	>128	>128
Sulfonamid + Trimethoprim	S	10–20	0,5–8	1	16
Metronidazol	R	>99	>128	>128	>128
Makrolide					
Clindamycin	R	>99	>128	>128	>128
Lincomycin	R	>99	>128	>128	>128
Erythromycin	R	>99	>128	>128	>128
Roxithromycin	R	>99	>128	>128	>128
Tetrazykline					
Tetrazyklin	V	24	2–>128	64	>128
Minozyklin	V	40	2–>128	64	>128
Chinolone					
Norfloxacin	S	<1	0,06–1	0,06	0,5
Enoxacin	S	<1	0,06–1	0,125	0,5
Ofloxacin	S	<1	0,03–1	0,06	0,5
Ciprofloxacin	S	<1	0,008–0,25	0,06	0,06
Pefloxacin	S	<1	0,06–2	0,125	0,25
Fleroxacin	S	<1	0,06–1	0,06	0,5

S empfindlich, *R* resistent, *V* variable Empfindlichkeit

Tabelle 4.30. *Serratia marcescens*

Wirkstoff	Res.	in %	MHK-Bereich	MHK 50	MHK 90
Penicillinderivate					
Penicillin G	R	>99	>128	>128	>128
Oxacillin	R	>99	>128	>128	>128
Aminopenicillin (Ampicillin)	R	>95	64– >128	>128	>128
Amoxicillin + Clavulansäure	R	>95	64– >128	>128	>128
Ampicillin + Sulbactam	V	<50	2–128	8	32
Azlocillin	V	30	1– >128	4	>128
Mezlocillin	V	20	1– >128	2	8
Piperacillin	S	10–15	0,5– >128	0,5	4
Ticarcillin	S	30	2– >128	4	>128
Ticarcillin + Clavulansäure	S	10–15	1– >128	4	64
Temocillin	S	<10	2–32	8	32
Cefalosporine, orale					
Cefalotin	R	>99	>128	>128	>128
Cefalexin	R	>99	>128	>128	>128
Cefaclor	R	>99	>128	>128	>128
Cefuroxim-axetil	M	60–70	16– >128	64	>128
Cefalosporine, parenterale 1. und 2. Generation					
Cefotiam	R	>99	>128	>128	>128
Cefazolin	R	>99	>128	>128	>128
Cefazedon	R	>99	>128	>128	>128
Cefamandol	M	60–70	32– >128	64	128
Cefuroxim	M	60–70	16– >128	64	128
Cefoxitin					
Cefalosporine, 3. Generation					
Cefotaxim	S	<5	0,125–16	0,25	1
Cefmenoxim	S	<5	0,06–16	1	2
Ceftriaxon	S	<5	0,06–16	0,25	1
Cefotetan	S	<5	0,25–16	2	8
Ceftizoxim	S	<5	0,125–16	0,5	1
Cefoperazon	S	10	0,5–128	2	128
Latamoxef	S	<5	0,125–32	0,5	1
Ceftazidim	S	<5	0,06–16	0,25	1
Cefsulodin	R	>90	1– >128	>128	>128
Cefixim	S	<20	0,25– >128	1	>128
Carbapeneme					
Imipenem	S	<5	0,06–32	1	2
Monobactame					
Aztreonam	S	<5	0,06– >64	0,25	1
Aminoglykoside					
Gentamicin	V	60	0,5– >128	16	32
Tobramycin	V	40–50	0,5–32	16	32
Netilmicin	S	10	0,5–32	2	4
Amikacin	S	<5	1–16	2	8

Tabelle 4.30. (Fortsetzung)

Wirkstoff	Res.	in %	MHK-Bereich	MHK 50	MHK 90
Varia					
Chloramphenicol	V	30–40	8– >128	>128	>128
Colistin	V	40–50	1– >128	128	>128
Teicoplanin	R	>99	>128	>128	>128
Vancomycin	R	>99	>128	>128	>128
Rifampicin	R	>99	64– >128	64	>128
Sulfonamid + Trimethoprim	S	10–15	0,25–4	2	4
Metronidazol	R	>99	>128	>128	>128
Makrolide					
Clindamycin	R	>99	>128	>128	>128
Lincomycin	R	>99	>128	>128	>128
Erythromycin	R	>99	>128	>128	>128
Roxithromycin	R	>99	>128	>128	>128
Tetrazykline					
Tetrazyklin	V	40	2– >128	128	>128
Minozyklin	V	30–40	2– >128	128	>128
Chinolone					
Norfloxacin	S	<5	0,06–4	0,25	1
Enoxacin	S	<5	0,125–8	0,25	2
Ofloxacin	S	<5	0,06–4	0,25	1
Ciprofloxacin	S	<5	0,015–4	0,06	0,5
Pefloxacin	S	<5	0,25–4	0,25	1
Fleroxacin	S	<5	0,125–2	0,25	0,5

S empfindlich, *R* resistent, *V* variable Empfindlichkeit, *M* mäßige Empfindlichkeit

Tabelle 4.31. *Acinetobacter calcoaceticus*

Wirkstoff	Res.	in %	MHK-Bereich	MHK 50	MHK 90
Penicillinderivate					
Penicillin G	R	>99	>128	>128	>128
Oxacillin	R	>99	>128	>128	>128
Aminopenicillin (Ampicillin)	V	50–70	1–>128	16	>128
Amoxicillin + Clavulansäure	S	<25	1–>128	8	64
Ampicillin + Sulbactam	S	<10	1–>128	8	16
Azlocillin	S	<25	1–>128	16	>128
Mezlocillin	S	<15	1–>128	8	32
Piperacillin	S	<10	1–>128	2	16
Ticarcillin	S	<15	0,5–>128	4	64
Ticarcillin + Clavulansäure	S	<5	0,5–>128	2	32
Temocillin	S	<5	8–>128	16	128
Cefalosporine, orale					
Cefalotin	R	>95	16–>128	64	>128
Cefalexin	R	>95	4–>128	>128	>128
Cefaclor	R	>95	4–>128	>128	>128
Cefuroxim-axetil	R	>85	4–>128	32	>128
Cefalosporine, parenterale 1. und 2. Generation					
Cefotiam	R	>95	16–>128	64	>128
Cefazolin	R	>85	8–>128	>128	>128
Cefazedon	R	>85	8–>128	>128	>128
Cefamandol	R	>85	4–>128	32	>128
Cefuroxim	R	>85	4–>128	32	>128
Cefoxitin	R	>90	4–>128	64	>128
Cefalosporine, 3. Generation					
Cefotaxim	V	50–70	2–>128	16	32
Cefmenoxim	V	50–70	4–>128	32	>128
Ceftriaxon	V	50–70	4–>128	16	32
Cefotetan					
Ceftizoxim	V	50–70	1–>128	16	32
Cefoperazon	V	50–70	4–>128	32	>128
Latamoxef	V	50–70	4–>128	16	32
Ceftazidim	S	10–20	2–64	8	16
Cefsulodin	R	>95	4–>128	64	>128
Cefixim	V	50–70	8–128	16	32
Carbapeneme					
Imipenem	S	<5	0,06–64	0,25	0,5
Monobactame					
Aztreonam	R	>50	16–>128	16	64
Aminoglykoside					
Gentamicin	S	5	0,06–128	0,25	2
Tobramycin	S	5	0,06–128	0,25	1
Netilmicin	S	10	0,06–128	0,5	128
Amikacin	S	1	0,06–64	1	4

Tabelle 4.31. (Fortsetzung)

Wirkstoff	Res.	in %	MHK-Bereich	MHK 50	MHK 90
Varia					
Chloramphenicol	R	>60	2–>128	32	64
Colistin			0,5–64		
Teicoplanin	R	>99	>128	>128	>128
Vancomycin	R	>99	>128	>128	>128
Rifampicin	R	>99	>128	>128	>128
Sulfonamid + Trimethoprim	V	40–50	0,25–>128	1	4
Metronidazol	R	>99	>128	>128	>128
Makrolide					
Clindamycin	R	>99	32–>128	>128	>128
Lincomycin	R	>99	1–>128	>128	>128
Erythromycin	R	>99	0,5–>128	>128	>128
Roxithromycin					
Tetrazykline					
Tetrazyklin	R	>80	1–>128	16	>128
Minozyklin	R	>75	1–>128	8	>128
Chinolone					
Norfloxacin	S	<15	0,125–4	1	4
Enoxacin	S	<15	0,5–4	0,5	2
Ofloxacin	S	<5	0,125–2	0,125	0,5
Ciprofloxacin	S	<5	0,03–2	0,06	0,25
Pefloxacin	S	<10	0,25–4	0,25	0,5
Fleroxacin	S	<5	0,125–2	0,25	0,5

S empfindlich, *R* resistent, *V* variable Empfindlichkeit

Acinetobacter lwoffii (Tabelle 4.31)

Zunehmend werden *Acinetobacter*-Spezies, *lwoffii* und *anitratus*, als Erreger schwerer Infektionen gefunden. Oft ist der Ausgangsherd eine Infektion des Harnwegstraktes.

Acinetobacter zeigt ein ähnliches Resistenzspektrum wie *Pseudomonas aeruginosa* (Tabelle 4.31). Von den Penicillinen wirken lediglich Präparate der 2. und 3. Generation. Cefalosporine der 1. und 2. Generation sind unwirksam, die der 3. Generation haben eine deutlich herabgesetzte Aktivität. Von diesen Wirkstoffen zeigen nur Ceftazidim und Thienamycin eine sehr gute Wirksamkeit, wobei Thienamycin gegenüber Ceftazidim eine deutlich geringere prozentuale Resistenz hat. Bei der Testung kann gelegentlich unter ungünstigen Bedingungen die Generationszeit von *Acinetobacter* deutlich verlängert sein, so daß die Hemmhöfe größer als unter Standardbedingungen erscheinen und bei den Cefalosporinen insbesondere der 1. und 2. Generation als auch bei den

Tabelle 4.32. Antibiotika in der Schwangerschaft und im Kindesalter (nach [47, 96])

Substanzen	Gravidität				Dosis bezogen auf kg/KG					
	1. Tri- menon	2. Tri- menon	3. Tri- menon	Still- periode	Neugeb. 1. Woche	<4 Wochen	<1 Jahr	1–6 Jahre	>6–11 Jahre	>11–14 Jahre
Penicilline										
– Phenoxymethyl- penicillin u.a.	√	√	√	√	3 × 150 000 IE.		3 × 300 000 IE.		3 × 600 000 IE.	3 × 1 000 000 IE.
Oxacillin – Flucloxacillin					2–3 × 50 mg		3 × 100 mg –3 × 250 mg	3 × 250 mg	3 × 375 mg	3 × 625 mg
Aminopenicilline – Ampicillin – Amoxicillin u.a.	√	√	√	√	15–30 mg/ KG/8 Std. 15 mg/KG/ 8 Std.	20–60 mg/ KG/8 Std. 20 mg/KG/ 8 Std.				3 × 500 mg
Amoxicillin + Clavulansäure	√	√	√	√	3 × 0,75 ml Tropfen		3 × 1–2 ml Tropfen	3 × 6 ml Saft	3 × 8 ml Saft	
Ampicillin + Sulbactam	√	√	√	√						
Orale Cefalosporine										
Cefalexin Cefadroxil	√	√	√	√	√	√		25 mg/KG/ 8 Std.	50 mg/KG/ 8 Std.	100 mg/KG/ 8 Std.
Cefaclor	√	√	√	√	√	√	15 mg/KG/12 Std. max. 1 g			
Cefuroximaxetil	√	√	√	√	√	√				
Fluorchinolone Norfloxacin Enoxacin Ofloxacin Ciprofloxacin	×	×	×	×	×	×	× (Nur bei besonderen Indikationen in Ausnahmefällen)	×	×	×

Aminoglykoside										
Gentamicin	×	×	×		2,5 mg/KG/ 12 Std.	2,5 mg/KG/ 8 Std.	1,5–2 mg/ 8 Std.			
Tobramycin	×	×	×		2 mg/KG/ 12 Std.		2,5 mg/KG/ 8 Std.			
Neomycin	×	×	×							
Spectinomycin	×	×	×							
Polymyxine										
Colistin	×	×	×	×		3–4 × 1 Tbl.		3–4 × 2 Tbl.		4 × 3 Tbl.
Makrolide u.a.										
Clindamycin/ Lincomycin						3 × 1/2 Meßlöffel (35 mg)		3–4 × 1/2–1 Meßlöffel	4 × 75–150 mg	
Erythromycin	×	×	×		5–10 mg/ KG/6 Std.		6,25–12,5 mg/KG/6 Std.		3–4 × 200–300 mg	4 × 200–400 mg
Tetrazykline										
Tetrazykline	×	×	×	×	×	×	×	×	×	
Minozykline	×	×	×	×	×	×	×	×	×	
Fusidinsäure										
Rifampicin	×	(√)	(√)	×				3 × 1 Dragee		
Cotrimoxazol	×	×	×	×	×	2 × 100 mg –200 mg		2 × 200 mg	2 × 400 mg	2 × 800 mg
Metronidazol	×	(√)	(√)	(√)	(√)					
Nitrofurantoin	×	×	×		×					
Trimethoprim	×	×	×	×	×				2 × 100 mg	2 × 100–200 mg

× kontroindiziert, √ nicht kontroindiziert, *KG* Körpergewicht

Tetrazyklinen eine Empfindlichkeit vortäuschen. Wirksam sind auch die Aminoglykoside, wobei *Acinetobacter* gegenüber Netilmicin die höchste Resistenzquote aufweist. Weiterhin empfindlich ist *Acinetobacter* noch gegenüber den Gyrasehemmern der 2. Generation wie Norfloxacin, Ciprofloxacin, Ofloxacin, Enoxacin u. ä.

Antibiotika in der Schwangerschaft und bei Kindern

Immer wieder wird an den Diagnostiker die Frage gerichtet, welche der getesteten Antibiotika Schwangeren oder Kindern verordnet werden können. In Tabelle 4.32 sind Präparate, die gegeben (v) und nicht gegeben (x) werden dürfen, zusammengetragen. Im Einzelfall können Informationen zu dem Einsatz von Antibiotika in der Schwangerschaft bei der Beratungsstelle für Vergiftungserscheinungen und Embryotoxikologie, Bezirksamt Charlottenburg von Berlin, Abteilung Gesundheit, Pulsstr. 3–7, 1000 Berlin 19 (Telefon 0 30/3 02 30 22) eingeholt werden.

Literatur

1. Food and drug administration (1972) Rules and regulations: antibiotic susceptibility discs. Federal Register 37:20525
2. Methoden zur Empfindlichkeitsprüfung anaerober bakterieller Krankheitserreger gegen Chemotherapeutika (1984) DIN-Norm 58944, Teil 1–2. Beuth, Berlin
3. Methoden zur Empfindlichkeitsprüfung von bakteriellen Krankheitserregern (außer Mykobakterien) gegen Chemotherapeutika (1981) DIN-Norm 58940, Teil 1–6. Beuth, Berlin
4. Approved standard ASM-2. Performance standards for antimicrobial disc susceptibility tests (1979) 2nd ed. National Committee for Clinical Laboratory Standards, Villanova
5. Dilution procedures for susceptibility testing of aerobic bacteria. Approved standard M7-A (1985) National Committee for Clinical Laboratory Standards, Villanova
6. Editorial (1979) Vergleich von verschiedenen normierten Methoden für die Empfindlichkeitsprüfung von Bakterien. Forum Mikrobiol 2:129–132
7. Working Party of the British Society for Antimicrobial Chemotherapy (1988) Breakpoints in in-vitro antibiotic sensitivity testing. J Antimicrob Chemother 21:701–710
8. Anhalt JP, Washington JA (1984) Antimicrobial susceptibility test of aerobic and facultativ anaerobic bacteria. In: Washington JA (ed) Laboratory Procedures in Clinical Microbiology (2nd ed). Springer, New York Heidelberg Berlin
9. Ansorg R, Bagger F (1977) Untersuchungen zur Empfindlichkeitsbestimmung von Candida albicans gegen 5-Fluorocytosin. Arztl Labor 23:458–464
10. Barry AL, Badal RE (1982) Quality control limits for the agar overlay disc diffusion antimicrobial susceptibility test. J Clin Microbiol 16:1145–1147
11. Barry AL, Thornsberry C (1985) Susceptibility testing: diffusion test procedures. In: Lennette EH, Balows A, Hausler WJ, Shadomy HJ (eds) Manual of Clinical Microbiology, 4th ed. American Society for Microbiology, Washington
12. Bähr V, Ullmann U (1983) Biochemische Charakterisierung von β-Laktamasen. In: Betalaktamasen. Fischer, Stuttgart New York
13. Bockhorst W, Schiek W (1983) Ablösung des Agardiffusionstestes für die routinemäßige Sensibilitätsprüfung von Bakterien gegen Antibiotika durch Bestimmung der MHK im Mikrotiter-Verfahren. Laboratoriumsmedizin 7:60–65
14. Borgers H, de Brabander M, van den Bossche H, van Cutsem J (1979) Promotion of Pseudomycelium formation of Candida albicans in culture. Postgrad Med J 55:687–691
15. Borgers M, de Brabander M, van den Bossche H, van Cutsem J (1979) The effects of the new antifungal ketoconazole on Candida albicans. 7th Congress of the International Society for Human and Animal Mycology (IS-HAM), Jerusalem/Israel
16. Boyce JM (1984) Revaluation of the ability of the standardized disc diffusion test for detect methicillin-resistant strains of Staphylococcus aureus. J Clin Microbiol 19:813–817
17. Braveny I, Machka K, Bartmann K, Fabricius K, Daschner J, Petersen KF, Grimm H, Ullmann U, Freiesleben H (1980) Antibiotikaresistenz von Haemophilus influenzae in der Bundesrepublik Deutschland. Dtsch Med Wochenschr 105:1341–1344
18. Braveny I (1979) In-vitro-Aktivität von Cefaclor gegen Haemophilus influenzae im Vergleich zu verschiedenen oralen Chemotherapeutika. Infection 7:532–535
19. Bridson EY (1978) Die Zusammensetzung unvollständig definierter Kulturmedien zur Überwindung des antibiotischen Antagonismus. Immun Infekt 6:229–232
20. Bryan LE (1988) General mechanisms of resistance to antibiotics. J Antimicrob Chemother 22:1–15
21. Bryan LE, O'Hara K, Wong S (1984) Lipopolysaccharide changes in impermeability-type aminoglycoside resistance in Pseudomonas aeruginosa. Antimicrob Agents Chemother 26:181–186
22. Calhoun DL, Galgiani JN (1984) Analysis of pH and buffer effects on flucytosine activity in broth dilution susceptibility testing of Candida albicans in two synthetic media. Antimicrob Agents Chemother 26:364–367

23. Casals JB, Pederson OG (1978) Antimicrobial sensitivity testing using neo-sensitabs. Technical Manual. A/S Rosco Taastrap, Dänemark
24. Charles D, Obst D (1954) Placental transmission of antibiotics. J Obstet Gynecol Br Emp 61:750–757
25. Dermoumi H (1979) Resistenzbestimmung bei klinisch bedeutsamen Sproßpilzen – ein Vergleich zwischen Reihenverdünnungs- und Hemmhoftest. Mykosen 23:1–9
26. Dickert H, Machka K, Braveny I (1981) The uses and limitations of disc diffusion in the antibiotic sensitivity testing of bacteria. Infection 9:18–24
27. Dillin LK, How SE (1984) Early detection of oxacillin-resistant staphylococcal strains with hypertonic broth diluent for microdilution panels. J Clin Microbiol 19:473–476
28. Doern GV, Jones RN (1988) Antimicrobial susceptibility testing of Haemophilus influenzae, Branhamella catarrhalis and Neisseria gonorrhoeae. Antimicrob Agents Chemother 32:1747–1753
29. Doern GV, Jorgensen JH, Thornsberry C, Preston DA, Tubert T, Redding JS, Maher LA (1988) National collaborative study of the prevalence of antimicrobial resistance among clinical isolates of Haemophilus influenzae. Antimicrob Agents Chemother 32:180–185
30. Doern GV, Tubert T (1987) Detection of β-lactamase activity among clinical isolates of Branhamella catarrhalis with six different β-lactamase assays. J Clin Microbiol 25:1380–1383
31. Doern GV, Tubert T (1987) Disk diffusion susceptibility testing of Branhamella catarrhalis with ampicillin and seven other antimicrobial agents. Antimicrob Agents Chemother 31:1519–1523
32. Doern GV, Tubert T (1987) Effect of inoculum size on results of macrotube broth dilution susceptibility tests with Branhamella catarrhalis. J Clin Microbiol 25:1576–1578
33. Drouhet E, Barale T, Bastide J, Jouvet S, Maillie M, Biava M, Kures L, Percebois G, Blanc C, Borderon JC, Camerlynck P, Cazaux M, Seguela J, Dupont B, Koening H, Kremer M, Billiault X, Goullier A, Grillot R, Ambroise-Thomas P, Regli P, Viviani MA, Tortorano AM (1981) Standardisation de l'antibiogramme antifongique rapport du groupe d'études de la Société Française de Mycologie Médicale. Bull Soc Franç Med Mycol 10:131–134
34. Ericsson HM, Sherris JC (1971) Antibiotic sensitivity testing: report of an international collaborative study. Acta Pathol Microbiol Immunol Scand [B] 217:1
35. Gavan TL, Barry AL (1980) Microdilution test procedures. In: Lennette EH, Balows A, Hausler WJ, Truant JP (eds) Manual of Clinical Microbiology 3rd ed. American Society for Microbiology, Washington
36. Godfrey AJ, Hatlelid L, Bryan LE (1984) Correlation between lipopolysaccharide structure and permeability resistance in β-lactam-resistant Pseudomonas aeruginosa. Antimicrob Agents Chemother 26:181–186
37. Greenwood D (1981) In vitro veritas? Antimicrobial susceptibility tests and their clinical relevance. J Infect Dis 144:380–385
38. Greenwood D (1978) Inokulum-Effekte und bakterielle Resistenz. Immun Infekt 6:226–228
39. Hoeprich PD, Finn PD (1972) Obfuscation of the activity of antifungal antimicrobics by culture media. J Infect Dis 126:353–361
40. Isenberg HD, d'Amato RR (1984) Rapid methods for antimicrobic susceptibility testing. In: Ristuccia AM, Cunha BA (eds) Antimicrobial Therapy. Raven Press, New York
41. Jenkins RD, Stevens SL, Craxthorn JM, Thomas TW, Guinan ME, Matsen JM (1985) False susceptibility of enterococci to aminoglycosides with blood-enriched Mueller-Hinton-Agar for disc susceptibility testing. J Clin Microbiol 22:369–374
42. Jones RN, Edson DC (1985) Antibiotic susceptibility testing accuracy. Arch Pathol Labor Med 109:595–601
43. Kavanagh F (1963) Analytic Microbiology. Academic Press, New York
44. Kinsman OS, Naidoo J, Noble WC (1985) Some effects of plasmids coding for antibiotic resistance on the virulence of Staphylococcus aureus. Br J Exp Pathol 66:325–332

45. Klein P (1957) Bakteriologische Grundlagen der chemotherapeutischen Laboratoriumspraxis. Springer, Berlin Heidelberg
46. Klugman KP, Koornhof HJ (1988) Disk susceptibility testing of penicillin-resistant pneumococci. J Clin Microbiol 26:610–611
47. Knothe H, Dette GA (1985) Antibiotics in pregnancy: toxicity and teratogenicity. Infection 13:49–51
48. Knothe H (1981) Aktuelle Chemotherapie: Antibiotika gegen Enterobacter. Umweltmedizin 4:16
49. Knothe H (1982) Aktuelle Chemotherapie: Pneumokokken-wirksame Antibiotika. Umweltmedizin 5:21
50. Knothe H (1982) Aktuelle Chemotherapie: Staphylokokken-wirksame Antibiotika. Umweltmedizin 5:61–62
51. Knothe H (1982) Chemotherapie aktuell: Klebsiellen-wirksame Antibiotika. Umweltmedizin 5:42
52. Knothe H (1982) Chemotherapie aktuell: Proteus-wirksame Antibiotika (Proteus mirabilis). Umweltmedizin 5:82
53. Knothe H (1979) Wirkungsspektrum von Cefaclor. Diagn Intensivther 4:1–8
54. Kobayashi GS, Medoff G (1983) Measurements of activity of antifungal drugs. In: Howard D (ed) Fungi pathogenic for humans and animals, Part B. Pathogenicity and Detection 1. Dekker, New York
55. Krasemann C (1981) Mikrobiologische Untersuchungen zu aktuellen Problemen der Chemotherapie. Thiemig, München
56. Kurzynski TA, Yrios JW, Helstad AG, Field CR (1976) Anaerobically incubated thioglycolate broth disc method for antibiotic susceptibility testing of anaerobes. Antimicrob Agents Chemother 10:727–732
57. Ladey BW (1984) Antibiotic resistance in Staphylococcus aureus and streptococci. Br Med Bull 40:77–83
58. Latham RH, Zeleznik D, Minshew BH, Schoenknecht FD, Stamm WE (1984) Staphylococcus saprophyticus β-lactamase production and disc diffusion susceptibility testing for three β-lactam antimicrobial agents. Antimicrob Agents Chemother 26:670–672
58a Link D (1983) Untersuchungen zur Aktivität von Penicillinase-positiven und Penicillinase-negativen Staphylococcus aureus-Stämmen gegenüber Penicillin-Antibiotika. Dissertation Universität Frankfurt, Frankfurt
59. Machka K, Balg H, Smith M, Braveny I (1978) Resistenzbestimmung von Haemophilus influenzae gegen Cotrimoxazol. Immun Infekt 6:249–252
59a Machka K, Braveny I, Dabernet H, Dornbusch K, van Dyck E, Kayser FH, van Klingeren B, Mittermayer H, Perca E, Powell M (1988) Distribution and resistance patterns of Haemophilus influenzae: a European cooperative study. Eur Clin Microbiol Infect Dis 7:14–24
60. Marre R (1983) Mechanismen der beta-Laktam-Resistenz von Escherichia coli und Proteus mirabilis. 39. Tagung der Deutschen Gesellschaft für Hygiene und Mikrobiologie, Bonn
61. McGinnis MR, Rinaldi MG (1986) Antifungal drugs: mechanisms of action, drug resistance, susceptibility testing, and assays of activity in biological fluids. In: Lorian V (ed) Antibiotics in Laboratory Medicine 2nd ed. Williams and Wilkins, Baltimore, London, Los Angeles, Sidney
62. Murray P, Granich GG, Krogstadt DJ, Niles AC (1983) In vivo selection of resistance to multiple cefalosporins by Enterobacter cloacae. J Infect Dis 147:590
63. Murray PR, Zeitinger JR (1983) Evaluation of Mueller-Hinton-agar for disc diffusion susceptibility tests. J Clin Microbiol 18:1269–1271
64. Neu HC (1982) Factors that affect the in-vitro activity of cephalosporin antibiotics. J Antimicrob Chemother 10:11–23
65. Nikaido H (1984) Outer membrane permeability and β-lactam resistance. In: Leive L, Schlesinger D (eds) Microbiology 1984. American Society for Microbiology, Washington

66. Pruul H, McDonald PJ (1988) Damage to bacteria by antibiotics in vitro and its relevance to antimicrobial chemotherapy: a historical perspective. J Antimicrob Chemother 21:695–700
67. Radetstky M, Wheeler RC, Roe MH, Todd JK (1986) Microtiter broth dilution method for yeast susceptibility testing with validation by clinical outcome. J Clin Microbiol 24:600–606
68. Ringertz S, Kronvall G (1988) On the theory of the disk diffusion test. APMIS 96:484–490
69. Rosen IG, Jacobsen J, Rudderman R (1972) Rapid capillary tube method for detecting penicillin resistance in Staphylococcus aureus. Appl Microbiol 23:649
70. Rosenblatt JE (1985) Anaerobic bacteria in laboratory procedures in clinical microbiology. In: Washington JA (ed) Springer, Berlin Heidelberg New York Tokyo
71. Rosenblatt JE (1986) Antimicrobial susceptibility testing of anaerobes in antibiotics in laboratory medicine. In: Lorian V (ed) 2nd ed. Williams & Wilkins, Baltimore London Los Angeles Sidney
72. Ryan R, Tilton RC (1977) Rapid method for determining the minimum inhibitory concentration of ampicillin for Haemophilus influenzae. Antimicrob Agents Chemother 11:114–117
73. Sahm DF, Baker CN, Jones RN, Thornsberry C (1983) Medium-dependent zone size discrepancies associated with susceptibility testing of group D-streptococci against various cephalosporins. J Clin Microbiol 18:858–865
74. Seeliger HPR (1978) Pilze – Pilzerkrankungen (Mykosen). In: Otte HI, Brandis H (Hrsg) Lehrbuch der Medizinischen Mikrobiologie. 4. Aufl. Fischer, Stuttgart
75. Shah PM, Ottrad M, Stille W (1983) Antibakterielle Aktivität von Norfloxacin im Urin verglichen mit der von Cinoxacin, Nalidixinsäure und Pipemidsäure. Eur J Clin Microbiol 2:273–275
76. Shanholtzer CJ, Peterson LR, Mohn ML, Moody JA, Gerding DN (1984) MBCs for Staphylococcus aureus as determined by macrodilution and microdilution techniques. Antimicrob Agents Chemother 26:214–219
77. Smith JT (1984) Chemistry and mode of action of 4-quinolone agents. Fortschritte der antimikrobiellen und antineoplastischen Chemotherapie. Band 3–5, S 493–508
78. Sorgaard P (1984) β-Lactamase production in Enterobacter cloacae and Citrobacter freundii. Acta Pathol Microbiol Scand [B] 92:319–324
79. Svenson JM, Hill BC, Thornsberry C (1988) Authors reply. J Clin Microbiol 26:611
80. Thabaut A, Meyran M (1984) La détermination de la concentration minima bactéricide influence de différents facteurs techniques. Pathol Biol (Paris) 32:351–354
81. Thornsberry C (1985) Automated procedures for antimicrobial susceptibility tests. In: Lennette EH, Balows A, Hausler WJ, Shadomy HJ (eds) Manual of Clinical Microbiology, 4th ed. American Society for Microbiology, Washington
82. Thornsberry C, Gavan TL, Sherris JC, Balows A, Matsen J, Sabath LD, Schoenknecht F, Thrupp LD, Washington JA (1975) Laboratory evaluation of a rapid automated susceptibility testing system: report of a collaborative study. Antimicrob Agents Chemother 7:466–480
83. Tilton RC (1984) Antimicrobial susceptibility tests. In: Ristuccia AM, Cunha BA (eds) Antimicrobial Therapy. Raven Press, New York
84. Toala P, Schroeder SA, Daly AK, Finland M (1970) Candida at Boston City Hospital, clinical and epidemiological characteristics and susceptibility to eight antimicrobial agents. Arch Intern Med 126:983–989
85. Tofte RW, Solliday J, Crossley KB (1984) Susceptibilities of enterococci to twelve antibiotics. Antimicrob Agents Chemother 25:532–533
86. Ullmann U (1977) Correlation of minimum inhibitory concentration and beta-lactamase activity. Infection 5:261–262
87. von Graevenitz A, Heitz M, Lüthy R, Meyer J, Vischer W (1984) Standardisierte Blättchentests zur Resistenzprüfung von Bakterien. Schweiz Med Wochenschr 144:1079–1086

88. Washington JA, Snyder RJ, Kohner PC, Wioltsie CG, Ilstrup DM, McCall JT (1978) Effect of cation content of agar on the activity of gentamicin, tobramycin, and amikacin against Pseudomonas aeruginosa. J Infect Dis 137:103
89. Washington JA, Sutter VL (1980) Dilution susceptibility test: agar and macro-broth dilution procedures. In: Lennette EH, Balows A, Hausler WJ, Truant JP (eds) Manual of Clinical Microbiology, 3rd ed. American Society for Microbiology, Washington
90. Werk R (1986) Neue Gesichtspunkte bei der bakteriologischen Diagnostik von Harnwegserkrankungen. In: Winz HR (Hrsg) Jahrbuch der Urologie 1986. Regensberg & Biermann, Münster
91. Werk R (1983) Untersuchungen zur Verwendbarkeit des Blättchenelutionstests in der Mykologie. 39. Tagung der Deutschen Gesellschaft für Hygiene und Mikrobiologie, Bonn
92. Werk R, Haaß R (1982) Der Antimykotikablättchenelutionstest: eine neue quantitative Möglichkeit der Antimykotikatestung von Sproßpilzen. Immun Infekt 10:110–114
93. Werk R, Knothe H (1984) Comparison of agar dilution test, broth dilution test, and broth elution test for assaying susceptibility of Candida spp. Curr Microbiol 10:173–176
94. Wiedemann B (1983) Sensibilitätsbestimmung von Bakterien. Biotest-Serum-Institut GmbH, Frankfurt
95. Wilkins TD, Thiel T (1973) Modified broth-disk method for testing the antibiotic susceptibility of anaerobic bacteria. Antimicrob Agents Chemother 3:350
96. Willgeroth F, Rummel W (1982) Medikamente in der Gravidität und Stillzeit. Fortschr Med 100:1954–1958
97. Woolfrey BF, Fox JM, Quall CO (1981) A comparison of minimum inhibitory concentration values determined by three antimicrobic dilution methods for Pseudomonas aeruginosa. Am Soc Clin Pathol 75:39–44
98. Woolfrey BF, Fox JM, Quall CO (1981) An analysis of error rates for disc agar-diffusion testing of Pseudomonas aeruginosa versus aminoglycosides. Am Soc Clin Pathol 75:559–564
99. Woolfrey BF, Ramadei WA, Quall CO (1978) Inability of the standardized disc agar-diffusion test to measure susceptibility of the fluorescent group of Pseudomonas to gentamicin. Am J Clin Pathol 70:337–342
100. Woolfrey BF, Ramadei WA, Quall CO (1979) Evaluation of the moving intermediate zone concept for determining susceptibility of Pseudomonas to gentamicin by the standardized disc agar-diffusion test. Am J Clin Pathol 72:861–863
101. Yoshimura F, Nikaido H (1985) Diffusion of β-lactam antibiotics through the porin channels of Escherichia coli K-12k. Antimicrob Agents Chemother 27:84–92

Weiterführende Literatur

Fachzeitschriften auf dem Gebiet der medizinischen Mikrobiologie

Antimicrobial Agents and Chemotherapy. American Society for Microbiology, Washington, USA
Current Microbiology. Springer, Berlin Heidelberg New York
European Journal of Clinical Microbiology. Nieweg, Wiesbaden
Infection. Münchner Medizinische Wochenschrift, München
Infektion und Immunität. Gerhard Witzstrok, Baden-Baden
International Journal of Systematic Bacteriology. American Society for Microbiology, Washington, USA
Journal of Antimicrobial Chemotherapy. Academic Press Inc., London, England
Journal of Clinical Microbiology. American Society for Microbiology, Washington, USA
Journal of Hygiene. Cambridge University Press, New York, USA
Journal of Infectious Diseases. University of Chicago Press, Chicago, USA
Medical Microbiology and Immunology. Springer, Berlin Heidelberg New York Tokyo
Reviews of Infectious Diseases. University of Chicago Press, Chicago, USA
Zentralblatt für Bakteriologie und Hygiene, Serie A. Fischer, Stuttgart

Weiterführende Handbücher

Bürger H, Hussain Z (1984) Tabellen und Methoden zur medizinisch-bakteriologischen Laborpraxis. Kirchheim, Mainz
Collins CH, Lyne PM, Grange (1989) Microbiological Methods. 6th ed. Butterworth & Co., London
Drews J (1979) Grundlagen der Chemotherapie. Springer, Wien New York
Gillies RR, Dodds TC (1976) Bacteriology Illustrated. 4th ed. Churchill Livingstone.
Von Graevenitz A (1977) Clinical Microbiology, vol. I. Handbook Series in Clinical Laboratory Science. CRC Press, Cleveland
Hallmann L, Burkhardt F (1974) Klinische Mikrobiologie. 4. Aufl. Thieme, Stuttgart
Kayser FH, Bienz KA, Eckert J, Lindenmann J (1989) Medizinische Mikrobiologie. 7. Aufl. Thieme, Stuttgart
Knothe H, Dette GA (1984) Antibiotika in der Klinik. 2. Aufl. Aesopus Verlag Zug AG, Zug
Konemann EW, Allen SD, Dowell VR, Sommers HM (1983) Color Atlas and Textbook of Diagnostic Microbiology. 2th ed. Lippincott, Philadelphia
Lennette EH, Balows A, Hausler WJ, Shadomy HJ (1985) Manual of Clinical Microbiology. 4th ed. American Society for Microbiology, Washington
Seeliger HPR (1978) Taschenbuch der medizinischen Bakteriologie. Urban & Schwarzenberg, München
Simon C, Shille W (1989) Antibiotikatherapie in Klinik und Praxis, 7. Aufl. Schattauer, Stuttgart, New York
Washington JA (1984) Laboratory Procedures in Clinical Microbiology. 2nd ed. Springer, New York Berlin Heidelberg Tokyo
Wildführ G, Wildführ W (1977) Medizinische Mikrobiologie, Immunologie und Epidemiologie. Bd. I, II, III. 2. Aufl. VEB Thieme, Leipzig

Anhang

Hersteller von Fertigplatten

Fertigplatten für die diagnostische Bakteriologie werden u. a. von folgenden Firmen hergestellt:

api bioMérieux GmbH
Weberstr. 8
7440 Nürtingen

BAG Biologische Arbeitsgemeinschaft GmbH
Amtsgerichtsstr. 1–3
6302 Lich/Hessen

Biotest-Serum-Institut GmbH
Landsteinerstr. 5
6072 Dreieich

Gibco Europe GmbH
Postfach 12 12
7514 Eggenstein

E. Merck
Frankfurterstr. 250
Postfach 41 19
6100 Darmstadt 1

Unipath GmbH
(Oxoid Deutschland GmbH)
Am Lippenclacis 6
4230 Wesel

Hersteller von Fertigmedien

Trockenmedien für die diagnostische Bakteriologie werden u. a. von folgenden Firmen hergestellt:

api bioMérieux
Weberstr. 8
7440 Nürtingen

BAG Biologische Arbeitsgemeinschaft GmbH
Amtsgerichtsstr. 1–3
6302 Lich/Hessen

Difco/Biotest-Serum-Institut GmbH
Landsteinerstr. 5
6072 Dreieich

Gibco Europe GmbH
Postfach 12 12
7514 Eggenstein

Mast Diagnostika
Laboratoriumspräparate GmbH
Feldstr. 20
2067 Rheinfeld

E. Merck
Frankfurterstr. 250
6100 Darmstadt 1

Unipath GmbH
(Oxoid Deutschland GmbH)
Am Lippenglacis 6
4230 Wesel

Serva Feinbiochemica GmbH
Postfach 10 52 60
6900 Heidelberg

Hersteller von Petrischalen

Petrischalen für die diagnostische Bakeriologie werden u.a. von folgenden Firmen hergestellt:

C.A. Greiner u. Söhne GmbH & Co KG
Wuppertaler Str. 342
5560 Solingen-Gräfrath

Nunc GmbH
Hagenauer Str. 21a
6200 Wiesbaden-Biebrich

Sarstedt, Verkaufsbüro Süd
Messerschmittstr. 7
7910 Neu-Ulm

Urbanti (Laborhändler)

Vertreiber von Tierblut

Tierblut für die diagnostische Bakteriologie wird u.a. von folgenden Firmen vertrieben:

api bioMérieux
Weberstr. 8
7440 Nürtingen

BAG Biologische Arbeitsgemeinschaft GmbH
Amtsgerichtsstr. 1–3
6302 Lich/Hessen

Fiebig Nährstofftechnik
In der Eisenbach 35
6270 Idstein/Ts.

Gibco Europe GmbH
Postfach 12 12
7514 Eggenstein

GMN Gesellschaft für Mikrobiologische Nährmedien
Frankfurter Landstr. 9
6082 Walldorf

Unipath GmbH
(Oxoid Deutschland GmbH)
Am Lippenglacis 6
4230 Wesel

Hersteller von Teststreifen für den Nachweis antimikrobieller Wirkstoffe

Boehringer Mannheim GmbH
Sandhofer Str. 116
6800 Mannheim 31

E. Merck
Frankfurterstr. 250
Postfach 41 19
6100 Darmstadt 1

Hersteller von Teststreifen für den Nachweis von β-Laktamasen

Becton Dickinson GmbH
Tullastr. 8–12
6900 Heidelberg 1

Mast-Diagnostika
Feldstr. 5
2067 Rheinfeld

Hersteller und Gerätevertreiber von diagnostischen Materialien

Abbot Diagnostic Products GmbH Max-Planck-Ring 2 6200 Wiesbaden-Delkenheim	Tel.: 0 61 21/5 01-01 Fax.: 0 61 21/5 01-2 44
Abimed Analysen-Technik GmbH Ludwigshafener Str. 26 4000 Düsseldorf 1	Tel.: 0 21 73/7 20 71 Fax.: 0 21 73/7 20 77
api bioMérieux Weberstr. 8 7440 Nürtingen	Tel.: 0 70 22/30 07-0 Fax.: 0 70 22/3 61 10
BAG Biologische Arbeitsgemeinschaft GmbH Amtsgerichtsstr. 1–3 6302 Lich/Hessen	Tel.: 0 64 04/20 26 Fax.: 0 64 04/6 25 54
Becton Dickinson GmbH Tullastr. 8–12 6900 Heidelberg	Tel.: 0 62 21/3 05-0 Fax.: 0 62 21/3 05-2 16
Biotest-Serum-Institut GmbH Landsteinerstr. 5 6072 Dreieich	Tel.: 0 61 03/80 10 Fax.: 0 61 03/8 82 79
Boehringer Mannheim GmbH Sandhofer Str. 116 6800 Mannheim 31	Tel.: 06 21/7 59-0 Fax.: 06 21/7 59-28 90
Deutsche Wellcome GmbH Postfach 13 52 3006 Burgwedel-Großburgwedel	Tel.: 0 51 39/80 40 Fax.: 0 51 39/8 04-2 69 Tlx.: 0 922 799 welcod
Difco/Biotest-Serum-Institut GmbH Landsteinerstr. 5 6072 Dreieich	Tel.: 0 61 03/80 10 Fax.: 0 61 03/8 82 79
EM-TEVertrieb Wischofsweg 32 2000 Hamburg 54	Tel.: 0 40/5 70 89 39 5 70 89 30 Fax.: 0 40/5 70 34 53
Eppendorf Gerätebau Netheler + Hinz GmbH Postfach 65 06 70 2000 Hamburg 65	Tel.: 0 40/5 38 01-0 Fax.: 0 40/53 80 15 56
Flow Laboratories Mühlengrabenstr. 10 5309 Meckenheim/Bonn	Tel.: 0 22 25/88 05-0 Fax.: 0 22 25/88 05-81
Gibco Europe GmbH Postfach 12 12 7514 Eggenstein	Tel.: 07 21/70 50 06 Tlx.: 7 825 957 gibd
Heipha GmbH Czerny-Ring 22 6900 Heidelberg 1	Tel.: 0 62 21/2 71 02 Fax.: 0 62 21/1 37 81
LD Labor Diagnostika GmbH Industriestr. 12 4284 Heiden	Tel.: 0 28 67/80 83 Fax.: 0 28 67/84 77

Unipath GmbH (Oxoid Deutschland GmbH) Am Lippenglacis 6 4230 Wesel	Tel.: 02 81/2 50 31 Fax.: 02 81/2 50 38
Dr. Madaus GmbH & Co. Ostmerheimer Str. 198 5000 Köln 91	Tel.: 02 21/89 98-1 Fax.: 02 21/8 99 83 05
Mast Diagnostica Laboratoriums-Präparate GmbH Feldstr. 20 2067 Reinfeld	Tel.: 0 45 33/50 35 Fax.: 0 45 33/50 39
Merck Niederlassung Rhein-Main (Geräte) Luisenplatz 1 Merckhaus 6100 Darmstadt 1	Tel.: 0 61 51/72-0 Fax.: 0 61 51/2 84 07 0 61 51/72 33 68
Merck (Diagnostika) Frankfurterstr. 250 6100 Darmstadt 1	Tel.: 0 61 51/72-0
Pasteur Diagnostika GmbH Postfach 11 29 7800 Freiburg	Tel.: 07 61/51 00 90 Fax.: 07 61/5 10 09 99
Pharmacia-LKB Munzinger Str. 9 7800 Freiburg 1	Tel.: 07 61/49 03-0 Fax.: 07 61/49 03-1 59
Roche Diagnostica Hoffmann-La Roche AG Postfach 13 80 7889 Grenzach-Wyhlen	Tel.: 0 76 24/14-0 Fax.: 0 76 24/10 19
Röhm Pharma Postfach 43 47 6100 Darmstadt 1	Tel.: 0 61 51/8 77-0 Fax.: 0 61 51/89 55 94
Sartorius GmbH Postfach 19 3400 Göttingen	Tel.: 05 51/30 81 Fax.: 05 51/30 82 89
Zinser Postfach 5 01 15 6000 Frankfurt/M. 50	Tel.: 0 69/78 91 06-0 Tlx.: 4 14/265

Hersteller von diagnostischen Materialien

Diagnostika für die diagnostische Bakteriologie werden u.a. von folgenden Firmen hergestellt:

Abbot Diagnostic Products GmbH
Max-Planck-Ring 2
6200 Wiesbaden-Delkenheim

Abimed Analysen-Technik GmbH
Ludwigshafener Str. 26
4000 Düsseldorf 1

api bioMérieux
Weberstr. 8
7440 Nürtingen

BAG Biologische Arbeitsgemeinschaft GmbH
Amtsgerichtsstr. 1–3
6302 Lich/Hessen

Becton Dickinson GmbH
Tullastr. 8–12
6900 Heidelberg

Biotest-Serum-Institut GmbH
Landsteinerstr. 5
6072 Dreieich

Boehringer Mannheim GmbH
Sandhofer Str. 116
6800 Mannheim 31

Deutsche Wellcome GmbH
Postfach 13 52
3006 Burgwedel-Großburgwedel

Difco/Biotest-Serum-Institut GmbH
Landsteinerstr. 5
6072 Dreieich

EM-TEVertrieb
Wischofsweg 32
2000 Hamburg 54

Eppendorf Gerätebau Netheler + Hinz GmbH
Postfach 65 06 70
2000 Hamburg 65

Flow Laboratories
Mühlengrabenstr. 10
5309 Meckenheim/Bonn

Gibco Europe GmbH
Postfach 12 12
75 14 Eggenstein

Heipha GmbH
Frauenpfad 1a
6915 Dossenheim

Kallestad GmbH
Postfach 11 29
7800 Freiburg

Dr. Madaus GmbH & Co.
Ostmerheimer Str. 198
5000 Köln 91

Mast Diagnostica Laboratoriums-Präparate GmbH
Feldstr. 5
2067 Rheinfeld

Merck Niederlassung Rhein-Main
Luisenplatz 1
Merckhaus
6100 Darmstadt 1

Oxoid Deutschland GmbH
Am Lippenglacis 6
4230 Wesel

Pharmacia-LKB
Munzinger Str. 9
7800 Freiburg 1

Roche Diagnostica Hoffmann
La Roche AG
Postfach 13 80
7889 Grenzach-Wyhlen

Röhm Pharma
Postfach 43 47
6100 Darmstadt 1

Sachverzeichnis